Unterwegs
in die Welt von morgen

Unterwegs in die Welt von morgen

Utopische Geschichten
und Science-fiction-Romane

Verlag Das Beste
Stuttgart · Zürich · Wien

Die Texte in diesem Buch
erscheinen mit Genehmigung der Verleger

139

Printed in Germany
ISBN 3 87070 479 9

WOLFGANG JESCHKE

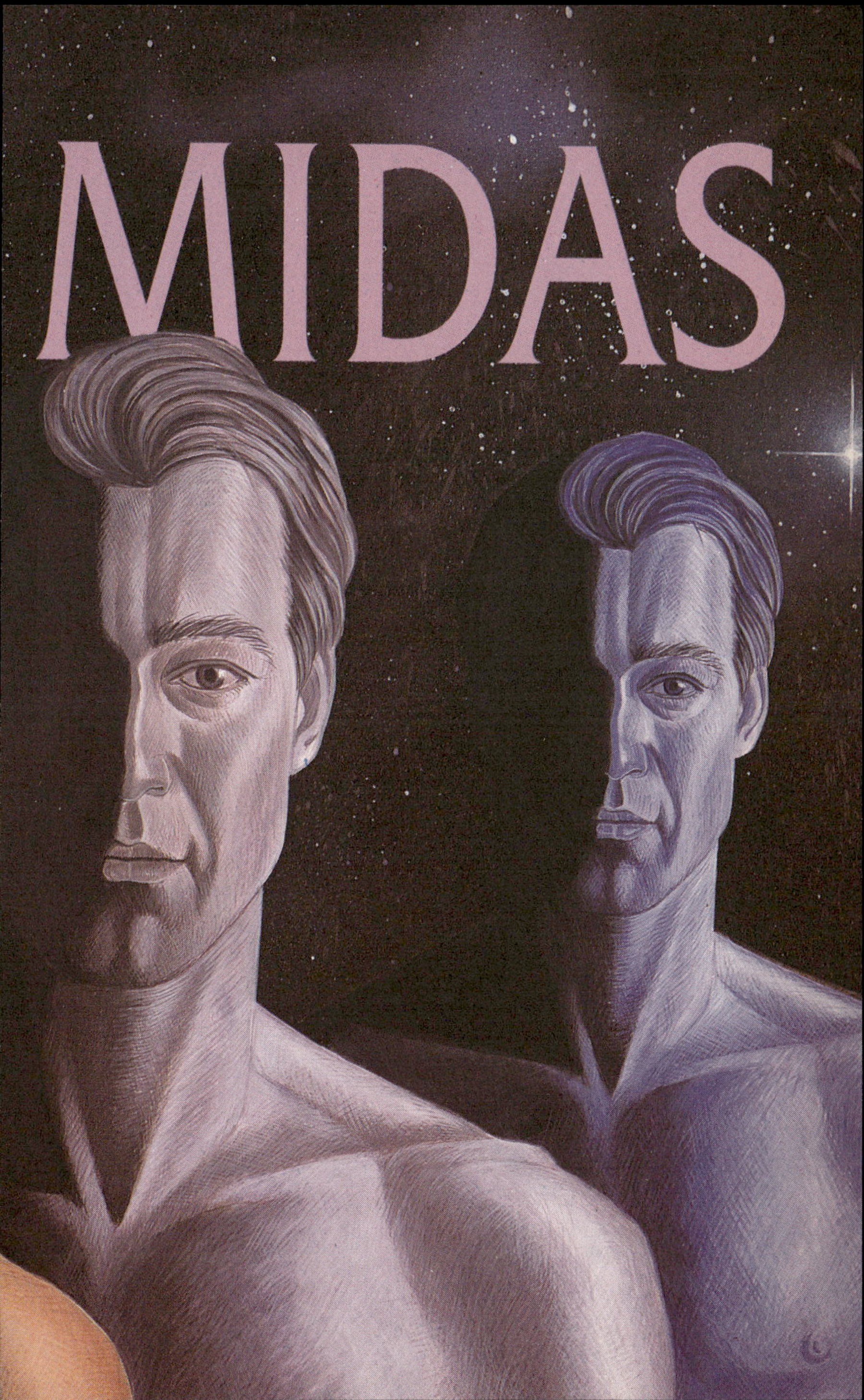
MIDAS

Es war einmal ein cholerischer Schneider, der jagte seine drei Söhne aus dem Haus, weil er ihren Versicherungen weniger Glauben schenkte als den Lügen einer tückischen sprechenden Ziege. Die Burschen – ein bißchen naiv, aber tüchtig – zogen in die Welt hinaus und machten ihr Glück. Der erste wurde Tischler und erhielt zum Abschied von seinem Lehrmeister ein Zaubertischlein, das sich von selbst mit den köstlichsten Speisen deckte. Der zweite wurde Müller und erhielt als Abschiedsgeschenk einen Esel, der seine Notdurft in blanken Goldstücken verrichtete. Der dritte wurde Drechsler und erhielt vom Meister als Geschenk einen Sack, in dem sich ein Zauberknüppel verbarg, der auf Befehl herausschnellte und auf den eindrosch, auf den man ihn hetzte. Nachdem der erste und der zweite Sohn von einem diebischen Wirt geprellt worden waren und sich bei der Heimkehr vor der Verwandtschaft mit ihren Zauberkunststücken blamiert hatten, weil ihnen der Wirt ein normales Tischlein und einen normalen Esel untergeschoben hatte, trieb der dritte mit seinem „Knüppel aus dem Sack" das echte Zaubertischchen und den echten Zauberesel ein und brachte sie mit nach Hause.

„Ist das alles, Alice?"

„Das ist alles."

I. Die Leben und Leiden der Nancy Tanner

„Sie kennen sicher Nancy Tanner", sagte der Taxifahrer. Wir hielten in einer ruhigen Nebenstraße vor der hinteren Zufahrt eines Restaurants in der Wolfendahl Street.

„Die Filmschauspielerin?"

„Ja."

„Ich habe sie ein paarmal im Video gesehen", sagte ich. „Weshalb fragen Sie?"

Er zögerte.

„Nun reden Sie schon!"

Er zog eine zerdrückte Packung Benson & Hedges aus der Hemdtasche, zündete mit zitternden Fingern eine Zigarette an und blies den Rauch gegen die Windschutzscheibe. „Ich habe Angst."

„Weshalb?"

„Ich kann Ihnen doch vertrauen, Mr. Kirk?"

Ich zuckte die Achseln. „Wir kennen uns inzwischen gut genug."

„Ich habe gesehen, wie man sie umgebracht hat."

„Nancy Tanner? – Ach, kommen Sie! Das sind doch Schauermärchen! Alle Medien hätten davon berichtet. *Was* haben Sie gesehen?"

„Es war letzte Woche, in der Nacht vom 18. auf den 19. Ich wartete mit dem Taxi unten in der Korteboam Street am Hintereingang des Offiziersklubs, wo sie mit den Huren abziehn. Um zu imponieren, geben sie da meistens gute Trinkgelder. Ich wartete also an diesem dreckigen Hinterhof, wo die Ratten zwischen den vollgestopften Abfalltonnen rumrennen. Plötzlich wird die Tür aufgestoßen, laute Musik ist zu hören. Zwei Gestalten taumeln heraus, ringen miteinander, ein Mann in Uniform und eine große blonde Frau. Viel ist nicht zu sehen bei der tristen Neonbeleuchtung, aber er ist drauf und dran, es mit ihr zu machen in all diesem Dreck, hat die Hose offen und grapscht an ihrem Kleid herum, das dabei in Fetzen geht. Er muß schon ziemlich besoffen sein, zerrt sie immer wieder an sich und versucht ungeschickt, unter ihren Rock zu kommen. Das klappt aber nicht, weil die Frau ziemlich kräftig ist. Er schlägt wütend auf sie ein, sie aber reißt sich los und rennt schreiend davon, während er zwischen den Mülltonnen landet, daß die Ratten davonstieben. Er ist erstaunlich schnell wieder auf den Beinen und – ich traue meinen Augen nicht – zieht eine Pistole.

‚Helfen Sie mir!' schreit die Frau auf englisch und kommt auf mein Taxi zugelaufen. ‚Bringen Sie mich weg von hier! Diese Tiere!' Ich starte den Motor und öffne die Tür. Sie sieht ziemlich übel zugerichtet aus. Die Haare zerzaust, das Make-up ist verschmiert, das Kleid an der Brust weit aufgerissen. Da kracht der erste Schuß. Ich sehe, wie die Frau nach vorn geworfen wird und ins Stolpern gerät. Sie krümmt die ausgestreckten Hände zusammen und legt die Arme schützend um die nackten Brüste. An ihrer

Schulter und an ihrem Unterarm ist plötzlich Blut. Ich lege den Gang ein, da kracht ein weiterer Schuß und eine Sekunde später ein dritter. Die Wucht der Einschläge schleudert die Frau die letzten zwei, drei Schritte auf den Wagen zu, und durch den Aufprall schließt sich die Tür. Ihr Gesicht knallt gegen das Seitenfenster. Die Augen sind bereits starr, der Mund ist weit geöffnet – ein Anblick, den ich mein Leben lang nicht vergessen werde. Ich trete den Gashebel voll durch, das Gesicht verschwindet mit einem Ruck nach hinten und hinterläßt einen Schmierer auf der Scheibe. Ein vierter und fünfter Schuß durchlöchern das Heckfenster und lassen es erblinden. Ich fahre, was der Wagen hergibt, um aus der Stadt hinauszukommen, und blicke bang in den Spiegel, ob mir kein Fahrzeug der Militärpolizei folgt."

„Und die Frau, die da erschossen wurde, war Nancy Tanner?"

„Ich schwör's Ihnen, Mr. Kirk: Es war ihr Gesicht, ihre Figur, ihre Stimme!"

„Sie sagten selbst, daß bei der schlechten Beleuchtung wenig zu sehen war."

„Am Anfang ja, aber am Schluß war ihr Gesicht kaum einen Meter von mir entfernt. Doch das aberwitzigste ist: Ich habe sie heute wiedergesehen."

„Dieselbe Frau?"

„Nancy Tanner. Ich fuhr die Janadhipathi Mawatha hinauf und wieder herunter auf der Suche nach Fahrgästen, und da, plötzlich, am hellichten Vormittag, sah ich sie wieder. Sie ging am Arm eines Generals, war schön wie eh und je, gesund und munter, hatte einen Sonnenschirm in der Hand und wirkte gutgelaunt, fast ein wenig beschwipst. Ich war so verblüfft, daß ich auf die Bremse trat und mir hinten fast einer reinfuhr. Bei dem Hupkonzert, das der anstimmte, fiel der Blick des Generals auf mich, und es lief mir kalt den Buckel runter. Ich war froh, daß ich nicht denselben Wagen fuhr wie in jener Nacht, und machte mich ganz klein hinter meiner Sonnenbrille. In dem Moment sah auch sie herüber, und es bestand kein Zweifel: Ich hatte Nancy Tanner vor mir."

„Was macht Sie so sicher?"

„Weil ich sie geliebt habe. Sie kennen doch ihren Film ‚Die Teepflückerinnen', der hier auf Sri Lanka spielt, während der Tamilenkriege."

Ich erinnerte mich an den Monumentalschinken, ein hehres Epos über Nächstenliebe, Völkerverständigung und Leidenschaft. Hatte vier oder fünf Oscars bekommen. Sie spielte eine amerikanische Journalistin, die einen jungen verwundeten tamilischen Terroristen durch die feindlichen Linien nach Jaffna und auf ein Schiff bringt.

„Wir haben sie alle geliebt, sie angebetet, vor zwei Jahren, während der Dreharbeiten. Die meisten jungen Männer hätten sich für sie in Stücke reißen lassen. Und ein paarmal ist es mir sogar gelungen, sie in meinem Taxi ins Hotel zu fahren. Und fragen Sie nicht, wie oft ich mir den Film auf Video angesehen habe! Ich bin mir absolut sicher."

„Aber wie stellen Sie sich das vor?"

„Ich weiß es nicht. Es ist, als ob sie den Militärs in die Hände gefallen wäre und als hätten die eine Möglichkeit, sie immer wieder zum Leben zu erwecken und sie immer wieder zu Tode zu quälen."

„Wie kommen Sie auf so eine absurde Idee?"

„Die Militärs hassen sie. Die Armee wirkte bei den Dreharbeiten mit, aber dem Kriegsministerium hatte ein verändertes Treatment vorgelegen. Als der Film anlief, gab es viel böses Blut, denn aus dem Terroristen war ein tapferer Freiheitskämpfer geworden, und die Schurken waren singhalesische Offiziere. Der Film durfte bis heute in Sri Lanka nicht gezeigt werden. Wenn sie es" – er zögerte und warf mir einen raschen Blick zu –, „wenn sie es tun könnten, sie würden es tun, nur um sich an ihr zu rächen."

„Was tun?"

„Sie töten. Sie immer wieder töten."

„Das ist doch Unsinn!"

„Ich bin ein gläubiger Buddhist, Mr. Kirk. Ich glaube an die Wiedergeburt. Aber das hier . . ., das ist etwas Bösartiges, etwas Scheußliches. Und es geschieht hier in der Stadt."

Hatte nicht Andrew auch etwas von Wiedergeburt erwähnt? Nein, er hatte gesagt: Glaubst du an eine Auferstehung des Fleisches? Was mochte er damit gemeint haben?

„Sie glauben mir nicht."

Ich schüttelte den Kopf. „Nein."

Dabei hätte ich's damals wissen können. Es gab ein paar merkwürdige Meldungen in den Medien, aber die waren so absurd und so lächerlich, daß niemand ihnen Glauben schenkte – bis auf die natürlich, die Bescheid wußten. Die Fakten lagen zutage wie in einem geologischen Bruch; man hätte Informationen nur zusammensuchen und richtig aneinanderfügen müssen. Freilich lauerten ein paar Haie im Infopool, die nach jedem schnappten, der an Daten heranwollte, die Auskunft gaben über eine Person, die den seltenen, aber unscheinbaren Namen Cecil Roughtrade trug. Ein Spitzenmann wie Andrew Baldenham hätte sie leicht übertölpeln können, nur waren er und ich zu lange nicht auf der Erde gewesen, und im Raum schrumpfen aktuelle Nachrichten aus Rom oder London auf das Maß der astronomischen Perspektive.

Also übertölpelten sie ihn.

II. Das Blitzen der Brandung

Die Sonne war zwischen den Baumstämmen hochgekrochen, nistete in den gefiederten Wipfeln und blitzte um die prallen Hoden der Kokospalmen.

Ich trat auf den Balkon, spürte den Beton unter den Fußsohlen und kratzte mir die Brust. Ich entdeckte sechs oder sieben neue Moskitostiche. Nach sechs Monaten im Raumanzug oder in wohltemperierter, keimfreier Atmosphäre in den Mannschaftsräumen war der unmittelbare Kontakt mit der Natur zwar ein elementares Erlebnis, aber nach fünf Monaten Nanguneri hatte ich die Blutsauger gründlich satt. Der sehnsüchtige Blick auf den blauen Planeten war eine Sache, seinen tausendfältigen Plagegeistern ausgeliefert zu sein eine andere.

Das Zirpen der Zikaden war ohrenbetäubend, und vom Strand herauf war der eintönige Singsang der Fischer zu hören. Sie hatten wie jeden Morgen bei Sonnenaufgang mit dem Boot das große Netz in weitem Bogen durch die Bucht ausgelegt. Es dauerte viele Stunden, bis sie es hereingezerrt und die schweren Seile aus Kokosfasern aufgeschossen hatten zu schwarzbraunen Hügeln, die den weißen Sand der Bucht vom einen Ende zum anderen in regelmäßigen Abständen bedeckten.

„Pimpernay – everyday. Pimpernay – everyday" – ein halbes Hundert Männer in stumpfsinniger ruckender Bewegung. Bald würden sie mit viel Geschrei über den kärglichen Fang aneinandergeraten: eine Handvoll größere Fische, ein paar Schalentiere und das übliche Kroppzeug. Seit tausend Jahren hatte sich nichts an den Fangmethoden der Menschen geändert. Die Erträge waren in den letzten fünfzig Jahren erschreckend zurückgegangen – Verschmutzung des Wassers, Zerstörung der Brutplätze in den Korallenbänken und draußen die moderne Fangflotte der Japaner, die gegen Devisen die Buchten rücksichtslos bis auf den Grund ausräumte. Nicht zurückgegangen war der Kinderreichtum dieser Leute.

„Pimpernay – everyday. Pimpernay – everyday." Der Bogen des Netzes verengte sich fast unmerklich.

Ich sah auf die Uhr. Es war erst halb neun. Drüben auf dem Gelände des Militärstützpunkts, dem Park des ehemaligen Luxushotels Ashok Beach Resort, exerzierten einige Soldaten. Sie robbten durch das vertrocknete Gras, der verwilderte Rasen eines früheren Golfplatzes, hielten Sturmgewehre in den Fäusten und arbeiteten sich auf den Ellbogen vorwärts. Trotz der morgendlichen Kühle waren ihre sandfarbenen Uniformen schon vom Schweiß gedunkelt. Über der Brandung und dem Singsang der Fischer war ab und zu ein heller Schrei zu hören, mit dem der Offizier seine Befehle gab. Ich ging den umlaufenden Balkon entlang und suchte die Fassade der Sea Queen nach Einschüssen des nächtlichen Feuergefechts ab, konnte aber keine entdecken. Die Türen der höhlenartigen Zimmer standen offen. Da und dort lag eine halbnackte Gestalt auf dem Bett: Hotelangestellte, die sich in leere Zimmer zurückgezogen hatten, um nicht schon am frühen Morgen mit einer Arbeit belästigt zu werden.

Motorengeräusch näherte sich; ein Kampfhubschrauber zog dicht über die Wipfel der Palmen hinweg und landete auf dem ehemaligen Parkplatz des Kovalam Ashok Beach Resort. Das *Whopp-whopp-whopp* der Rotoren ebbte ab und erstarb. Der Singsang der Fischer erfüllte wieder die reglose Luft. Ich wischte mir den Schweiß von der Brust und kehrte in mein Zimmer zurück, legte mich hin, genoß den Luftstrom des Deckenventilators und starrte in das schattenhafte Wirbeln der Rotorblätter. Die Maschine ruckte mit unerbittlicher Hartnäckigkeit an dem Deckenbalken, an dem sie befestigt war. Dann und wann mischte sich ein Hauch von Holzstaub in die bewegte Luft. Irgendwann würde es diesem Ding nach gründlicher Vorarbeit der Termiten gelingen, sich loszureißen und auf einen arglosen Gast zu stürzen, um ihn zu zerfleischen.

Ich verschränkte die Arme hinterm Kopf. Seit Tagen saßen wir in Kovalam fest, diesem ehemaligen Luxusbadeort im tiefen Süden Indiens. Alles hatte sich verzögert – wie immer in diesen Ländern. Die Antennenstation von Nanguneri, aus dem Orbit mit Energie versorgt, hätte im September ans Netz gehen sollen, aber irgendwelche politischen Scharfmacher hatten die Bauern aufgehetzt und ihnen eingeredet, alles im Umkreis von hundert Meilen würde durch Mikrowellen aus dem Weltall gegrillt, wenn die Empfangsantenne erst einmal in Betrieb genommen würde. Es half nichts, daß wir erklärten, der Empfang sei lasergesteuert und schon bei einem Abschwenken des gebündelten Mikrowellenstrahls von wenigen Zentimetern werde die Verbindung zwischen Orbitalstation und Empfangsantenne automatisch unterbrochen. Sie sahen schaudernd schon die dampfenden Steaks von den Rippen der heiligen Kühe rutschen, sich selbst und ihre Kinder ausgelöscht und ihre Felder verbrannt und vergiftet. Dabei brauchten sie die Energie so nötig wie den Regen, weil nur noch die Großgrundbesitzer sich Dieselöl für die Pumpen leisten konnten, während der Reis auf den Feldern der Dorfkommunen verdorrte. Aber das paßte den Großgrundbesitzern und den politischen Scharfmachern genau ins Konzept. Sie hetzten die Bauern auf, worauf die unsere Materialtransporte überfielen und die Unterkünfte der Arbeiter anzündeten, worauf das Militär anrückte, es ein paar Tote gab – das alte Lied.

Ich hatte mich entschlossen, zusammen mit Andrew Urlaub in Sri Lanka zu machen, bevor uns die NASA wieder brauchte. Er kenne sich auf der Insel aus, sagte er, sei als Student ein paarmal dort gewesen, als es noch Tourismus gab. Nach Portland zog es mich nicht zurück: In Oregon ist es um diese Zeit nebelig und naßkalt. Wahrscheinlich wohnte Rut in unserem Apartment, und ich wollte ihr nicht begegnen. Wir hatten uns im Streit getrennt, und je länger ich darüber nachdachte, desto mieser kam ich mir vor in der Rolle, die ich dabei gespielt hatte.

Ich richtete mich auf und blickte umher, Lichtreflexe zogen über die Decke wie durchscheinendes lebendiges Gewebe in starker

Vergrößerung. Irgend etwas hatte mich in der Nacht geweckt. War es ein Ruf gewesen? Ein Schrei? Ich war auf den Balkon hinausgetreten. Zwischen den Stämmen der Bäume blitzte weiß die Brandung auf. Es war Flut, der Strand glitzerte von zurückflutendem Wasser. Die Schattenhände der Palmen waren ins Funkeln der Sterne getaucht, die Nacht mondlos. Plötzlich sah ich etwa 300 Meter vom Ufer entfernt Mündungsfeuer aufblitzen, hörte das Rattern eines Maschinengewehrs, und im selben Moment fetzten auch schon die Geschosse durch die Büsche und Bäume vor dem Hotel. Ich ließ mich hinter die halbhohe Betonbrüstung des Balkons fallen. Ein Querschläger prallte irgendwo ab und kreischte hinauf in den Nachthimmel. Im Hotel gingen Lichter an.

„Licht aus!" brüllte ich, während ich erschrocken ins Zimmer zurückkroch, aber offenbar verstand man mich nicht. Ich schlug die Tür hinter mir zu, obwohl ich wußte, daß das Holz einem Stahlkerngeschoß nicht mehr Widerstand bot als der Stoff meines Pyjamas. Aus dem Schutz der Mauer spähte ich durchs offene Fenster. Das Feuer war jetzt weiter nach Westen gerichtet. Wie eine Kette Glühwürmchen zogen die Geschosse zum Gipfel der Klippe hinauf, auf dem das ehemalige Ashok-Beach-Luxushotel stand. Dort war man inzwischen auch aufgewacht und erwiderte das Feuer. Ströme von orangefarbenen Glühwürmchen ergossen sich ins Meer. Das Dröhnen eines starken Motors erhob sich und entfernte sich rasch in Richtung offene See. Viel zu spät wurde eine Leuchtrakete abgeschossen. Die Bucht lag sekundenlang von kränklich-blassem Licht übergossen. Vögel flatterten auf, und ein paar verschreckte Affen kreischten, dann sank die Nacht noch dunkler herab. Der Spuk war vorüber.

Ich zog das Leintuch zwischen den Beinen hoch und breitete es über Bauch und Brust, als böte es Schutz, und versuchte meinen rasenden Herzschlag zu beruhigen. Dieser Zwischenfall war typisch für diese unerklärten, aber permanenten Kleinkriege zwischen den Staaten der dritten Welt. Sie verzettelten sich in sinnlosen Aktionen mit verschwenderischem Munitionsverbrauch, nächtlichen Überfällen und gelegentlicher Piraterie. Mit einem gezielten Handstreich hätten die Singhals, wie die Rassisten von Sri Lanka sich nannten, die Antennenstation von Nanguneri in wenigen Minuten zerstören und sechzehn Monate Arbeit deutscher, französischer und japanischer Firmen zunichte machen können. Aber das würden sie natürlich nie tun, weil das womöglich einen begrenzten Atomschlag der Inder ausgelöst hätte. Außerdem wußte man nie, ob man nicht doch eines Tages von der Anlage profitieren würde, die billige Energie aus dem Orbit empfangen konnte. Also blieb es bei kleinen Sticheleien.

Ich hatte lange gebraucht, um wieder einzuschlafen, und die Angst kroch in meine Träume wie ein dunkler kalter Wurm.

„HÖR ZU, Pete!" sagte Andrew und deutete mit seiner Krücke auf die offene Tür zum Balkon. „Wir müssen hier raus!"

Im Hintergrund des Zimmers hatten drei dunkelhäutige Soldaten in Kampfanzügen Stellung bezogen. Sie hielten ihre Maschinenpistolen, den Lauf nach oben, an die Brust gedrückt. Ich setzte mich mühsam im Bett auf und biß die Zähne zusammen, weil ich starke Schmerzen in der Leistengegend hatte. Die Krankenschwester, die Andrew stützte – eine Inderin Mitte Dreißig oder um die Vierzig –, blinzelte mir auffordernd zu. Sie entblößte ihr lückenhaftes Gebiß und ließ die Zungenspitze flink an ihrer Oberlippe hin und her schnellen. Draußen im Gang war das Klirren von Waffen zu hören und das Rennen von Soldaten, die an Türen und Fenstern in Stellung gingen.

„Ich habe alles noch mal durch den Computer laufen lassen", sagte Andrew. Ich sah, daß seine Pyjamahose blutdurchtränkt war. Er deutete mit der Krücke zur Tür. „Es gibt keine andere Lösung, Pete", sagte er, während die Schwester ihn an sich gepreßt hielt und mir auffordernd zunickte. „Du mußt jetzt sehr tapfer sein." Er wischte das Blut, das ihm nun auch aus Mund und Nase drang, mit dem Ärmel achtlos weg. „Du mußt dir nur immer wieder sagen, daß sie dir eigentlich nichts anhaben können."

„Okay", sagte ich und setzte mich in Bewegung. Es ging qualvoll langsam, als watete ich durch tiefen Sand. Endlich erreichte ich die Tür und riß sie auf. Die Soldaten hoben ihre Maschinenpistolen und eröffneten das Feuer.

ICH ERWACHTE keuchend und in Schweiß gebadet. Der Rotor des Ventilators über mir stand still. Stromausfall – alle paar Stunden.

Der Traum beunruhigte mich. Es war nicht das erste Mal, daß

mich diese Szene heimsuchte; es war immer wieder diese entsetzliche, verzweifelte Situation.

Auch die Frau in der Schwesterntracht kannte ich. Sie putzte unsere Zimmer und half in der Küche, war Witwe.

„Man sollte sie verbrennen", sagte Mr. Lain, der Manager des Sea Queen und spitzte die wulstigen Lippen, um sich seine Zigarette anzuzünden. „Man hat es früher so gemacht, Mr. Kirk", versicherte er, während er mir den Rauch ins Gesicht blies, „und man tut es heute wieder." Er blinzelte mir zu und beugte sich über den Tresen. „Die ist hinter jedem Ausländer her", sagte er in vertraulichem Ton. „Nutzen Sie es aus, bevor es zu spät ist, Mr. Kirk. Mr. Baldenham ist da nicht so schüchtern." Er ballte die rechte Hand zur Faust und schlug mit der flachen Linken gegen den rechten Oberarm.

Ich sagte nichts, weil ich es durchaus für möglich hielt, daß Andrew mit ihr geschlafen hatte.

Ich putzte mir gerade die Zähne, als das Licht im Bad anging und sich der Ventilator mit einem Quietschen wieder in Bewegung setzte. Ich nutzte die Gelegenheit, um mich zu rasieren, bevor das Netz wieder zusammenbrach. In dem fast blinden Spiegel hatte ich Mühe, mein Gesicht zu identifizieren, während über dem Spiegelrand die langen Fühler einer Kakerlake erschienen, die besorgt die Lage überprüfte. Angewidert zerrte ich den Stecker aus der wackeligen Steckdose.

Ich wollte eben zum Frühstück gehen, als Andrew an der Tür erschien.

„Das Wasser läuft schon wieder nicht", erklärte er grämlich und kratzte seine braungebrannte Stirnglatze, von der sich die Haut in Schuppen löste.

„Die stellen um neun das Wasser ab. Das weißt du doch."

„Es ist aber noch nicht neun."

„Sag das Mr. Lain und nicht mir!"

„Mein Gott, hast du eine Laune! Du wirst mir doch nicht neidisch sein."

„Bin ich nicht."

„Weißt du, wie alt sie ist?"

„Zwischen dreißig und sechzig. Dem Gebiß nach eher sechzig."

„Irrtum. Sie ist vierundzwanzig und eine Künstlerin."

„Gratuliere! – Hast du nichts von der Schießerei heute nacht gehört?"

„Doch, aber ich war zu beschäftigt." Er hob die Augenbrauen und grinste selbstgefällig.

„Spaß beiseite, Andrew. Das war schon der zweite Feuerüberfall in dieser Woche. Wir sollten uns Zimmer im Erdgeschoß geben lassen. Sie liegen geschützter."

„Dies hier", sagte er mit weit ausholender Geste, die das Zimmer mit den verdreckten und beschmierten, ehemals mit hellgrüner Ölfarbe gestrichenen Wänden einschloß, „sind die Suiten der Sea Queen, mein Lieber. Für die besseren Gäste gedacht, mit Seeblick und der frischen Brise vom Meer."

Ich dachte an den Geruch von Knoblauch und nicht mehr ganz frischem Fisch, der bis nach Mitternacht von der Küche heraufzog.

„In den Löchern dort unten haben ein halbes Jahrhundert lang Hippies gehockt." Er rümpfte die Nase. „Und glaub mir, Pete, keiner der Manager dieses altehrwürdigen Hotels ist je auf die Idee gekommen, neue Matratzen anzuschaffen." Er zog das Laken von meinem Bett. „Aber wie ich sehe, sind die hier auch nicht viel besser."

Ich blickte angeekelt auf die Unterlage, die zum Vorschein kam.

„Jede Matratze hat ihre Geschichte", sagte er, als doziere er bei einer Sektion. „Hotelmatratzen haben eine besonders bewegte. Sie gleichen Landkarten. Sieh sie dir an! Bettnässer und Glücksucher haben die Küstenlinien entworfen, Graffitomanen die Landmarken beschriftet. Monumente längst vergessener Triumphe. Hippieglück."

Ich riß die Matratze aus ihrem Holzrahmen und drehte sie um. Die andere Hemisphäre derselben Welt. Kontinente aus Alpträumen und Leidenschaft.

„Saustall! Ich werde mit Mr. Lain reden."

Andrew grinste. „Viel Glück!"

Der Chor der Fischer war verstummt. Sie hatten ihr Netz eingeholt.

„Ich gehe zum Strand", sagte ich.

Sie hatten einen Toten im Netz. Es war ein Junge, höchstens sechzehn. Khakishorts, ein kurzärmeliges Uniformhemd, das aufgeknöpft war und eine magere hellhäutige Jungenbrust enthüllte, auf der sterbende kleine, silbrig glänzende Fische flatterten wie Pappelblätter im Wind. Das Haar und der Mund des Toten waren voller Sand, und über dem Herzen hatte er ein Loch in der Brust, aus dem zwischen ausgewässertem Fleisch ein dünner Faden rostfarbener Flüssigkeit rann.

Ein Jeep kam über den Sand herangebraust, kam schleudernd zum Stehen, Soldaten in Kampfanzügen sprangen heraus, drängten die Fischer mit Gewehrkolben beiseite, holten den Leichnam aus dem Netz, machten sich nicht die Mühe, ihn herauszulösen, sondern zerschnitten es, schleiften ihn vor die Füße des Offiziers. Wie Schuppen eines zerbrechlichen Panzers fielen die sterbenden Fische von der Brust des Jungen und bildeten eine silberne Spur auf dem nassen Sand. Der Offizier begann die Fischer auszufragen. Sie faselten aufgeregt. Haß war in den dunklen Augen angesichts des toten Feindes, aber auch eine Spur Angst. Einer trat nach dem Toten und spuckte ihn an aus zahnlosem Mund. Der Offizier schob ihn mit seinem Stöckchen zurück – sanft, aber nachdrücklich.

„Wer sind Sie?" fragte er mich auf englisch.

Ich sagte ihm meinen Namen.

„Gehen Sie in Ihr Hotel! Das ist eine militärische Angelegenheit."

Ich betrachtete den Fang. Kaum zwei Dutzend Fische, die mehr als handlang waren. Sie zappelten sich kläglich zu Tode. Die Aufmerksamkeit der Männer galt dem Jungen, dessen sandbedecktes Gesicht bereits zu Erdreich zerfallen schien, dessen Wunde versiegt war, unter der ein letzter verendeter Fisch klebte wie ein silbernes Blatt.

Die Aufmerksamkeit des Offiziers galt mir. Die verspiegelte Sonnenbrille war undurchdringlich, das Stöckchen zuckte ungeduldig gegen den Stiefelschaft. Ich machte kehrt und schlenderte gehorsam zum Hotel zurück.

III. Der traurige Elefant

„Ein dreckiger Pirat", sagte der Manager der Sea Queen achselzuckend und fuhr fort, seine betelbraunen Zähne zu reinigen.

„Er trug Uniform."

„Ein uniformierter dreckiger Pirat, Mr. Kirk. Es sind Gangster.

Singhal. Die Pranke des Löwen nennen sie sich. Zum Lachen! Die tamilischen Tiger werden diesen räudigen Löwen zerfleischen und im Meer ersäufen."

Auf dem Kalender an der Rückwand ein Ganesha, der mit seinem mächtigen Hinterteil eine Ratte zerquetschte. Er musterte mich mit tückischen roten Augen, fast erblindet vor Fliegendreck. Zwei Zeitrechnungen: 18. Dezember 2016. Auf der rechten Hälfte war man bereits im 52. Jahrhundert angelangt. Ein Paralleluniversum? 5116 stand zwischen bunten Girlanden neben dem dicken linken Hinterbein des Elefantengottes.

„Wann wird das Luftschiff dasein?" fragte ich.

„In zwei, drei Tagen. Wer weiß? Vielleicht schon morgen."

„Das haben Sie vor zwei, drei Tagen auch schon gesagt, Mr. Lain."

Er hob die Schultern. „Wir haben Südwestwind. Selten um diese Jahreszeit. Das Schiff kommt nur langsam voran. Bombay ist weit, Mr. Kirk. Aber es wird kommen."

„Kann ich eine neue Matratze haben?"

Er blickte mich verständnislos an. Der Ganesha grinste boshaft. „Hören Sie, Mr. Kirk. Ich weiß, daß Sie sehr viel für mein Land getan haben, und ich würde Ihnen Ihren Wunsch gern erfüllen, aber heutzutage sind solche Dinge wirklich nicht leicht . . ."

„Was kostet eine neue?"

Mr. Lain senkte den Blick unter seidenweichen Wimpern auf den Taschenrechner, der zwischen einigen vergilbten Anmeldeformularen und miserabel gedruckten Zeitschriften auf dem Tresen der Rezeption lag, und begann zu tippen. „Zweihundert Dollar, Mr. Kirk."

Ich gab ihm zwei Hundertdollarstücke.

„Ich werde den Boy mit dem Mittagsbus in die Stadt schicken, Mr. Kirk. Heute abend haben Sie Ihre Matratze."

„Ich danke Ihnen, Mr. Lain."

„Braucht Mr. Baldenham auch eine neue Matratze?"

„Nein, Mr. Baldenham braucht keine neue Matratze."

Mr. Lain begann zu grinsen, öffnete den Mund und stieß ein schrilles Kreischen aus, das gar nicht zu seiner sonst so sanften Art paßte. „Ich verstehe", prustete er.

Der Boy war um Mitternacht immer noch nicht zurück. Ich zog in eins der Zimmer im Erdgeschoß um, die hinter einer brusthohen Balustrade lagen, einem durchgehenden Balkon, der das ganze Gebäude entlanglief. Dichtes Buschwerk verwehrte den Ausblick auf die Bucht, bot aber zusätzlichen Schutz. Ich mochte das Risiko nicht eingehen, von einer verirrten Kugel irgendeines Piraten oder Patrioten getroffen zu werden. Schaudernd breitete ich zwei Laken über die Hemisphäre meiner Liegestatt, streckte mich über Länder und Meere, Höhepunkte und Tiefen aus und schlief sofort ein.

Irgendwann in der Nacht landeten zwei Kampfhubschrauber auf dem Stützpunkt, um kurz darauf wieder zu starten. Im Morgengrauen kehrten sie heim. Sie hatten alle ihre Raketen abgefeuert.

Weder an diesem noch am nächsten Tag tauchte das Luftschiff auf. Auch der Boy ließ sich nicht mehr blicken. „Ich sagte Ihnen ja, daß es nicht leicht ist, Mr. Kirk“, sagte der Manager; aber ich hatte den Halunken im Verdacht, daß er das Geld eingesteckt und den Boy heimgeschickt hatte, damit er bis zu unserer Abreise verschwunden blieb.

Am Tag darauf – es hatte die ganze Nacht gestürmt und geregnet –, wir saßen gerade auf der Terrasse beim Frühstück, erhob sich plötzlich Lärm. Kinder patschten durch die großen Wasserpfützen auf der Straße und riefen aufgeregt: „Der Elefant! Der Elefant!“ Der ganze Ort schien auf den Beinen zu sein. Alle rannten zur westlichen Bucht, jenseits des militärischen Sperrbezirks.

Mr. Lain kam auf die Terrasse geeilt, breitete beide Hände aus und rief lachend: „Habe ich nicht gesagt, daß es heute kommt?“

Wir sprangen auf und schlossen uns den Leuten an. Von den Palmen tröpfelte das Wasser; die Luft roch frisch nach Gras und blühenden Franchipani; in den Pfützen spiegelte sich der graue regenschwere Himmel, und aus diesem grauen regenschweren Himmel sank . . . Ja, da war es! Es sank herab aus den Wolkenbäuchen – riesig, naß und glitzernd.

Unter seinem mächtigen schützenden Bauch die lange schlanke Gondel aus Aluminium und Plastik, vier Stockwerke hoch, eine Mischung von Fahrgastschiff, Frachtcontainer und Pullmanwagen.

Drüber, vorn, die rundum verglaste Kanzel der Brücke; dahinter, auf dem Dach der Gondel, zwischen Kisten, Körben und Ballen, saßen dichtgedrängt Passagiere im Schatten des Ballonkörpers. Am gerippten, stumpfmäuligen Bug war die Flagge Singapurs aufgemalt, ein weißer Halbmond und fünf weiße Sterne im roten Feld auf weißrotem Grund, dahinter stand:

SULTAN AHMET
EFRAIM HASIM SDN. BHD.
AIR & SEA TRANSPORTS

Mit schnarrenden Propellern manövrierte das Luftschiff die Nase zum Gitterturm, auf dessen Plattform ein Mann mit Wimpeln Zeichen gab; eine Ankerleine wurde abgeschossen und festgemacht; halbnackte Gestalten kletterten an der Reling der Gondel entlang; Leinen wurden herabgeworfen und ergriffen; Pfiffe und Kommandos ertönten, dann wurden die Trossen abgefiert und über Rollen gezogen. Mit dem gleichen Singsang, mit dem sie ihr Netz eingeholt hatten, zogen die herbeigeeilten Fischer den Ballon vom Himmel herunter, bis die Gondel knirschend im Sand aufsetzte und festgezurrt wurde. Dann schien das Ding förmlich zu explodieren, so viele Fahrgäste drängten heraus, augenblicklich umringt von Frauen und Kindern mit Körben voll Obst und Erdnüssen. Binnen Minuten glich der Strand einem Heerlager.

Das bullige, mit Helium gefüllte Luftschiff, über und über mit dunkel glitzernden Solarzellen bedeckt, sah nun, da man an Bug und Heck die vier Motorgondeln herabgelassen hatte, wie einer dieser mit Spiegeln besetzten Elefanten aus, die man früher in allen Größen den Touristen aus den USA, Europa und Japan verkauft hatte. Doch in seinem dunkel schimmernden Geschirr unter dem dunklen regenschwangeren Himmel sah es wie ein trauriger Elefant aus.

Ich wartete, bis der Zahlmeister der *Sultan Ahmet* den Fischern, die beim Niederholen geholfen hatten, ihren Lohn ausbezahlt hatte, dann fragte ich ihn, was eine Passage nach Colombo kostete. Er schnürte seinen bestickten Lederbeutel am Gürtel zu, dem er die Rupien entnommen hatte, musterte mich mit abschätzendem Blick und strich sich über den stattlichen grauen Knebelbart. Er war ein Sikh, bestimmt einsfünfundachtzig groß, das ungeschnittene Haar unterm Turban aufgesteckt.

„Dreitausend Dollar."

„Die Kabine?"

„Das Bett."

„Und auf dem Dach?"

„Zweitausend Rupien. Für Weiße verboten."

Ich wußte, daß man von Weißen überall das Mehrfache verlangte, aber das war happig. Nicht daß es uns etwas ausgemacht hätte, wir bekamen die Reisekosten von der NASA ersetzt, aber das riß ein tiefes Loch in unsere Barschaft, und die Zeiten von American Express waren ebenso unwiderruflich vorbei wie die des Massentourismus – man zahlte bar, in silbernen Hundertdollarstücken der Staatsbank von Singapur –, und wir hatten noch zwei Monate Urlaub vor uns.

„Ohne Geld sind Sie hier ein Paria", sagte uns der amerikanische Botschafter in Neu-Delhi, „nur" – er lachte – „rührt man die nicht an." Und die Aversion gegen die USA, die während der Hungerkatastrophen vor der Jahrhundertwende die Länder der dritten Welt sich selbst überlassen und 500 Milliarden Dollar in die Raumrüstung gesteckt hatten, saß tief. Der Technologieschub hatte auch EFOS, *Energy From Outer Space,* gebracht, aber für 400 Millionen Menschen kam die billige Energie aus dem All zu spät.

Ich buchte zwei Passagen auf der *Sultan Ahmet* und zählte sechzig Silberlinge in die große braune Hand des Zahlmeisters. Er riß zwei farbenprächtige Tickets von einem Block und reichte sie mir mit der strengen Geste eines Ablaßhändlers.

„Wir starten um 15 Uhr."

Ich schlenderte zu Andrew hinüber, der bei einer der abgefierten Motorengondeln stand und zusah, wie die Bordmechaniker die Antriebsmuskeln einbauten. Tagsüber flog das Luftschiff mit elektrischer Kraft aus den Sonnenzellen, nachts mußte es auf Muskelkraft zurückgreifen.

Mit einem Flaschenzug hoben sie den Muskel, groß wie eine Rinderhälfte und bestimmt zehn Zentner schwer, aus dem temperierten, mit Nährlösung gefüllten Aluminiumcontainer, um ihn mit warmem Wasser abzuwaschen und in die Arbeitswanne abzusenken, wo er mit den knorpeligen Auswüchsen seiner stumpfen Seite an einem mächtigen Stahlrahmen festgeflanscht wurde, während man das spitze, mit Sehnenbändern versehene Ende mit der Kurbelwelle verband. Drei dieser Muskeln trieben jeweils einen Propeller an. Ein tellergroßes rundes blaues Zeichen war in die weißliche Haut tätowiert: HITACHI BIOTECH. Lebendiges Muskelgewebe aus rückgezüchteten Mammuts, wie es in den japanischen Biolabors in Millionen Tonnen heranwuchs, billiger und leistungsfähiger als AMERICAN BISON und bis zu einem Jahr lebensfähig, danach zum Verzehr freigegeben – wenn man die geeigneten Zähne dazu hatte.

Die Mechaniker klemmten die Blutzufuhr des Regenerationscontainers ab und verbanden die Arterien mit dem Versorgungssystem der Gondel. Als alle drei Muskeln befestigt und angeschlossen waren, wurden am rudimentären Nervenstrang die Impulsgeber-Elektroden eingestöpselt. Ein Mikroprozessor steuerte durch exakte Zündfolge den Takt, während ein Sensor im Blutkreislauf den Gehalt an synthetischem Adrenalin und den Blutdruck jeder Bioeinheit überwachte. Es folgte ein Probelauf: die Muskeln ruckten in ihren Rahmen und setzten die Kurbelwelle in Bewegung. Eine Plastikarterie riß sich los, besprühte die Männer mit Blut. Sie behoben die Panne und wischten sich lachend die Gesichter mit einem Zipfel ihres Turbans, dann ging die Stampede der mächtigen Urwelttiere weiter, über imaginäre Tundren, elektronisch induzierte Fluchtreflexe, chemisch gesteuerte Angst, gesteigertes Durchhaltevermögen. Bis zu 30 Stunden kann ein gut gepflegter, gut genährter, gut trainierter und mit Adrenalin vollgepumpter Hitachi-Mammut sein Letztes geben.

Einer der Monteure sagte etwas zu mir, aber ich verstand ihn nicht. Er grinste.

„Was will er?" fragte ich Andrew.

„Er fragte, ob du eine Bluttransfusion brauchst, weil du so blaß bist."

„Danke!" rief ich über die immer geschmeidiger arbeitenden Muskeln hinweg.

Als wir in die Sea Queen zurückkehrten, standen schon zwei Dutzend neue Gäste an der Rezeption. Es roch nach Schweiß und Knoblauch.

„Mr. Kirk!" rief der Manager über den Lärm hinweg. „Ihre Matratze ist da."

Und tatsächlich, da lehnte sie an der Wand: häßlich rot, grün und blau geblümt, jungfräulich in stramme Plastikfolie gehüllt. Einige der neuen Gäste musterten mich etwas befremdet.

„Warum hat der Junge drei Tage dazu gebraucht?"

„Er hat seine Familie in der Stadt besucht!" rief er entschuldigend. „Wann hat er schon Gelegenheit, in die Stadt zu kommen? Das müssen Sie verstehen, Mr. Kirk."

Einige der Leute musterten mich, als hätte ich etwas dagegen, daß der Junge seine Familie besuchte, und ich trat achselzuckend den Rückzug an, ging aufs Zimmer und packte meine Reisetasche.

Andrew kam in mein Zimmer, setzte sich aufs Bett und seufzte: „Wie soll ich ihr beibringen, daß ich heute nachmittag abhaue?"

„Du bist doch sonst um keine Ausrede verlegen!"

„Ich komme mir ziemlich mies vor."

„Dann laß dich doch nicht immer wieder mit den Weibern hier ein. Vielleicht nimmst du sie mit. In Colombo kann sie nachträglich ihre Witwenverbrennung haben. Die machen dort mit Tamilen kurzen Prozeß."

„Du bist ungerecht."

„Ach was?"

„Herrgott!" schrie Andrew. „Ich bin fünfzehn Jahre älter als du, Pete, aber manchmal kommst du mir vor wie ein zänkischer alter Mann, der nichts mehr vom Leben erwartet. Ich weiß, daß du Schwierigkeiten mit deiner Frau hattest und daß deine Ehe in die Brüche gegangen ist, auch wenn du nie ein Wort darüber verloren hast. Ich hab doch Augen im Kopf. Du brauchst nicht monatelang deine verletzte Eitelkeit zu hätscheln. Wenn so etwas passiert, ist selten einer allein daran schuld."

„Davon verstehst du nichts."

„O doch, davon verstehe ich eine ganze Menge, Pete."

Ich ergriff meine Reisetasche und ging hinunter, um meine Rechnung zu bezahlen.

NATÜRLICH hatte ich schon längst Verdacht geschöpft, ihr gelegentlich sogar nachspioniert, aber ohne konkretes Ergebnis. Ich traf also ein paar Vorbereitungen, als ich für vier Monate in den Orbit ging, weil ich annahm, daß Rut während meiner Abwesenheit keine Skrupel haben würde, eventuelle Liebhaber in unser Schlafzimmer mitzubringen. Das ist meine Frau, sagte ich mir immer wieder, während ich den Fernsehschirm anstierte und zusah, wie leidenschaftlich, wie zärtlich, mit welcher Hingabe sie einen anderen Mann lieben konnte. Einmal rutschten sie aus dem Bett, trieben es wahrscheinlich auf dem Boden weiter, aber der Belastungsschalter hatte das Band angehalten, bis das Gewicht zweier Körper es wieder in Bewegung setzte. Eine Störung riffelte das Bild quer in sägezahnähnlichem Muster und verschob die kopulierenden Körper seitlich gegeneinander; ihre Bewegungen, plötzlich durch ein gezacktes, silbern flirrendes Band getrennt, zappelten auf absurde Weise ins Leere. Das ist meine Frau, sagte ich mir immer wieder in einer ekligen Mischung aus weinerlicher Selbstgerechtigkeit und verletzter Eitelkeit. Mir schmerzten die Hände, so hielt ich die Armlehnen des Sessels umklammert. Es war kalt im Zimmer, weil ich vergessen hatte, das Fenster wieder zu schließen.

„Warum ist es so kalt hier?" rief sie von der Tür her, schüttelte mit der typischen Bewegung ihr Haar aus dem Gesicht und zog den Trenchcoat aus. „Ich hab ein paar gute Sachen eingekauft, wir kochen uns heut was Feines, denn ich kann mir vorstellen, daß du nach all der Zeit etwas Anständiges zum Essen brauchst."

Ich konnte das Band nicht abstellen. Ein gebräunter Rücken, zuckende Lenden, schlanke Finger, die einen Hinterkopf umklammern, geschlossene Augen in einem zarten, verzückten Gesicht, wirre blonde Ringellocken, Lippen, die gierig ein Ohr suchen, einen Mund ...

Ich hörte sie keuchen, ein beinahe lächerlich quäkender, qualvoller Schrei, der aus tiefster Kehle kam, dann begann sie mit den Fäusten auf mich einzuschlagen, auf den Kopf, auf die Schultern. Das löste mich aus meiner Erstarrung. Ich sprang auf, hielt ihre Handgelenke fest; sie schlug und zerrte wie eine Rasende, stieß die Schuhspitzen gegen meine Schienbeine. „Was bist du doch für ein Schwein!" schrie sie. „Wie kann man nur so ein Schwein sein!"

„Das wollte ich dich fragen."

„Du selbstgerechtes Monster. Du perverses Schwein!"

Während sie sich loszureißen versuchte, lag ihr Kopf einen

Moment lang an meiner Brust, kaum einen Augenblick lang; ich spürte mit den Lippen ihr Haar, es war vom Regen feucht, und ich roch seinen Duft, nach dem ich mich in den Monaten im Orbit gesehnt hatte, weil ich mich nie genau an ihn erinnern konnte, nur wußte, daß ich ihn mochte. In diesem Moment, in diesem halben Augenblick war ich bereit, alles zu vergessen und das Band zu löschen wie mein Gedächtnis, doch dann war dieser Moment vorbei, und wir hatten ihn nicht festhalten können, uns nicht festhalten können.

ICH FUHR noch am selben Abend in die Hütte an der See, zu der wir Klubmitglieder den Schlüssel hatten. Es war niemand da. Ich machte Feuer. Es regnete die ganze Nacht; ich hörte das Trommeln der Tropfen auf dem Dach des Wagens, den ich unter den Tannen vor der Hütte abgestellt hatte. Irgendwann schlief ich ein.

Am nächsten Morgen klarte es auf. Ich lief zwei Stunden, mit langen, raumgreifenden Schritten. Nach der Enge der Orbitalstation ist es mir ein Bedürfnis, Raum zu durchqueren, Distanz zurückzulegen, das Gefühl zu haben, die Erde mit jedem Schritt hinter mir wegzuschieben, in Drehung zu versetzen. Über der Bucht hing dichter Nebel. Ich trabte den Strand entlang, Muscheln knirschten, Scherben der Zeit. Ich keuchte mir die Lungen aus dem Leib. Wie aus dem Nichts rollten die Wellen des Pazifiks heran und brachen sich neben meinen Füßen, zogen sich zischend wieder zurück. Ich streckte mich erschöpft auf dem feuchten Sand aus. Seine Kühle tat mir wohl. Der Zorn, der die ganze Nacht wie ein kantiger Stein in meiner Brust gelegen hatte, war verschwunden, der Schmerz, den er verursacht hatte, ließ mit jedem Atemzug nach. Ich öffnete die Augen und erblickte direkt über mir durch ein Loch in den Wolken ein Stück blauen Himmels. Und plötzlich war mir, als läge ich mit dem Rücken gegen eine kalte Fläche gepreßt und blickte hinab in einen Abgrund, in den ich bei der geringsten unvorsichtigen Bewegung stürzen mußte. Dieses Gefühl kennt jeder Astronaut, der Außenarbeiten im Orbit durchgeführt hat. Ich schloß die Augen und wartete, bis ich sicher war, daß ich mit dem Rücken auf der sicheren Erde lag und aufstehen konnte.

„ICH WUSSTE gar nicht, daß du so ein gerissener Voyeur bist", sagte Danny genüßlich grinsend. Er scharrte flink die Reiskörner und Soßenreste auf dem Löffel zusammen und schleuderte sie mit einer blitzartigen Bewegung in den Mund; dann ließ er sich zurücksinken und griff nach der Serviette. „Der Richter wird dich zwar für keinen Gentleman halten, aber das Band ist Gold wert." Er hatte sich beim Essen bekleckert und tupfte sich ungeschickt die Krawatte ab. Sein dickes Gesicht hatte bei der Anstrengung, an sich hinunterzublicken, eine rötliche Färbung angenommen. „Mit Geldforderungen kommt sie bei soviel Beweismaterial nicht durch." Er kicherte vergnügt und tätschelte meinen Arm. Über seinem Bauch hatte sich ein Hemdenknopf geöffnet, und die blasse behaarte Hautstelle zog meinen Blick magisch an. Plötzlich empfand ich physischen Widerwillen davor, ihm das Band auszuhändigen.

„Wer alles wird es ansehen?"

„Selbstverständlich ich, als Anwalt, der Richter, wahrscheinlich der Beisitzer, vielleicht ein Sachverständiger."

Sachverständiger?

Sein Bauch hüpfte, als er lachte. „Bedenken? Ich sage dir, das Band ist Gold wert. Das spart dir eine Menge Geld."

„Schade."

„Was soll das heißen?"

„Ich hab's ins Meer geschmissen."

Sein Gesicht erschlaffte. „Keine Kopie?"

„Keine Kopie."

Als ich aufstand, fiel mein Blick zufällig auf die Überschrift einer Zeitung, die jemand auf dem Nebentisch hatte liegenlassen.

ANGEBLICHER DOPPELGÄNGER
DES ENTFÜHRTEN NOBELPREISTRÄGERS
ERMORDET

Der Mann, der behauptete, der vor Monaten entführte Nobelpreisträger Giuseppe Torre zu sein, wurde in einem New Yorker Hotel erschossen aufgefunden. Frau Torre bestreitet Identität.

Mich interessieren Zeitungsmeldungen nicht sonderlich. Das war schon immer mein Fehler.

IV. Der Spiegel der See

„MR. KIRK! Sir! Mr. Kirk!" rief eine krächzende Stimme, als wir durch die Paßkontrolle waren. „Ihre Matratze, Mr. Kirk!"

Es war der Boy von der Sea Queen, und er hatte tatsächlich die Matratze vom Hotel zum Landeplatz heruntergeschleppt.

„Ich schenk sie dir! Mach eine schöne Welt daraus!"

„Was soll ich daraus machen, Mr. Kirk?"

„Ach, nichts. Schlaf gut auf ihr!"

„Danke, Mr. Kirk. Und gute Reise!"

Eine halbe Stunde später wurden die Leinen losgemacht und eingeholt, und die *Sultan Ahmet* erhob sich in die Lüfte. Unsere Galeerenmammuts legten sich in die Riemen, die Luftschrauben schnarrten und schoben das Schiff nach Südosten.

Andrew bestellte sich beim Kabinenstewart ein Bier, hob das Glas und blickte traurig auf die Küste zurück. „Entschuldige bitte, daß ich dich vorhin angebrüllt habe", sagte er.

„Laß gut sein. Du hattest ja recht."

Wir starrten durch das dünne Plastikfenster unserer Kabine, während sich unter uns über dem dunstigen Land schon die Nacht sammelte.

ICH SCHLIEF schlecht und schreckte wiederholt auf, weil ich dachte, der Satellit sei außer Kontrolle geraten. Das leichte Pendeln der Gondel irritierte mich. Außerdem war die Koje zu kurz, als daß ich die Beine hätte ausstrecken, und zu schmal, als daß ich hätte bequem mit angezogenen Knien liegen können. Ich schob das schmale Fenster ein Stück weit auf und ließ die kühle Nachtluft herein. Es war ungewöhnlich still – nur das leise Ächzen des Ballongeschirrs, das Singen des Windes in den Drähten und Verstrebungen und das leise Surren der Luftschrauben, geisterhaft bewegt von der imaginären Stampede galvanisierter Muskeln.

DER MORGEN graute. Ein Matrose, der im Fenster einer Motorengondel hockte, gegen die Kälte eine Decke um die Schultern geschlungen, winkte mir zu. Ich winkte zurück.

Ich stieg sehr leise aus meiner Koje und stand barfuß auf der dünnen Reisstrohmatte, mit der die Kabine ausgelegt war.

Andrew schlief fest. Ich musterte ihn im Halbdunkel. Sein dichter brauner Schnurrbart hing traurig über die Winkel seines leicht geöffneten Mundes. Trotz der Stirnglatze und des ergrauenden Haarkranzes wirkte er erstaunlich jung, wenn der Schlaf die Falten auf der Stirn und in den Augenwinkeln glättete. Er hatte etwas Jungenhaftes an sich, trotz seiner 54 Jahre, und wenn er vor einem stand, ein kleiner drahtiger Mann mit einem Ansatz zum Bierbauch, der nicht so recht zu seiner Figur passen wollte, in ausgeblichenen Jeans, Sporthemd, abgeschabter Lederjacke und ausgelatschten Schuhen, fiel es schwer zu glauben, daß er zu den hochkarätigsten Computerspezialisten des EFOS-Teams gehörte.

„Computersoftware", pflegte er zu korrigieren. „Mich interessiert nur die Software, nicht der Drahtverhau. Davon verstehe ich nichts." Schon als Teenager hatte er das Telenet, wie es damals noch hieß, verunsichert und als Hacker manchen das Fürchten gelehrt. Später hatte er an der University of California in Los Angeles bei Alan Garfinkel studiert und war mit eigenen Arbeiten über Chaosforschung hervorgetreten. Er vertrat den deterministischen Standpunkt und hielt die Position der Randomisten auch nach deren Sieg in der philosophischen Auseinandersetzung für einen Denkfehler.

Andrew war spät zum EFOS-Team gestoßen, um 2010, als ich schon sechs Jahre dabei war. Was er vorher gemacht hatte, darüber wollte er nicht reden. „Ich habe mich mit Randomisten geprügelt, und sie haben gewonnen. Es war eine geheime Regierungsgeschichte, aus der nichts geworden ist, und sie haben uns dazu vergattert, die Klappe zu halten. Also, hör endlich auf, mich zu löchern! Das mußt du doch verstehen, Herrgott noch mal!"

„Eine Bombe?"

„Es hätte eine werden können, wie sie die Welt noch nicht gesehen hat. Wir hätten den Hunger aus der Welt gebombt."

„Und wie lange warst du dabei?"

„Zwölf Jahre."

„Eine verdammt lange Zeit für ein Projekt, das dann in den Sand gesetzt wurde."

„Wir hatten eben Pech. Die Grundlagenforschung erbrachte

Resultate, die gegen uns waren. Aber ich denke, es war die falsche Mathematik, die sie angewendet haben."

Als Andrew bei *Sunbird 3* auftauchte, wurde ich ihm als Telemetrie-Ingenieur zugeteilt. Er hatte die Programme für die lasergesteuerten Antennenschwenks des Energiesatelliten auszuarbeiten, in welcher Reihenfolge und wie lange dieser von seinem leicht schwankenden stationären Orbit aus die Antennenfelder zwischen Pakistan und Japan, Simbabwe und Australien versorgte. Ich hatte ihm dafür die Daten zu liefern – mit einer Genauigkeit von plus/minus 100 Millimetern auf 35 800 Kilometer.

Nanguneri in Südindien war die letzte Bodenstation gewesen, die wir zu testen und abzunehmen hatten. *Sunbird 3* hatte inzwischen den Betrieb voll aufgenommen. Nun war es unsere Aufgabe, *Sunbird 4* betriebsbereit zu machen, während zwischen Port-au-Prince und Montevideo, Nouakchott und Swakopmund die Antennenfelder montiert wurden.

ICH ZOG mich an und stieg hinunter in das Passagierdeck der 2. Klasse. Der Raum war eng bestuhlt wie ein Charterjet des letzten Jahrhunderts. Die meisten Reisenden schliefen, in Decken oder in ihre weiten bunten Gewänder gehüllt. Ein Kind wimmerte. Die Mutter wiegte es und sah mich ausdruckslos an. Die Schiebefenster waren alle geschlossen. Es roch nach Erbrochenem und vollen Windeln.

Ich ging nach vorn und die Treppe hinunter zur Bar. Zwei Männer im weißen Burnus lehnten am Tresen, gossen sich den Kaffee in die abgewetzten Plastikuntertassen und schlürften ihn heraus, unterhielten sich auf arabisch. Einer der beiden, mit Narben im Gesicht, als hätte man es mit einem Hackmesser bearbeitet, nickte mir freundlich zu und entblößte ein Vermögen an goldenen Zahnprothesen. Ich lächelte zurück und bestellte mir beim Barkeeper, der in einem winzigen Plastikeimerchen Tassen abspülte, einen Kaffee.

„No Nescafé", erklärte er stolz, während er mir eingoß, „Malacca Coffee."

Er schob mir einen riesigen runden Napf, vollgefüllt mit Zucker, zu.

Ich trank das heiße, dünne Gebräu, zahlte und stieg die drei

Stockwerke zum Dach der Passagierkabine hinauf. Jeder Fußbreit Boden war mit Fracht und Gepäck vollgestellt, dazwischen schliefen die vermummten Gestalten von Deckpassagieren unter dem schützenden Bauch des Elefanten.

Wir befanden uns in etwa 600 Meter Höhe. Es hatte aufgeklart. Die Morgenluft war kühl. Matrosen, nur mit Lendentuch und Turban bekleidet, enterten auf, um die Sonnenzellen blankzureiben; ihre schmalen braunen Füße krallten sich in die Trittstege der Strickleitern. Einer der Männer stand auf halber Höhe und erleichterte sich. Eine makellose Parabel, die sich in der Tiefe verlor. Das Meer lag nach Osten hin wie eine geriffelte Metallfläche unter dem Licht, das den Himmel zu füllen begann. Weit voraus ein heller Saum, wie eine zarte Girlande an den Horizont geheftet: die Brandungslinie der ceylonesischen Küste.

Der Himmel erhellte sich rasch. Dunkle, dickbäuchige Wolkenkaravellen zogen uns entgegen. Ihre Spieren und Planken wurden von den Luftschrauben aufgefräst und stoben davon wie Rauch. Das Spiel von Hell und Dunkel gewann an Farbe, ein zartes Grün wich einem kräftigen Zinnober, die höheren Wolken glühten auf, ihr Feuer griff auf die oberen Ränder der tieferen über, hellte sie zu wärmeren Tönen auf, zu Gelb, schließlich Weiß. Die Sonne war aufgegangen.

Von der Brücke war der langgezogene Ton einer Trillerpfeife zu hören. Die Köpfe von Mitreisenden tauchten aus Mänteln und Decken – braune Gesichter, kahlrasierte Schädel, weiße Bärte, zahnlos gähnende Münder. Signale durch Handzeichen gingen zwischen der Brücke und den vier Motorgondeln hin und her. Der Kapitän ließ den Antrieb auf Sonnenenergie umschalten, um die Biomotoren zu schonen. Die Adrenalinzufuhr wurde gedrosselt, Sedativa in die Blutbahn geleitet, die Nervenimpulse versiegten. Der kräftige Schlag der Muskeln erschlaffte und hörte ganz auf. Die zitternden Flanken wurden von sauerstoffreichem Blut durchflutet, um die Schlackenstoffe auszuwaschen, während das Getriebe ausgekuppelt und die Elektromotoren angeworfen wurden. Die Propeller begannen wieder rascher zu kreisen. Plötzlich mischte sich ein hackendes Geräusch in das stetige Surren. Ein waffenstarrender Kampfhubschrauber schwebte heran und ging etwa 20 Meter oberhalb unserer Flughöhe in Schußposition. Er trug einen dottergelben hechelnden Löwen auf braunem Grund, der in der rechten Tatze triumphierend ein Ding hielt, das halb wie ein Tranchiermesser, halb wie ein Zepter aussah. Ich sah die dunklen Gesichter der Männer unter den Stahlhelmen, undurchdringliche Gesichter, Männer, die auf Befehl alles töten und in Stücke schießen würden. Es juckte mich, den elektronischen Schlagring auszulösen, um ihre Bordelektronik ein bißchen durcheinanderzubringen, aber das hätte womöglich eine Katastrophe heraufbeschworen.

Der Kapitän hob ein Megaphon an die Lippen und rief hinüber. Der Hubschrauberpilot antwortete über Lautsprecher. Es entspann sich ein Wortwechsel, der wie das Kollern erboster Truthähne klang. Einmal glaubte ich den Namen Baldenham herauszuhören, aber ich war mir nicht sicher. Schließlich drehte der Hubschrauber ab und stob Richtung Südosten davon, während die *Sultan Ahmet* weiter auf die Küste zuhielt.

„Besuch war für dich da." Andrew blickte von seinem Frühstück auf und musterte mich prüfend. „Ich glaube, die haben nach dir gefragt."

„Quatsch!" sagte er und stippte mit einem zusammengerollten Fladenbrot in seinen Spiegeleiern herum. „Schon gefrühstückt?" fragte er.

„Nur einen Kaffee."

„Setz dich!"

Am Nebentisch saßen fünf buddhistische Mönche: wohlgenährte Körper, in weite orangefarbene Gewänder gehüllt, den Fuß behaglich unter den Hintern gezogen; runde, kahle Schädel; freundliche, zufrieden lächelnde Gesichter; eine freundliche, zufriedene und wohlgenährte Religion, die schon vor der Jahrtausendwende weltweit ungeheuren Zulauf, auch in den westlichen Ländern, gehabt hatte.

„Hast du je den Namen Cecil Roughtrade gehört?" fragte Andrew.

„Roughtrade?"

„Er war der Häuptling der Deterministen im Chaosstreit der neunziger Jahre."

„Das war vor meiner Zeit."

„Ich war einer seiner Assistenten beim MIDAS-Projekt. Ich habe wie er fest an die Sache geglaubt. Tue ich übrigens heute noch."

„MIDAS?"

Er klopfte sich nachdenklich mit dem Zeigefinger auf die Lippen, als wollte er sich selbst Schweigen gebieten, und sagte halblaut: „Molecular Integrating and Digital Assembling System – die Grundlage für Multimanna. Ein Moby, wie wir damals sagten, eine ganz große Sache und mathematisch absolut okay, auch wenn die Bogons, die Knallköpfe von Randomisten, das Gegenteil behaupten."

„Und wozu sollte es gut sein?"

Er grunzte und schaufelte entschlossen sein Frühstück in den Mund.

„Lies das!" sagte er und schob mir eine zerknitterte *Washington Post* zu, die irgend jemand hatte liegenlassen. Sie war vom 13. Dezember, mehr als eine Woche alt. Andrew deutete mit einem Kopfnicken auf die Schlagzeile.

RØDESTROMS DOPPELGÄNGER TOT

(AP) – Nach kurzer schwerer Krankheit starb am vergangenen Freitag im London Hospital der Mann, der von sich behauptete, der bekannte Physiker und Nobelpreisträger Bengt Rødestrom zu sein. Von Rødestrom selbst, der sich um die Jahrtausendwende einen Namen in der ULT-Forschung (Ultra Low Temperature) gemacht hat, durch deren Ergebnisse die Speicherfähigkeit von Kristallen um ein Hundertfaches vergrößert werden konnte und für die er zusammen mit seinem Kollegen Mario Battani 2002 den Nobelpreis für Physik erhielt, war keine Stellungnahme zu erhalten. Seit einem Herzinfarkt, den er während einer Physikertagung vor acht Jahren in Manila erlitt, lebt der Gelehrte zurückgezogen auf der dänischen Insel Samsø. Eine Obduktion der Leiche im London Hospital ergab trotz der frappierenden Ähnlichkeit mit Rødestrom doch einige wesentliche Abweichungen: Es muß sich bei ihm um einen sechs bis acht Jahre jüngeren Mann gehandelt haben, mit einem vollständigen Gebiß und einer Mißbildung des linken Fußgelenks, die nach Ansicht der Ärzte angeboren war. Auch waren am Herzen keine Spuren eines Infarkts festzustellen. Im übrigen wiesen die inneren Organe eine Reihe von Verwachsungen und Fehlfunktionen auf, die wahrscheinlich auch die Todesursache darstellten. Einer der Ärzte, Dr. Shaw, sagte wörtlich: „Es ist mir ein Rätsel, wie dieser Mann überhaupt so alt werden konnte."

> Mario Battani, der Freund und Kollege Rødestroms, der das Institut für Tiefsttemperaturphysik in Cerveteri bei Rom leitet und der auf Bitten der Behörden nach London gereist war, sagte: „Ich habe keine Veranlassung zu der Annahme, daß mein Freund Bengt nicht auf Samsø und bei den Umständen entsprechender Gesundheit sein sollte. Der Tote könnte tatsächlich ein jüngerer Bruder von ihm sein, aber er war ein Verrückter, ein Wichtigmacher." Die Behörden stehen vor einem Rätsel, und Verbindungen zu dem Fall des „Torre-Doppelgängers" vor einem halben Jahr, dessen Identität bis heute nicht geklärt werden konnte, drängen sich geradezu auf.

„Die Identität muß sich doch durch Fingerabdrücke leicht klären lassen", sagte ich und schob Andrew die Zeitung hinüber.

„Von Torre hat man wahrscheinlich keine. Und er ist bis heute nicht wiederaufgetaucht."

„Aber im Fall von Rødestrom . . ."

Andrew zuckte die Achseln. „Vielleicht hat er sich geweigert."

„Weshalb sollte er sich weigern?"

„Das weiß ich auch nicht." Er wischte die Krümel auf dem Tisch zusammen und warf sie auf seinen leer gegessenen Teller. „Merkwürdig aber ist, daß sowohl Torre wie Rødestrom zu Roughtrades Crew bei MIDAS gehörten – jedenfalls am Anfang."

„Siehst du da einen Zusammenhang?"

„Buchan, der Chef vom Sicherheitsdienst der NASA, hat mir, bevor wir nach Nanguneri gingen, ein paar so merkwürdige Fragen gestellt, auf die ich mir keinen Reim machen konnte. Aber er sagte nichts Konkretes; wollte mich offenbar nur aushorchen. ‚Kenneth', sagte ich, ‚ich war ein halbes Jahr im Orbit. Ich habe keine Ahnung, wovon du sprichst. Du mußt mir schon sagen, was du wissen willst.' Es sei wegen der Torre-Entführung, sagte er. Sie seien da auf einige merkwürdige Dinge gestoßen, die im Zusammenhang mit MIDAS stehen könnten." Er lehnte sich zurück und blickte mich an. „Pete, glaubst du an eine Auferstehung des Fleisches?"

„Fragst du mich als Christ oder als Techniker?"

„Ich frage *dich,* Pete." Er musterte mich aufmerksam mit seinen lebendigen dunklen Augen. Eine Flocke Eiweiß hatte sich in seinem Schnurrbart festgesetzt. Ich hätte sie ihm am liebsten mit dem Finger weggeschnippt, hielt mich jedoch boshafterweise zurück.

„Wenn du Cloning meinst . . ."

Andrew winkte geringschätzig ab. „Diese Spielereien kosten viel zuviel Zeit."

Ein Kellner kam und räumte mit faszinierend langsamen Bewegungen den Tisch ab. Seine fast schwarzen Hände waren unglaublich schmal und zartgliedrig.

„Wenn ich nicht dabeigewesen wäre, als er umkam, man könnte glauben, Roughtrade lebte noch und habe das Projekt weitergeführt. Er schüttelte den Kopf.

„Nur er hätte es weiterführen können", setzte er nach einer Pause hinzu. „Und finanzieren würde er es mit Sklavenhandel. Das sähe ihm ähnlich."

„Mit Sklavenhandel? Wie könnte denn heute irgend jemand mit Sklaven . . .?"

„Wir sind da", unterbrach mich Andrew und deutete zum Fenster hinaus. Dicht unter uns zogen Palmwipfel vorbei. Die *Sultan Ahmet* hatte Katunayake bei Negombo, den internationalen Flughafen von Colombo, erreicht.

V. Singhas Reich

„MÖGEN Sie Tee?" fragte der Inspektor, während er verschwenderisch Zucker in drei Tassen schaufelte und ihn mit Milch beträufelte.

„Ja, bitte", sagte ich. Andrew nickte.

Dampfender schwarzer Tee wurde eingegossen und färbte sich zu einem angenehmen Hellbraun. Der Inspektor schob die Tassen über den Schreibtisch, erst dann blickte er uns mit seinen hellen Augen an, die unverhofft blau aus seinem dunkelhäutigen Gesicht blitzten.

„Sie sind Physiker, Mr. Baldenham?"

„Nein, ich bin Mathematiker."

„Und Sie, Mr. Kirk, sind Sie auch Mathematiker?"

„Ich bin Telemetrie-Ingenieur."

„Worin besteht denn die Tätigkeit eines Telemetrie-Ingenieurs?"

„Ausrichtung von Laserspiegeln und Antennen für die Verbindung zwischen Satelliten und Bodenstationen sowie Satelliten untereinander."

„Sehr interessant. Waren Sie beim SDI beschäftigt?"

„Nein, ich habe ausschließlich beim EFOS-Projekt gearbeitet. Ich hatte nie mit militärischen Anlagen zu tun."

„Sonst wären Sie vermutlich nicht hier, Mr. Kirk."

„Das nehme ich an, Sir."

Der Inspektor mußte meine wachsende Verdrossenheit bemerkt haben, denn er schenkte mir ein gewinnendes Lächeln. „Bitte fassen Sie dies nicht als Verhör auf. Ich bin für Ihre Sicherheit in diesem Lande verantwortlich, und wir leben in unsicheren Zeiten. Weiße sind in den Ländern der dritten Welt nicht gern gesehen; Amerikaner am allerwenigsten. Wir müssen Sie im Auge behalten. Es könnte zu Mißverständnissen kommen. Ich hoffe, Sie verstehen.

Was dieses Gerät betrifft, das man bei Ihnen gefunden hat, Mr. Kirk, um was handelt es sich dabei?"

„Das ist eine EMPU, eine Electromagnetic Puls Unit, auch Eraser genannt."

„Nennt man es nicht auch einen elektronischen Schlagring?"

„Manche nennen es so."

„Und es dient dazu, elektronische Einrichtungen zu zerstören?"

„Nicht zu zerstören, Sir. Man kann in Notfällen durch einen künstlichen elektromagnetischen Impuls gezielt Speicherinhalte löschen oder etwa ein fehlerhaftes Computerprogramm stoppen. Ein Astronaut führt seinen Eraser immer bei sich. Beim Bau einer Raumstation sind ständig Dutzende von Bauelementen unterwegs, die von computergesteuerten Schleppeinheiten an ihren Platz manövriert werden. Ein Astronaut, der sich im Montagebereich bewegt, muß im Notfall blitzartig eingreifen, ein fehlerhaftes Programm löschen und Gegenschub aktivieren können."

„Das gilt doch aber wohl nur für den Raum."

„Ein Astronaut trägt seinen Eraser immer bei sich. Er ist das Zeichen seines Berufs."

„Man könnte damit aber auch die Bordelektronik eines Flugzeugs, die Datenspeicher einer Bank oder telefonische Einrichtungen stören oder ... äh ... etwa einen Herzschrittmacher stoppen."

„Das ist richtig, Sir, sofern es sich nicht um gehärtete Anlagen oder Geräte handelt."

„Das nenne ich ein gefährliches Spielzeug, Mr. Kirk."

„Kein Astronaut würde je damit spielen. Und ein Mißbrauch durch Unbefugte ist ausgeschlossen, weil die Sensorplatte am Armband mit einem Code ausgestattet ist, den nur ich kenne und durch den ein Puls erst aufgebaut werden kann."

„Ja, ich weiß, Mr. Kirk." Er nahm meinen Paß zur Hand und blätterte unschlüssig darin herum.

„Da Sie aber für dieses Land keine Arbeitsgenehmigung haben, werden Sie dieses fabelhafte Werkzeug wohl auch nicht brauchen."

„Ich trenne mich ungern von meinen privaten Dingen, die mir etwas bedeuten."

„So ist das Leben, Mr. Kirk." Der Inspektor holte eine dunkelbraune Papiertüte mit einem Klettverschluß aus seinem Schreibtisch und ließ meinen Schlagring hineinplumpsen, versiegelte sie mit schnellhärtendem Plastik und reichte mir den Kontrollabschnitt, nachdem er ihn vom Rand der Tüte gerissen und abgestempelt hatte. „Bei der Ausreise erhalten Sie Ihr Spielzeug zurück. – Führen Sie auch so einen Schlagring bei sich, Mr. Baldenham?"

„Nein. Ich bin kein Astronaut."

„Aber Sie waren doch schon wiederholt im Raum."

„Ich war in meinem Leben noch nie außenbords."

„Und das Zeichen Ihres Berufs ist der Taschenrechner."

„Irrtum!" Andrew tippte sich auf die sonnverbrannte Stirnglatze. „Mein Kopf. Und den werde ich Ihnen nicht dalassen."

Der Inspektor brach in schallendes Gelächter aus, das für seine schmächtige Gestalt erstaunlich tief und hohl klang, als hätte jemand in seiner Brust einen Kompressor in Betrieb gesetzt.

Wir schauten ihn beide etwas verdutzt an, bis er sich wieder gefaßt hatte.

„Wo werden Sie wohnen?"

Ich zuckte die Achseln.

„Ich empfehle Ihnen das Taprobane. Es ist erst kürzlich renoviert worden."

„Wir möchten so bald wie möglich nach Trincomalee", sagte Andrew.

„An der Ostküste ist jetzt Regenzeit."

„Das ist genau das, was ich mir wünsche."

„Dann wünsche ich Ihnen einen angenehmen Urlaub." Er reichte uns die Pässe über den Tisch. „Sollten Sie Schwierigkeiten haben, lassen Sie sich mit Inspektor Kirtisinghe verbinden. Man kennt diesen Namen."

AUF DEM Weg nach Colombo kamen wir an zahlreichen zerstörten und ausgebrannten Häusern vorbei. Manche mochten noch aus den Tamilenkriegen stammen, viele waren neueren Datums. Die ehemaligen Touristenhotels entlang des Negombo und Wattala Beach waren durch Stacheldrahtverhaue abgeriegelt und von thailändischen Flüchtlingen überfüllt. Kurz hinter Wattala gerieten wir in einen Menschenauflauf. Unser Fahrer wollte zurücksetzen, aber hinter uns hatte sich bereits ein Stau aus Bussen und Rikschas gebildet, so daß kein Durchkommen mehr war. Ärmlich gekleidete Menschen, die meisten von ihnen barfuß, rannten schreiend über die Straße und schüttelten drohend die Fäuste. Ihr Zorn galt einem hoch beladenen Militärlastwagen. Einige junge Männer hatten ihn erklettert und die Abdeckplane aufgeschlitzt. Sie versuchten, Säcke mit Reis aus der Ladung zu zerren und herunterzuwerfen, wurden aber von Soldaten mit Kolbenhieben daran gehindert.

Unser Taxifahrer, der sich resigniert schnaufend zurückgelehnt und eine Zigarette angezündet hatte, sagte: „Leute viel Hunger. Thai-Leute viel Essen von UNO; unsere Leute nix Essen. Muslims, keine Arbeit, viel arm. Schlechte Regierung von Militär." Er duckte sich tief übers Steuerrad, als plötzlich Schüsse krachten. In Panik kreischend, stoben die Leute auseinander, während der schwer beladene Lastwagen weiterfuhr. Reiskaskaden flossen von seinen Flanken. Abgezehrte Frauenhände scharrten hastig die Körner auf dem Asphalt zwischen den anfahrenden Autos zusammen. Ein junger Mann saß mit blutüberströmtem Gesicht benommen am Straßenrand, während ein anderer ihm aufzuhelfen versuchte.

„Schlecht", sagte unser Fahrer mit Nachdruck.

„DAS ZIMMER kostet 300 Dollar pro Nacht. Die sind verrückt!"

„Hör zu, Pete!" sagte Andrew, der unter der Dusche stand und sich abseifte. „Du kannst hier ein Zimmer für 300 Dollar haben, oder du kannst eins für einen Dollar haben. Dazwischen gibt es nichts. Und ich möchte nicht auf das Recht verzichten, das hier jeder Elefant in Anspruch nimmt."

„Welches Recht?"

„Ein Bad pro Tag."

„Bist du bald fertig?"

„Noch lange nicht."

Ich saß auf dem Bett und zählte meine Barschaft. Sie war bereits erschreckend zusammengeschmolzen.

„Sieht nicht gut aus", sagte ich zu Andrew, der endlich aus dem Bad kam und sich ein Handtuch um den Kopf geschlungen hatte.

„Ja, wir müßten tatsächlich so eine Roughtrade-Maschine haben."

„Was ist eine Roughtrade-Maschine?"

„Kennst du das Märchen vom Rumpelstilzchen? Da hat jemand eine Art Spinnrad, mit dem man Stroh in Gold verwandeln kann. Bei einer Roughtrade-Maschine steckst du einen Singapur-Dollar rein, und – klingelingeling – fängt sie an, Singapur-Dollars auszuspucken. Tischlein deck dich! Esel streck dich! Knüppel aus dem Sack!"

„Das gibt es aber leider alles nur im Märchen."

„Ja", sagte er versonnen und ließ sich auf dem Teppich nieder wie ein Fakir. „Wie im Märchen."

Am Ausgang überfiel uns eine Horde ausgemergelter Gestalten – Bettler, selbsternannte Reiseführer, Rikschafahrer –, die in uns den Lichtblick des Tages sahen. Ein Polizist zog drohend die Pistole und trieb sie zurück, wies uns barsch eins der wartenden Taxis zu: einen ziemlich alten, schwarzen, klapprigen Peugeot, der lange vor meiner Zeit vom Band gerollt sein mußte. Der Fahrer, ein schmächtiger, sehr junger Mann in Jeans und Sporthemd, sprach hervorragend Englisch.

„Cambridge Institute", sagte er stolz. „Und drei Jahre Gastarbeiter in Bahrein."

„Wie alt sind Sie?" fragte ich.

„Achtundzwanzig." Er sah höchstens wie siebzehn aus. „Möchten Sie eine Inselrundfahrt machen?"

„Mit diesem Wagen?"

„Oh, der ist gut in Schuß. Er gehört zwar der Kooperative, aber ich pflege ihn selbst."

Ich sah Andrew fragend an. Er nickte.

„Kommen Sie morgen um acht zum Hotel."

„Okay."

Das Taprobane liegt hinter dem Senatsgebäude Ecke Church und York Street, ganz in der Nähe des Hafens. Vom Harbour Room auf dem Dach des Gebäudes hat man einen herrlichen Ausblick über das Passenger Jetty, den Queen Elizabeth Quai und die übrigen Hafenanlagen. Wir wollten gerade mit dem Aufzug hinauffahren, als das Licht ausging.

„Bitte bleiben Sie im Foyer", sagte der Portier zu den anwesenden Gästen – gelangweilten Geschäftsleuten, Tee- und Gewürzeinkäufern –, „wir haben Fliegeralarm."

Boys brachten Schüsselchen voll Öl mit brennenden, schwimmenden Dochten darin und verteilten sie auf die Tische. Ein weiches, flackerndes Licht erfüllte die Halle, dann erklang der Gong, der uns zum Dinner rief. Im Speisesaal tafelten Gespenster. Ich lauschte bang, ob irgendwo das Geräusch von Flugzeugen oder das Krachen von Bomben zu hören wäre, aber die Nachtluft trug nur das Hupen der Autos und das Klingeln der Rikschas zu uns herein. Es war fast ein wenig enttäuschend, als plötzlich das elektrische Licht wieder erstrahlte und der Chef der Rezeption erschien, die Hände ausbreitete und sich verbeugte wie ein Zirkusdirektor und verkündete: „Wir haben Entwarnung. Die Verdunkelung ist aufgehoben."

„Was hast du für das Frühstück bezahlt?"

„Dreißig Dollar."

„Zusammen?"

„Für jeden."

„Und für das Gespensterdinner gestern abend?"

„Achtzig Dollar."

„Zusammen?"

„Für jeden."

„Die sind wirklich verrückt! Wie soll das weitergehen, Andrew?"

„Ab heute werden wir uns selbst verpflegen."

Unser Fahrer musterte uns im Innenspiegel. „Ich will gern versuchen, für Sie etwas zu kriegen, aber es wird nicht einfach sein."

„Die Leute werden uns doch wenigstens ein paar Bananen und Kokosnüsse verkaufen."

„Vielleicht", sagte er. „Aber sie haben selbst nicht viel. Sie müssen alles der Genossenschaft abliefern. Und sie haben Angst, wegen Wucher bestraft zu werden, wenn sie etwas auf dem schwarzen Markt verkaufen."

„Für gutes Geld?" Im selben Moment wußte ich, daß ich das nicht hätte sagen dürfen. Er lachte sarkastisch.

„Diese Leute dürfen gar keine Devisen nehmen. Nur die großen Hotels. Und dort bezahlen Sie das Hundertfache. Aber wir werden sehen. Bis Trincomalee sind es gut zehn Stunden."

„Wer hat Ihnen gesagt, daß wir nach Trincomalee wollen?" fragte Andrew mißtrauisch und beugte sich vor.

„Jede Rundreise geht über Anuradhapura, Trincomalee, Sigiriya, Polonnaruwa . . ."

„Aber das stimmt doch gar nicht!" unterbrach ihn Andrew. „Nehmen Sie die Straße nach Kandy, und bringen Sie uns nach Batticaloa!"

„Okay, okay!" Der Fahrer zuckte die Achseln. „Ich bringe Sie hin, wo immer Sie wollen."

VI. Die Feuersäule

AM SPÄTEN Vormittag erreichten wir Kandy. Auf dem künstlichen See vor dem Tempel des Zahns wiegten sich Seerosen. Die Blütenkelche waren noch geschlossen und ragten wie purpurfarbene Pfeilspitzen aus dem Wasser. Am Ufer lümmelten ein paar Rikschafahrer auf ihren Fahrzeugen, hoben sich gegen die glitzernde Oberfläche ab wie Scherenschnitte. Drei Mönche lagerten auf einer Balustrade unter einem safranfarbenen Sonnenschirm, schläfrig und fett wie kastrierte Kater. Ihre Gesichter waren ausdruckslos. Wir hielten nicht an, sondern fuhren weiter hinauf in die Berge in Richtung Maha Oya. Die Straße wurde zusehends schlechter, und der Peugeot klapperte und ratterte. Staub wehte in den Wagen.

„Wir machen gleich eine Pause", sagte der Fahrer und spuckte zum Fenster hinaus.

Er hielt vor einer Brücke, deren rostige Bogen ein fast ausgetrocknetes Flußbett überspannten, ging um den Wagen und lud unser Gepäck aus dem Kofferraum.

„Was soll das?" fragte Andrew.

„Bitte warten Sie hier auf mich. Ich werde versuchen, den Tank voll Benzin und etwas zu essen zu bekommen. Ich bin in einer halben Stunde wieder da."

Wir stiegen aus und nahmen unsere Reisetaschen. Andrew beugte sich über das Brückengeländer. „Das muß der Muhaweli Ganga sein. Dann haben wir etwa die Hälfte."

Auf einer Insel im Flußbett standen drei riesige Bäume, die wie abgestorben wirkten. An ihren kahlen grauen Ästen hingen ganze Trauben langer ledriger Früchte.

„Was ist das?" fragte ich überrascht.

„Das sind fliegende Hunde. Sie schlafen tagsüber. Nachts jagen sie."

Etwa hundert Meter von der Brücke entfernt bildete der Fluß eine Kuhle. Frauen kauerten an ihrem Rand und wuschen. In der Stille waren das Klatschen der Wäsche auf den Steinen, die Stimmen und das Lachen ungewöhnlich laut.

„He!"

Wir fuhren herum. Wie aus dem Boden gewachsen, standen plötzlich ein halbwüchsiges Mädchen und ein kleiner Junge vor uns. Das Mädchen, vielleicht zwölf oder dreizehn Jahre alt, trug ein zerrissenes Kleid aus verwaschenem blauem Baumwollstoff, zwischen dessen Fetzen man eine seiner kleinen Brüste sehen konnte. Der Junge, vielleicht drei oder vier, hatte einen kahlgeschorenen Schädel und eine triefende Rotznase und trug als einziges Kleidungsstück ein kurzes Hemd, das ihm nicht einmal bis zum Schnippelchen reichte, an dem er aufgeregt herumzupfte.

Er blickte arglos drein, sie feindselig. Das Mädchen strich sich das wirre schwarze Haar aus der Stirn und schlug ein schmutziges Lumpenbündel auseinander, das es in der Hand trug. Ein fliegender Hund kam zum Vorschein. Das kleine graue Fellgesicht zeigte eine erbärmliche Mischung von Schläfrigkeit und

Entsetzen; seine überlangen Gliedmaßen mit den nackten, runzligen dunkelgrauen Flughäuten zuckten hilflos im Griff des Mädchens.

„He!" sagte sie herausfordernd. „Ten Dollars. Kill!" Sie drückte mit Daumen und Zeigefinger den winzigen Kehlkopf des Flughundes zusammen. „Eat! Ten Dollars! Kill! Eat!" Sie reckte ungeduldig fordernd das Kinn.

„Diese Tiere stehen unter Naturschutz", versuchte Andrew ihr zu erklären. „Nicht töten! Verboten!"

„Ten Dollars! Kill! Eat!"

Der Mund des kleinen Wesens öffnete sich zu einem unhörbaren Schrei. Die schmalen blaugrauen Lippen entblößten winzige spitze Zähne.

„Verboten! Verstehst du?" schrie Andrew sie an. Sie spuckte ihm wütend vor die Füße und machte einen tänzelnden Schritt auf mich zu.

„Ten Dollars!" forderte sie. Ich schüttelte den Kopf. Sie schlug das Tier wütend wieder in den Lumpen ein und stieß ein paar unverständliche Verwünschungen aus.

„Ten Dollars, Mister! Fuck! Make Fuck!" Sie schob ihr Baumwollkleidchen hoch und entblößte ihr nacktes, unbehaartes Geschlecht. Sie machte die Beine breit und begann mit den Hüften zu rucken und zu kreisen.

„Make Fuck, Mister! Ten Dollars!"

„Fuck!" sagte der Junge und lächelte arglos.

Plötzlich hielt sie in ihren Bewegungen inne und urinierte mir vor die Füße. Ich war so überrascht, daß ich nur verdattert die größer werdende gelbliche Pfütze anstarrte, als sie auch schon kreischend davonstob, während der Junge ihr mit Triumphgeschrei folgte.

Andrew lachte schallend, als er mein verdutztes Gesicht sah. „Nun", sagte er, „das sind die Spätfolgen des Massentourismus, Pete."

Aus dem Gebüsch jenseits der Straße kamen Steine geflogen. Sie trafen nicht.

„Haut ab", brüllte Andrew, „oder ich versohle euch den Hintern!"

Aus den Bäumen flog erschrocken eine Schar schwarzer Vögel auf und begann lautlos über uns zu kreisen. Vom Fluß herauf rief eine Frauenstimme. Vielleicht einen Namen.

DER FAHRER brachte uns eine Portion Reis mit Curry, die in ein Bananenblatt geschlagen und in Zeitungspapier gewickelt war, zwei Papayas, ein paar Limonen, ein Dutzend Bananen und drei Kokosnüsse.

„Ich hab nur eine Portion Reis kriegen können", sagte er, während er mit einem großen rostigen Messer die Kokosnüsse aufhackte.

„Essen Sie mit uns!" lud ich ihn ein. „Es reicht für drei."

„Ich habe schon gegessen", versicherte er, doch das glaubte ich ihm nicht, sagte aber nichts, sondern machte mich mit Appetit über die Mahlzeit her. Die Kokosmilch war kühl und dämpfte die Schärfe des Currys.

„Was haben Sie für das alles bezahlt?"

„Etwa vierzig Rupien."

Ich rechnete nach. „Das sind nicht mehr als anderthalb Dollar."

„Das ist hier ein Tagesverdienst."

„Dann hat unser Frühstück im Taprobane einen Monatslohn gekostet."

Er nickte und trank aus seiner Kokosnuß. „Dafür habe ich fürs Tanken 2000 Rupien bezahlt. Achtzig Dollar."

„Das würde bedeuten, daß hier ein Arbeiter für einen Tank voll Sprit . . ."

„. . . mehr als zwei Monate arbeiten muß. Das ist richtig, Sir."

Andrew kicherte. „Das war vor dreißig Jahren hier nicht anders."

„Aber da stimmen doch die Relationen nicht."

„Das Gefühl haben die Leute hier schon lange, Pete. Wie kann ein Weißer an einem Tag soviel ausgeben, wie ich im ganzen Jahr verdiene?"

„Ich habe Offiziere an einem Abend schon mehr ausgeben sehen, als ein Gummizapfer in seinem ganzen Leben verdient", sagte unser Fahrer und warf seine leere Kokosnuß achtlos auf die Straße. Sie kullerte dumpf polternd über den Asphalt, und ich dachte unwillkürlich an einen Kopf, der von der Klinge einer Guillotine springt.

Am späten Nachmittag erreichten wir die Tiefebene. Hie und da blitzten Wasserlöcher. Graue Wasserbüffel mit mächtigen schwarzen Hörnern lagen fettig glänzend von frischem Schlamm in der Suhle.

„Als ich das erstemal hier war, war das alles überschwemmt", sagte Andrew. „Ein Taifun. Das Meer drang dreißig Kilometer landeinwärts vor. Tagelang holten sie mit einem Hubschrauber die Überlebenden von den Palmen. Tausende waren ertrunken. Die Hotels an der Küste waren verschwunden. Alles davongespült. Das hatte es vorher nie gegeben. Erst als sie das Korallenriff vor der Küste durchbrochen hatten, um Kalk zu gewinnen, konnte das Wasser herein. Das war ein böses Erwachen."

Wir fuhren an einer ausgedehnten militärischen Anlage vorbei, die durch einen Elektrozaun und Stacheldraht gesichert war. Schwere Lastwagen standen in Reih und Glied. Ihre Planen waren staubbedeckt.

Auf einem entfernten Flugfeld startete eine uralte Phantom in Richtung Meer, ging in steiler Kurve auf Westkurs und kreischte über uns hinweg in Richtung Berge.

Rechts von uns glitzerte die Lagune von Batticaloa, links schäumte das Meer auf breite Sandstrände. Im Osten türmten sich Wolken auf.

Wir sassen auf der Speiseterrasse des Batticaloa-Hotels und schienen die einzigen Gäste zu sein. An einem entfernten Tisch saßen zwei Offiziere und tranken Whisky. Unser Chauffeur war in den Ort weitergefahren, um sich dort ein billiges Quartier zu suchen.

Ein mürrischer Kellner brachte uns Bier und stellte es wortlos vor uns hin. Um so beflissener war der Manager, ein rundlicher, sehr freundlicher Mann mit pomadisiertem schwarzem Haar, das er wie eine Kappe auf den Kopf gebürstet hatte, und einem scharf rasierten Schnurrbart über der Oberlippe.

„Die anderen Hotels sind um diese Jahreszeit alle geschlossen. Sie haben den ganzen Strand für sich." Er warf einen prüfenden Blick zum Himmel.

Der Kellner brachte eine Flasche Whisky und zwei Gläser.

„Das haben wir nicht bestellt", sagte ich.

„Die beiden Herren bitten Sie, ihre Gäste zu sein“, sagte der Manager und wies mit einem Kopfnicken auf die beiden Militärs.

„Aber ich möchte von diesen . . .“ Andrew legte mir die Hand auf den Unterarm und schüttelte unauffällig den Kopf.

Die beiden Offiziere deuteten eine Verbeugung an und hoben die Gläser.

„Du weißt, wie ich dieses geschniegelte Offizierspack hasse“, zischte ich.

„Ja, ich weiß, aber sei still!“

„Weshalb?“

„Weil Militärs die wahre Macht ausüben. Sie gebieten über Leben und Tod. Überall auf der Welt. Daran hat sich nie etwas geändert; auch nicht in den Demokratien. Glaub mir!“

Seit Monaten hatten wir keinen Whisky mehr gesehen, und so schwand meine Aversion allmählich, zumal die beiden kurz darauf ihre Stöckchen vom Tisch nahmen und die Terrasse verließen.

„Die Bucht war mal berühmt für ihre singenden Fische. Bei Vollmond konnte man sie in der Lagune singen hören“, sagte Andrew. „Durch die Abwässer ist ihnen das Singen vergangen.“

Die See rauschte an den Strand, und weiter draußen hörte man das Donnern der Brandung am Riff. Ein feuchtwarmer Wind wehte vom Meer herein, und wir beobachteten einen Fischer, der, zwei aus Schilf geflochtene Reusen tragend und sein Röckchen zu einem Lendenschurz gerafft, im knietiefen Wasser durch die Bucht stapfte, immer wieder stehenblieb und zum rasch dunkelnden Himmel hinaufschaute.

Andrew faßte mich am Arm. „Da ist es wieder!“ Er deutete hinauf.

Der östliche Horizont war fast dunkel, verhüllt von dichten blauschwarzen Wolkenbänken, vor denen man weiß die schwere Brandung am Riff aufblitzen sah. Darüber, sich hoch über die Wipfel der Palmen erhebend, stand, zunächst zart lachsfarben, dann immer feuriger und schließlich in blutroter Glut leuchtend, ein seltsames Wolkengebilde, das hoch in die obere Atmosphäre hinaufreichen mußte, denn die Sonne war längst hinter den Bergen versunken. Es sah aus wie die Pilzwolke einer Atombombenexplosion. Dann erlosch das Phänomen rasch von unten nach oben und löste sich in Minutenschnelle auf, aber wie ein Nachbild fühlte ich eine Bedrohung, die über der Küste lag.

„Was war das?" fragte ich.

„Ich weiß es nicht. Vielleicht ein lokales meteorologisches Phänomen, der Rüssel eines Wirbelwinds, dem die Kraft zur Entfaltung fehlt. Es trat zum erstenmal vor der Überschwemmungskatastrophe auf und kehrt seither immer wieder. Die Fischer fürchten es und sehen in ihm ein böses Omen."

„Glaubst du an so was?" fragte ich.

Er sagte eine Zeitlang nichts, und ich dachte schon, er wolle nicht antworten, doch dann sah er mich an und sagte: „Ja, ich glaube an so was."

Der Fischer war in der Nacht verschwunden.

DER MANAGER persönlich servierte uns ein köstliches Fischgericht in einer würzig-süßen Erdnußsoße zu Reis mit gehacktem Gemüse.

„Was hat dich eigentlich nach Asien gezogen, Andrew?"

„Ich war auf der Suche nach einer Meditation, die nach dem Prinzip der Wasserspülung funktioniert und die alle Bedrängnis und Sorgen aus der Großhirnrinde spült, während die großen Offenbarungen der höheren Mathematik auf der Innenseite deiner Stirn erscheinen."

„Hast du sie gefunden?"

Er schnaubte verächtlich. „Was ich gefunden habe, waren Wichtigtuer und Schwätzer, die das Karma gepachtet zu haben glaubten und das Abschalten der Denkfunktion schon für die Weihen eines Mysteriums hielten. Nichts als Aussteiger." Er blickte zum nächtlichen Horizont, wo die Brandung über dem Riff aufblitzte. „Trotzdem war es für mich eine sehr lehrreiche Zeit", fuhr er fort. „Der Orient ist ein riesiges farbiges Bilderbuch – und ein herrliches Märchenbuch obendrein –, aber die Wirklichkeit dahinter sind Dreck, Elend, Plackerei und Grausamkeit wie in anderen Sklavenhaltergesellschaften von einst und jetzt, ob sie im Osten oder im Westen liegen." Er drehte das leere Glas zwischen den Fingern. „Schade, wir hätten daran einiges ändern können."

„Wie?"

Er zuckte die Achseln und antwortete nicht.

Ich weiß nicht mehr genau, was an jenem Abend noch alles gesprochen wurde. Die Whiskyflasche war irgendwann leer, und es hatte zu regnen begonnen, ein prasselnder, angenehm warmer Regen. Wir konnten unsere Bungalows nicht gleich finden – winzige, schlichte Hütten, die am anderen Ende des Hotelgeländes lagen.

„Warum haben uns die ausgerechnet die letzten beiden gegeben", fluchte Andrew, während wir durch die Pfützen patschten, „wo doch die anderen alle leerstehen?"

Keine fünf Minuten später schlief ich wie ein Stein.

ICH HÖRTE ein Bersten, und als ich aufblickte, sah ich die Feuersäule aus dem Meer brechen. Donnernd stieg sie höher und höher in den Himmel und begann zu rotieren wie eine glühende Spindel. Ein Brausen erfüllte die Luft und aufgeregtes Rufen und Schreien. Der Fischer stand im seichten Wasser und deutete nach oben. Irgend jemand hämmerte an der Tür und rief meinen Namen. Der ganze Himmel schien nun von Glut erfüllt, und das Brausen der Feuersäule wuchs und wuchs. Ein Soldat erschien am Fenster, zerschmetterte mit einigen Kolbenhieben das Glas und fetzte das Fliegengitter beiseite.

„Raus, Mister! Schnell! Sie müssen hier raus!"

Ich kam benommen auf die Beine, packte meine Kleider und stopfte sie in meine Reisetasche.

„Schnell, Mister! Kommen Sie!"

„Was ist denn los?"

„Es brennt!"

Ich kletterte aus dem Fenster. Es war bereits Tag. Die Luft war voll Rauch und Feuerschein, Funken stoben davon; über dem Riff ging eben die Sonne auf. Soldaten rannten durcheinander, einer fuchtelte mit einem Handfeuerlöscher herum, der nicht funktionierte.

„Andrew!" brüllte ich, als ich sah, daß es sein Bungalow war, der lichterloh brannte. Das Dach war bereits eingestürzt, und die Leute wichen vor der Hitze zurück, als das trockene Schilf aufloderte. Der funkenerfüllte Rauch wurde vom Wind landeinwärts getrieben. Im Schilfdach meines Bungalows züngelten die ersten Flammen. Endlich funktionierte der Feuerlöscher, weißer Schaum kleckerte an die Bretterwand der Hütte und begann das Dach zu überfluten.

„Wo ist der Mann?" schrie ich.

Einer der Soldaten deutete Richtung Hauptgebäude.

„Ist er verletzt?"

Ich konnte seine Antwort nicht verstehen, weil ein Hubschrauber mit zuckenden Positionslichtern dicht über uns hinwegflog und zur Landung ansetzte. Der Luftdruck seines Rotors drückte den Rauch herunter und raubte mir die Sicht. Ich wandte mich hustend ab. Da stand plötzlich der Manager vor mir. Ich erkannte ihn im ersten Moment nicht, weil er mit nacktem Oberkörper vor mir stand und nur mit einem dieser bunten einheimischen Wickelröcke bekleidet war. Da erst fiel mir auf, daß ich nur eine Unterhose anhatte.

„Es tut mir alles so schrecklich leid, Mr. Kirk", lamentierte er.

„Wo ist er? Ist ihm etwas passiert?" Ich schlüpfte in meine Jeans.

„Die Füße. Ein Balken ist herabgestürzt. Man hat ihn nach vorn gebracht. Ein Arzt von der Militärbasis ist bei ihm."

„Warum hat man mich jetzt erst geweckt?"

„Ich habe es versucht, Mr. Kirk. Sie sind nicht aufgewacht, und Sie hatten die Tür von innen verschlossen."

Ich fischte meine Kleider aus der Reisetasche und schlüpfte hinein, stopfte mein Hemd in die Hose und rannte über den gewundenen Pfad an Bungalowhäuschen und Blumenrabatten vorbei, rutschte aus und landete in einer Mimose, die wie ein zäher, harter Teppich den Boden bedeckte und augenblicklich die Blätter schloß. Fluchend rappelte ich mich auf und rannte weiter. Auf dem Parkplatz vor dem Hotel stand der Hubschrauber mit laufendem Rotor. Als ich anlangte, wurde gerade von zwei Soldaten eine Bahre hineingeschoben. Eine Blutkonserve baumelte an einem Tragarm.

„Andrew!" brüllte ich, um den Lärm der Maschine zu übertönen. Die Gestalt auf der Bahre reagierte nicht. „Andrew!" Er war nicht bei Bewußtsein. Ein Mann in einem weißen Arztkittel erschien am Einstieg. Ich lief auf ihn zu, aber ein Soldat mit einer Maschinenpistole vertrat mir den Weg. „Nehmen Sie mich mit, Doktor!" Der Arzt antwortete nicht, sondern streckte nur abwehrend den Arm und spreizte die Finger. „Hören Sie, Doktor! Ich bin sein Freund." Ich versuchte an dem Soldaten vorbeizukommen, aber der entsicherte seine Maschinenpistole und richtete sie auf mich.

„No!" schrie er.

„Er ist mein Freund. Verstehen Sie nicht? Lassen Sie mich zu ihm!"

„No!" Der Soldat stampfte mit dem Fuß auf und funkelte mich grimmig an. Er meinte es ernst.

Ich ließ resigniert die Hände sinken und mußte in hilfloser Wut zusehen, wie der Hubschrauber startete und landeinwärts davonzog. „Arschloch!" sagte ich zu dem Soldaten, aber er verstand mich offenbar nicht. Ich wandte mich um. Die Sonne war aufgegangen. Die Soldaten hatten das Feuer unter Kontrolle. Der Manager kam mit ausgebreiteten Armen auf mich zugeeilt.

„Wie konnte das nur passieren! Hat Mr. Baldenham im Bett geraucht?"

„Mr. Baldenham ist Nichtraucher. Wo hat man ihn hingebracht?"

„Ins Militärhospital in Colombo, nehme ich an. Seine Beine sahen schlimm aus. Ein Balken, verstehen Sie? Man wird ihn operieren."

„Hat er für mich nicht irgendeine Nachricht hinterlassen?"

„Tut mir leid, Mr. Kirk, nein. Der war un... wie sagt man? – ohnmächtig. Der Doktor hat gesagt, er müsse sofort operiert werden. Machen Sie sich keine Sorgen, Mr. Kirk! Er ist in besten Händen. Man wird alles für ihn tun. Ich lasse Ihnen ein Frühstück machen."

„Ich möchte ein Gespräch mit Negombo. Inspektor Kirtisinghe."

„Haben Sie die Nummer?"

„Nein, verdammt noch mal! Fragen Sie! Er muß von der Polizei sein. Oder von irgendeinem Sicherheitsdienst."

Als er zurückkehrte, war er wieder korrekt europäisch gekleidet. Sein Scheitel glänzte frisch pomadisiert und duftete nach Rosenöl. Ein Kellner hatte mir ein opulentes Frühstück hingestellt. Egghoppers, diese kleinen runden Pfannkuchen aus Reismehl, die warm serviert werden, in der Mitte eine Mulde mit einem gebratenen Ei, frische Papayas, kleine honigsüße Bananen, Toast, Marmelade, Butter, eine Kanne Tee. Ich brachte keinen Bissen hinunter. Ich hatte scheußliche Kopfschmerzen, und der Schreck saß mir noch in allen Gliedern.

„Man sagte mir, ein Inspektor Kirtisinghe sei bei der Polizei in Negombo nicht bekannt."

„Aber das ist absolut unmöglich! Er sagte mir persönlich, jeder kenne diesen Namen."

Der Manager hob die Schultern. „Ich kenne ihn nicht."

„Kann ich den Arzt sprechen, der ihn versorgt hat?"

„Er ist mit nach Colombo geflogen."

„Dann machen Sie mir ein Gespräch mit dem Militärhospital."

„Die werden Ihnen telefonisch keine Auskunft geben, Mr. Kirk."

„Können Sie nicht einen der höheren Offiziere von der Basis bitten, sich einzuschalten? Vielleicht einen der beiden, die uns gestern die Flasche Whisky gestiftet haben. Die müssen Sie doch gut kennen."

Er zuckte unbehaglich die Achseln. „Ich kenne sie nicht in dem Sinne, wie Sie vielleicht meinen, Mr. Kirk, daß sie mir oder Ihnen eine Gefälligkeit erweisen würden."

„Das verstehe ich nicht."

„Es wird das beste sein, wenn Sie nach Colombo zurückfahren und sich mit diesem Inspektor Kirtisinghe in Verbindung setzen. Vielleicht kann er Ihnen eine Erlaubnis beschaffen, Ihren Freund im Hospital zu besuchen. Ich werde Ihren Fahrer verständigen, Mr. Kirk. Sie brauchen nichts zu bezahlen. Sie haben genug Unangenehmes erlebt in Batticaloa. Sie haben ja nicht einmal Ihr Frühstück angerührt, Mr. Kirk. Das ist jammerschade! Ich werde Ihnen ein Lunchpaket für die Rückfahrt machen lassen."

Er wollte mich los sein und keine weiteren Scherereien haben, das war mir klar. Und er hatte Angst vor den Militärs, die bei ihm ein und aus gingen. Aber weshalb?

ES WURDE eine ziemlich schweigsame und bedrückte Rückfahrt nach Colombo. Um die Mittagszeit machten wir in den Bergen Rast. Ein Elefant belud einen Lastwagen mit Baumstämmen, die ein halbes Dutzend weitere Tiere aus dem ziemlich unzugänglichen Dschungeltal unter uns heraufschleppte. Ich staunte über die perfekte Zusammenarbeit zwischen Mensch und Tier, ohne daß irgendein Befehl gegeben wurde. Der Treiber schlang eine schwere Kette um das eine Ende des Stamms, dem man einen Pflock untergelegt hatte; der Elefant, dessen Rüssel und Stirn durch die Arbeit wie abgewetzt wirkten, packte schnaufend mit dem Rüssel die Kette und hob das eine Ende des Holzes, das keine zehn Männer hätten bewegen können, auf die Ladefläche des bereitstehenden Lastwagens; während der Treiber die Kette löste und am nächsten Stamm befestigte, trottete der Elefant ans andere Ende des Stamms und schob ihn mit der Stirn auf die Ladefläche.

Mein Fahrer warf einen Blick auf seine Armbanduhr und prüfte den Stand der Sonne.

„Jetzt passen Sie auf!" sagte er.

Der Elefant hatte eben den vorderen Teil eines weiteren Stamms auf die Ladefläche gehievt, anstatt jedoch ans hintere Ende zu trotten, um ihn vollends aufzuladen, wandte er sich seinem Treiber zu und krümmte den Rüssel. Der Treiber stieg in die Beuge und wurde mit einer eleganten Bewegung nach oben befördert, bis er hinter den Ohren auf dem Hals des Tieres saß. Dann machte sich der Elefant auf den Weg bergab in den Dschungel.

„Der hört einfach mitten in der Arbeit auf?"

„Kein Mensch auf der Welt könnte einen Elefanten bewegen, auch nur eine Minute länger zu arbeiten, wenn die Sonne den Zenit erreicht hat. Sechs Stunden – von Sonnenaufgang bis Mittag –, und das, seit es Arbeitselefanten gibt."

„Und was machen sie den Rest des Tages?"

„Sie baden, gehen fressen im Wald."

Ein Bad pro Tag. Das Recht der Elefanten hatte Andrew es genannt.

„Fahren wir weiter!" sagte ich ungeduldig. Ich mußte wissen, was mit Andrew los war. Ein banges Gefühl schnürte mir die Kehle zu.

„Haben Sie Familie?" fragte ich den Fahrer, um auf andere Gedanken zu kommen.

„Ich hatte eine Frau", sagte er. „Aber das ist eine traurige Geschichte. Sie haben Sorgen genug. Ich werde sie Ihnen besser nicht erzählen."

„Erzählen Sie!"

„Meine Frau und ich haben beide am Cambridge Institute Englisch gelernt und uns für einen Auslandsjob qualifiziert. Wir fanden beide Arbeit in Bahrein. Sie bevorzugen Ehepaare. Das erspart ihnen Probleme, wissen Sie?"

Es hatte heftig zu regnen begonnen. Die Scheibenwischer schafften es kaum, die Windschutzscheibe freizuhalten.

„Haben Sie mal einen solchen Arbeitsvertrag gesehen, Sir? Solange Sie gesund sind und arbeiten können, ist alles gut. Wenn Sie krank werden, haben Sie Pech gehabt. Und noch mehr Pech haben Sie, wenn Sie einen Arzt brauchen. Das ist mir passiert. Ich hatte einen Unfall auf der Baustelle und lag vier Monate im Krankenhaus. Das Geld, das ich verdient hatte, reichte nicht, und das von meiner Frau war auch bald aufgebraucht, darauf behielt man ihren Lohn ein. Dann sagte man mir, man habe sie in ‚Sicherheitsverwahrung' genommen, ein Arbeitslager, damit sie nicht ausreisen könne, bevor die Krankenhauskosten bezahlt seien. Ein paar Wochen später sagte man mir, sie sei an Typhus gestorben. Erst als ich wieder zu Hause war, erfuhr ich von einer ihrer Kolleginnen, daß man sie in ein Bordell gesteckt hatte. Dort hat sie Selbstmord begangen. Niemand konnte mir sagen, wo sie beerdigt wurde. Vielleicht hat man sie irgendwo verscharrt oder ins Meer geschmissen. Sie war ja nur eine Fremdarbeiterin, eine Ungläubige – und eine Hure obendrein. Keine schöne Geschichte, wie, Sir?"

„Nein. Eine entsetzliche Geschichte."

Wir fuhren eine Weile schweigend.

„Sie sind ein Angestellter von EFOS?"

„Woher wissen Sie das?"

„Vom Manager des Batticaloa."

„Und woher wußte er das?"

Er zuckte die Achseln. „Keine Ahnung. Wissen Sie", sagte er nach einer Pause, „ich sag Ihnen ganz offen, ich mag die Amerikaner nicht, aber EFOS, das ist der Stachel im Fleisch der Ölscheichs. Und diesen Stachel gönne ich denen. Seit sich immer mehr Länder dem internationalen Energieverbund anschließen, können die sich ihre Barrels sonstwohin schieben. Am liebsten würden sie eure Sonnenvögel vom Himmel schießen."

„Das dürfte nicht so einfach sein", sagte ich. „Die fliegen ziemlich hoch."

„Soll ich Sie nach Negombo fahren und dort auf Sie warten?" fragte er.

„Ja, das wäre mir sehr recht."

Ich hatte es irgendwie geahnt, daß dieser Kirtisinghe nicht anzutreffen sein würde.

„Er ist auf einer Dienstreise“, erklärte der dunkelhäutige junge Mann, der an seinem Schreibtisch saß und mich prüfend durch eine überstarke Brille musterte, die seine dunklen Pupillen unnatürlich groß erscheinen ließ. „Kann ich irgend etwas für Sie tun?“

Ich erzählte ihm von dem Brandunglück und daß ich den Verletzten besuchen wollte.

„Ich werde mich erkundigen. Bitte, warten Sie draußen.“

Durch das Fenster auf der anderen Seite des Korridors konnte man den internationalen Flughafen Katunayake überblicken.

Vor 30 Jahren waren hier, wie Andrew erzählt hatte, am Tag 60 bis 80 Maschinen gestartet und gelandet. Jetzt wurde er nur noch von der Am Air, der British Airways, der Qantas und der Singapore Airlines einmal wöchentlich angeflogen. Jenseits des Landefelds lag wie der ausgeweidete Panzer eines riesigen Schalentiers das ausgebrannte Wrack eines Jumbos der Lufthansa, den irgendwelche Terroristen gesprengt hatten. Der Vorfall lag fast zehn Jahre zurück, aber niemand hatte es der Mühe wert gefunden, die Reste zu beseitigen. Der Flughafen lag wie ausgestorben da. In den großen Fensterscheiben des Towers spiegelte sich rot die Abendsonne.

„Mr. Kirk“, sagte eine leise Stimme hinter mir. Ich fuhr herum. Es war der Beamte. Ich hatte keine Tür gehen hören. Er hatte die Brille abgenommen und blinzelte weitsichtig zu mir auf. „Ich muß Ihnen die traurige Mitteilung machen, daß Mr. Baldenham heute nachmittag verstorben ist.“

„Was?“ Ich mußte mich an der Wand abstützen, weil mir die Beine nachzugeben drohten. „Gott, das ist doch nicht möglich!“

„Leider doch.“ Er schob sich die Brille auf die Nase und blickte an mir vorbei zum Fenster hinaus. „Kannten Sie sich näher?“

„Er war mein Freund.“

Er nickte. „Dann muß ich Sie bitten, mit mir nach Colombo zu fahren, um den Leichnam zu identifizieren. Eine reine Formsache. Sie verstehen.“

„Ich muß mein Gepäck holen und den Fahrer bezahlen.“

„Tun Sie das. Ich lass' inzwischen einen Dienstwagen kommen.“

MAN HATTE ihn in einen Kühlraum im Keller des Polizeipräsidiums gebracht. Auf Bahren und Rolltischen lag mehr als ein Dutzend Leichen in schwarzen Plastiksäcken oder unter Laken. Ein Beamter schlug das Laken zurück. Man hatte ihm, weil die Leichenstarre noch nicht eingesetzt hatte, die Kinnlade mit einer Mullbinde hochgebunden, was seinem Gesicht einen irgendwie verdrießlichen Ausdruck gab. Ich sah, daß die Füße fehlten. Dort, wo im Laken die beiden Ausbuchtungen hätten sein müssen, war nichts, lag das Laken flach auf der Unterlage. Mehr als der unerwartete Tod war es merkwürdigerweise diese Verstümmelung, was mich in diesem Moment am meisten entsetzte. Ich bat, das Laken ganz zurückzuschlagen. Beide Beine waren knapp oberhalb der Knöchel amputiert, die Wunden notdürftig vernäht und blutverkrustet; sonst wies der Körper nicht die geringste Verletzung auf. Von seinem rechten Handgelenk baumelte an einem gelben Gummiband ein beschriftetes Kärtchen. Ich hatte plötzlich mit den Tränen zu kämpfen, als ich ihn so in seiner Blöße vor mir liegen sah, traurig und hilflos.

„An was ist er gestorben?"

Der Beamte warf einen Blick auf das Kärtchen und ließ das Gummiband zurückschnalzen. „Herzversagen, hat der Arzt angegeben. Während der Operation."

„Was geschieht jetzt mit ihm?"

„Der Leichnam ist noch nicht freigegeben. Vielleicht wird noch eine Obduktion angeordnet. Man wird die Urne den Angehörigen übersenden. Kennen Sie seine Angehörigen?"

„Ich glaube nicht, daß er welche hat. Er hat nie welche erwähnt."

„Darf ich Ihnen die Sachen aushändigen, die er bei sich hatte?"

„Selbstverständlich."

Wir gingen in ein Büro, in dem sich eine Reihe Schließfächer befanden. Ein älterer Beamter mit weißem Kraushaar und einem gewaltigen Schnauzbart stapelte die Habseligkeiten auf einen Tisch: Schuhe, Hosen, eine abgeschabte Lederjacke, Hemden, Unterwäsche, Socken, Handtücher, Toilettenbeutel, Notizbuch, Schreibzeug, Brieftasche, Ausweise, Geld. Es fehlte nichts, soweit ich das beurteilen konnte. Er hakte alles auf einer Liste ab, die er mir zur Unterschrift vorlegte, bevor er die Sachen in die Reisetasche packte.

Als ich auf die Straße hinaustrat, war es Nacht. Motorradrikschas knatterten, Fahrradrikschas klingelten, die fliegenden Händler breiteten ihre Waren auf den Gehsteigen aus.

Ich war noch immer wie benommen und suchte mir meinen Weg zu Fuß zum Taprobane. Plötzlich blieb ich mit einem Ruck stehen. Wie, in aller Welt, war es möglich gewesen, sämtliche Gegenstände unversehrt aus der brennenden Hütte zu retten, wenn man Andrew im letzten Augenblick schwerverletzt unter einem herabgestürzten Balken hatte hervorziehen müssen?

AM TAG darauf war Weihnachten. Das traurigste Weihnachten meines Lebens. Das Am-Air-Büro hatte für zwei Tage geschlossen. Im Foyer des Taprobane hatte man einen kleinen Plastikchristbaum aufgestellt, dick mit Plastikwolle behängt, in der bunte Plastiklämpchen blinkten. Im Aufzug dudelten leise „Jingle Bells" und „Holy Night". Das Wetter war schwül und heiß, das Meer lag wie geschmolzenes Silber unter einem dunstig-weißen Himmel, und kein Lüftchen regte sich. Ich blieb in der Kühle meines klimatisierten Zimmers und zerbrach mir den Kopf über die Ereignisse jener Nacht in Batticaloa, und je länger ich darüber nachdachte, desto unwahrscheinlicher kam mir alles vor. Der Brand einer Holzhütte, gedeckt mit trockenem Schilf, war eine Sache von wenigen Minuten. Trotzdem waren die Soldaten von der Basis sofort dagewesen, in voller Ausrüstung und vor Sonnenaufgang. Augenblicklich war ein Arzt zur Verfügung gewesen, ein Hubschrauber startbereit, ein Pilot. Aber weshalb sollten sie es auf Andrew abgesehen haben? Was hatten sie von ihm gewollt? Weshalb war er verstümmelt oder gar getötet worden?

Ich mißtraute diesem Militär – ich mißtraue Militärs grundsätzlich. Sie gebieten über Leben und Tod, hatte Andrew gesagt. Wie recht er gehabt hatte! Doch was hätten diese Leute von Andrew gewollt? War es ein Racheakt? An ihm, der nie einem Menschen etwas zuleide getan hatte; der sich in seiner Güte immer hatte von anderen ausnutzen lassen? Ich sah keinen Sinn in den Ereignissen.

ALS ICH zwei Tage später, es war ein Montag, aus dem Am-Air-Büro auf die Jayatilleka Mawatha hinaustrat, kam mir die schwüle Luft unerträglicher vor denn je. Der Geruch von Fäulnis und menschlichen Exkrementen war erstickend. Im Norden, über dem

Hafen, türmten sich Gewitterwolken auf wie jeden Nachmittag, aber meist zerfielen sie bei Sonnenuntergang, haltlose Versprechen von Frische und Erquickung.

Ich blätterte das Ticket noch einmal durch und steckte es in die Tasche. Die Maschine kam von Sydney über Singapur und startete schon um acht Uhr morgens. In 15 Stunden würde ich dieser Hölle entronnen sein.

„Mr. Kirk", sagte eine bekannte Stimme neben mir. Ein schwarzer Wagen hielt am Straßenrand. Es war der Fahrer, der uns nach Batticaloa gebracht hatte. Er trug einen zerknitterten hellgrauen Anzug, in dem er noch schmaler wirkte, und eine große dunkle Sonnenbrille, hinter der sein Gesicht fast verschwand. „Steigen Sie ein!" Er beugte sich herüber und öffnete die Tür; ich setzte mich auf den Beifahrersitz.

Er wirkte ziemlich nervös; als er sich eine Zigarette anzündete, sah ich, daß seine Hände zitterten.

„Was ist los?" fragte ich.

„Ich muß Ihnen etwas erzählen", sagte er, während er den Wagen durch das Verkehrsgewühl steuerte. „Haben Sie ein bißchen Zeit?"

„Ich habe nichts vor. Morgen früh fliege ich. Nach New York. Mich hält hier nichts mehr."

Er nickte, wir hatten den Prince Park passiert, er steuerte den Wagen in eine ruhige Nebenstraße und hielt vor der hinteren Zufahrt eines Restaurants in der Wolfendahl Street.

„Sie kennen sicher Nancy Tanner", sagte er.

„Die Filmschauspielerin?"

„Ja."

Ich sagte, daß ich sie ein paarmal im Video gesehen hätte; weshalb er frage. Nach einigem Zögern rückte er mit einer haarsträubenden Geschichte heraus. Er behauptete, Zeuge gewesen zu sein, wie ein Offizier sie im Hinterhof eines Klubs erschossen habe. Und tags darauf sei er ihr wiederbegegnet, lebendig und gesund, am hellichten Tag auf der Janadhipathi Mawatha. Ich sagte ihm, was ich davon hielt. Da erwiderte er etwas Seltsames: „Ich bin ein gläubiger Buddhist, Mr. Kirk. Ich glaube an die Wiedergeburt. Aber das hier . . ., das ist etwas Bösartiges, etwas Scheußliches. Und es geschieht hier in dieser Stadt."

Hatte nicht Andrew auch etwas von Wiedergeburt erwähnt? Nein, er hatte gesagt: „Glaubst du an eine Auferstehung des Fleisches?" Was mochte er damit gemeint haben?

„Ich weiß genau, wann es passiert ist", sagte er.

„Was passiert?"

„Wie sie ihnen in die Hände gefallen ist. Es ist vielleicht einen Monat her. Da war sie hier in Colombo. Sie wohnte im Taprobane wie Sie, Mr. Kirk. Ich habe sie vom Vihara Devi Park zum Hotel gefahren. Sie war sehr nervös. Am Tag darauf wurde sie in die Klinik eingeliefert. Angeblich hatte sie eine Überdosis Kokain genommen, und man hat noch mehr bei ihr gefunden. Miß Tanner hat manchmal gern ein Glas Champagner getrunken, aber harte Drogen hat sie nie genommen. Ich kenne mich mit solchen Leuten aus. Alles Schwindel mit der Anklage und ihrer Abschiebung in die USA."

Er nahm die Sonnenbrille ab und blickte mich an.

„Ich möchte Ihnen jetzt etwas anvertrauen, Mr. Kirk, über das ich bisher mit keinem Menschen gesprochen habe. Als sie vor einem Monat hier war, hat mir Miß Tanner einen Brief an ihren Manager gegeben, an einen Fred Kissinger."

„Den Filmregisseur?"

„Ich glaube, er war früher Filmregisseur. Später, nachdem sie so großen Erfolg hatte, war er ihr Manager. Sie wollte sich hier in Colombo mit ihm treffen, aber er hielt den Termin nicht ein. ‚In den nächsten Tagen wird Mr. Kissinger hier eintreffen und im Taprobane wohnen', sagte sie. ‚Bitte geben Sie ihm diesen Brief, aber persönlich. Ich kann leider nicht länger auf ihn warten.' Ich sagte: ‚Das tue ich selbstverständlich gern für Sie, Miß Tanner, aber manchmal bin ich zwei, drei Tage auf einer Rundfahrt unterwegs. Weshalb geben Sie ihn nicht einfach an der Rezeption des Taprobane ab?' – ‚Ich habe meine Gründe', sagte sie. ‚Und ich muß so schnell wie möglich weg von hier. Mit der nächsten Maschine.' Am nächsten Tag wurde sie in die Klinik eingeliefert und zwei Wochen später, nachdem man die Anklage wegen Rauschgiftschmuggels hatte fallenlassen, in die USA abgeschoben. Knapp eine Woche später ist sie wieder hier; man bringt sie um, und heute sehe ich sie auf der Janadhipathi Mawatha. Ich frage Sie, Mr. Kirk, was soll ich davon halten?"

Ich zuckte die Achseln. „Haben Sie ihren Brief zugestellt?"

„Ich hatte nie Gelegenheit dazu. Dieser Kissinger ist nicht aufgetaucht. Ich habe immer wieder nach ihm gefragt, im Taprobane, im Oberoi, im Intercontinental, im Havelock, im Galle Face, überall. Vielleicht hat man ihn daran gehindert, nach Colombo zu kommen. Vielleicht wollte man verhindern, daß er mit Nancy Tanner zusammentraf. Vielleicht hat man sie getäuscht und in eine Falle gelockt." Er zog aus der Innentasche seiner Jacke einen dieser rechteckigen Tabaksbeutel aus Plastik, den er offenbar als Brieftasche benutzte. Rot und weiß bedruckt. Lincoln-„Cavendish" stand darauf, darunter zwei gekreuzte sonnengereifte Tabakblätter, ganz oben ein goldener Adler, der an einer Stange die blaue US-Flagge in den Krallen hielt. Ein abgeschabtes, rührend gepflegtes Provisorium. Er löste mit seinen schmalen, dunklen Jungenfingern den Adhäsionsverschluß und zog ein kleines fliederfarbenes Kuvert heraus.

„Ich möchte Sie bitten, daß Sie diesen Brief mit nach New York nehmen und ihn Fred Kissinger aushändigen. Er lebt dort irgendwo."

„Aber der Brief ist einen Monat alt. Die Nachricht wird durch die Ereignisse längst überholt sein."

„Sie schreibt ihm, daß sie nicht länger auf ihn warten könne, weil sie sich bedroht fühle und Angst habe."

„Woher wissen Sie das? Haben Sie den Brief geöffnet?"

„Nein. Selbstverständlich nicht. Aber wenn man eine starke Taschenlampe drunterhält, kann man ein paar Zeilen entziffern. Geben Sie ihn Mr. Kissinger, und sagen Sie ihm, was ich Ihnen erzählt habe. Sagen Sie ihm, was hier vorgeht. Sagen Sie ihm, daß hier irgend etwas mit Miß Tanner geschieht, daß sie in der Hand von singhalesischen Offizieren ist, die sich an ihr rächen wegen ihrer Rolle in dem Film, die sie quälen und töten und irgendwie die Möglichkeit haben, daß sie auf perverse Art wiedergeboren wird. Vielleicht kann er ihr helfen, vielleicht weiß er mehr."

„Aber wie stellen Sie sich das vor? Was soll ich zu diesem Kissinger sagen?"

Er schwieg und starrte das Armaturenbrett an.

„Sie glauben mir nicht", sagte er dann.

Ich zögerte, dann schüttelte ich den Kopf. „Nein." Da sah ich zu meiner großen Bestürzung, daß er weinte. Er nahm die Sonnenbrille ab und wischte sich mit dem Ärmel die Augen. „Ich bitte Sie trotzdem darum, Mr. Kirk."

Ich nahm das Kuvert und steckte es ein. Plötzlich wurde unser Wagen durch dumpfe Schläge aufs Dach erschüttert. Wir fuhren zusammen. Ein breitschultriger, dunkelhäutiger Mann in Overall und Schirmmütze, mit einem Paar dicker Arbeitshandschuhe an den Händen, bedeutete uns, weiterzufahren und die Einfahrt frei zu machen. Er grinste gutmütig. Der Fahrer des Getränkelasters, der schräg hinter uns hielt und in die Einfahrt wollte, drückte ungeduldig auf die Hupe. Wir fuhren los.

„Ich bringe Sie zum Hotel. Es fängt gleich an zu regnen." Wir waren noch keine hundert Meter weit gefahren, da klatschten die ersten großen Tropfen gegen die staubige Windschutzscheibe.

„Soll ich Sie morgen früh zum Flughafen bringen?" fragte er, als er mich am Eingang des Taprobane absetzte.

„Ich muß spätestens um sieben Uhr dort sein."

„Ich hole Sie um sechs Uhr ab."

REGEN prasselte gegen das Fenster. Dunkelrote Blitze fuhren senkrecht ins Meer herab und erleuchteten mit ihrem Widerschein die Gebäude am Hafen, über deren Dächer die Regenböen schäumten wie Brandungswellen.

Ich ärgerte mich, daß ich mich hatte beschwatzen lassen und nun den Postboten spielen sollte, mit einem lächerlichen, mehr als einen Monat alten Brief. Ich hatte große Lust, ihn stillschweigend in der Rezeption liegenzulassen oder ihn einfach wegzuschmeißen. Vielleicht hatte irgendeine Offiziersnutte, die genau wußte, wie scharf hier viele Männer auf diese Nancy Tanner waren, sich entsprechend zurechtgemacht, um das Geschäft zu beleben.

Und der junge Mann hatte viel im Leben durchgemacht, einen schweren Arbeitsunfall gehabt, seine junge Frau verloren . . . Was war von seinem Urteilsvermögen zu halten? – Wahrscheinlich hatte er eine lebhafte Phantasie, war verliebt in die Tanner, sah Gespenster . . . Wie hieß er überhaupt? – Ich wurde mir ärgerlich bewußt, daß ich ihn nie nach seinem Namen gefragt hatte. Es ist ein bedenkliches Zeichen, wenn man tagelang mit einem Menschen beisammen ist und ihn nur in seiner Funktion wahrnimmt: „unser Fahrer". Ich beschloß, ihn am folgenden Morgen nach seinem Namen zu fragen. Dann packte ich meine Reisetasche und stellte sie neben die von Andrew.

Der Donner ließ die Fensterscheiben erzittern. Ein anhaltender Blitz erleuchtete das Zimmer. Mein Blick fiel zufällig auf die beiden Reisetaschen. Zum erstenmal fiel mir auf, daß sie fast identisch waren.

Kurz darauf muß ich eingeschlafen sein.

MEIN namenloser Fahrer war um sechs Uhr nicht am Eingang des Taprobane. Das Unwetter hatte sich verzogen. Die Luft war klar und rein. Himmel und Erde waren frisch gewaschen. Das Grün der Blätter leuchtete, der fast wächsern steife Damast der Franchipani, das unwirkliche Hellblau des Jakaranda, das verschwenderische Lila der Bougainvillea und der verhaltene Scharlach des Hibiskus.

Als der Wagen um 6.15 Uhr immer noch nicht vorgefahren war, begann ich nervös zu werden und bat den Portier, mir ein anderes Taxi zu rufen. Es war innerhalb einer Minute da. Sein Fahrer wirkte weniger frisch; er roch nach Schweiß und bohrte ständig verstohlen in der Nase. Hinter der Kreuzung Prince of Wales Avenue/Madampita Road kamen wir in einen Stau, der sich über die Victoria Bridge hinzog. Der Kelani Ganga war dabei, sich selbst zu entrümpeln; seine vom nächtlichen Regen angeschwollenen Wasser waren von Abfällen übersät. Am Ufer stöberten abgemagerte Hunde nach Kadavern.

Ich blickte auf die Uhr. Es war bereits zwei Minuten nach halb. Ich wurde immer nervöser. Zum Flughafen sind es mehr als dreißig Kilometer.

„Unfall", sagte der Taxifahrer.

Ein Soldat mit weißen Wimpeln in den Händen winkte uns an einer Unfallstelle vorbei. Zwischen zwei schweren Militärlastwagen war ein schwarzer, bis zur Unkenntlichkeit zermalmter Personenwagen verkeilt. Eine Gestalt lag auf dem Asphalt, mit ein paar schmutzigen Zeitungen zugedeckt. Ich kenne mich zuwenig mit europäischen Autos aus, um mit Sicherheit sagen zu können, ob es der Peugeot des jungen Mannes war, der mir den Brief übergeben hatte.

Mit ausgebreiteten Armen kam Kirtisinghe auf mich zu. „Es tut mir so schrecklich leid, Mr. Kirk. Wie konnte das nur passieren? Ich weiß noch nichts Genaues. Der Bericht aus Batticaloa liegt noch nicht vor", sagte er, als wollte er alle Fragen von vornherein unterbinden. „Dieses gräßliche Feuer! Der arme Mr. Baldenham! Sie haben im Hospital sicher alles menschenmögliche getan. Ich war leider nicht da. Ein Bombenanschlag in Puttalam. Es hat viele Tote gegeben. Wie geht es Ihnen, Mr. Kirk? Sind Sie wohlauf?" Seine hellen Augen blitzten kühl und teilnahmslos. „Weshalb die überstürzte Abreise? Hier ist es herrlich um diese Jahreszeit. Bei Ihnen zu Hause ist es kalt."

„Danke, Mr. Kirtisinghe. Mir ist die Lust vergangen, hier Urlaub zu machen. Das können Sie sicher verstehen."

„Gewiß. Bevor ich Ihnen einen guten Flug wünsche, wollte ich Ihnen noch Ihren elektronischen Schlagring zurückgeben."

Er griff nach einer dunkelbraunen Papiertüte, die auf dem Tresen des Am-Air-Schalters lag, zerbrach das Plastiksiegel, riß den Klettverschluß auf und reichte mir meinen Eraser. „Wer weiß, vielleicht brauchen Sie ihn noch. – Gute Reise, Mr. Kirk."

„Danke."

Ich reichte mein Ticket über den Tresen.

„Nur die beiden Taschen?" fragte die Stewardeß, eine Singhalesin mit großen rehbraunen Augen und einer samtweichen Stimme.

„Nur die beiden Taschen."

„Gate Number five", sagte sie und reichte mir mit einem schüchternen Lächeln die Bordkarte.

„Good bye", sagte ich.

Sie nickte auf die seltsame asiatische Art, die fast ein Kopfschütteln ist. „Good bye, Sir. Guten Flug."

Der einheimische Sicherheitsbeamte betrachtete meinen Eraser mißtrauisch von allen Seiten.

„Was ist das?" fragte er.

„Eine EMPU."

„Eine was?"

„Herrgott noch mal!" sagte ich zornig. „Eben habe ich das Ding von einem Ihrer Sicherheitsoffiziere zurückbekommen. Jetzt fangen Sie an, Zicken zu machen. Was soll das?"

„Bedauere, Sir, aber ich habe meine Vorschriften."

Ein stämmiger Sheriff der Am-Air-Bordpolizei drängte sich durch die Passagiere, die die Sicherheitskontrolle schon passiert hatten.

„In Ordnung", sagte er zu dem einheimischen Beamten. „Sie können an Bord gehen, Mr. Kirk."

Als ich mich noch einmal umwandte, sah ich Mr. Kirtisinghe bei einem großen Mann in arabischer Kleidung stehen, der ein gehäkeltes Käppchen auf dem Schädel trug. Er kam mir irgendwie bekannt vor. Sie blickten beide kurz in meine Richtung, dann lachten sie einander zu. Als er lachte und ich das Gold in seinem Mund blitzen sah, erkannte ich ihn wieder. Es war der Kerl mit dem tranchierten Gesicht, den ich in der Bar an Bord der *Sultan Ahmet* gesehen hatte.

Es war ein alter Airbus. Schwergewichtige, fleischige Männer lagerten auf den Sitzen, übernächtigte Gesichter, vom Whisky gerötet, australische Schafzüchter, Geschäftsleute auf dem Rückweg nach London, die die Feiertage bei ihren Familien in Australien verbracht hatten.

Eine halbe Stunde später rollten wir an den Start. Ich war froh, als die Maschine abhob und das Land unter uns im Dunst versank.

Die Stewardeß reichte mir die *Financial Times.*

Iran testet seine erste Atombombe
Proteste Russlands und der Türkei
Indien erwägt Abbruch der diplomatischen Beziehungen

> Das Rätselraten um die Wissenschaftler, die eine iranische Bombe in wenigen Jahren ermöglichten, hält an. Haben sich bekannte europäische und amerikanische Wissenschaftler von dem Militärregime kaufen lassen, wie TASS behauptet? London dementiert, daß William Treholt, David Silverman oder der Angloinder Lal Bhattavali für Teheran tätig waren. Auch der Name des dänischen Nobelpreisträgers Bengt Rødestrom wurde in diesem Zusammenhang genannt, der angeblich zurückgezogen auf der dänischen Insel Samsø lebt.

Zwischenlandung – Bahrein. Wir müssen das Flugzeug während des Auftankens verlassen. Ein unterkühlter Aufenthaltsraum; Einheimische, gegen die Kälte in Tücher und Mäntel gehüllt, sitzen in tiefen Fauteuils aus schwarzem genarbtem Plastik. Ein Pakistani mit Turban und einer abgerissenen Uniformjacke leert die Aschenbecher. Fliegen, die sich an das arktische Mikroklima gewöhnt haben, inspizieren die geleerten Tassen und die Kaffeepfützen auf den Tischen. Postkarte: $ 5.00, Briefmarke $ 5.00, Kaffee $ 5.00, Tee $ 5.00, Coca Cola $ 5.00, Canada Dry $ 5.00, Sandwich Egg $ 5.00, Sandwich Chicken $ 5.00, Einheitspreise, Einheitswährung.

„Bier?"

Der Mann an der Bar spitzt die Lippen, ruckt mit dem Kinn und stößt entrüstet ein Geräusch aus, das fast wie ein Kuß klingt.

Ich blicke durchs Panoramafenster aus getöntem Glas. Üppige Vegetation durch aufbereitetes Meerwasser, dahinter Dünen, nackt und bleich wie Gebein. Bahrein – ich erinnere mich: ein rehäugiges Singhalesenmädchen in einem Bordell, das aus Verzweiflung und Heimweh Selbstmord beging. Häßliche Betonarchitektur, wie aus dem Dreck gestemmt. In der Ferne noch mehr Grün, das Weiß der Paläste. Orangefarbene Flammen über dem Horizont: abgefackeltes Erdgas. Hinter den Dünen das Meer von beinahe unwirklichem Blau. Wunder über Wunder: An der Wand entdecke ich eine Weltzeituhr, auf der Schattenkurven über die Kontinente kriechen. Die Antarktis ist in Helligkeit getaucht, die Arktis liegt dunkel. Eine plumpe Zunge aus Licht leckt über den Äquator hinauf bis in die verschneite Taiga zwischen Gorki und Jekaterinburg. Sie zeigt den Tag an. Der Pazifik ist in Nacht gehüllt.

In London regnet es. Der Himmel ist grau verhangen. In den Pfützen spiegeln sich die aufgemalten bunten Fahnen auf den plumpen Schnauzen der Frachtluftschiffe von KLM, SAS und British Airways. Die Zeppeline scheinen sich unter dem eisigen Nordost zusammenzudrängen wie ein Rudel nasser, frierender Hunde.

Es ist Spätnachmittag. Die Lichtzunge auf der Uhr in Bahrein leckt jetzt an den öden Küsten Labradors. Wir rollen an den Start.

Jenseits von Erris Head, wo die irische Küste steil hinabfällt in die kühlen Tiefen des Atlantiks, über lichtlosen Schluchten, die erfüllt sind vom Gesang der letzten Buckelwale, holt uns die Nacht ein.

VII. Der Haken im Teich

IN NEW YORK schneite es. Es war noch finstere Nacht, als ich in den Bus vom Kennedy Airport nach Manhattan stieg. Der Fahrer, ein grauhaariger Schwarzer mit einem schweren schwarzen Wintermantel, sagte: „Da werde ich mal die Heizung höherstellen, wenn Sie aus der Sonne kommen. Wir hatten es hier saukalt über Weihnachten."

„Danke", sagte ich und schob meine Kreditkarte in den Buscomputer.

Eine Reisegruppe drängte in den Bus. Der Kleidung nach zu urteilen ebenfalls aus einer wärmeren Gegend. Es waren fast ausschließlich Schwarze, und sofort war das Fahrzeug voll lauter Musik, noch lauterer Unterhaltung und guter Stimmung. Wir fuhren durch fast menschenleere Straßen.

Grand Central Station: Endstation. Ich fragte mich durch nach dem Bus, der downtown fuhr, stieg an der Ecke 14th Street/5th Avenue aus und ging zu Fuß zum Transfer, einem kleinen Hotel nahe dem Washington Square, wo die NASA ständig Zimmer gemietet hat, um (weniger prominente) Besucher oder Mitarbeiter unterzubringen, die auf der Durchreise nach Cape Kennedy oder Vandenberg waren, dem Startkomplex der militärischen Shuttles.

„Frühstück ab sieben", sagte der Portier und reichte mir den „Schlüssel", ein kleines codiertes Plastikkärtchen.

Ich duschte und schlief fast bis Mittag, dann kaufte ich mir ein paar Wintersachen und ging in ein kleines italienisches Restaurant in der Nähe. Nach sechs Monaten Curry schmeckten die Spaghetti fürstlich und die Saltimbocca königlich – vom Soave ganz zu schweigen. Auf der Toilette hing ein Schild, das allen Angestellten einschärfte, nach der Benutzung die Hände zu waschen. Ich betrachtete mein Gesicht in dem kleinen Spiegel über dem Waschbecken und bemerkte, daß ich mich schon seit zwei Tagen nicht rasiert hatte.

„Kann ich einen Datenanschluß haben?" bat ich den Portier, als ich ins Hotel zurückkam.

„Ich lass' Ihnen ein Terminal aufs Zimmer bringen."

Eine halbe Stunde später saß ich vor dem Bildschirm des Tischgeräts und tastete meine Nummer ein. Die Dame von Infopool, die seit Jahren meinen „Briefkasten" betreute, sah unverändert jung, tüchtig und vertrauenerweckend aus. Wie lange würde es noch dauern, bis die Computer es schafften, diese synthetisierten Geschöpfe nicht nur nach der neuesten Mode zu kleiden, zu frisieren und zu schminken, sondern auch noch natürlich altern zu lassen.

„Hallo, Alice. Wie geht es dir?"

Sie schenkte mir ihr schönstes Lächeln. „Danke, gut. Ich hoffe, daß es auch Ihnen gutgeht. Sprechen Sie jetzt deutlich Ihren Namen, Ihr Geburtsdatum und Ihren Code!"

„Pete Kirk. Neunzehn, elf, neunzehnsechsundsiebzig. Hab acht vorm Zipferlak, mein Kind! Sein Maul ist beiß, sein Griff ist bohr! Vorm Fliegelflagel sieh dich vor, dem mampfen Schnatterrind!"

„Die Stimmprobe ist positiv, und Ihr Code wird akzeptiert, Mr. Kirk."

„Was haben wir im Briefkasten, Alice?"

„Es hat sich eine Menge angesammelt. Sagen Sie mir bitte jeweils, was ich gleich löschen soll und was Sie weiterhin im Speicher haben wollen."

„Okay, Alice. Schieß los!"

Ein Werbespot pries ein Getränk an, das unglaublich erfrischend und unglaublich kalorienarm war.

„Alice."

Sie erschien wieder auf dem Bildschirm. „Was kann ich für Sie tun?"

„Ich sagte: ‚Schieß los!'"

„Wenn Sie keine Werbespots wollen, müssen wir Ihnen zehn Cents pro Kilobyte zusätzlich berechnen, weil ein großer Teil der Kosten von Infopool durch Werbung gedeckt wird."

„Ich weiß. Bitte ohne Werbung."

Es war hauptsächlich unwichtiges Zeug. Rechnungsbelege, Beitragsquittungen, eine Rückfrage meines Steuerberaters wegen einer nichtcomputerisierten Reisekostenabrechnung, Anrufe von Bekannten, ein paar Einladungen zu Parties, die längst stattgefunden hatten. Ein Gruß von Rut: Sie war ein bißchen dicker geworden, was ihrer Figur eher guttat. Sie hatte einen knappen Bikini an. Ein Swimmingpool war zu erkennen. Der Junge, an den sie sich lehnte, war höchstens zwanzig, bodygebildet, braun gebrannt, sah nicht schlecht aus; nur die Augen standen etwas eng beieinander, was seinem Gesicht einen etwas beschränkten, aber eigensinnigen Ausdruck verlieh. Auch sie war braun gebrannt, trug die blonden Haare jetzt glatt und etwas kürzer geschnitten als früher, sah blendend aus.

„Wollte dir nur zeigen, daß ich mich nicht langweile ohne dich, Schatz", sagt sie und wirft der Kamera eine Kußhand zu. Sie ist ziemlich betrunken, versucht dem Jungen einen Kuß auf die Wange zu drücken, aber der ist eher peinlich berührt.

Sie hebt das Glas, schwankt ein wenig.

„Happy birthday to you, Pete!" Ich werfe einen Blick auf Datum und Kennung. 19. November 2016, Fort Lauderdale.

„Löschen!" sage ich.

„Die nächste Nachricht kann ich Ihnen nur zugänglich machen, wenn eine Bedingung erfüllt ist, Mr. Kirk."

„Und was ist das für eine Bedingung?"

„Sie müssen mir bestätigen, daß sich in dem Raum, in dem Sie sich im Moment aufhalten, keine weitere Person befindet."

Ich horchte auf. Es war zwar nicht ungewöhnlich, daß Infopool-Nachrichten an diese Bedingung geknüpft wurden, wenn es sich um private, intime oder geschäftliche Dinge handelte, die Dritte nichts angingen, aber ich erwartete keine derartige Nachricht.

„Ich befinde mich ganz allein in diesem Zimmer, Alice", versicherte ich. „Laß sehen!"

„Es handelt sich lediglich um eine Tonaufzeichnung. Sie ist unvollständig und ohne Kennung und wurde über Telefon eingegeben. Der Absender fehlt, aber er muß über einen Dringlichkeitscode verfügen, sonst hätte der Computer ihn nicht akzeptiert. Infopool akzeptiert keine anonymen Nachrichten."

Ich mußte mich mit beiden Händen am Tisch festhalten, als plötzlich Andrews Stimme sagte: „Pete, ich kann Andrew nicht erreichen. Sag ihm bitte, falls er noch lebt, es habe dich jemand angerufen, dessen Stimme wie seine klang. Er wird wissen, was los ist. Sag ihm, daß jemand Roughtrades . . ."

Die Stimme verstummte. Unnatürlich laut war das mechanische Pochen einer durchtrennten Telefonverbindung zu hören.

Ich saß wie vom Donner gerührt. Was hatte das zu bedeuten? Das war eindeutig Andrews Stimme gewesen. Erschöpft, drängend, fast ein wenig ängstlich, aber Andrews Stimme!

„Von wem ist diese Nachricht?“

„Keine Kennung, Mr. Kirk. Aber sie wurde am 25. Dezember in den Pool geschleust.“

Am Weihnachtsfeiertag.

„Noch weitere Nachrichten?“

„Ja. Eine zweite, ähnliche Botschaft. Am 27. Dezember auf ähnliche Weise in den Pool geschleust. Tonaufzeichnung – kein Absender, keine Kennung.“

Und wieder Andrews Stimme!

„Hör zu, Pete! Ich weiß nicht, ob ich so bald wieder Gelegenheit haben werde, an ein Telefon heranzukommen, oder ob ich jetzt lange genug unbeobachtet bin. Da ich nicht weiß, ob ich selbst noch lebe, wende ich mich sicherheitshalber auch an dich. Ich weiß nicht, ob das die erste Nachricht ist, die dich von mir erreicht, oder ob du schon einige erhalten hast. Sammel sie, ordne sie chronologisch und halte sie für mich abrufbereit! Dir wird das alles sehr verwirrend und unwirklich erscheinen, aber tu, was ich sage! Setz dich sofort mit Kenneth Buchan, unserem Sicherheitshäuptling, in Verbindung. Er wird dir erklären, was geschehen ist, wenn er es für richtig hält. Sag ihm, ich hätte den Beweis, daß irgend jemand Roughtrades Geschäft betreibt. Sei vorsichtig! Es könnte sein, daß ein Haken im Pool hängt, der auf diesen Namen reagiert. Ich befinde mich wahrscheinlich noch in Sri Lanka, aber es könnte sein, daß weitere . . .“

„Hier bricht die Nachricht ab, Mr. Kirk!“

„Ist . . . ist eine weitere ähnliche Nachricht da, Alice?“

„Nein. Sonst ist nichts im Briefkasten.“

Was ging da vor? Was waren das für obskure Botschaften? War Andrew doch nicht tot? – Unsinn, ich war vor seiner Leiche gestanden. Natürlich war er tot. „Da ich nicht weiß, ob ich selbst noch lebe . . .“ Was sollte das heißen? – Es war eindeutig seine Stimme. Nun, eine Stimme war leicht zu synthetisieren, wenn man genug Aufzeichnungen von ihr hatte. Erlaubte sich jemand einen makabren Scherz mit ihm? Was sollte es anderes sein? Andrew war tot. Es war eindeutig sein Leichnam gewesen, den ich gesehen hatte. Sein verstümmelter Leichnam. „Ich befinde mich wahrscheinlich noch in Sri Lanka . . ."

„Brauchen Sie mich noch, Mr. Kirk?"

„Oh, Verzeihung. Danke, Alice, nein . . ., das heißt, ja. Zwei Dinge. Erstens: Mach die beiden letzten Nachrichten abrufbereit für Andrew Baldenham! Zweitens eine Nachricht für Kenneth Buchan wie folgt: ‚Andrew Baldenham sagte mir, er habe den Beweis, daß irgend jemand Roughtrades Geschäft betreibt – was immer das sein mag –, und er sagte mir auch, daß Sie mir erklären könnten, was das alles zu bedeuten hat. Das heißt, Andrew Baldenhams Stimme sagte mir das. Andrew Baldenham selbst ist tot. Er starb am 23. Dezember im Militärhospital von Colombo. Ende'. – Danke, Alice."

„Es war mir ein Vergnügen, Mr. Kirk."

Der Bildschirm erlosch.

Ich starrte zum Fenster hinaus. Es schneite immer noch. Die Spitzen der Türme des World Trade Centers waren in Wolken gehüllt. Im Nachbargebäude, einem trostlosen Bauwerk aus rußgeschwärzten Ziegeln, von Taubendreck verkrusteten Simsen und rostigen Feuerleitern, die vom Schnee in ein Filigran aus Brüsseler Spitzen verwandelt worden waren, schien ein Stockwerk tiefer eine Tagung oder ein Gottesdienst im Gange zu sein. Ich sah den Redner, der unmittelbar beim Fenster stand, beschwörend gestikulieren, ohne ein Wort zu verstehen. Er hatte ein scheußlich blau-rot kariertes Jackett an und fuhr sich immer wieder mit der Hand über sein schütteres weißes Haar. Dann und wann war stürmischer Applaus zu hören. Plötzlich zog er das Jackett aus und schleuderte es wütend zu Boden, dann drehte er seinem Publikum den Rücken zu, verschränkte die Arme und blickte mit strenger Miene zu mir herauf. Unwillkürlich wandte ich mich ab.

Ich wußte, daß es Leute gab, die bis weit über ihren Tod hinaus ihre Verwandten und Bekannten mit Wünschen zu Geburts- und Feiertagen beglückten oder sie mit makabren Anrufen aus dem Jenseits ängstigten – Nachrichten, die mit Zeitsperren im Infopool abgespeichert waren –, aber Andrew gehörte nicht zu den Freaks, die sich solche geschmacklosen Späße erlaubten. Aber wer könnte es dann sein? Dieser Jemand mußte verteufelt gut Bescheid wissen. Mußte er das? Eigentlich nicht. Der Aufenthalt in Sri Lanka ließ sich unschwer überprüfen, und daß Kenneth Buchan der Sicherheitschef der NASA war, wußten viele.

Ich schaltete den Datenschluß wieder ein.

„Hallo, Alice. Wie geht es dir?"

Sie schenkte mir ihr schönstes Lächeln.

„Danke gut. Ich hoffe, daß es auch Ihnen gutgeht. Sprechen Sie jetzt deutlich Ihren Namen, Ihr Geburtsdatum und Ihren Code!"

„Du bist ein schrecklich vergeßliches Mädchen, Alice. Es ist noch keine Viertelstunde her, daß wir miteinander geplaudert haben."

„Ich weiß, Mr. Kirk, aber ich habe meine Vorschriften. Bitte sprechen Sie!"

Wir wiederholten die Prozedur.

„Ich möchte die beiden letzten Nachrichten noch mal hören."

„Selbstverständlich."

Ich hörte sie mir noch zweimal an. Wenn sie getürkt waren, dann meisterhaft. Sie waren zwar durch die Telefonübermittlung etwas beeinträchtigt, aber, was die Stimmlage betraf, aus einem Guß, was durch Synthetisieren selten erreicht werden kann. „Sei vorsichtig! Es könnte sein, daß ein Haken im Pool hängt, der auf diesen Namen reagiert . . ." Roughtrade. Irgendwann hatte Andrew den Namen erwähnt. Er hatte von einer Roughtrade-Maschine gesprochen, mit der man Dinge reproduzieren könne. *Wie im Märchen: Tischlein deck dich! Esel streck dich! Knüppel aus dem Sack!* Erwähnte er nicht auch Rumpelstilzchen? Gold aus Stroh?

Das MIDAS-Projekt? Midas war der antike König, dem von den Göttern sein Wunsch erfüllt wurde, daß sich ihm alles in Gold verwandle – und der dann schrecklich Hunger litt, weil auch das Essen, das er berührte, zu Gold wurde. „Molecular Integrating und Digital Assembling System". Ein System offensichtlich, mit dem man durch digitale Information Moleküle integrieren und ordnen konnte. War das ein geheimes Regierungsprojekt zur Erforschung von Biocomputern gewesen? Hochkarätige Chaosforscher, Deterministen auf der einen, Randomisten auf der anderen Seite. Es gibt keinen Zufall, alles ist eine Verkettung von Ursachen und Wirkungen, alles ist berechenbar, ist festgelegt, vom Anfang aller Zeiten vorausbestimmt – so die einen. Der Zufall regiert das Weltgeschehen, nichts ist vorausbestimmt, nichts ist festgelegt, alles ist ein Spiel von Wahrscheinlichkeiten, es gibt immer Alternativen, das Chaos ist real, die Kausalität nur eine Denkgewohnheit, die aus dem Aufbau des menschlichen Gehirns resultiert – so die anderen.

MIDAS, Grundlage des Multimanna, „Tischlein deck dich", okay, aber „Esel streck dich, Knüppel aus dem Sack"? Was hatte er damit gemeint? Ich kannte mich mit Märchen nicht aus, mußte mich gelegentlich darüber informieren. Hatte er nicht in Zusammenhang mit Multimanna von einer Bombe gesprochen, mit der man den Hunger aus der Welt bomben wollte? – Künstliches Protein?

„Glaubst du an eine Auferstehung des Fleisches?"

„Nein, Andrew. Ich glaube nicht daran."

„Brauchen Sie mich noch, Mr. Kirk?"

„Ja, Alice. Eine Nachricht an Andrew Baldenham wie folgt: ‚Lieber Andrew, ich glaube weder an die Auferstehung des Fleisches noch an ein Leben nach dem Tode. Dieser Trost ist mir nicht gegeben. Es grüßt Dich herzlich Dein Pete. Ende.' – Danke, Alice. Ist noch keine Antwort von Kenneth Buchan da?"

„Nein, Mr. Kirk. Mr. Buchan ist in einer Sitzung. Es werden ihm derzeit nur Nachrichten über sein Armbandterminal zugeleitet, die mit dem Vermerk ‚dringend' markiert sind."

„Es ist dringend."

„Das vergaßen Sie mir zu sagen, Mr. Kirk."

„Kann man das nicht nachträglich machen?"

„Leider nein, aber Sie können selbstverständlich die Nachricht wiederholen und sie, mit dem Vermerk ‚dringend' versehen, ihm ein zweites Mal zuleiten. Wünschen Sie das, Mr. Kirk?"

„Ach lassen wir's, Alice! Gib mir die Adresse von Fred Kissinger, hier in New York."

„Frederic oder Alfred Kissinger?"

„Äh . . . weiß ich nicht."

„Es gibt sechzehn Frederic oder Alfred Kissinger in New York."

„Ich meine den Filmregisseur."

„Moment. – Er wohnt Nr. 42, West 125th Street, 8. Stock."

„Ist er derzeit in New York?"

„Ich bin zu solchen Auskünften nicht befugt. Soll ich ihm eine Nachricht übermitteln?"

„Nein, Alice. Ich werde zu Fuß hingehen, ich habe nämlich

etwas ganz Altmodisches in der Tasche, du wirst es nicht für möglich halten: einen Brief. Kommst du mit?"

Sie schenkte mir ein strahlendes Lächeln.

„Ich identifiziere dies als Scherz, obwohl mir sein Sinn nicht ganz klar ist. Ich brauche nirgends hinzugehen. Ich bin überall. Ich hoffe, Sie waren mit mir zufrieden, Mr. Kirk."

„Du warst fabelhaft, Alice."

Ich fror trotz meines Mantels, und die neuen Schuhe drückten. Es war Unfug, bei diesem Wetter zu Fuß zu gehen, aber ich hatte es mir nun mal in den Kopf gesetzt.

Es schneite unaufhörlich. Es waren trotzdem eine Menge Leute und Autos unterwegs, doch das Verkehrsgeräusch wirkte geisterhaft gedämpft und weit entfernt.

Ich kam an der schauerlichen Ruine des Plaza vorbei, wo der internationale Terrorismus das neue Jahrtausend eingeläutet hatte. Ich war damals noch Student am CalTech gewesen, als die ungeheuerlichen Ereignisse von den Medien übertragen wurden. Am Silvesterabend 1999, während des großen Banketts mit mehr als 1200 geladenen Gästen, die ganze Prominenz und das Kapital der Ostküste waren versammelt, um den Anbruch des 3. Jahrtausends zu feiern, besetzte eine Terrorgruppe der Palästinenser – über die Anzahl der Terroristen gingen die Schätzungen weit auseinander, und sie konnte nie festgestellt werden, es mußte aber mindestens eine halbe Hundertschaft gewesen sein – das Hotel und nahm die ganze Festgesellschaft als Geiseln. Sie forderten zehn Milliarden Dollar und das Versprechen des amerikanischen Präsidenten, dafür zu sorgen, daß das palästinensische Volk endlich ein eigenes Land erhalte. Das Unternehmen sah für die Palästinenser zunächst recht gut aus, zumindest was die zehn Milliarden Dollar betraf, denn unter den Geiseln befanden sich einige Gouverneure und mehr als ein Dutzend Senatoren und Kongreßabgeordnete, viele persönliche Freunde des Präsidenten und eine Menge einflußreicher Leute aus der Finanzwelt, der Industrie und den Medien. Böse Zungen behaupteten, daß die Anwesenden sich leicht für den zehnfachen Betrag selbst hätten freikaufen können. Als Präsident Newbury aber – und das war mehr scherzhaft gemeint – erklärte, er habe den englischen Premierminister gebeten, den

Palästinensern die Falklandinseln abzutreten, war die Geduld der Terroristen zu Ende. Sie begannen damit, jede Stunde eine Geisel aus dem oberen Stockwerk auf die Straße zu werfen, und selbstverständlich fingen sie mit den Kongreßabgeordneten, den Senatoren und den Gouverneuren an. Die grausige Show wurde rund um die Uhr von den Fernsehsendern übertragen und über Satellit um die Welt verbreitet. Mehr als zwei Milliarden Menschen harrten vor den Fernsehapparaten aus, und jedesmal, wenn ein Körper auf dem Asphalt aufschlug und die Kameraleute ihn mit dem Zoom auf die Bildschirme rissen, ging ein Aufschrei der Empörung durch die amerikanische Nation – so wenigstens erklärte Newbury später (was nicht wenige daran hinderte, hinter vorgehaltener Hand zu sagen, endlich habe es einmal die Richtigen erwischt). Kurzum, Newbury befahl seinen „Blue Lights", das Plaza zu stürmen. Nun, der Rest war das nackte Grauen. Die Terroristen machten ihre Drohung wahr und sprengten sich, die Geiseln und das Plaza in die Luft. Keine hundert Leute entkamen der Flammenhölle. Man habe die Ruine als Mahnmal stehenlassen, wurde verschiedentlich behauptet. Tatsache aber war, daß die Gegend zwischen dem Central Park und der Grand Central Station inzwischen zu den heruntergekommensten und gefährlichsten Slumgebieten der USA zählte. Die Luxushotels und die vornehmen Apartmentbauten wurden längst in der Bronx und in Harlem nördlich der 116th Street hochgezogen, wo Fred Kissinger wohnte.

Drei Kameras und die Maschinenpistole eines Wachmanns waren auf mich gerichtet, während ein zweiter hinter Panzerglas meine Identität überprüfte und mich anmeldete. Die Maschinenpistole winkte mich zum Lift.

„Fahren Sie rauf, aber halten Sie unterwegs nicht an!"

Fred Kissinger stand unter der Tür. Er war ein eher kleiner Mann, Anfang/Mitte Sechzig, das halblange weiße Haar in den Schläfen semmelblond gefärbt. Seine Wangen und seine Lippen waren dezent geschminkt. Wahrscheinlich war er wesentlich älter, als er auf den ersten Blick erschien. Er trug eine gelblich getönte Brille, durch die man seine Augen kaum erkennen konnte, und einen Bademantel aus weißem Frottee, rot paspeliert, mit einem aufgestickten roten chinesischen Drachen auf der linken Brustseite, dessen langer Schwanz sich um die Taille wand.

„Was verschafft mir die Ehre, Mr. Kirk? Kommen Sie herein! Ich glaube nicht, daß wir uns schon begegnet sind."

„Nein, ich habe Sie nie persönlich kennengelernt. Selbstverständlich kenne ich Ihren Namen, einige Ihrer Filme . . ."

Er winkte geringschätzig ab. Ich sah, daß er einen Ring mit einem riesigen Sternsaphir am Mittelfinger der linken Hand trug.

Das Apartment war eine der Dachterrassenwohnungen des Hauses, mindestens 250 Quadratmeter groß, in Maisonette-Bauweise zum Teil zweistöckig angelegt und mit verschwenderischem Luxus eingerichtet. Alte japanische Schränke und Tischchen mit Einlegearbeiten aus edlen Hölzern, Perlmutt, Elfenbein und Silber. In Plexiglasvitrinen chinesisches Porzellan und Jadeschnitzereien, die ein Vermögen gekostet haben mochten. Eine Wand war mit einem Arrangement aus alten Schattenspielfiguren drapiert. Die Terrasse war abgeteilt, völlig verglast und von tropischen Gewächsen durchwuchert. Ich sah mindestens ein Dutzend verschiedener Orchideenarten.

„Ich züchte seit vierzig Jahren Orchideen", sagte er, als er meinen Blick bemerkte. „Es sind die schönsten, sanftesten und verletzlichsten Geschöpfe der Erde. – Mögen Sie einen Drink?"

„Oh – nein, danke."

„Entschuldigen Sie meinen Aufzug. Ich halte es wie dieser alte Philosoph – war es Descartes oder Erasmus von Rotterdam? –, der im Winter das Bett überhaupt nicht verließ und sogar die Besucher in seinem Schlafgemach empfing, weil ihm die Kälte ein Greuel war. Dank der heutigen elektronischen Einrichtungen braucht man keinen Fuß mehr vor die Tür zu setzen, und das tue ich während der kalten Jahreszeit auch nicht."

Er lächelte, aber es war schwer zu sagen, ob seine Augen hinter den getönten Gläsern diese Freundlichkeit teilten. Ich glaube nicht. Ich mochte den Mann nicht, so freundlich und weltoffen er sich auch gab, so gebildet und künstlerisch begabt er auch sein mochte.

„Ich habe einen Brief für Sie von Miß Tanner aus Colombo."

„Oh", sagte er und hob die Augenbrauen. „Die gute Nancy hatte schon immer einen Hang zum Romantischen. Wer schreibt heute noch Briefe?"

Er schien ein bißchen irritiert zu sein. Ich reichte ihm das schmale

Kuvert. Seine Hand zitterte ein wenig, als er ihn entgegennahm. „Tatsächlich, es ist ihre Handschrift. Von wem haben Sie ihn?"

„Ein Taxifahrer hat ihn mir gegeben und mich gebeten . . ."

„Von einem Taxifahrer?" Er schien sehr erleichtert zu sein, als er das hörte. „Und woher hatte der ihn?"

„Von Miß Tanner persönlich. Sie hat ihn ihm gegeben, als sie vor einem Monat in Colombo war."

Das schien ihn noch mehr zu erleichtern. Er machte keine Anstalten, ihn zu öffnen. „Dann hat er sich längst erledigt. Nancy ist auf dem Weg der Besserung. Sie hat ein bißchen viel geschnupft in letzter Zeit. Ich ruf sie jeden Tag in der Klinik an. – Waren Sie als Tourist in Colombo?"

„Ja, ich . . ., ich hab dort ein paar Tage Urlaub gemacht."

„Es gibt jetzt nicht mehr viele Touristen dort."

„Das ist richtig."

„Wo wohnen Sie hier in New York?" fragte er beiläufig.

„Bei einem Freund, drüben in Queens." Ich weiß nicht, weshalb ich log.

„Ich danke Ihnen, Mr. Kirk, daß Sie die Mühe auf sich genommen und den Briefträger gespielt haben. Wie romantisch", sagte er und legte mir den Arm um die Schulter, während er mich zur Tür geleitete. „Wie schön in dieser so nüchternen Zeit. – Leben Sie wohl, Mr. Kirk!"

„Auf Wiedersehen, Mr. Kissinger."

Als ich durch den Central Park ging, dunkelte es bereits. Es hatte zu schneien aufgehört. Der Schnee lag jungfräulich weiß, und ich begegnete kaum einem Menschen.

„SEIT Stunden versucht Sie die NASA zu erreichen, Mr. Kirk. Wo stecken Sie denn?" Der Portier war ganz aufgeregt.

„Ist das Terminal noch auf meinem Zimmer?"

„Nein, nicht über Infopool. Wir haben eine spezielle NASA-Leitung hier. Gehen Sie in die Visiphonzelle dort drüben! Ich mache die Verbindung."

Kenneth Buchan war nicht der bullige Typ, wie es sonst Sicherheitsleute sind, sondern ein kleiner, fast zierlicher Mann, aber mit lauter, befehlsgewohnter Stimme und einer Autorität im Blick, mit der er glatt zehn Zentimeter wettmachte.

„Sie latschen seelenruhig in der Gegend rum, und ich suche Sie wie eine Nadel im Heuhaufen", donnerte er mich an. „Wie kommen Sie dazu, stundenlang herumzustreunen, ohne eine Nachricht zu hinterlassen?"

„Sir, ich bin spazierengegangen, zu Fuß . . ."

„Kein Mensch geht heutzutage zu Fuß! Und schon gar nicht in Manhattan!"

„Das ist doch wohl meine Sa–"

„Nein! Ist es nicht, verdammt noch mal!"

„Sir . . ."

„Hören Sie zu, Kirk! Sie haben den Namen Roughtrade durch den Infopool gehen lassen. Das ist ein heißer Name, und garantiert hängt ein Haken drin, der ihn aufgespießt hat. Wer weiß, wo es überall schon geklingelt hat. Passen Sie jetzt gut auf, Kirk! Sie könnten in Gefahr sein. Holen Sie Ihr Gepäck, und fahren Sie zum Kennedy Airport! Nehmen Sie die nächste Maschine nach Fort Lauderdale oder Miami. Ich will Sie hier am Cape haben. Ich möchte diese Baldenham-Geschichte aus erster Hand, verstehen Sie? Die stinkt ja zum Himmel! Sie verlassen am besten sofort das Hotel. Und lassen Sie kein Taxi rufen! Gehen Sie auf die Straße, und halten Sie eins an! Verstanden?"

„Okay, Mr. Buchan. Aber was soll das eigentlich alles? Weshalb bin ich in Gefahr?"

„Das erzähle ich Ihnen, wenn Sie hier sind. Ende."

Ich fuhr nach oben und packte meine Sachen zusammen.

Als ich ins Foyer kam, sah ich im Spiegel an der Wand gegenüber zwei Männer an der Rezeption stehen. Sie hatten beide dicke Wintermäntel an und trugen Hüte. Sie hatten kein Gepäck bei sich. Als ich meinen Namen hörte, schlüpfte ich in die Toilette und ließ die Tür einen Spalt offen.

„Er ist oben, auf seinem Zimmer", sagte der Portier.

„Welche Nummer?"

„312. Hören Sie, wo wollen Sie hin?"

„Wir wollen ihn besuchen."

„Moment! Ich werde ihn rufen."

„Nicht nötig. Er erwartet uns." Sie betraten den Lift. Der Portier griff nach dem Haustelefon.

„Bemühen Sie sich nicht!" sagte ich.

„Zwei Herren wollten Sie sprechen, Mr. Kirk. Sie sind auf dem Weg nach oben."

„Grüßen Sie sie herzlich von mir. Sagen Sie ihnen, ich sei ein wenig spazierengegangen, weil mir die Luft hier zu dick geworden sei."

„Wie soll ich das verstehen?"

„Das brauchen Sie nicht zu verstehen. Die Ratschläge der NASA sind unergründlich, aber meistens weise. Man braucht mich für den Flug zum Mars."

„Soll ich Ihnen ein Taxi rufen, Mr. Kirk?"

„Nein, danke. Ich hab's eilig. Vielleicht können Sie die Jungs ein bißchen hinhalten. Tschüs!"

VIII. Nachrichten von Lebendigen und von Toten

AM CAPE wehte ein eisiger Wind. Er riffelte die Lagune; die Palmen schüttelten mürrisch die Wipfel und zischelten wie aufgeschreckte Klapperschlangen.

„Letzte Woche sind hier 80 Prozent der Zitrusernte erfroren", sagte Buchan, „und die Alligatoren waren so langsam wie noch nie. Man konnte gefahrlos an sie herangehen und sie erschlagen." Seine Handkante durchschnitt die Luft.

Neben der Startrampe wallte eine Dampfwolke auf, dann flammte orangerotes Feuer. Während das Freitagshuttle abhob und donnernd und brodelnd den Himmel erstürmte, die dünne Wolkendecke mit seiner wabernden Flammenzunge durchglühte, wandte sich Buchan vom Fenster ab.

Er war ein drahtiger kleiner Mann mit lebhaften Augen und einer ausgeprägten Körpersprache, was ihm eine Aura natürlicher Autorität verlieh. Er hatte mit Sicherheit Italiener unter seinen Vorfahren, und die Eleganz seiner Kleidung bestätigte diesen Eindruck noch. Er trug zu einem hellen graublauen Anzug eine dunkelblaue Krawatte und teure Schuhe aus leichtem dunkelbraunen Leder.

„Setzen Sie sich, Pete", sagte er mit einladender Geste und nahm hinter seinem Schreibtisch Platz. „Sie sagten, Sie hätten ein Recht darauf zu erfahren, was da vor sich gehe." Er verschränkte die Hände hinter dem Kopf und musterte mich prüfend mit seinen dunklen

Augen. „Das haben Sie nicht, Pete. Schlagen Sie sich das aus dem Kopf! Und je weniger Sie wissen, desto besser für Ihre persönliche Sicherheit. Aber folgendes kann ich Ihnen sagen: Ihr Freund Andrew Baldenham ist tot – er war übrigens auch meiner –, das ist eine traurige, aber unumstößliche Tatsache. Ich bin nicht sicher, ob er mit Absicht getötet wurde. Die Umstände, auch wie Sie sie aus Ihrer Sicht geschildert haben, deuten auf einen Unfall hin."

„Unfall? Hören Sie! In jener Nacht . . ."

„. . . ist ein Unfall passiert. Aber kein Brandunfall. Das wurde nachträglich inszeniert, *nachdem* ein Unfall passiert war, bei dem Andrew beide Füße verlor. Sie sagten doch selbst, daß Ihnen das rasche Auftauchen der Soldaten, eines Arztes, der überstürzte Abtransport durch den Hubschrauber ziemlich verdächtig vorkamen."

„Wollen Sie denn damit sagen, daß er aus dem Hotel verschleppt und irgendwohin gebracht wurde und daß sich dabei . . .?"

„Genau. Ich vermute, daß man ihn im Schlaf überwältigt und in die Militärbasis in der Nähe gebracht hat."

„Aber wozu?"

Buchan zögerte für einen Moment und kaute auf der Unterlippe, dann sagte er entschlossen: „Um eine Aufzeichnung von ihm zu machen."

„Eine *was?*"

„Eine Aufzeichnung. Andrew Baldenham ist tot. Aber es existiert von ihm eine elektronische Aufzeichnung. Die hat sich mit Ihnen in Verbindung gesetzt."

„Sie meinen, Andrews Bewußtsein steckt in irgendeinem Computer drin?"

„Ich bin kein Fachmann für diese Dinge, aber ich glaube, so kann man es ausdrücken."

„Wie soll so etwas technisch möglich sein?"

„Das dürfen Sie mich nicht fragen, Pete. Tatsache ist, daß Andrew und einige weitere Wissenschaftler am CalTech unter der Leitung von Professor Roughtrade in einem Geheimprojekt ebendieses Verfahren entwickelt haben. Ich mache Sie darauf aufmerksam, daß diese Informationen der Geheimhaltung unterliegen und Sie sie unter keinen Umständen Dritten zugänglich machen dürfen."

„Andrew sagte mir, daß das Projekt gescheitert und nicht weitergeführt worden sei."

„Ja und nein. Das Aufzeichnungsverfahren arbeitete nur mangelhaft und ließ sich über einen gewissen Genauigkeitsgrad hinaus, der höchst unzulänglich war, nicht verbessern. Schließlich wurde der Beweis geführt, daß die Fehlerquelle grundsätzlich nicht beseitigt werden könne. Damit war das Projekt, in das auch wir von der NASA so viele Hoffnungen gesetzt hatten, erledigt."

„Wozu hätte das in der Raumfahrt nützen können?"

„Man hätte unbemannte Missionen mit den geeigneten Empfangseinrichtungen an Bord auf den Weg bringen und ihnen Jahre später mit Lichtgeschwindigkeit die erforderlichen Wissenschaftler nachschicken können."

„In Form von Aufzeichnungen?"

„In Form von Aufzeichnungen. Während die Originale hier auf der Erde blieben."

„Und wenn die Aufzeichnungen nicht mehr gebraucht worden wären, hätte man sie löschen können."

„Hätte man sie . . . äh . . . löschen können."

Buchan stand auf und ging zum Fenster. Der Wind hatte die Rauch- und Dampfwolke nach Süden getrieben und zerstreut.

„Wer macht solche Aufzeichnungen von Menschen, obwohl sie nicht zufriedenstellend sind?"

„Nun, offenbar ließen die Sicherheitsvorkehrungen beim MIDAS-Projekt zu wünschen übrig. Wichtige Unterlagen gerieten in falsche Hände. Irgend jemand verdient eine Menge Geld damit, Aufzeichnungen von Spitzenwissenschaftlern zu machen und sie an Interessenten vor allem in der dritten Welt zu verkaufen."

„Roughtrades Geschäft?"

„Roughtrades Geschäft."

Die Vorstellung war atemberaubend.

„Werden diese Aufzeichnungen auf andere Menschen übertragen? Da gab es doch diese Doppelgänger von Torre und Rødestrom . . ."

„Leider haben wir nicht den Fetzen eines Beweises", sagte Buchan über die Schulter. „Das schließt natürlich nicht aus, daß das Verfahren inzwischen weiterentwickelt worden sein könnte."

„In der Nachricht sagte Andrew – das heißt die Aufzeichnung von Andrew –, daß er nicht wisse, wann er wieder an ein Telefon herankäme und wie lange er unbeobachtet sein werde."

Buchan zuckte die Achseln. „Das kann er genausogut bildlich gemeint haben."

MIDAS – Molecular Integrating and Digital Assembling System – Grundlage für Multimanna.

„Was bedeutet ‚Multimanna'?"

Buchan fuhr herum. „Was hat Ihnen Andrew darüber erzählt?"

„Er sagte wörtlich: ‚Tischlein deck dich! Esel streck dich! Knüppel aus dem Sack!'"

Buchan nickte, dann lachte er schallend. „Wenn es nach den Deterministen gegangen wäre, dann wäre das der nächste Schritt gewesen: die Rückübersetzung von Signalen in Materie oder, wie es die Theoretiker ausdrückten: die Umsetzung von Strukturen aus dem elektronischen Medium ins materielle. Aber so weit kam es nicht mehr."

Pete, glaubst du an die Auferstehung des Fleisches?

Er hob die Schultern. „Es war eine wissenschaftliche Sackgasse, auch wenn es manche nicht wahrhaben wollten. Karrieredenken, Eitelkeit, Unvernunft – gerade bei solchen Leuten. Wissenschaftliche Elite!" Er schnaubte verächtlich. „Was seid ihr Techniker doch dagegen für zuverlässige Leute."

„Wie meinen Sie das, Sir?"

Das Terminal an Buchans Handgelenk begann zu blinken. Er hielt es ans Ohr, dann sagte er: „Sag George Bescheid! Ich bin in zehn Minuten drüben."

Er holte einen Kamelhaarmantel aus dem Schrank und zog ihn an.

„Sie beginnen heute noch mit dem medizinischen Check-up, Pete. Ich möchte, daß Sie mit dem Dienstagshuttle hinaufgehen; es gibt 'ne Menge Arbeit da droben. Das wird Sie auf andere Gedanken bringen."

„Andere Gedanken, Sir?"

Er hielt mit dem Zuknöpfen seines Mantels inne. „Nun, ich kann mir denken, daß Ihnen Andrews Tod nahegegangen ist."

„Ja. Er war mein Freund."

Buchan nickte. „Nehmen Sie jeden Tag Kontakt mit Infopool auf. Sollte eine weitere Nachricht von seiner Kopie eintreffen, geben Sie sie sofort über eine NASA-Leitung an mich weiter."

„Ja, Sir."

„Kann ich Sie ein Stück mitnehmen?"

„Danke, nein. Die paar Schritte zu den Mannschaftsquartieren kann ich zu Fuß gehen."

„Sie scheinen ein leidenschaftlicher Fußgänger zu sein."

„Ja, Sir. Wie viele, die lange im Orbit waren. Man verlernt das Gehen . . . Eine Art Ausgleichssport . . . Bei mir ist es jedenfalls so."

Er schien mir gar nicht zuzuhören, schlug den Mantelkragen hoch, griff nach seiner eleganten, schmalen Lederhandtasche und fischte das Kärtchen für den Bordcomputer seines Wagens heraus.

„Übermorgen ist der letzte Tag im Jahr, Pete", sagte er. „Aber feiern Sie nicht zuviel. Die Mediziner haben das nicht so gern, ein paar Tage vor dem Start."

„Okay, Sir. Falls wir uns nicht mehr sehen – darf ich Ihnen schon heute ein gutes neues . . .?"

„Nein, ich bin schrecklich abergläubisch."

Er hob grüßend die Hand.

Ich ärgerte mich. Über seine Arroganz – und noch mehr über mich, weil ich mich zu dieser devoten Geste hatte hinreißen lassen. Draußen fiel mich der Wind an. Wie ein unsichtbares Wolfsrudel jagte er über den Beton und riß wütend an den immergrünen Hecken.

Ich blies mir in die Hände und zog den Mantel enger um mich. Als ich bei den Mannschaftsquartieren vorbeikam, sah ich einen hünenhaften Kerl, der große braune Papiertüten aus dem Kofferraum seines Dodge lud. Er hatte einen perlgrauen Stetson auf, in dem zwölf Kaninchen Platz gefunden hätten, und trug weiße, mit Nieten besetzte Cowboystiefel. Trotz der Kälte schwitzte er, schob den Hut zurück und wischte sich die Stirn; kurzgeschnittenes rötliches Haar, an den Schläfen von Grau durchschossen. Er schloß die Haustür auf und stellte den Fuß zwischen Tür und Schwelle. Als er mich sah, hielt er inne und setzte die beiden großen Tüten vorsichtig ab. Flaschen klirrten.

„Sie müssen Pete Kirk sein", sagte er und grinste. Seine großen Zähne standen weit auseinander, wie ins Zahnfleisch gerammte weiße Kacheln. „Charles Cadigan", sagte er und reichte mir seine große Pranke – warme, rauhe, harte Haut.

„Sie haben meinen Platz im Dienstagshuttle gekriegt, hörte ich. Ich bin erst heut in einer Woche dran. Damit haben Sie mir zu einer ausschweifenden Silvesterparty verholfen." Er deutete mit einem Kopfnicken auf die Tüten. „Feiern Sie mit? Ich habe alle Orbitleute angerufen, die gerade hier am Cape sind."

„Wenn der Doktor nichts dagegen hat. Jedenfalls schönen Dank für die Einladung."

„Versprochen?" Er nickte mir aufmunternd zu.

„Versprochen!"

Über drei Stunden dauerte der Check-up, während der Computer die Meßwerte mit meinen früheren verglich und die Ergebnisse auswertete. Ich hatte in den Tropen acht Pfund abgenommen – wahrscheinlich vor allem durch die Ereignisse der letzten acht Tage. War es erst eine Woche her?

Nach ein paar Dutzend Runden in der Zentrifuge, vollgepappt mit Meßfühlern und Sensoren, massierte ich mir die hartnäckigen Flecken von der Netzhaut und duschte mir den Schweiß der Erschöpfung vom Körper. Ich hatte viel von meiner Kondition verloren und war dankbar für jedes Pfund, das mir fehlte.

Dann fielen die Schneider über mich her. Sie brachten James; ich tätschelte ihm die gepolsterten Schultern wie einem alten Bekannten. Der Helm hatte eine frische Beschichtung erhalten und funkelte wie eine goldene Christbaumkugel.

Es waren ein paar Änderungen notwendig, aber vier Stunden später umgab mich James wie Abrahams Schoß und hüllte mich wie ein zweites Ich in den vertrauten Mief meiner selbst ein.

„Hallo, James", sagte ich. „Ich bin wieder zu Hause. Wie geht es dir, alte Haut?"

„Alle Funktionen okay."

„Ist das alles, was du empfindest?"

„Alle Funktionen okay."

Ich hob die Hand, den Daumen nach oben. Die Schneider nickten und begannen mich abzuhäuten.

DAS APARTMENT, das man mir zugewiesen hatte, verfügte zwar über eine Klimaanlage, nicht aber über eine Heizung. Ich setzte mich aufs Bett, stellte Flasche und Glas in Reichweite, hüllte mich in die schrecklich gelbgrün geblümte Steppdecke und zog das Terminal heran.

Der Briefkasten war leer.

„Was ist ein Rumpelstilzchen, Alice?"

„Würden Sie mir bitte das Wort buchstabieren, Mr. Kirk? – RUMPLE oder RUMPEL. . ."

„Keine Ahnung. Ich hab das Wort nur gehört, nie geschrieben gesehen."

„Dann brauche ich einen etymologischen Durchlauf, Mr. Kirk. Das wird eine Weile dauern. Darf ich Ihnen inzwischen einen Film zeigen? Ich hätte für Sie eine neue NASA-Publikation: ‚Von SPS *(Satellite Power System)* zu EFOS – 1976 bis 2016: Vierzig Jahre US-Raumfahrt für den Frieden.'"

„Oh, danke nein, Alice!"

„Ich habe hier einen Vermerk in Ihrem Dossier, daß Sie sich für Raumfahrtaktivitäten interessieren."

„Ja, gewiß, aber das ist mein Job. Und nächste Woche bin ich wieder im Orbit, um mir selbst anzusehen, was inzwischen gebaut wurde."

„Tut mir leid, Mr. Kirk."

„Das braucht dir nicht leid zu tun. Zeig mir, was du inzwischen gefunden hast!"

Auf dem Bildschirm erschien:

RUMPLE
– CREASE, WRINKLE, CRUMBLE, FOLD
(M)DU. ROMPEL, DERIVE OF
MDU. ROMPE, MLG. RUMPE, MDU. MLG RUMPELEN, ROMPELEN

„Das deutet auf einen deutschen oder niederländischen Ursprung hin. Ebenso die Endung."

Zeilen rieselten über den Bildschirm, kamen mit einem Ruck zum Halt.

RUMPELN
– POLTERN, RASSELN, LÄRMEN
↗ RUMMEL
↗ RUMPEL
↗ RUMPELKAMMER, RUMPELKASTEN
(↗ GERÜMPEL)
↗ RUMPELSTILZCHEN (NDL. REPELSTEELTJE; ENGL. RUMPELSTILTSKIN) MÄRCHENGESTALT. RUMPEL: MLG FÜR POLTERGEIST, RUMPELNDER KOBOLD, STILZCHEN: MLG DIMINUTIV VON (VERALTET) STÜLZ, STILZER = HINKENDER ↗ STELZE ↗ STILT ↗ STELLEN ↗ STOLZ

„Da haben wir's! Es ist ein deutsches Wort. Es ist gleichzeitig der Titel eines ursprünglich deutschen Märchens."

„Du bist genial, Alice!"

Jetzt müßte sie geschmeichelt aufblicken, etwas verlegen lächeln. Sie lächelt zu professionell. Die Softwaredesigner schaffen das noch nicht so richtig mit ihren Spontanreaktionsprogrammen.

Auf dem Bildschirm erschien:

↗ GRIMM, WILHELM & JAKOB
MÄRCHEN, ED. 1812
REF. WILD, HENRIETTE DOROTHEA, 1811

Andrew hatte sich viel für solche Dinge interessiert, war unglaublich belesen, kannte Märchen aus aller Welt, sprach Deutsch ebenso wie Spanisch, Französisch und Italienisch, ein bißchen Arabisch, Türkisch, Tamil, trug tausend Bücher mit sich im Kopf herum . . .

„Ich kenne mich nicht so gut aus mit Märchen, Alice. Gibt es eine Aufzeichnung?"

Es gibt eine Zeichentrickversion der Disney Productions und eine dreidimensionale Computerproduktion der Gremlins Inc."

„Hast du auch einen Text in englischer Übersetzung?"

„Ja."

„Dann lies vor!"

Infopool arbeitete im Kurzzeitgedächtnis noch mit lasergetasteten Bildplatten. Das Langzeitgedächtnis, in dem alle wichtige Literatur, Kunst und andere Basisdaten der menschlichen Zivilisation gespeichert sind, arbeitete längst mit *Ultra-Low-Temperature*-Kristallen. Diese Speicher, die fast auf null Kelvin gekühlt sind, haben zwar millionenfache Kapazitäten, aber entsprechend längere Abrufzeiten. Es dauerte über zwei Minuten, bis Alice die Texte parat hatte.

„Es war einmal ein Müller, der war arm, aber er hatte eine schöne Tochter . . ."

Eine sonderbare Geschichte. Sie handelt von einem großmäuligen Müller, der seinem König wichtigtuerisch versichert, seine Tochter könne Stroh zu Gold spinnen. Der König – habgierig, welcher König ist das nicht? – engagiert das Mädchen auf der Stelle und setzt es – unter Androhung der Todesstrafe – ans Spinnrad.

Das Mädchen löst das Versprechen tatsächlich ein – allerdings mit Hilfe eines Poltergeistes, womit es in doppelte Abhängigkeit gerät, weil es ihm schließlich, um dem Tod zu entrinnen und Königin zu werden, sein erstes Kind verspricht. Als es ans Begleichen der Schuld geht, erhebt sie ein so großes Gezeter, daß der Poltergeist sich breitschlagen läßt, ihr die Schuld zu erlassen, wenn sie seinen Namen errät – was ihr durch einen absonderlichen Zufall gelingt, worauf sich der Zwerg in Stücke reißt.

Was hatte Andrew damit gemeint? Stroh in Gold zu verwandeln – vielleicht im übertragenen Sinne: leicht zu Geld zu kommen. Gold . . . Midas! Das Motiv des geheimen Namens . . . Roughtrade? Aber der Name Roughtrade war nicht geheim. Es war nur gefährlich, ihn im Datennetz zu erwähnen. Ein des Zauberns mächtiger Poltergeist, der sich am Schluß in Stücke reißt? – Nein, das paßte nicht.

„Gibt es ein Märchen mit dem Titel ‚Tischlein deck dich! Esel streck dich! Knüppel aus dem Sack!' – oder so ähnlich?"

↗ GRIMM, WILHELM & JACOB
MÄRCHEN, ED. 1812
REF. A: HASSENPFLUG, JOHANNA ISABELLA, 1812; B: WILD, HENRIETTE DOROTHEA, 1811

„Es ist in derselben Sammlung enthalten wie das vorherige. Es gibt eine Zeichentrickversion der Disney Productions und zwei Computerproduktionen der . . ."

„Nur den Text, bitte!"

Die Story war noch abstruser: Ein ziemlich cholerischer Schneider jagt seine drei Söhne aus dem Haus, weil er ihren Versicherungen weniger Glauben schenkt als den Lügen seiner tückischen sprechenden Ziege. Die Burschen – ein bißchen naiv, aber tüchtig – ziehen in die Welt hinaus und machen ihr Glück. Der erste wird Tischler und erhält zum Abschied von seinem Lehrmeister ein Zaubertischlein, das sich von selbst mit den köstlichsten Speisen deckt. Der zweite wird Müller und erhält als Abschiedsgeschenk einen Esel, der seine Notdurft in blanken Goldstücken verrichtet. Der dritte wird Drechsler und erhält vom Meister als Geschenk einen Sack, in dem sich ein Zauberknüppel verbirgt, der auf Befehl herausschnellt und auf den eindrischt, auf den man ihn hetzt. Nachdem der erste und der zweite, von einem diebischen Wirt geprellt, sich bei der Heimkehr vor der Verwandtschaft mit ihren Zauberkunststücken blamiert haben, weil ihnen der Wirt ein normales Tischlein und einen normalen Esel untergeschoben hatte, treibt der dritte mit seinem „Knüppel aus dem Sack" das echte Zaubertischchen und den echten Zauberesel ein und bringt sie mit nach Hause.

„Ist das alles, Alice?"

„Das ist alles, Mr. Kirk."

Wieder das Motiv des Goldmachens. Gold aus Stroh – Gold anstatt Kot. Alchimistische Reminiszenzen. Die Regierung der Vereinigten Staaten würde keinen Cent für ein Projekt ausgeben, das sich die Herstellung von Gold zum Ziel gesetzt hätte. Also war das schnelle Geld gemeint, Geld wie Dreck, Geld aus Dreck. MIDAS.

Tischlein deck dich: *Eine Bombe . . . Wir hätten den Hunger aus der Welt gebombt . . .* Multimanna?

Knüppel aus dem Sack – gezielte Gewaltanwendung? Peacemaker – der Knüppel als moralische Instanz? Kaum. – Nein, so kam ich keinen Schritt weiter.

„Brauchen Sie mich noch, Mr. Kirk?"

„Verzeih, Alice. Nein. Wenn sie dich bei Infopool entlassen, engagiere ich dich als Märchentante. Okay? Als ich ein Kind war, hatte kein Mensch Zeit, mir Märchen zu erzählen. Ich habe eine Menge nachzuholen."

„Ich weiß nicht, wie ich das verstehen soll, Mr. Kirk."

„Schade, dann vergiß es einfach, Alice!"

AUCH am Samstagnachmittag war der Briefkasten leer.

„Wer ist Cecil Roughtrade?" fragte ich geradeheraus. Ich fühlte mich am Cape sicher genug.

„Das Präsens ist nicht korrekt, Mr. Kirk, Mr. Cecil Roughtrade ist tot."

„Seit wann?"

„Er starb am 26. April 2004 bei einem Autounfall südöstlich von Santa Monica."

„Was war er?"

„Physiker. Sein Forschungsgebiet war die Speicherung von Informationen in ultratiefgekühlten Kristallgittern. Er leitete acht Jahre lang ein geheimes Regierungsprojekt, das kurz vor seinem Tod eingestellt wurde."

„Midas?"

„Es handelte sich um ein Geheimprojekt, Mr. Kirk. Informationen, die als geheim eingestuft sind, sind mir nicht zugänglich."

„Hast du ein Foto?"

Auf dem Bildschirm erschien ein großer, schlanker Mann mit randloser Brille, glattrasiert, sanft gewelltes blondes Haar, weiches, freundliches Gesicht. Heller Maßanzug mit Weste, dezente weiß-rot gemusterte Krawatte. Eine angenehme Erscheinung, sympathisch. Er hebt die Hand, als grüße er jemand links von der Kamera. Die Geste hat bei aller Herzlichkeit etwas Schüchternes. Winkte er seiner Frau? Einer Bekannten? Einer Freundin?

„War er verheiratet?"

„Ja. 2003 geschieden. Zwei Töchter."

„Männerfreundschaften?"

„Das wurde verschiedentlich angedeutet."

Also homosexuell. Einer von den Sanften aus gutem Hause. Kein Sportler. Wahrscheinlich schon am College von den Rowdies gehänselt und sexuell erpreßt. Eine von besorgten Eltern angezettelte Ehe, die trotz bester Vorsätze scheitern mußte. Befriedigung in der Wissenschaft. Eine geniale Theorie, eine steile berufliche Karriere mit der Aussicht auf höchste Ehrungen, ein ehrgeiziges Regierungsprojekt – abermaliges Scheitern: die Theorie mathematisch falsifiziert, hämisches Gelächter in Kollegenkreisen, Streichung der Gelder . . .

„War es Selbstmord?"

„Es gab eine Untersuchung. Ein Selbstverschulden konnte nicht zweifelsfrei ausgeschlossen werden. Man einigte sich auf ‚menschliches Versagen'."

„Weshalb hängt ein Haken im Pool, der nach dem Namen Roughtrade fischt, wenn er seit mehr als zwölf Jahren tot ist, Alice?"

„Darüber kann ich leider . . ."

„Aber es hängt doch ein Haken im Pool."

„Ist das eine Frage oder eine Feststellung, Mr. Kirk?"

„Eine Feststellung."

„Okay. Hätten Sie es als Frage formuliert, dann hätte ich sie Ihnen nicht beantworten können."

„Ist die Feststellung korrekt?"

„Diese Frage kann ich nicht beantworten."

„Weshalb nicht?"

„Wenn Sie mit ‚Haken' einen phonetischen beziehungsweise optischen Sensor meinen, der auf ganz bestimmte Lautfolgen beziehungsweise Buchstabenfolgen in Informationen anspricht, die durch Infopool laufen, dann ist dies eine Maßnahme, die nur von den höchsten nationalen oder internationalen Sicherheitsbehörden angeordnet werden kann."

„Kein Mißbrauch möglich?"

„Ein Mißbrauch ist ausgeschlossen."

„Hm. Wenn die Sicherheitsbehörden der NASA recht haben, hat mich so ein Haken fast das Leben gekostet, weil er offensichtlich von irgendwelchen Leuten mißbraucht wird."

„Das tut mir sehr leid, Mr. Kirk."

„Das ist wirklich nett von dir, Alice."

„Sind Sie der Meinung, daß es sich um einen Mißbrauch handelt?"

„Ich habe keine andere Erklärung."

„Wenn Sie es wünschen, werde ich Ihre Vermutung weiterleiten, Mr. Kirk."

„Tu das, Alice! Aber weshalb wird ein Wortsensor auf den Namen eines Mannes angesetzt, den es längst nicht mehr gibt?"

„Diese Information ist mir nicht zugänglich."

„Komm schon, Alice!"

„Sie scheinen zu vergessen, Mr. Kirk, daß es mir prinzipiell unmöglich ist, mich über gegebene Anweisungen hinwegzusetzen. Ich bin eine Maschine."

„Laß dir das nicht einreden, Alice! Du bist die bezauberndste Software, die mir je begegnet ist."

„Das ist sehr nett von Ihnen, Mr. Kirk."

„Sollte es von mir irgendwann einmal auch so eine elektronische Aufzeichnung geben wie von Mr. Baldenham, dann werde ich nicht eher ruhen, bis wir uns in dieser Welt begegnen, Alice."

Meine Eitelkeit ließ mich ein winziges Zögern in ihrer Reaktion wahrnehmen, das ich als einen Moment der Verlegenheit deutete, bevor sie sagte: „Das wäre schön, Mr. Kirk."

ICH NAHM Charles Cadigans Einladung an. Es waren ausschließlich Orbitleute, die zur Party kamen, hauptsächlich Montagepersonal. Ein paar von ihnen waren bei *Sunbird 2* und *Sunbird 3* dabeigewesen. Ich kannte sie vom Sehen.

Es wurde schrecklich viel getrunken, aber wir neun vom Dienstagshuttle – sechs Männer und drei Frauen – hatten striktes Alkohollimit. Und wie das meistens so ist, wenn einem die Stimmung der anderen davonläuft, kam bei mir nicht die richtige Partylaune auf. Ich mußte immer wieder an Andrew denken. Hatte man sein Bewußtsein irgendwie gespeichert? Buchan sagte, es müsse in jener Nacht in Batticaloa geschehen sein. Wie sollten diese Leute über derartige Möglichkeiten verfügen, über die meines Wissens nie etwas publiziert wurde. Nun ja, das besagte nichts. Versuche, neurale Impulse mit Interface auf Computer zu übertragen, hatte es schon in den achtziger Jahren des letzten Jahrhunderts gegeben, aber zu einem direkten Gedankenaustausch, zu einer Übertragung von Bewußtseinsinhalten war es nie gekommen. Hatte es Geheimprojekte in dieser Richtung gegeben, die von mehr Erfolg gekrönt waren? Waffen, durch Gedankenkraft gesteuert? – Ein Feuerstoß, ausgelöst allein durch den Willen zu töten?

Gesetzt den Fall, es gab diese Verbindung – und je länger ich darüber nachdachte, desto weniger zweifelte ich daran: Wie war es, wenn man bei vollem Bewußtsein in einem Computer steckte, in einem Käfig aus Kristallen, Drähten und Chips? Verfügte man über ein Körpergefühl? Verspürte man Schmerz? Konnte man auch Leid simulieren, Trauer? Wie sah das elektronische Äquivalent von Liebe, von Freundschaft aus? Eine neue Zustandsform? Eine neue Form von Leben?

„Happy New Year, Andrew!“

Es war lange nach Mitternacht, als ich die Toilette suchte. Ich öffnete die Tür und tastete nach dem Lichtschalter. Ein Geräusch vor mir in der Dunkelheit ließ mich innehalten. Es war ein zittriges, gepreßtes Seufzen – „Ah . . . ah . . . ah . . . ah . . .“ In dem Licht, das vom Korridor hereinfiel, sah ich zwei ineinander verkeilte Gestalten, einen blassen Hintern in pumpender Bewegung.

„He, du Spinner“, sagte der Mann schnaufend, ohne in seinen Bemühungen innezuhalten. „Das Klo ist eine Tür weiter.“

„Entschuldigung“, murmelte ich, wich in den Korridor zurück und zog die Tür zu.

Die Toilette war besetzt; irgend jemand würgte erbärmlich. Ich ging vors Haus und wässerte den Liguster neben der Garageneinfahrt. Über mir im Zenit stand breitbeinig wie ich der Orion mit glitzernden Epauletten auf den schiefen Schultern und dem diamantbesetzten Wehrgehenk wie ein galaktischer Caudillo. Es war wärmer geworden – oder kam es mir nur so vor?

„Es scheint wärmer zu werden“, sagte mein Gastgeber und baute sich neben mir auf, um sich ebenfalls zu erleichtern.

„Einige deiner Gäste scheinen sich gut zu amüsieren“, sagte ich und zog den Reißverschluß hoch. Er hob den Kopf und lachte. „Wir sind schon ein wüster Haufen hier unten. Dafür leben wir im Orbit monatelang wie die Trappisten.“

„Ich werde mich jetzt davonstehlen. Ich muß um zehn bei den Medizinmännern sein.“

„Sollten wir uns nicht mehr über den Weg laufen – guten Flug!“ Er deutete mit einer Kopfbewegung zum Himmel. „Wir sehen uns oben.“

„Und vielen Dank für die Einladung, Charles.“

„Gute Nacht.“

ALS ICH am Sonntagabend vom Trainingscenter zurückkam, war immer noch nichts im Briefkasten, nicht einmal die obligatorische Aufmerksamkeit von Rut. Vielleicht hatte sie noch nicht ausgeschlafen.

„Alles Gute im neuen Jahr, Alice!“

„Ihnen auch alles Gute, Mr. Kirk.“

Ich fühlte mich wie gerädert, trank zwei Büchsen Bier. Bevor mich die Einsamkeit überkam, schlief ich wie ein Stein. Ich träumte von einer Maschinenhalle, in der Hunderte von Maschinen völlig lautlos arbeiteten. Roughtrade, in einem eleganten hellgrauen Einreiher und einer blau-weiß gemusterten Krawatte, wies mich mit bescheidener Geste auf eine Art Stanzmaschine hin, aus der die abgetrennten Keulen und der Steiß eines Esels ragten, dessen After obszön durch einen metallenen Dorn geweitet wurde. Jedesmal, wenn der Dorn zurückgezogen wurde, schoß ein blitzendes Goldstück hervor und fiel zu Boden, wo sich bereits eine knöcheltiefe Schicht gebildet hatte. Der Dorn schnappte, von einer starken Feder getrieben, in den After zurück, die Keulen zuckten in stummer kreatürlicher Pein. Ich wandte mich angewidert Roughtrade zu, der mir milde lächelnd die Funktion des scheußlichen Mechanismus zu erklären versuchte, aber seine Stimme war ebenso lautlos wie alle Maschinen ringsum, so daß ich erschrocken beide Hände auf die Ohren preßte, weil ich Angst hatte, taub geworden zu sein.

Davon erwachte ich. Der Morgen graute. Ich trat ans Fenster. Drüben, jenseits der Lagune, rollte, in gleißendes Licht getaucht, das Dienstagshuttle auf die Startkomplexe zu. Es hing zwischen den beiden Feststoffboostern am Zusatztank wie eine festgeklebte blasse Motte. Rote Lichter blinkten. Eine Sirene heulte.

Am Montag sah ich noch einmal in den Briefkasten.

„... er zückt sein scharfgebifftes Schwert, den Feind zu futzen ohne Saum, und lehnt' sich an den Dudelbaum und stand da lang in sich gekehrt."

„Entschuldigen Sie bitte, Mr. Kirk, Sie müssen mir bestätigen, daß sich in dem Raum, in dem Sie sich im Moment aufhalten, keine weitere Person befindet."

„Wir beide sind ganz allein, Alice."

„Da ich mich überall befinde, wo ein Datenanschluß von Infopool ist, kann ich diesen Scherz als Bestätigung akzeptieren. Ich habe eine Tonaufzeichnung ohne Datum und Kennung für Sie. Es ist mir unerklärlich, wie sie in den Pool gelangen konnte, aber die Adresse ist eindeutig."

„Dann laß hören!"

Es war Andrews Stimme.

„Hallo, Pete! Wenn dies die erste Botschaft ist, die du von mir erhältst seit jenem Abend in Batticaloa, wird für dich alles ziemlich unverständlich und verwirrend sein. Man hat mir mitgeteilt, daß – wie soll ich sagen? – mein Original – also ich – bei einem Unfall gestorben sei. Du mußt somit das Gefühl haben, eine Nachricht aus dem Jenseits zu erhalten. Es ist eine Kopie von mir, die mit dir spricht. Ich befinde mich in einem afrikanischen Land. Man läßt uns im unklaren darüber, welches Land es ist, aber ich habe es inzwischen herausgefunden: Wir befinden uns in Angola.

Uns – damit meine ich Kopien von Omero Pazzi, Cyril Wordsworth, Frank Nealon, Manfred Donsdorf und mir. Außer mir sind alle Laserspezialisten. Der Auftrag lautet, eine panzerbrechende Neodymlaserkanone nachzubauen, wie sie die US-Army besitzt, aber die Daten, über die wir verfügen, reichen nicht aus. Ohne Einsatz eines Großrechners kommen sie nicht weiter. Deshalb hat man mich gekauft, damit ich über Infopool die nötigen Verbindungen herstelle. Selbstverständlich werde ich überwacht, aber die Sicherheitsleute sind hier leicht zu übertölpeln, wenn man den Computer auf seiner Seite hat. Wir sind allesamt schlechte Kopien mit einer Lebenserwartung von allenfalls ein paar Wochen. Man hat mir die Füße amputiert. Wahrscheinlich, damit ich nicht davonlaufen kann. Ich kann oft nachts nicht schlafen vor Schmerzen, und die medizinische Versorgung ist miserabel. Hör zu, Pete! Es könnte sein, daß es weitere Kopien von mir gibt, denen man nicht gesagt hat, daß kein Original mehr existiert. Halte eine Aufzeichnung dieser und aller anderen Botschaften chronologisch geordnet für mich abrufbereit, und deponiere einen zweiten Satz in meinem Briefkasten, damit sich jede Kopie über den Stand der Dinge informieren und eine Biographie rekonstruieren kann, wenn sie Gelegenheit dazu findet. Schick einen dritten Satz an Kenneth Buchan, unseren Sicherheitschef! Sag ihm, er soll für mich alle Informationen abrufbereit halten, die über Infopool laufen können. Sag ihm, daß ich so etwas längst geahnt, aber nicht dieses Ausmaß für möglich gehalten hätte. Ich habe keine Ahnung, wer das Projekt weitergeführt haben könnte und Roughtrades Geschäft betreibt. Sei vorsichtig, Pete, wo immer du auch bist. Bei dieser Art Sklavenhandel geht es um das ganz große Geld. Es könnte sein, daß Haken im Pool hängen, die ganz bestimmte Namen oder Stichwörter aufspießen und die Aufmerksamkeit auf dich lenken. Nimm dich in acht! Es grüßt dich Andrew. – Ende und aus."

Ich bin ein gläubiger Buddhist, Mr. Kirk. Ich glaube an die Wiedergeburt. Aber das hier . . ., das ist etwas Bösartiges, etwas Scheußliches. Und es geschieht hier in der Stadt . . .

„Noch etwas, Alice?"

„Ja, Mr. Kirk. Eine verstümmelte Nachricht, die nach sieben Sätzen abbricht. Vor zwei Stunden fünfundzwanzig Minuten eingegangen."

Wieder Andrews Stimme. „Hallo, Pete. Ich kann es dir nicht in wenigen Worten erklären. Glaub mir, ich bin nicht wirklich Andrew. Ich habe erfolglos versucht, Andrew selbst zu erreichen. Sag ihm, daß jemand Roughtrades Geschäft betreibt. Er weiß, was zu tun ist. Sag ihm, daß ich hier dazu gezwungen werde, meine Arbeit, die ich beim MIDAS-Projekt gemacht habe, fortzuführen. Sag ihm, auch Torre und Rødestrom seien hier. Sag ihm, man hat mich verstümmelt und . . ."

Gab es also doch diesen Schritt darüber hinaus, auch wenn Buchan dies bestritt? Eine Art elektronische Eucharistie? Ein computerisiertes Tabernakel, in dem sich die Transsubstantiation von elektrischen Impulsen in Fleisch und Blut vollzog?

„Die Nachricht ist ohne Absender und Kennung, trägt aber einen Infopool-Computervermerk: Sie wurde um 1.23 Uhr Ortszeit über das Ortsnetz Abu Dhabi eingespeist."

„Gehört die Stimme eindeutig Andrew Baldenham?"

„Sie entspricht dem gespeicherten digitalen Stimmprofil Mr. Andrew Baldenhams. Allerdings sind beide Nachrichten nicht mit dem vereinbarten alternierenden Textcode zur Stimmprofilanalyse eingegeben worden. Der Computer hat sie trotzdem akzeptiert, weil sie einen geheimen Codevermerk der höchsten Dringlichkeitsstufe trugen."

„Noch etwas?"

„Nein, Mr. Kirk."

„Dann bitte ich dich erstens: beide Nachrichten abrufbereit zu halten für Mr. Baldenham. Zusatz wie folgt: ‚Lieber Andrew, wie Du siehst, zwei Nachrichten von zwei weiteren Kopien. Habe mit Buchan gesprochen. Ein gutes 2017! In welchem Computer oder wo immer Du auch steckst, ich hol Dich raus. Gruß, Dein Pete. Ende.' – Zweitens: eine Kopie beider Nachrichten für die Verwendung außerhalb Infopool mit Zusatz wie folgt: ‚Mr. Buchan, Andrew fragte mich einmal, ob ich an die Wiederauferstehung des Fleisches glaubte. Das zu glauben, sagte ich, sei mir nicht gegeben. Ich habe inzwischen meine Meinung geändert. Ach, wie gut, daß niemand weiß, daß ich Rumpelstilzchen heiß! Sie haben mir nicht die ganze Wahrheit gesagt, Mr. Buchan. Ich bitte um Ihren Rückruf. Ende.'"

Alice stieß mit einem leisen Schnurren einen Infochip aus, den ich in das Terminal des NASA-Netzes steckte. Der Abtaster lutschte die elektronische Information aus dem beschichteten Plastikkärtchen und spuckte es mir zurück in die Hand.

Buchan rief nicht an.

IX. Sonnenvögel

AUCH wenn viele es nicht zugeben, jeder von uns Astronauten trägt diesen schwarzen kalten Stein im Käfig seiner Brust, während die Augen auf den Bildschirm über der Andruckliege starren oder ruhelos über die Anzeigen wandern, die Angst, daß nach einem glatten, fehlerlosen Countdown, dem GO aller Systeme und einem Bilderbuchstart doch noch – plötzlich und ohne jede Vorwarnung – eine gleißende Lohe aus einem Haarriß, einer undichten Stelle hervorbrechen und dich in die Dunkelheit fegen könnte. Sie lastet die ersten Minuten des Aufstiegs wie ein zusätzliches Gewicht auf Seele und Leib, bis der gewaltige Feuersturm abebbt, seine Asche in alle Winde zerstreut und die ausgebrannten Hülsen zurückfallen. „Challenger-Syndrom" nennen es die Psychologen, und alle Konditionierungen haben sich bisher als ziemlich wertlos erwiesen. Der helle, kalte Dienstagvormittag in jenem Januar vor mehr als dreißig Jahren hat sich als das hartnäckigste Trauma erwiesen, das je die amerikanische Raumfahrt belastete.

Deshalb auch die Euphorie, wenn die Kreisbahn erreicht ist, die einem über das Gefühl des Stürzens hinweghilft, das einen unwillkürlich im ersten Moment überkommt.

Ich atmete auf: Ich war wieder oben; doch Ruhe würde ich erst finden, wenn ich draußen war. Ich habe die nahen Orbits nie gemocht, war nie ganz frei von Höhenangst, obwohl die Sensoren der Mediziner mich nie verrieten. Auf mich wirkte die Erde bedrohlich, allein durch die überwältigende Nähe ihrer ungeheuren Masse. Ich fühlte ihre Kraft, auch wenn ich sie nicht unmittelbar spürte, auch wenn der Verstand mir sagte, du stürzt nicht auf sie zu, du stürzt um sie herum, es war die dumpfe, kreatürliche Angst des Fallens, die sich nicht mit Argumenten übertölpeln ließ, sondern schnatterte und kreischte, bis das Auge scheinbaren Halt fand an der Station oder einer der frei fliegenden Plattformen in ihrer Nähe, die in ihrer festgefügten Eintracht den ersehnten Bezugspunkt lieferten, in den man sich augenblicklich verbiß und wider alle Vernunft Sicherheit fand. Anders ist es im geostationären Orbit: die Erde ist in eine objektivierbare Entfernung gerückt. Obwohl immer noch eine gewaltige Kugel, schwebt man nicht, hilflos ihrer Masse ausgeliefert, *über* ihr, sondern sie hängt *vor* einem, ein Himmelskörper, schwerelos, den man gelassen ins Auge faßt, von dem man den Blick abwendet.

Das Shuttle dockte an der *Columbus* an. Zwei *Sunbird*-Monteure, eine Kom-Technikerin und ich stiegen um ins OTV, ein abgetakeltes *Hermes*-Shuttle, das kein Wiedereintauchmanöver mehr überstanden hätte. Der Pilot hing über dem Einstieg, die abgezehrten Beine im Gurtnetz der Wand verhakt. Ich kannte ihn, er hieß Giulio Maspero, war seit Jahren nicht mehr unten gewesen, fortgeschrittene Atrophie der Beinmuskulatur – längst ein Fall für den Rollstuhl. Er trug einen schwarzen Unterdruckoverall und schwarze Haftstrümpfe, am Kinn hing eine abgewetzte Sauerstoffmaske. Schweigend verstaute er das Gepäck und dirigierte uns an unsere Plätze. Mit seinen kräftigen Armen und seinen großen Händen sah er aus wie eine Winkerkrabbe. Um sich vor Knochenbrüchen zu schützen, hatte er das Cockpit faustdick mit schwarzem Schaumstoff ausgespritzt, eine konturlose samtene Vitrine, in der die Anzeigen funkelten wie Geschmeide. Das Anflugdisplay zeigte einen Kugelsternhaufen, in den sich ein Schlauch aus perspektivisch sich verkleinernden grünen, quadratischen Portalen wand: die Schneise des Orbiter Transfer Vehicle durch die Materiewolke der Baustelle. Das ESO-Shuttle legte ab, wirbelte um seine drei Achsen und hatte, als es aus dem Sicherheitsbereich der Station war, das Triebwerk exakt in Position für knapp zwei Minuten sanften Schub. Die meisten von uns benutzten die zehn Stunden Flug zum Schlafen oder stöpselten sich in einen der Satellitenkanäle. Ich starrte auf das Lichterspiel der Kontrollen. Die Digitalanzeigen flackerten über die Ränder des Bildschirms; die Portalschneise bewegte sich, zuckte hin und her wie ein Tentakel. Der Computer suchte sich seinen Weg zwischen den zahllosen Schleppeinheiten, die zentralgesteuert Material zu den Bauplätzen brachten.

„Waren Sie nicht in Baldenhams Team?“ fragte Maspero, der links von mir im Pilotensessel hing. Gegen das Schwarz des

Schaumstoffs hoben sich nur sein blasses, gedunsenes Gesicht und seine großen weißen Hände ab. Er stopfte sich seine dürren Beine unter den Hintern, als seien sie ihm im Wege.

„Ja", sagte ich.

„Ich hörte, daß er bei einem blödsinnigen Unfall ums Leben gekommen ist."

„Ja, bei einem Hotelbrand", sagte ich zögernd.

Er wandte sich halb zu mir um und musterte mich abschätzend aus dem Augenwinkel.

„Ist Ihnen schon aufgefallen, wie viele Wissenschaftler und Techniker in den letzten Jahren in merkwürdige Unfälle verwickelt waren?" fragte er halblaut. „Die meisten von ihnen Spitzenleute."

„Ich habe von ein paar Fällen gehört."

„Haben Sie auch von diesen mysteriösen Doppelgängern gehört, die gelegentlich auftauchen? Bengt Rødestrom, Giuseppe Torre?"

„Ja, irgendwelche Leute, die von sich behaupten . . ."

Er schüttelte den Kopf. „Das sind keine Hochstapler, wenn Sie das meinen . . ." Er warf einen prüfenden Blick nach hinten auf die übrigen Passagiere, dann beugte er sich zu mir herüber und fragte leise: „Haben Sie den Namen Alonso Forlì schon mal gehört?"

„Nein."

„Fabelhafter Pilot. Und ein bekannter Journalist in Italien. Wir haben ein paar Flüge gemeinsam gemacht. Südpol und so. Vor vier Monaten hatten wir ein Gespräch. ‚Du wirst es nicht für möglich halten, Giulio', sagte er, ‚aber es gibt echte Klone von Menschen, exakte Repliken. Ich werde es beweisen.' Ich habe das damals nicht ernst genommen." Maspero fuhr sich mit dem Handrücken über die Nase und schnaubte. „Zwei Wochen später war er tot."

Er zuckte die Achseln. „Verdammt komische Geschichte. Ich werde sie Ihnen erzählen." Er deutete schweigend auf meinen Kom-Anschluß. Auf dem Bildschirm neben meiner linken Armlehne erschien eine Aufzeichnung. Ich drückte den Hörknopf ins Ohr und aktivierte ihn. Der Fernsehsprecher sagte: „. . . Seit gestern wird über der Westsahara eine Maschine vom Typ Diwit Skylark vermißt. Etwa neunzig Minuten nach dem Start in Ndjamena um MEZ 13.50 brach der Funkkontakt mit der Maschine ab. An Bord befanden sich die beiden bekannten italienischen Fernsehjournalisten Alonso Forlì und Pietro Barga. Angaben des RAI zufolge hatten sie an einem geheimen Ort im Tschad ein Interview mit einem Mann geführt, der von sich behauptet, Omero Pazzi zu sein, einer der herausragenden Forscher für Lasertechnik am Massachusetts Institute of Technology. Die als Sensation angekündigte Sendung im Abendprogramm des italienischen Fernsehens mußte entfallen. Die Suche nach der möglicherweise im Grenzgebiet zwischen dem Tschad und Libyen abgestürzten Maschine wurde in den frühen Morgenstunden wiederaufgenommen. Weder vom RAI noch vom MIT war bisher eine Stellungnahme zu erhalten. Auch von Omero Pazzi, der seit Jahren nicht mehr an die Öffentlichkeit getreten ist, war keine Reaktion zu . . ."

Der Shuttlepilot schaltete die Aufzeichnung ab. „Man hat das Wrack später gefunden", sagte er. „Es waren drei Leute an Bord gewesen: Forlì, Barga und Pazzi. ‚Technisches Versagen' hieß es im Untersuchungsbericht. Quatsch! Nicht bei einer Diwit Skylark, die Alonso immer selbst gewartet hat. Man hat ihm eine Bombe ins Gepäck gesteckt oder ihn mit einer Boden-Luft-Rakete vom Himmel geholt."

„Ich habe nie etwas von diesem Vorfall gehört", sagte ich. „Andrew Baldenham und ich waren um die Zeit in Indien. Nanguneri, die Antennenstation . . ."

„Leise", sagte er und blickte nach hinten. „Waren Sie dabei, als es passierte?" Er drehte sich zu mir um. „Das müssen Sie mir erzählen, Kirk!"

„Da gibt es nicht viel zu erzählen", wehrte ich unbehaglich ab. „Es war ein ganz ordinärer Hotelbrand."

„Keine sonderbaren Begleitumstände?"

„Was meinen Sie damit?"

„Militärische Anlagen in der Nähe, Forschungsinstitute, Kliniken . . . Kommen Sie, Kirk! Ich nehme Ihnen das nicht ab. Seit Alonsos Tod verfolge ich solche Fälle. Ich habe zwischen den Orbits eine Menge Zeit für so was. Baldenham paßt genau ins Muster. Ein Spitzenmann, was Computerprogramme anbetrifft. Der bringt eine Menge Geld in der dritten Welt. Aber weshalb haben sie ihn gekillt? Hatte er den Braten gerochen?"

„Buchan meint, er habe vorher schon einen Unfall gehabt."

„Vorher?"

„Vor dem Brandunfall."

Maspero nickte. „Buchan?“ fragte er. „Meinen Sie Kenneth Buchan, den Sicherheitshäuptling am Cape? Was, in drei Teufels Namen, hat denn die NASA mit dieser Kopfjägerei zu tun?“

„Das weiß ich nicht. Jedenfalls weiß Buchan mehr, als er mir sagen wollte. Sie sollten auf jeden Fall mit ihm reden und ihm von Ihren Verdachtsmomenten erzählen.“

Maspero schaute mich lauernd an, dann schüttelte er grinsend den Kopf und sagte mit einem Blick auf die anderen Passagiere leise: „Alonso sagte mir, daß dem RAI die Story mit Pazzi eine Million Dollar wert war.“

„Er hat ja nun viel Zeit dazu, darüber nachzudenken, wie er sie hätte ausgeben können.“

Maspero zuckte die Achseln.

„Wundern Sie sich jedenfalls nicht, wenn Sie eines Tages einen überraschenden Anruf von Andrew Baldenham bekommen“, sagte er.

„Sie werden lachen, Maspero, ich hab schon einige von ihm bekommen. Allein gestern hat er mich zweimal angerufen.“

Der Pilot nickte. Er war nicht im geringsten überrascht. „Dachte mir schon, daß er ein begehrter Typ ist.“

Sunbird 4 wirkte wie ein Gespinst, in das sich zahllose Leuchtkäfer verheddert hatten, während das halbfertige Solarnetz aus der Ferne wie ein ramponiertes überdimensionales Spitzendeckchen aussah. Die acht Wohnmodule schoben sich näher, mit ihren Solarzellenpaddeln, Greifarmen, Andockrüsseln und blitzenden, goldbedampften Beobachtungskanzeln wie eine Formation surrealistischer Riesenkäfer. Maspero steuerte das Shuttle zum Andockrüssel eines Wohnmoduls – umgebaute Zusatztanks, deren Oberteil Beobachtungs- und Gemeinschaftsräume enthielt, deren Mittelteil man zu Wohn- und Schlafräumen umfunktioniert und deren Heck man mit einer Ausstiegsschleuse versehen hatte. „Tins“ nannten die Orbitleute sie; in jeder war es eng, jede hatte ihren unverwechselbaren Gestank. Ich winkte Maspero zu, tat noch mal einen tiefen Atemzug, hangelte an Bord, verstaute James an seinem Platz im Heck und meine Habseligkeiten in meiner Koje. Irgendein aufmerksamer Mensch hatte das Namensschild an meiner Tür erneuert, während man die Unterkunft von *Sunbird 3* hierhergeschleppt hatte. Unwillkürlich wanderte mein Blick zur Tür im nächsten Wohnsegment. Der Name Andrew Baldenham war verschwunden.

Fast hatte ich das Gefühl gehabt, wieder zu Hause zu sein. Nun war es verflogen. Ich holte den Arbeitsplan auf meinen Bildschirm und studierte ihn. Brian Fergusson, der Projektleiter, schaltete sich dazwischen und sagte: „Willkommen an Bord, Kirk.“ Er hatte wie immer den gehetzten Blick eines Ingenieurs, der zwei technische Pannen gleichzeitig beheben muß, und war auch sofort wieder aus der Leitung. In knapp sieben Stunden begann meine Arbeit. Ich versuchte, noch ein bißchen Schlaf zu finden, hatte aber wenig Erfolg damit. Ich mußte mich erst wieder an die Geräusche gewöhnen, die in dem hellhörigen Metallzylinder ständig auf einen eindringen: das Gluckern von Flüssigkeiten, das Zischen von Luft, das Zirpen und Winseln von Servomotoren und Pumpen, das Dröhnen von Schotts und Schleusentoren, das Wispern und Fächeln der lebenserhaltenden Systeme.

In einem hatte Buchan recht gehabt: Ich kam auf andere Gedanken, das heißt, ich kam wenig dazu, überhaupt nachzudenken. Die Arbeit im Orbit ist hart und entbehrungsreich. EFOS ist kein gemeinnütziges Wohlfahrtsunternehmen, sondern eine Aktiengesellschaft, an der die NASA beteiligt ist. Die Investitionen sind hoch. Der Transport von Menschen kostet ein Vermögen; sie am Leben zu erhalten ein weiteres. Die Anforderungen sind deshalb enorm. Man fordert das Unmögliche, um das Menschenmögliche zu erreichen. Der Verschleiß ist entsprechend.

Ich schlief oft schon beim Essen ein, spätestens über einem Film. Trotzdem hangelte ich nach jeder Schicht in die Kom-Kabine und holte Alice auf den Schirm, doch es war nichts im Briefkasten als Reklamesendungen, Grüße von Bekannten, Rechnungen und irgendwelche Bestätigungen von Versicherungen und Banken. Rut schien mich vergessen zu haben. Von Andrew keine weitere Nachricht, von Buchan noch immer keine Reaktion.

Das Solarnetz wuchs seiner endgültigen Größe entgegen; das Kraftwerk wurde in den Brennpunkt bugsiert und nistete sich ein wie eine Spinne; die erdwärts gerichteten Antennen vollführten

probeweise ihre ersten Schwenks zwischen Swakopmund und Port-au-Prince, Montevideo und Nouakchott.

Es war am 14. Februar, einem Dienstag, etwa eine Stunde nach Schichtende. Ich löffelte eben hungrig eins der pappigen Menüs, das dem Namen nach aus Truthahnfleisch, Reis und Mischgemüse bestand und in eine leimähnliche, geschmacksneutrale Substanz eingebettet war, damit man es auch im schwerefreien Zustand verzehren konnte, quetschte mir zwischen den Bissen aus der Spritzflasche Kaffee in den Mund und sah mir auf dem Wandmonitor die Nachrichten an, als sich Mabel Hertz, eine Kollegin von der Telemetrie, die in der Kom-Zentrale Dienst hatte, dazwischenschaltete. Sie schüttelte ihre schwarzen Ringellocken aus dem schmalen blassen Gesicht und sagte aufmunternd lächelnd: „Pete, Sie werden dringend im Kom-Raum erwartet."

„Wer ist es?" fragte ich überrascht und betrachtete den Kreuzgurt auf ihrer Brust, der sie in ihrem Sessel festhielt und das schwarze T-Shirt mit dem aufgestickten Pfau aus farbigen Metallplättchen in aufregende Segmente gliederte.

„Eine Alice von Infopool meint, es sei eine Videoaufzeichnung für Sie da. Außerdem ist die Bodenkontrolle dabei, eine sichere Verbindung vom Cape heraufzuschalten. Der Sicherheitshäuptling der NASA persönlich will Sie sprechen, wenn ich recht verstanden habe. – Okay?" fragte sie; ihr schlanker, etwas knochiger Finger schwebte über der Austaste. Sie lächelte kokett und genoß meine Reaktion.

„Ich . . . ich komme sofort", versicherte ich hastig und quetschte die leere Stanniolverpackung in die Abfallschleuse an der Kopfseite des Tisches.

Es war das Bild aus dem Alptraum, der mich immer wieder heimsucht: Andrew im Rollstuhl.

„Ich werde verrückt", flüsterte ich.

„Ich habe deine Nachricht erhalten, Pete. Es ist mir gelungen, an meinen Briefkasten heranzukommen und meine bewegte Vergangenheit zu studieren, die du mir zusammengestellt hast. Ich danke dir."

Er hob matt die Hand. „Endlich habe ich eine Sichtverbindung herstellen können", sagte er. Husten quälte ihn. Er fuhr schweratmend fort: „Es sieht schlecht aus. Nealon und Donsdorf sind tot;

Wordsworth liegt im Sterben, und Pazzi habe ich seit Tagen nicht gesehen." Die Kamera schwenkte über Laboreinrichtungen und holte ein Gesicht heran, das Gesicht eines Weißen mit kurzgestutztem weißem Vollbart. Schwarzes Blut war an den Mundwinkeln festgetrocknet, Wangen, Stirn und Nase waren von Fliegen bedeckt. Ich kannte den Mann nicht. Die Kamera wanderte weiter. Noch mehr Tote, hauptsächlich Neger, einige in Labormänteln, die meisten in Uniform, gedunsene Leiber, von Riemen eingeschnitten, überall Fliegen.

„Es ging schneller, als wir alle dachten." Die Kamera schwenkte auf Andrew zurück, dessen eine abgezehrte Hand die Räder seines Rollstuhls umklammert hielt, während die andere auf der Fernbedienung der Kamera lag.

„Die Südafrikaner haben irgendein biologisches Teufelszeug eingesetzt. Sogar die Ratten krepieren daran. Nur den Fliegen scheint es nichts auszumachen. Ich habe auch mit Buchan Verbindung gehabt. Er hat meinen Verdacht bestätigt. Mehr will ich dazu nicht sagen." Er beugte sich nach vorn und atmete schwer. Dann richtete er sich mit all seiner Willenskraft auf. „Leb wohl, Pete. Ich hoffe, du bist in Sicherheit."

„Andrew!" rief ich, bevor mir bewußt wurde, daß es sich um eine Aufzeichnung handelte.

Der Bildschirm erlosch.

„Leb wohl", sagte ich leise.

Alice erschien, freundlich und gut gelaunt wie immer. „Da die Leitung nach Cape Kennedy erst in ein paar Minuten geschaltet wird, bleibe ich solange auf Sendung, Mr. Kirk. Da Sie sich Werbesendungen verbeten haben, darf ich Ihnen ein paar lustige Cartoons einspielen?"

„Danke, Alice, mir ist im Moment nicht nach Witzen zumute."

„Das tut mir leid, Mr. Kirk. Darf es etwas anderes sein?"

„Nein, danke."

„Ich brauche eine Vollmacht von Ihnen, Pete", polterte Buchan herein und sah mich finster an. Er saß mit offenem Hemd am Schreibtisch und stach drohend mit dem Finger in Richtung Kamera. „Ich will jederzeit an Ihren Briefkasten von Infopool ran."

„Weshalb?"

„Für den Fall, daß irgendwelche weiteren Informationen zur

Sache Baldenham bei Ihnen auftauchen, möchte ich sofort reagieren können."

„Ich habe Ihnen jeden Anruf überspielt, der . . ."

„Ich sagte *sofort,* Kirk."

„Ich möchte nicht gern, daß jeder in meinen Privatangelegenheiten . . ."

Er lachte sarkastisch. „Du liebe Güte. Haben Sie sich doch nicht so! Was wollen Sie denn vor mir verbergen? Ihre gescheiterte Ehe?" Ich blickte ihn verdrießlich an.

„Schon gut! War nicht so gemeint. Hören Sie, Pete! Ich will Sie tunlichst aus dieser Sache raushalten. Sie haben doch eben diese Bilder aus Angola gesehen. Da geht es um mehr, als Sie ahnen."

„Ich ahne."

„Wie?"

„Ich *ahne."*

Er musterte mich prüfend, dann machte er eine wegwerfende Handbewegung. „Seien Sie vernünftig, Pete! Ich bin für Ihre Sicherheit verantwortlich – und nicht nur für Ihre. Es geht wirklich um Ihren Hals, Mann! Es werden ohnehin nicht mehr viele Anrufe von Baldenham hereinkommen. Der Abstand vom Aufnahmedatum ist inzwischen so groß, daß jede Kopie erst im eigenen Briefkasten nachsehen wird, ob nicht eine frühere eine Nachricht hinterlassen oder den Versuch gemacht hat, eine Biographie zu erstellen."

„Eine Kopie, Sir?"

Er sah mich grimmig an und klopfte mit den Knöcheln auf die Schreibtischplatte. „Sie halten sich wohl für ganz helle, wie?"

Plötzlich grinste er und sagte in versöhnlichem Ton: „Glauben Sie mir, Pete. Je weniger Sie wissen, desto besser für Sie!"

„Ach, wie gut, daß niemand weiß, daß ich Rumpelstilzchen heiß!"

„Ich will Ihre Vollmacht, Kirk!" donnerte er mich an.

Ich schüttelte den Kopf. „Heute back ich, morgen brau ich, übermorgen hol ich der Königin ihr Kind."

„Der Teufel wird Sie übermorgen holen, Sie Witzbold!" schrie er und unterbrach die Verbindung.

Benommen grinste ich den leeren Bildschirm an und wunderte mich selbst über meine Verstocktheit, aber ich mochte den Kerl nicht, weil er es irgendwie fertigbrachte, mich seine Autorität spüren zu lassen. Seine Bemerkung über meine Ehe hatte mich eher befriedigt als verletzt. Der Lack an seiner gestylten Fassade hatte einen Riß.

„Du blöder Hund", sagte ich und kicherte in einer kindlichen Anwandlung von Triumph.

„Brauchen Sie mich noch, Mr. Kirk?" fragte Alice.

„Wahrscheinlich mehr denn je, Liebste, aber im Moment nicht."

„Wollen Sie hier übernachten, Pete?" fragte Mabel; der Pfau glitzerte verführerisch.

„Kann ich mit Ihnen rechnen?"

„Sehen Sie zu, daß Sie den Kom-Raum frei machen! Oder glauben Sie, Sie seien der einzige Kunde von Infopool?"

BUCHAN sollte fast recht behalten. Es passierte am 6. März, einem Montag. Joseph Martinez, Dean Howard, Charles Cadigan und ich hatten eine Antenneninspektion durchgeführt und waren eben dabei, uns einzuschleusen. Das geschieht paarweise, denn die Schleusenkammer am Heck der Wohnmodule ist eng, und man ist besser zu zweit, um sich gegenseitig aus dem Anzug zu helfen. Martinez und Howard gingen als erste hinein, Cadigan und ich folgten. Während Martinez bereits durchs Schott nach vorn verschwunden war, hing Howard noch trödelnd in seiner roten Unterwäsche herum und rubbelte sich den Kopf mit einem Handtuch ab. Sein schwarzes Gesicht glänzte vor Schweiß.

Cadigan hangelte durch die innere Schleusentür, ich dicht hinter ihm. Ich öffnete seinen Helmverschluß, und Cadigan war gerade dabei, meinen zu öffnen, als mein Blick zufällig auf Howards Gesicht fiel. Er hatte den Mund geöffnet und starrte in sprachlosem Erstaunen auf etwas, das sich außerhalb der Schleuse befinden mußte. Ich fuhr herum, so schnell mir das mein Anzug erlaubte, und sah undeutlich durch die zerkratzte Plastikwand, in der die Schleusenkammer eingebaut war, ein riesiges, dichtgepacktes Materialbündel auf uns zukommen. Blitzschnell löste ich meinen Eraser aus, den ich am linken Handgelenk trug. Die Retrotriebwerke des Schleppers begannen augenblicklich mit vollem Schub zu arbeiten, eine weiße Kondensglocke aus Gas schwoll auf zu einem dunstigen Halo und explodierte in ein Schneegestöber, aber es war natürlich zu spät. Im nächsten Moment bäumte sich das Wohnmodul auf wie ein elektrisierter Muskel von American Bison, der sich aus seiner Verankerung gerissen hat, und ein paar Kubikmeter ziemlich schnelles Gestänge schoben sich splitternd und krachend durch das Plastikheck in den Umkleideraum.

Mit beiden Füßen vorschriftsmäßig in den Halteschlaufen steckend, wurde ich wie ein Pendel nach hinten geschleudert, bis mein Helm gegen die Wand knallte. Glück für mich, denn ich war dem Materialbündel aus dem Weg, das ungestüm hereindrängte und nicht zum Stillstand kommen wollte.

Cadigan hatte weniger Glück als ich. Entweder hatte er die Füße aus den Schlaufen gezogen, als er mir beim Öffnen des Helms behilflich gewesen war, oder sie wurden durch den Aufprall abgerissen, jedenfalls war er wie ein Torpedo auf dem Weg Richtung Heck. Ich griff zu, als er auf meiner Höhe war, und es gelang mir, ihn festzuhalten.

Was mit Howard passierte, konnte ich, Gott sei Dank, nicht genau sehen. Sein Schrei ging in dem Krachen und Prasseln unter, und etwas Rotes verteilte sich entlang des Gestänges, das unmöglich ein menschlicher Körper gewesen sein konnte. Das Schott zum Gang knallte zu, und James begann laut zu lamentieren: „Helm schließen! Rapider Druckabfall . . ." Augenblicklich bildete sich Nebel, der in Schwaden auf das Leck über mir zuzuströmen begann.

Über Baustellenfrequenz war ein vielstimmiger Aufschrei zu hören, dann übertönten sich Stimmen gegenseitig mit gezeterten Hinweisen und Ratschlägen, bis Fergusson sich mit Gebrüll nach vorn durchgearbeitet hatte: „Ruhe auf allen Kanälen! Dies ist ein Notfall. Rettungsmannschaften nach Modul vier! Alle Materialbewegungen im Sektor eins zum Stillstand bringen! Ich wiederhole: Dies ist ein Notfall. Rettungsmannschaften nach Modul vier! Alle Materialbewegungen im Sektor eins zum Stillstand bringen! Wer, verflucht noch mal, ist denn für diese verdammte Scheiße verantwortlich? An Zentraleinheit: Ich will ein detailliertes Computerprotokoll! Und zwar sofort! Wer mir diesen Mist eingebrockt hat, den setze ich persönlich vor die Schleuse."

Entweder waren die Triebwerke des Schleppers bei dem Aufprall nicht zerstört worden, oder die Elastizität des Moduls bewirkte es: Das verbogene Gestänge begann sich kreischend und knirschend und mit quälender Langsamkeit zurückzuziehen. Die Luft ging mit. Eine Sirene begann aufgeregt zu quäken, deren Lärm allmählich dünner wurde, als entferne sie sich. In den Wänden fingen vier Düsen gleichzeitig an zu rotzen, spien hellblauen, klebrigen, selbsthärtenden Schaum in den Luftstrom, der ihn von selbst zu den Lecks trug. Aber bei dem Loch, den das Gestänge gerissen hatte, funktionierte diese automatische Abdichtung selbstverständlich nicht: das Schaumgestöber verpuffte wirkungslos ins Freie.

Mein Helmverschluß war geöffnet; um ihn wieder zu verriegeln, hätte ich Cadigan loslassen müssen, den ich mit beiden Armen umfaßt hielt. Ich betete, daß die Schlaufen, in denen meine Füße steckten, der doppelten Belastung standhielten, denn die entweichende Luft versuchte uns ins Freie zu zerren. Es war wie der Sog eines Tornados. Es fühlte sich an, als wollte man mir mit einem angeschirrten Büffelgespann die Stiefel ausziehen. Meine Knie- und Hüftgelenke knackten und dehnten sich schmerzhaft. Die nervös scharrende Sirene über unseren Köpfen schien bereits meilenweit entfernt, und James redete mir unverdrossen zu: „Helm schließen! Rapider Druckabfall . . ." Ich verfluchte den idiotischen Anzugcomputer, aber ich konnte ihm nicht Einhalt gebieten.

Cadigan war schlimmer dran als ich. Sein Helm war bereits halb offen gewesen; er verlor rascher Luft als ich und war nicht mehr bei Bewußtsein. Ich hörte ein blubberndes Zischen, als ihm der Atem aus den Lungen gesogen wurde. Die Kuppel seines Helms füllte sich mit rötlichem Schaum. Ich war froh, daß ich sein Gesicht nicht sehen konnte. Fest die Arme um seinen sich blähenden Leib geschlungen, spürte ich, wie sein Darm sich in den Anzug entleerte.

Ich konnte mich plötzlich sehr deutlich an ein Video erinnern, das uns angehenden Astronauten in der ersten Phase unserer Ausbildung gezeigt worden war, um uns die Gefahren einer plötzlichen Dekompression zu verdeutlichen. Eine weiße Maus in einer gläsernen Kammer, die blitzartig evakuiert wurde. Eben noch das kleine, neugierig schnuppernde Tier, das nervös herumtrippelte – plötzlich eine rosafarbene Kugel von der Größe eines Fußballs, und Sekundenbruchteile später nur noch ein roter Nebel und mit Blutstropfen und Fellpartikeln gesprenkelte Glasscheiben.

Nun, so schnell würde es nicht gehen. Cadigan freilich . . .

Plötzlich hörte ich ein lautes Knacken und spürte einen Schmerz, als bohrten sich Feuerhaken in meine Ohren und der Kopf würde mir auseinandergerissen. Darauf hörte ich nur noch das statische Rauschen meines eigenen Gehirns, als wären mir die Ohren ins Schädelinnere gestülpt worden.

Der Sturm war vorüber, aber nun wurde es erst richtig schlimm. Ich hielt Cadigan fest wie ein Polyp seine Beute. Charles blähte sich in meinen Armen wie eine sich füllende Ballonhülle. Meine Handschuhe waren ineinander verhakt wie mechanische Greifer, meine Hände waren kalt und gefühllos. Du kannst ihn jetzt loslassen, sagte ich mir. Er wird nicht mehr davongerissen. Aber ich war außerstande, auch nur einen Muskel zu lockern. Wo bleiben die Rettungsmannschaften? fragte ich mich empört, und gleichzeitig wußte ich mit ungewöhnlicher Klarheit, daß seit dem Unfall erst drei, höchstens vier Minuten vergangen sein konnten.

Mein Atem ging immer flacher, obwohl James seine ganzen Luftreserven aufbot, um sie in den Helm zu schleudern, doch die waren begrenzt. Ich biß die Zähne zusammen, konnte aber nicht verhindern, daß Schleim und Galle sich einen Weg ins Freie suchten. Allen Reflexen zum Trotz spuckte ich aus und blies mit aller Kraft durch die Nase, wie es einem andressiert wird, damit man nicht am eigenen Mageninhalt oder einem Blutsturz erstickt, während Sonnenflecken über meine Retina zogen, Strudel aus Zinnober, Smaragdgrün und Violett, die sich zu Galaxien auswuchsen und mein Gesichtsfeld ausfüllten, ineinandergriffen, sich gegenseitig verschlangen und in Dunkelheit stürzten. Rasender Schmerz fraß sich von den Ohren durch die Knochen ins Schädelinnere. Der Puls dröhnte in den Schläfen und hämmerte von hinten gegen die Augen, als wollte er sie aus den Höhlen sprengen, während die verdunstende Tränenflüssigkeit die Lider zu Eis werden ließ, das Gesicht vergletscherte, Finsternis herabsank.

DIE FARBIGEN Galaxien waren zu protostellarer Asche zerfallen; Staubwolken, lichtjahrweit, in denen dumpfig rot neue Gravitationszentren glosten. Dunkle Schlackehalden trieben in mein Gesichtsfeld, wechselten blitzschnell den Kurs, wenn ich die Augenlider bewegte, drifteten wieder heran, um wieder zurückzuzucken, bis sie sich in Geröll auflösten und verschwanden. In der Ferne blinkten einsame Pulsare. Neuer Schutt trieb aus den Augenwinkeln, rutschte herein wie scharfkantiger Koks, kam zum Stillstand, rutschte schmerzhaft scheuernd zurück.

„Ist er tot, Doktor?"

Die Stimme kam von weit her. Fergusson persönlich. Ich wollte die Augen öffnen, aber sofort schwappte mir ein Schwall Lava entgegen.

„Er hat unwahrscheinliches Glück gehabt. Trotz des geöffneten Helms war bei ihm die Dekompression nicht ruckartig. Das Lebenserhaltungssystem seines Anzugs hat versucht, einen Druckausgleich herzustellen; war natürlich binnen fünf Minuten erschöpft."

Hast um mich gekämpft, James. Ich liebe dich, du altes Stinktier.

„Und Cadigan?"

„Wenn Kirk ihn nicht festgehalten hätte, wäre er tot. Wenn wir ihn draußen hätten suchen müssen, wäre jede Hilfe zu spät gekommen. Er ist in Stasis. Er wird es überstehen. Die Ohren sind natürlich zerstört, und er wird eine Augentransplantation brauchen, aber die Sehnerven sind unverletzt. Sie werden ihm einen Teil des Augenlichts zurückgeben können und sicher auch einen Teil seines Gehörs. Aber darüber kann ich nichts Endgültiges sagen, dazu fehlen mir die Geräte."

„Transportfähig?"

„Beide."

„Mittwoch?"

„Eher Samstag."

„Okay, werde es veranlassen."

„Und Howard?"

„Sir . . ., tut mir leid, Sir. Von ihm haben wir nicht mehr viel bergen können. Es hat ihn praktisch nackt erwischt . . . Weiß man schon . . .?"

„Ja. Aber ich will dem Abschluß der Untersuchung nicht vorgreifen."

„Verstehe, Sir."

Ich spürte den Einstich einer Injektion. Die Galaxis aus Staub begann zu kreisen, aber irgendwann mußte ich sie dann aus den Augen verloren haben.

„Kirk?" Irgend jemand tätschelte meine nackte Wange; also war der Verband entfernt worden. „Können Sie mich hören?"

Mein Blick fiel auf eine Landschaft aus grauen Schlieren und trüben Tümpeln, die vage zu einem menschlichen Gesicht zusammenrannen: Dr. Lembergs Gesicht.

„Ja", krächzte ich. Meine Kehle fühlte sich an, als hätte man jahrhundertelang feuchtkaltes, rostiges Eisenerz darin gelagert. Ich versuchte ein Nicken, aber es mißlang. Etwas Kühles, das herb wie Kampfer und frisch wie Minze schmeckte, füllte meinen Mund. Ich schluckte und begann zu husten, konnte aber sofort freier atmen.

Fergusson beugte sich über mich. Er sah abgehetzt und übernächtigt aus.

„Sie werden fragen, Kirk, wie das passieren konnte. Fragen Sie ruhig! Ich bin schon eine Million mal gefragt worden in den letzten achtundvierzig Stunden. Ich kann es Ihnen genau sagen: Jemand hat am Montageprogramm herumgepfuscht, Daten gelöscht, Sicherheitsmaßnahmen unterdrückt. Das ist gar nicht so einfach. Dazu ist nur ein Topfachmann in der Lage. – Kennen Sie Herb Ashley?"

„Nein." Meine Stimme hörte sich fremd an.

„Ganz neu hier oben. Man hat ihn mir als Ersatz für Baldenham raufgeschickt, den die Kanaken umgelegt haben."

„Sir, so war es nicht. Baldenham wurde nicht . . ."

„Wie?" Seine blutunterlaufenen Augen blickten mich strafend an, als hätte ich ins Sternenbanner geschneuzt.

„Ich war dabei, Sir. Er wurde nicht . . ." Ich hielt erschöpft inne.

„Seien Sie doch nicht naiv! Natürlich haben ihn diese Kanaken umgelegt! Sri Lanka, glaube ich. Wahrscheinlich wollten sie ihn entführen, und er hat sich gewehrt. Ist doch nicht das erste Mal, daß die so was machen. Brauchen unsere Wissenschaftler, weil sie selbst zu allem zu dämlich sind. Ich würde dem Gesindel ein paar Wochen lang die Energie sperren, dann würden wir schon sehen, was von denen übrigbleibt! Die sind im Nu wieder auf den Bäumen. Wetten?"

„Wenn Sie meinen, Sir." Er war einer von den Unbelehrbaren, von den ganz Tüchtigen, wie man sie häufig unter Technikern und Ingenieuren und sogar manchmal unter naturwissenschaftlichen Akademikern findet, die ihr ganzes Leben lang vor lauter Tüchtigkeit nicht zum Denken kommen und dankbar auf vorgefertigte Schablonen zurückgreifen, die meist in krassem Gegensatz zu ihrer zukunftsorientierten Tätigkeit stehen. Ich hatte es oft genug erlebt. „Was seid ihr Techniker doch dagegen für zuverlässige Leute“, hatte Buchan zynisch zu mir gesagt.

„Ashley hatte nur Überwachungsfunktion. Sollte sich einarbeiten. Fängt an, am Programm herumzufingern, der Blödmann. Behauptet, den Überblick verloren zu haben und in Panik geraten zu sein. Alles erlogen! Setzt eine halbe Tonne Antennengestänge in Richtung Wohnmodul in Marsch, wo es genau zu dem Zeitpunkt eintrifft, da Sie sich einschleusen.“

„Was wollen Sie damit sagen?“

„Er wollte Sie aufspießen!“

„Wir waren zu viert: Martinez, Howard, Cadigan und . . .“

Er winkte ab. „Er wollte Sie, Kirk!“

„Wer behauptet das? Sagt er selbst . . .?“ Das Sprechen fiel mir schwer. Ich spürte ein Stechen in der Brust.

„Wir werden ihn nicht mehr fragen können. Er ist durch die Schleuse gegangen. Ohne Anzug.“

„O Gott.“

„Ein paar sagen, es sei vielleicht doch eine Panne gewesen und er habe es aus schierer Reue und Zerknirschung getan, aber für mich ist die Sache sonnenklar. Er wollte Sie!“

„Wie kommen Sie zu dieser Vermutung?“ fragte ich schweratmend und versuchte mich aufzurichten. Der Arzt legte mir die Hand auf die Brust und hielt mich zurück.

Fergusson blickte mich einen Moment lang sinnend an und sah sehr alt und sehr müde aus, dann legte er beide Hände an die Wangen und schob die Fingerspitzen über Augen und Stirn hinauf, wobei er die struppigen Ansätze seines grauen Haarkranzes an den Schläfen zauste, daß er plötzlich aussah wie ein grämlicher Vogel, der unversehens in Balz geraten ist.

„Hören Sie, Kirk! Ich weiß nicht, was gespielt wird, aber genau diesen Verdacht scheinen die Sicherheitsleute am Cape zu hegen und ganz plausibel und logisch zu finden. Buchan nickte grimmig, als ich ihm Bericht erstattete, und tat so, als hätte er gar nichts anderes erwartet. Er ordnete an, daß wir Ashleys Leiche suchen, um eine Obduktion durchzuführen. Verstehen Sie das? Mir wollte er es nicht sagen. Als ob es da noch was zu obduzieren gäbe! Dem hängt doch sowieso das Innere nach draußen." Er zuckte resigniert die Achseln. „Seit achtundvierzig Stunden ruht die Arbeit. Dreißig Leute habe ich draußen, um nach dieser verdammten Leiche zu suchen – oder vielmehr dem, was noch von ihr übrig ist. Und das in diesem Schrottplatz von stationärem Orbit, in dem man ein Shuttle verstecken könnte. Die Leiche kann schon -zig Meilen abgetrieben sein. Obduktion! Reine Zeit- und Treibstoffverschwendung!"

Der Arzt, der auf der anderen Seite meiner Liege schwebte, nickte beflissen.

„Ich brauche Ihnen nicht zu erzählen, was es bedeutet, das Baumaterial beisammenzuhalten. Und es dauert Tage, bis wir ein neues Bewegungsprogramm erarbeitet haben – vorausgesetzt, sie schicken uns mit dem nächsten Shuttle einen Topmann von Softwarespezialisten. Eine ganze Woche kostet uns dieser Mist!"

Fergusson rüttelte erbost an der Aufhängung meiner Liege. Die Schlackebrocken vor meinen geschlossenen Augen begannen rhythmisch zu schaukeln. Ich öffnete hastig die Lider.

„Vorsicht, Sir!" sagte der Arzt.

„Entschuldigung", grollte Fergusson, und mein Gesichtsfeld kam wieder zur Ruhe.

„Buchan will Sie so schnell wie möglich unten haben, Kirk. Mit dem Mittwochshuttle. Geben Sie Ihr Okay, Doktor?"

„Ich habe keine Bedenken, Sir."

„Ich bin froh, wenn ich Sie los bin, Kirk. Wenn ich hier oben etwas nicht brauchen kann, dann sind das Scherereien. Ich habe meine Termine. Man erwartet von mir, daß ich sie einhalte, was immer auch geschieht. Es geht hier um verdammt viel Geld."

„Ja, Sir", sagte ich.

SECHZEHN Stunden später war ich unten in der Columbus-Station, wurde behutsam durch die Andockluke geschoben und auf einer der hinteren Andruckliegen festgeschnallt. Unbekannte Gesichter schwebten über mir vorbei. Meine Augen tränten. Der Pilot tätschelte mir die Wange.

„Nicht weinen, Kleiner. Es geht heim zu Mama", sagte er grinsend.

„Du brichst mir das Herz!" krächzte ich.

In der Ladebucht hinter uns hingen in schwarzen Plastiksäcken die tiefgefrorenen Reste von Herb Ashley und Dean Howard. Wäre das Gestänge auch nur eine Minute später eingeschlagen, dann hingen Cadigan und ich auch da hinten, sagte ich mir. Es hätte uns nackt erwischt. Ich hatte das Gefühl, meinen Magen mit Gewalt an Ort und Stelle halten zu müssen, und das kam nicht von dem Bremsmanöver, mit dem das Shuttle auf Eintauchkurs ging.

Das war verflucht knapp gewesen.

X. Bei Börsenschluß: Konserven – lebhaft

„DAS WAR knapp, Kirk!" sagte Kenneth Buchan, der mit finsterer Miene zwischen Schreibtisch und Fenster hin- und herstapfte. „Verflucht knapp." Er trug einen dunklen Nadelstreifenanzug mit Weste, weißes Hemd und silbergraue Krawatte, sah aus, als sei er zur Dinnerparty ins Weiße Haus eingeladen. In meiner abgeschabten Lederjacke und den alten Cordjeans kam ich mir mächtig trotzig vor und hielt den Blick auf meine Turnschuhe gerichtet.

„Haben Sie was gegen mich?" fragte er plötzlich.

Ich hob überrascht den Blick. „Sir? – Nein . . . Weshalb sollte ich etwas gegen Sie haben?"

Er nickte und sah ungeduldig auf das Terminal an seinem Handgelenk.

„Ich habe Sie von der Klinik gleich hierherbringen lassen", sagte er und wippte auf seinen eleganten schwarzen Lackschuhen, „damit jedes Risiko ausgeschaltet ist."

Seit ich wieder auf der Erde war, sah ich mich ständig von dieser Sorte auffällig unauffälliger Männer mittleren Alters umgeben, die meist einen Trenchcoat überm Arm tragen und bei regnerischem Wetter einen anhaben und noch zusätzlich einen überm Arm tragen. Auch in der Klinik, wo sie mich eine Woche lang zur Nachbehandlung festgehalten hatten, war rund um die Uhr einer von den Kerlen vor der Tür zu sehen gewesen.

„Die Angelegenheit hat inzwischen ein Ausmaß erreicht, daß ich die Verantwortung unmöglich länger allein übernehmen kann."

„Sie meinen, was Andrew Baldenham betrifft?"

Er zögerte. „Ja, auch."

„Hat man inzwischen wieder etwas von ihm gehört?"

„Ja", sagte er – noch zögernder. „Er hat sich mehrere Male mit mir in Verbindung gesetzt."

„Sind weitere Kopien aufgetaucht?"

Er nickte unbestimmt.

Sein Terminal begann zu blinken. Er hob es ans Ohr. „Ja . . . ja, Sir . . . Okay . . . Ich bringe ihn rüber."

„Gehen wir!" sagte er zu mir gewandt und öffnete die Tür. Er wieselte an mir vorbei, den Gang entlang, öffnete die Tür zu einem kleinen Konferenzraum. „Bitte", sagte er und nickte mir auffordernd zu.

Ich sah mich zwei Männern gegenüber. Einer stand am Tisch und spulte an einem Taschenrecorder herum. Der andere saß auf einem der zwanglos im Raum verteilten Stühle und erhob sich bei unserem Eintreten.

„Mr. Ashkenside von der CIA", sagte Buchan. Der Mann am Tisch, klein, zierlich, in einem unscheinbaren braunen Anzug, wandte mir sein schmales, regloses Gesicht zu, dunkle Augen hinter einer goldgefaßten starken Brille wie aus schußsicherem Panzerglas. Dieser schnüffelnde Nager, sagte ich mir, ist der Kopf.

„Mr. McEnroe von der CIA", sagte Buchan. Der Mann, der bei unserem Eintreten aufgestanden war, reichte mir spontan die Hand. Ein fleischiger, untersetzter Typ mit ansehnlichem Bauch überm heruntergerutschten Hosenbund, das karierte Jackett hoffnungslos zerknittert. Er zog einen vorwurfsvollen Flunsch, nickte mir zu und sagte: „Frank – freut mich, Pete." Das war die Dogge, die apportierte.

„Das ist Pete Kirk", erklärte Buchan überflüssigerweise, denn sicher hatten die beiden meine Vergangenheit besser parat als ich selber.

„Setzen Sie sich, Pete!" sagte Frank McEnroe und wies auf die Stühle.

„Ich stehe lieber."

„Wie Sie wollen, aber es dauert länger." Er zog die Hose höher und ließ sich auf einen der Stühle plumpsen. Ich setzte mich. Er musterte mich mit verdrießlich gefurchter Stirn und schürzte seine vollen Lippen neuerlich zu einer vorwurfsvollen Schnute. Da ich nicht wußte, was ich ihm angetan haben könnte, nahm ich an, daß es sich um sein Dienstantlitz handelte. Der Kleine, Zierliche schaltete immer noch an seinem Recorder herum. Er blickte mit todernster, unbewegter Miene aufmerksam das Gerät an und tippte mit seinem schmalen Zeigefinger die Sensortasten an. Er hatte dunkles, kurzgeschnittenes Kraushaar und einen schmalen Schnauzer. Ashkenside – ein amerikanisierter Name. Armenier? Eng beieinanderstehende Augen, der typische unbestechliche Bürokrat, korrekt, absolut logisch, erbarmungslos, konsequent. Ein Typ, der in jedem Geheimdienst der Welt Karriere machen mußte. Vorsicht! sagte ich mir. Das ist eine von diesen zweibeinigen Rechenmaschinen. Ein Monster, das heimlich Austern schlürft und sich die herrlichsten Huren hält.

Als hätte er meine Gedanken gehört, hob er schnüffelnd den Kopf und sah mich an. Mir war recht unbehaglich zumute.

Buchan, der neben ihn getreten war, verschränkte plötzlich die Arme vor der Brust und plusterte sich auf.

„Mr. Kirk", begann er förmlich und sichtlich auf Wirkung bedacht, „Sie haben uns da in eine ziemlich kritische Situation gebracht."

„Wie das?" fragte ich trotzig.

„Warum haben Sie Komiker uns nicht gesagt", polterte er los, „daß Sie in New York Kissinger aufgesucht haben?"

„Weshalb hätte Sie das interessieren sollen?"

Buchan sah die beiden anderen hilfesuchend an, als wollte er sagen: Sehen Sie selbst! Was hätte ich tun können? Er ist ein bockbeiniger, hirnrissiger Idiot. „Weil Sie leicht ein toter Mann sein könnten!" schrie er mich an.

McEnroe hob abwehrend die Hand und stieß ein paar beschwichtigende Schmatzlaute aus.

„In welchem Umfang ist Mr. Kirk unterrichtet?" erkundigte sich Ashkenside mit leiser Stimme.

Ich hatte Buchan noch nie so beflissen erlebt. „Mr. Baldenham scheint ihm . . . ah . . . einige Informationen zugänglich gemacht zu haben – aus welchen Gründen auch immer. Es hätte meine Kompetenzen überschritten, wenn ich . . ." Ashkenside schnitt ihm mit einem unmerklichen Kopfnicken das Wort ab.

Feigling, dachte ich.

„Dann hören Sie sich das mal an, Mr. Kirk", sagte Ashkenside und tippte die Sensortaste des Recorders an. Die unbekannte Stimme eines Mannes sagte heftig: „Was geht uns das an, was diese braunen Affen mit ihr machen? Seit wann sind Sie so empfindlich? Die lassen sich's ein Vermögen kosten, sich Repliken von diesem Vögelchen anzufertigen. Jede von den höheren Chargen möchte mal mit ihr gebumst haben."

„Aber sie töten sie!"

Kissingers Stimme!

„Ach, du liebe Güte! Bei der Qualität der Kopien, die sie dort anfertigen, kommt es wirklich nicht darauf an, ob der Tod ein paar Stunden früher oder später eintritt. Seit wann so empfindlich, Kiss?"

„Keine Namen!" zischte Kissinger empört.

„Quatsch! Das ist eine sichere Leitung."

„Hören Sie! Nancy Tanner ist nicht irgendwer. Jeder Laufbursche, jeder Taxifahrer in Colombo kennt sie. Das muß auffallen und irgendwann Stunk geben! Die sollen die Repliken in ihren Offizierscasinos unter Verschluß halten, wie es abgemacht war. Statt dessen höre ich immer wieder, daß diese Idioten sich am hellichten Tag auf der Straße mit ihnen sehen lassen."

„Ich werde das überprüfen lassen."

„Ja, tun Sie das! Ich habe vielleicht einen Schreck gekriegt, als dieser Kerl hier plötzlich hereinschneite und einen Brief von ihr brachte. Es war aber Gott sei Dank kein Brief von einer Kopie, sondern ein uralter von der echten Nancy. Aber so was könnte jeden Tag passieren!"

„Hatten Sie den Eindruck, daß dieser Kirk auf den Busch klopfen wollte?"

„Ich hatte eigentlich nicht das Gefühl. Er hat überhaupt keine Fragen gestellt. Trotzdem sollten wir ihn nicht frei herumlaufen lassen."

„Er ist von der NASA."

„Na und?"

„Besondere Sicherheitsvorkehrungen seitens der Raumfahrtbehörde."

Buchan sah mich an und nickte; McEnroe war mit seinen Fingernägeln beschäftigt; Ashkenside starrte teilnahmslos geradeaus und lauschte.

„Seit wann macht das Umstände für Sie?“ fragte Kissinger höhnisch. „Außerdem spaziert er mutterseelenallein hier in New York herum. Scheint ein privater Aufenthalt zu sein. Er wohnt bei einem Freund.“

„Da hat er Sie angelogen. Wir hatten heute zweimal etwas am Haken. Zweimal fiel der Name Roughtrade. Beide Male war der Empfänger ein gewisser Pete Kirk im Hotel Transfer in der Nähe des Washington Square.“

„Und was unternehmen Sie?“

„Ich habe sofort zwei Leute hingeschickt, aber der Vogel war bereits ausgeflogen.“

„Verdammt noch mal! Dann müssen Sie sich was anderes einfallen lassen!“

Ashkenside berührte mit spitzem Finger die Taste und stoppte das Gerät. Buchan stieß zischend die Luft aus. „Ich hatte schon so was geahnt“, sagte er. „Deshalb habe ich Sie sofort hergeholt und hinaufgeschickt. Dachte, da oben seien Sie sicher. *Dachte* ich. Hätten Sie Einfaltspinsel ein Sterbenswörtchen . . .“

„Diese Aufzeichnung wurde vom FBI gemacht“, unterbrach ihn Ashkenside mit leiser, näselnder Stimme. „Sie wurde bei einer Routineüberprüfung unautorisiert gesicherter Leitungen mitgeschnitten. Als man beim Suchdurchlauf auf die Abkürzung NASA stieß, ging automatisch eine Kopie ans Sicherheitsbüro der NASA, und zwar“ – er sah in seinen Unterlagen nach – „am zweiten Januar.“ Himmel, um diese Zeit war ich noch nicht einmal in den Raum gestartet!

„Sie können sich kaum vorstellen, wieviel Material dieser Art tagtäglich hereinkommt“, sagte Buchan verbittert. „Leider ist die Sicherheitsabteilung der NASA personell nicht so gut ausgestattet wie andere vergleichbare Organisationen.“

„Ich nehme an, Mr. Kirk hat Fragen“, sagte Ashkenside. „Wir werden sie ihm beantworten, soweit wir das für richtig halten und soweit dies in unserem Ermessen liegt. Mr. Kirk, ich muß Sie in aller Form darauf aufmerksam machen, daß diese Informationen strengster Geheimhaltung unterliegen und eine Weitergabe an Unbefugte juristische Konsequenzen nach sich zieht.“

Ich nickte. „Weil eben wieder der Name ‚Roughtrade‘ erwähnt wurde: mich interessiert der Kerl nicht, obwohl er so eine Art

Schlüsselfigur darzustellen scheint, aber er ist ja seit mehr als zwölf Jahren tot . . ." McEnroe hob den Blick und sah mich prüfend an. „Weshalb klingelt es bei manchen Leuten, wenn dieser Name durch Infopool geht?"

„Nun, da ist zunächst der technische Aspekt", sagte Ashkenside. „Ein solcher Wortsensor hat natürlich nur einen Sinn bei recht seltenen Namen und wenn dieser Name in ganz bestimmten semantischen Umfeldern auftritt."

„Das meine ich nicht. Mir wurde gesagt, daß diese . . . diese Haken nur auf Anordnung höchster nationaler oder internationaler Sicherheitsbehörden ausgelegt werden können. Wie kommt es dann, daß Kissinger und Konsorten hier ungestraft im trüben fischen können, um meinen Aufenthaltsort ausfindig zu machen und mich umzulegen?"

„Das ist ein juristischer Aspekt", sagte Ashkenside, „der uns schon oft Kopfzerbrechen verursacht hat. Infopool ist ein multinationales Unternehmen, das – bis auf wenige Ausnahmen – mit allen Ländern der Erde zusammenarbeitet. Sie können davon ausgehen, Mr. Kirk, daß es . . . nun . . . Regierungen gibt, die nicht gerade zu unseren Verbündeten zählen, denen aber Befugnisse dieser Art . . . äh . . . ebenfalls eingeräumt werden müssen."

„Ich verstehe."

„Ihnen ist bekannt, Mr. Kirk", fuhr Ashkenside fort, „daß sich diese Sicherheitsmaßnahmen auf ein Verfahren beziehen, Kopien von Menschen herzustellen."

„MIDAS."

„MIDAS war ein geheimes Regierungsprojekt, das Untersuchungen in dieser Richtung durchführte. Es wurde 2003 eingestellt, als der Beweis geliefert wurde, daß dieses Verfahren zum Scheitern verurteilt ist."

„Und trotzdem werden Kopien hergestellt?"

Ashkenside hatte die irritierende Angewohnheit, nie sofort zu antworten. Er reagierte zunächst nicht, schien nach innen zu lauschen, als würde ihm die Frage von einem unsichtbaren Übersetzer noch mal in einer anderen Sprache vorgetragen. Erst nach 10 oder 15 Sekunden hob er den Kopf und setzte zu einer Antwort an.

„Ja, aber es sind unzulängliche Kopien, mit einer Lebenserwartung zwischen einigen Stunden und ein paar Wochen, je nach

Qualität der Aufzeichnung und der Qualität des Kopierverfahrens. Die Qualität kann, nach dem Beweis von Horace Simonson, grundsätzlich über einen gewissen Punkt hinaus nicht verbessert werden. Es ist eine Art Unschärferelation wie in der Teilchenphysik: Ein bestimmter Genauigkeitsgrad kann allein schon deshalb nicht überschritten werden, weil eine Verbesserung der Aufnahme- und Wiedergabequalität sich automatisch aufhebt durch ein stärkeres Eingreifen in die Molekularstruktur selbst. Es gibt demnach einen Grenzwert, an dem eine Erhöhung der Genauigkeit deren Verminderung bewirkt. Die Folgen davon sind Fehler im Molekülaufbau, das heißt, es entstehen vermehrt toxische und karzinogene Verbindungen, die den Organismus über kurz oder lang zerstören. MIDAS wurde daraufhin eingestellt, die Forschungsergebnisse unter Verschluß genommen, alle Informationen unterdrückt."

„Offenbar nicht umfassend genug."

„Leider ja. Es gab eine Lücke."

„Roughtrade?"

„Roughtrade. Er hatte die Einstellung seines Projekts vorausgesehen und rechtzeitig Forschungsunterlagen und vielleicht sogar MIDAS-Aufzeichnungen seiner eigenen Geräte in private Kanäle gelenkt, um seine Arbeiten fortzuführen."

„Aber er kam doch kurz darauf . . ." Ich hielt betroffen inne. Ashkenside nickte. „Wir konnten es zwar nicht beweisen, weil der Leichnam fast völlig verbrannte, aber wir wissen heute mit an Sicherheit grenzender Wahrscheinlichkeit, daß er uns eine Kopie von sich unterschob, daß er selbst aber noch am Leben ist."

„Und sein Geschäft betreibt."

„Einen ziemlich gewinnbringenden Konservenhandel", sagte McEnroe grinsend. „Spitzenwissenschaftler jeder Fachrichtung für jeden erdenklichen Bedarf zu Liebhaberpreisen. Eingelegte Eierköpfe, vor allem für die ehrgeizigen Machthaber der dritten Welt. Einen Mathematiker hier, einen Computerspezialisten da, einen Atomphysiker dort. Ist Ihnen aufgefallen, daß der Club der Atommächte in den letzten Jahren auf über fünfzig angewachsen ist? Selbst Venezuela und Burkina-Faso gehören inzwischen dazu. Der Kerl muß in den letzten Jahren ein märchenhaftes Vermögen angehäuft haben."

„Am Anfang mögen Motive wie Rachsucht mit eine Rolle gespielt haben", sagte Ashkenside. „Zunächst tauchten fast ausschließlich Kopien von seinen Widersachern auf." Ashkensides dicke Brillengläser blitzten. Stahl sich tatsächlich die Andeutung eines kleinen hämischen Lächelns in seine Mundwinkel? Also doch keine Störung in Brocas Areal, sondern anerzogene Emotionslosigkeit. „Es entbehrt nicht einer gewissen Ironie", sagte er, „wenn er seine Gegner zur Finanzierung seiner Forschungen benutzte. Später dürften die Wünsche seiner Kunden dezidierter und das Ausmaß seiner Erpreßbarkeit größer geworden sein."

„Aber wie kam er an die Leute ran?"

„Denken Sie an Andrew Baldenham", warf Buchan ein.

„Meistens bei wissenschaftlichen Kongressen, vorzugsweise in Städten wie Manila, Nairobi, Rio de Janeiro, Colombo, Neu-Delhi, aber auch Montreal und Mexiko. Man betäubt die Leute in ihrem Hotelzimmer und bringt sie für ein paar Stunden zu einem geeigneten Ort, wo eine Aufnahme von ihnen gemacht wird. Sie erwachen in ihrem Bett, fühlen sich vielleicht unwohl und körperlich angegriffen, aber das ist bei solchen Veranstaltungen nichts Ungewöhnliches, vor allem wenn sie an Orten stattfinden, wo das Klima und die Ernährung nicht den normalen Umständen entsprechen."

„Aber Andrew wurde verstümmelt und getötet."

„Ich glaube nicht, daß er getötet wurde, obwohl wir das nicht ausschließen können, weil er als enger Mitarbeiter Roughtrades natürlich sofort dahintergekommen sein dürfte, was gespielt wurde. Die Indizien deuten darauf hin, daß es zu einem Unfall kam. Wahrscheinlich ein Stromausfall oder ein Geräteversagen während des Abtastvorgangs. Die Laserstrahlen könnten ihm die Füße weggebrannt haben, als die Panne passierte. Man hat daraufhin einiges inszeniert, um sie zu vertuschen, vielleicht sogar seinen Tod herbeigeführt. Mord ist eher untypisch, obwohl neuerdings einige Fälle aufgetreten sind, bei denen man sich dadurch Repliken gefügig machte."

„Herb Ashley", warf Buchan ein.

„Herb Ashley?" fragte ich. „Der Computermann, der es angeblich auf mich abgesehen hatte?"

„Die Obduktion hat ergeben, daß wir es auf *Sunbird 4* mit einer

Replik zu tun hatten." Buchan schüttelte den Kopf. „Es ist mir ein Rätsel, wie sie unbemerkt durch die medizinischen Untersuchungen kommen konnte. Wir werden die Kontrollen drastisch verschärfen müssen. Die Polizei hat inzwischen die Leiche des Originals gefunden."

„Weshalb hat man ihn umgebracht?"

„Wenn er nur noch als Aufzeichnung existiert, kann man der Kopie einreden, daß es eines Tages durchaus möglich sein könnte, eine Replik medizinisch zu stabilisieren. Dafür kann man schon eine ... äh ... Gefälligkeit erwarten."

„Eine aufopferungsvolle Gefälligkeit", warf McEnroe ein und nickte mir zu.

„Und diese Nancy Tanner?"

„Ist auch sehr aufopferungsvoll tätig." McEnroe lachte. „Wenn auch unfreiwillig."

„Das sind ekelhafte Randerscheinungen." Ashkenside hob abwehrend die Hand. „Sie haben mit unserem eigentlichen Problem nichts zu tun."

Doch McEnroe hörte nicht hin, stand auf und kam zu mir herüber.

„Haben Sie schon mal Video Nasties gesehen?" fragte er mich und rollte die Augen. „Todessex?"

„Ja", sagte ich. „Ich erinnere mich vage."

Ich erinnerte mich nur zu deutlich an ein schreckliches Band, das unter den Studenten am College heimlich herumgereicht wurde. *Die phantastischen Ruten des Monsieur A* oder so ähnlich hatte es geheißen. Die gräßlichen Bilder hatten mich jahrelang bis in die Träume hinein verfolgt. Eine Szene war mir besonders lebhaft in Erinnerung geblieben: ein luxuriös eingerichteter Salon in Weiß und Schwarz. Zwei riesige schlanke Männer mit Masken und phantastischem Federschmuck an Kopf, Schultern und Hüften, als hätte Salvador Dali Kostüme für die „Zauberflöte" entworfen. Ihre Bewegungen waren die von Tänzern, denen etwas Herrisches – faszinierend und abstoßend zugleich –, Unmenschliches, ja Unirdisches anhaftete. Eine junge Negerin, schön, fast noch ein Kind, ein makelloser Körper, nackt, nur mit einer schwarz-weißen Federmaske bekleidet, dunkle glänzende Haut – hervorragend fotografiert. Während einer der beiden Vogelmenschen sie von hinten begattete, trat die dritte Gestalt ins Bild, hob mit einer Hand ein prunkvoll mit Rubinen geschmücktes Ritualschwert, faßte mit der anderen den Kopf des Mädchens – und trennte ihn mit einem Hieb ab.

Die Kamera blieb auf das Gesicht des Mädchens gerichtet, zeigte es in Großaufnahme: die phantastische Maske aus Tauben- und Rabenfedern, die zierliche, etwas zu breite Nase, der wie zu einem kleinen Schrei geöffnete Mund.

„Damals haben sie sich junge, unerfahrene Prostituierte von der Straße geholt", sagte McEnroe. „Versprachen fünfhundert Dollar für ein paar kurze Einstellungen zu Sexfilmen. Die Leichen haben wir dann in Kellern von verlassenen Häusern in der Bronx gefunden. Manche waren so schauerlich zugerichtet, daß wir sie nicht identifizieren konnten. Ich war damals ein junger Polizist. Das sind Bilder, die ich nie vergessen werde, das kann ich Ihnen sagen." Er funkelte mich so hart und zornig an, als verdächtige er mich der Komplizenschaft. „Wenn ich einen dieser Kerle erwischt hätte, ich hätte ihn mit meiner 41er Magnum kastriert, das schwöre ich Ihnen!"

Buchan hatte die Schultern hochgezogen und schien etwas peinlich berührt; Ashkenside musterte gelangweilt die mit weißem Plastik beschichteten Blechroste, mit denen die Decke verkleidet war und hinter denen sich schattenhaft und lautlos die Rotorblätter eines Ventilators bewegten.

„Die vom FBI haben daraufhin ganz hart durchgegriffen", fuhr McEnroe fort, „und die Sauereien hörten schlagartig auf – mit dem Erfolg, daß sie dann ihre Filme in Brasilien oder im Grenzgebiet von Peru und Ecuador drehten und sich ihre Weiber zum Zerhacken bei den Amazonasindianern holten. Denen brauchten sie nur was zum Essen zu versprechen. Perverse Schweine", sagte er, legte seine fleischige Hand auf den Bauch, spreizte die Finger und schob sie in den Hosenbund. „Das fiel jedenfalls nicht mehr in unseren Zuständigkeitsbereich", setzte er grinsend hinzu.

„Und was hat das mit Nancy Tanner zu tun?" fragte ich.

„Das ist die neueste Variante", sagte er und hob die Schultern. „Und dagegen gibt es nicht einmal eine gesetzliche Handhabe, weil offiziell so etwas wie Repliken überhaupt nicht existiert."

„Wollen Sie damit sagen, daß . . . daß Nancy Tanner immer wieder kopiert wird und . . .?“

„Mann, sind Sie schwer von Begriff“, sagte er und reckte grimmig das Kinn vor. „Klar! Immer wieder . . . und immer wieder . . .“ Er hatte seine Rechte zur Faust geballt und fuhr in einer obszönen Geste vor seinem Bauch auf und ab.

„Mein Gott!“ flüsterte ich.

„Was sagen Sie?“

„Ach, nichts.“

„Hm“, meinte er, machte kehrt und ließ sich schnaufend auf seinen Stuhl plumpsen.

„Nun . . . ich meine, nun, da ich alles weiß“, sagte ich, „was . . . was soll mit mir geschehen? Weshalb haben Sie mir das alles . . .?“

McEnroe betrachtete seine Fingernägel, Buchan hielt den Blick auf seine makellos glänzenden Lackschuhe gerichtet, und Ashkenside ließ sich mit seiner Antwort diesmal besonders viel Zeit. „Wir brauchen Sie für einen Sondereinsatz, den nur Sie für uns durchführen können“, sagte er.

„Und das wäre?“

Panzerglas blitzte. „Sie werden mit Andrew Baldenham zusammentreffen. Er akzeptiert nur Sie als Kontaktperson. Roughtrade ist an Baldenham herangetreten. Er will über ihn Kontakt mit uns aufnehmen.“

„Weshalb?“

„Keine Ahnung. Vielleicht ist ihm sein Geschäft über den Kopf gewachsen. Vielleicht will er raus aus dem Teufelskreis. Vielleicht hat er uns etwas anzubieten. So genau weiß man das aber bei Roughtrade nie.“ Ein Mundwinkel zuckte.

„Und wann soll das Treffen stattfinden?“

„Das wissen wir noch nicht. Aber wahrscheinlich bald.“

„Wo?“

Ashkenside lauschte seiner inneren Stimme und schwieg.

„In Damaskus“, sagte McEnroe grämlich und blickte mich lauernd an. „Kennen Sie die Stadt?“

„Nein“, sagte ich.

McEnroe nickte und fuhr sich mit der Hand über die sorgenvoll gefurchte Stirn. „Wir kriegen das schon hin, Kirk“, sagte er, aber es klang nicht so recht überzeugend.

ES WAR gegen vier Uhr morgens, als mich Alice mit gebieterischem Westminsterschlag weckte.

„Ein Direktgespräch, Mr. Kirk", sagte sie munter. „Höchste Dringlichkeit."

„Okay", sagte ich schlaftrunken, strich mir die Haare aus der Stirn und setzte mich vor die Kamera, halbwegs gewappnet, mich Andrew im Rollstuhl gegenüberzusehen.

Es war Rut.

„Lebst du noch?"

„Was meinst du damit? Natürlich lebe ich noch."

„Du weißt genau, daß man heute so was machen kann."

„Was ‚machen'?"

„Daß man aus alten Filmen und Tonaufzeichnungen von Verstorbenen Szenen mit dem Computer synthetisieren kann, als wären die Leute noch am Leben. Es gibt doch kaum eine Fernsehserie, in der nicht Humphrey Bogart oder Marilyn Monroe oder James Dean mitspielen, die alle schon seit mehr als fünfzig Jahren tot sind."

„Also, ich versichere dir, ich lebe noch, Rut."

„Ich habe dein Bild auf dem Monitor, Pete, und höre eine Stimme, die sich wie deine anhört. Aber ich weiß, daß man auch das simulieren kann. Daß es Firmen wie die ‚Calls from Paradise' gibt, die für 'ne Menge Geld Gespräche mit Verstorbenen vermitteln."

„Also, wenn es dich beruhigt, Rut, hier ist nicht die Calls from Paradise Incorporated. Was du vor dir siehst, bin wirklich und wahrhaftig ich. Und ich bin am Leben und sogar halbwegs munter. Ich schwör's."

„Du warst dir schon immer so verdammt sicher, was wirklich ist und was nicht. Wo nimmst du bloß immer diese Sicherheit her?"

„Das ist normalerweise gar nicht so schwierig, wenn man sich den Kopf ein bißchen freihält von . . ."

„O Pete" – sie schüttelte traurig den Kopf –, „du weißt nicht nur immer, was wirklich ist, du weißt auch immer, was richtig und anständig ist und was sich für eine Frau gehört, was schicklich ist . . ."

„Nicht ‚schicklich', Rut. Sei nicht ungerecht. Nur ‚fair'."

„Aber was fair ist, bestimmst du."

„Hab ich mich für die Glückwünsche zum Geburtstag bedankt?"

„Ach, bitte, Pete. Wenn wir beide ein Gespräch anfangen, läuft's nach ein paar Sätzen schon wieder schief."

„Das war früher aber nicht so."

„Da warst du auch anders. Nicht so sicher, so . . . so selbstgerecht." Sie wandte den Kopf zur Seite. Sie hatte das Haar wachsen lassen und trug diese Ringellocken, die junge Frauen so schön liederlich aussehen machen und die ich so an ihr mochte, als wir uns kennenlernten. Nun war sie fast schon ein bißchen zu alt dafür. Sie fuhr sich mit dem Handrücken über die Nase und hielt den Kopf gesenkt. „Wir waren beide früher anders", sagte sie leise.

„Und um mir das zu sagen, rufst du mich nachts um drei an?"

„Es ist noch nicht mal zwölf . . . Hör mal, du sagst das so, als sei ich daran schuld, wenn ihr in Florida drei Stunden früher dran seid . . ."

„Von wo aus rufst du an?"

„Von zu Hause natürlich." Sie sagte das, als hätten wir uns letzte Woche getrennt und nicht vor fast einem Jahr.

Jetzt erkannte ich das leinenbezogene Sofa, auf dem sie saß, in ihrem Bademantel aus weißem Frottee, die Füße unter die Schenkel gezogen, als fröre sie. Neben ihr der Korbtisch mit der runden Glasplatte, auf dem sich meine ungelesenen Zeitschriften türmten. Sie war in unserer früheren gemeinsamen Wohnung in Portland.

„Sie haben mich nicht zu dir gelassen", erklärte sie trotzig. Sie preßte die Lippen zusammen, und ich bemerkte, daß die Falten um ihren Mund tiefer geworden waren. Das gab ihr einen bitteren Zug, den ich noch nie an ihr gesehen hatte.

„Wer sind ‚sie'?" fragte ich.

„Keine Ahnung. Diese Leute nennen doch nie ihre Namen. Ich habe mich aber nicht abwimmeln lassen. Schließlich haben sie mich zu so einem aalglatten spaghettifressenden Mafioso geführt – Buchan oder so hieß der –, und der Schweinekerl sagte, er sei ‚überrascht über mein Ansinnen'. Ich sagte ihm: ‚Ich bin seine Frau, verdammt noch mal, und ich bin extra hierhergeflogen, um zu sehen, wie's ihm geht.' Da sagt doch dieser unverschämte Zwerg zu mir, woher plötzlich dieses Interesse komme, nachdem ich seit zehn Monaten nichts hätte von mir hören lassen. Woher er das wissen wolle, habe ich ihn gefragt, und daß das überhaupt nicht stimme. Sagt doch das Schwein, daß er das sehr wohl wisse, und die Art von Grüßen, die ich dir geschickt hätte, seien ihm bekannt und er habe sich über die reizenden Aufmerksamkeiten gefreut. Ich habe ihm auf den Kopf zugesagt, daß er schwul sei und ein Dreckskerl dazu."

„Buchan ist der Sicherheitschef der NASA. Mich wundert's, daß er überhaupt mit dir geredet hat. Vielleicht wollte er den Absender der . . . der ‚Aufmerksamkeiten' persönlich kennenlernen."

Mir war die winzige Bildstörung nicht entgangen, die unmittelbar nach dem Wort NASA über den Bildschirm geflackert war. Irgendwo im Pool hatte ein Haken gegriffen und ein Aufzeichnungsgerät eingeschaltet. Ich hätte es wissen müssen. Wie konnte ich nur so blöd sein? Aber jetzt war es zu spät.

„Er sagte mir, ‚meinem Ersuchen könne aus Sicherheitsgründen nicht stattgegeben werden'. Dann erwähnte er was von einer Operation. Werden sie dich noch mal operieren?"

„Das hat du falsch verstanden, Rut. Ich bin gesund. Ich werde nicht operiert."

„Sag mir die Wahrheit, Pete!"

„Das ist die Wahrheit."

„Weshalb hat man mir bis heute kein Direktgespräch mit dir erlaubt? Ich habe es mindestens zehnmal versucht. Du seist im Moment nicht zu erreichen, sagte man mir immer wieder. Was geht da vor sich, Pete?"

Ich sah Buchans unbewegliches Gesicht vor mir, während er die Aufzeichnung dieses Gesprächs studierte.

„Ich weiß nicht, Rut. Und selbst wenn ich es wüßte, ich könnte es dir nicht sagen."

„Ist es gefährlich?"

„Nein, es ist nicht gefährlich. Es geht um einen guten Freund, dem ich aus der Patsche helfen muß. Es ist alles ein bißchen zu kompliziert, als daß ich es dir in ein paar Sätzen erklären könnte, weißt du . . ."

„Paß gut auf dich auf! Ich hab mir Sorgen um dich gemacht. Wenn ich dir irgendwie helfen kann . . ."

„Das ist lieb von dir, Rut."

„Manchmal habe ich das Gefühl, wir sind beide schon tot. Als habe uns irgend etwas irgendwann unser Leben gestohlen, ohne daß wir es gleich gemerkt hätten."

Ich sah, daß sie weinte, sah Buchans spöttisches Grinsen über so viel Gefühlsaufwallung und schwieg.

„Kommst du nach Hause, wenn es vorüber ist?"

„Wir werden sehen."

„Bitte."

„Okay", sagte ich zärtlicher als beabsichtigt.

„Gute Nacht, Pete."

„Gute Nacht."

Ich trennte mit einer hastigen Bewegung die Verbindung, spürte, wie der Panzer in mir zerbrach. Und mit einemmal bemerkte ich überrascht, daß er mir eine Last geworden war.

Ich starrte den Bildschirm an, bis Alice erschien und mich fragte: „Brauchen Sie mich noch, Mr. Kirk?"

„Nein, danke", sagte ich, tappte in die Küche und holte mir aus dem Kühlschrank eine Dose Bier. Es war die letzte, und sie war viel zu kalt. Ich rollte sie zwischen den Handflächen hin und her, bevor ich sie aufriß. Sie gab nur drei oder vier Schlucke einer ekelhaften, nach Metall schmeckenden Flüssigkeit her, der Rest war zu einem Klumpen Eis gefroren. Ich rollte die Büchse über die nackte Brust und ging ins Bad.

„Das ist unsere Liebe, Pete", sagte ich zu meinem Spiegelbild über dem Waschbecken. „Du bist ein grämlicher alter Sack geworden. Verletzte Eitelkeit, und jetzt läuft dir vor lauter Rührung und Selbstmitleid der Rotz zusammen."

Ich steckte den Finger in den Rachen und erbrach das schale Bier ins Waschbecken, spülte mir den Mund aus und löschte das Licht.

Wie hat sie das mit der Wirklichkeit gemeint? fragte ich mich, als ich wieder im Bett lag; doch bevor ich den Faden eines Gedankens zu fassen bekam, war ich eingeschlafen.

Ich träumte von dem Mann mit dem zerhackten Gesicht, dem ich auf der *Sultan Ahmet* begegnet war. Er nickte mir freundlich zu und entblößte ein Gebiß aus Gold. Seine schrecklich zugerichteten Züge, deren Narben und Falten zu einer grotesken Maske erstarrt waren, wurden von einem weichen, breitkrempigen Hut beschattet und wirkten verzerrt, wie durch eine Fischaugenlinse gesehen. Seine erschreckend großen Hände umfaßten den runden blechernen Zuckernapf und schoben ihn über den Tresen auf mich zu, langsam wie in Zeitlupe. Als ich den Deckel aufklappte, blickte ich in das Gesicht von Rut. Ihr Mund öffnete sich wie zu einem Schrei . . .

Ich erwachte mit keuchendem Atem, erhob mich, taumelte zum Fenster und riß es auf. Es war ein grauer Tag. Der Wind hatte gedreht und wehte von der Lagune her. Die Luft war schwül und stickig, trug den Geruch von Aas und toten Wassern. Das Geschrei der Möwen klang schrill und aufgeregt.

XI. Die Gebeine einer alten Stadt

SIE WERDEN von nun an keinen Schritt mehr allein tun, hatte McEnroe zu mir gesagt. Es werden ständig ein oder zwei meiner Leute ein Auge auf Sie haben. Sie werden sich abwechseln, und Sie werden nicht wissen, wer es ist. Sie werden mit Ihnen nur in unmittelbaren Kontakt treten, wenn es sein muß.

Sechs- oder siebenmal machte ich meine Runde durch den fast vollbesetzten Jumbo, dann glaubte ich, meine beiden Schutzengel dingfest gemacht zu haben. Beide ziemlich weit hinten in der Maschine, um alles im Blickfeld zu haben und rasch eingreifen zu können, wenn sich irgendwo weiter vorn etwas anbahnen sollte. Der eine war ein dunkelhaariger Mann Mitte Dreißig in einem dunklen Anzug, der mit seinem schwarzen Diplomatenköfferchen auf dem Schoß zu sehr wie ein reisender Geschäftsmann aussah, um einer zu sein, und jedesmal, wenn ich vorbeikam, besonders aufmerksam die Zeitschriften studierte, die er auf seinem Köfferchen ausgebreitet hatte. Der andere, vielleicht vierzig, mittelblond, kurzgeschnittenes Haar, Tweedsakko, blau-weiß kariertes Sporthemd, ebenfalls dauernd ein Köfferchen auf dem Schoß. Er saß am hinteren linken Notausstieg, die Beine lang ausgestreckt, und blickte jedesmal, wenn ich ihn prüfend musterte, interessiert aus dem Fenster, obwohl es draußen nichts zu sehen gab als eine graue Wolkendecke in etwa viertausend Meter Höhe, die fast den ganzen Nordatlantik überzog.

McEnroe, dachte ich triumphierend, ich werde dir auf den Kopf zusagen, wer meine beiden Flugbegleiter waren.

Beide stiegen in Rom aus. Ich gab es auf, Detektiv zu spielen.

22 Uhr Ortszeit. Leonardo da Vinci Aeroporto. Panzerfahrzeuge fahren auf; mit Maschinenpistolen bewaffnete Soldaten in Kampfanzügen umstellen die Maschine. Verschärfte Sicherheitsmaßnahmen, Nordafrika ist nicht weit. Vielleicht eine Bombendrohung. Alle müssen von Bord. Ein Hauch von Vorfrühling ist in der Luft.

Das Gepäck wird entladen und muß Stück für Stück identifiziert werden. Männer in rostroten Overalls, an denen handgroße Ausweise mit Farbfotos baumeln – bäuerliche Gesichter, zu amtlicher Wichtigkeit erstarrt, schnauzbärtig und zum Verwechseln ähnlich –, hieven geduldig die Koffer auf niedrige Karren.

Nach zwei Stunden dürfen wir wieder an Bord. Kranke werden gebracht und auf die vorderen Sitzreihen gebettet. Dunkelhäutige Gestalten, alt und hinfällig, nur mit Pyjamas bekleidet und in Decken gehüllt.

Zwei junge Männer in schwarzen Anzügen und derben Schuhen tragen einen Greis herein. Seine Enkel? Sie schleppen den mageren braunen Körper, an Beinen und Schultern gepackt, schnaufend und ungeschickt. Der eine läßt zu früh los, der Greis schlägt mit dem Kopf auf die Armlehne. Ein leiser Schrei entfährt ihm, als der Tölpel ihm auf die kraftlos herabfallende Hand tritt. Ein Steward nimmt sich der Sache an, schickt die beiden Burschen nach hinten. Der Alte blickt dankbar zu ihm auf. Sein Pyjama ist verrutscht; ich sehe unter dem durchsichtigen Film eines Sprühverbandes eine frische Operationsnarbe, die unter seinem Herzen beginnt und quer über den Leib bis zur rechten Hüfte verläuft. Seine Augen sind trübe von Schmerz und Drogen.

„Es sind Syrer, keine Palästinenser“, glaubt der Steward mich beruhigen zu müssen.

Ich zucke die Achseln.

Wir rollen an den Start. Die gepanzerten Fahrzeuge flankieren uns wieder; die Läufe der Maschinengewehre sind ins nächtliche Dunkel jenseits der Befeuerung gerichtet. Als der Jumbo schneller wird, bleibt die Eskorte zurück. Sofort nach dem Abheben geht unsere Maschine in eine steile Linkskurve, um die Flugschneise so schnell wie möglich zu verlassen. Vielleicht befürchtet man Beschuß vom Boden aus.

Rom ist ein Lichtermeer, obwohl Mitternacht längst vorbei ist. Mittendrin, breit hingelagert, der düstere steinerne Schoß des Vatikans.

Die Gipfel des Antilibanon ragten im Mondlicht wie helle Riffe aus den Gewitterwolken, die, von rotem Wetterleuchten durchzuckt, die Täler füllten.

Die Maschine flog eine weite Kehre über der Wüste und wurde von heftigen Turbulenzen geschüttelt, bevor sie zur Landung ansetzte. Geisterhaftes Blau ringsum, die Pistenbefeuerung, man schwebt wie über Veilchenfelder. Dann setzten wir rumpelnd und schwankend auf.

DAMASKUS INT. AIRPORT stand in mannshoher Leuchtschrift über dem Flughafengebäude, einem zweigeschossigen Zweckbau, mit etwas Alhambra verbrämt.

Ein heißer staubiger Wind fegte von den Golanhöhen herab, Vorbote des nahenden Gewitters. Die Luftschiffe der arabischen Handelsfahrer, die sonst durch den Schmuck ihrer farbigen Ornamente, mit denen sie meist über und über bemalt und beklebt sind, aussehen wie stolze fliegende Paläste aus Tausendundeiner Nacht, zerrten wie wildgewordene chinesische Drachen an ihren Verankerungen, und die Bodenmannschaften hatten alle Hände voll zu tun, um sie niederzuhalten und mit zusätzlichen Leinen zu sichern.

„Sie brauchen sich nicht um Ihr Gepäck zu kümmern, Mr. Kirk", sagte ein kleiner rundlicher Herr zu mir, „wir werden abgeholt." Er war so um die Sechzig, trug einen blauen Blazer und graue Hosen, hatte eine altmodische schwarze Aktentasche und einen Stockschirm in der Hand. „Fuller ist mein Name", sagte er und lächelte mir zu. Er strich sich die langen weißen Haare an den Schläfen zurück und rückte seine Brille zurecht. „Ich habe seit Washington hinter Ihnen gesessen."

„Ich weiß", sagte ich. „Und haben unaufhörlich Kreuzworträtsel gelöst."

„Gut für das Gedächtnis", erklärte er. „Bitte warten Sie hier." Er wandte sich an einen uniformierten Flughafenbeamten und holte eine Klarsichtmappe aus seiner Aktentasche.

Damaskus ist die uralte Drehscheibe des Orients, hieß es in dem Prospekt, der am Tresen für einreisende Ausländer bereitlag. *Seit mehr als vier Jahrtausenden Kreuzungspunkt der Handelsstraßen von Afrika und Europa nach Asien . . ., Vorposten Europas . . ., Wiege der Kultur und der Weltreligionen . . . Seit der Jahrhundertwende politischer Brennpunkt der Region. Nachdem Beirut in einem vierzigjährigen Bürgerkrieg zerstört, Bagdad in einem endlosen Zwist ausgeblutet, Jerusalem zu einem blutigen Richtplatz unversöhnlichen Hasses geworden und Kairo zu einer übervölkerten Kloake verkommen ist, präsentiert sich Damaskus als eine Oase des Friedens und der Begegnung . . . Durch die vorbildliche liberalsozialistische Politik unseres Staatspräsidenten, der das Erbe des unsterblichen Assad weise verwaltet und vermehrt hat . . ., Stadt der Tagungen und internationalen Kongresse, der Kunst . . ., Begegnungen von Orient und Okzident . . .*

Ich musterte das Porträt des Präsidenten, das an jeder Wand mehrfach prangte.

„Wissen Sie, weshalb die führenden Leute hier so kantige Schädel haben?" fragte Fuller. „Sie legen den Neugeborenen flache Steine unter den Kopf. Das wölbt den Schädel auf und schafft mehr Volumen für die Großhirnrinde. – Ohne Spaß!" versicherte er, als ich ihn zweifelnd anblickte. „Geheimrezept. Seit Generationen erprobt!"

Ein Beamter winkte uns durch die Paßkontrolle.

In der Schalterhalle lagerten trotz der frühen Morgenstunde Menschengruppen auf dem Boden, hauptsächlich Frauen, halb verschleiert, in weiße Gewänder gehüllt, Mütter, manche noch unglaublich jung, ihre schlafenden Kinder an Brust und Schulter gebettet, grazile Hände, mit dicken Silberreifen an kindlich schlanken Handgelenken.

Ein alter Jumbo der Syrianair preschte über die Piste und hob endlich die Nase in den Wind. Das Donnern seiner Triebwerke ließ die Glasfassade der Lounge erzittern.

Unser Fahrer war ein großer dürrer Mann um die Dreißig, mit Stirnglatze und schütterem hellblondem Haar, einem hageren knochigen Gesicht und kalten blaugrauen Augen. Er war einsilbig und mürrisch, brachte kaum den Mund auf zu einer Begrüßung. Die amerikanische Botschaft hatte ihn geschickt, um uns abzuholen und ins Hotel zu bringen. Fuller und ich setzten uns hinten in den Wagen.

Ein heftiger Wind treibt Staub und Plastikfetzen quer über die Fahrbahn, die zu Hunderten an Maschendrahtzäunen hängenbleiben. Immer wieder stehen unbeleuchtete Lastwagen am Straßenrand. Es beginnt zu regnen. Plötzlich stieben Funkenflug und schwarzer Rauch über die Straße. Ein Unfall? Eine vermummte Gestalt taucht auf, ein Arbeiter, der sich einen Sack über den Kopf gezogen hat. Sie haben Müll verbrannt und suchen vor dem Regen Schutz in einer elenden Bretterhütte auf der anderen Straßenseite. Der Mann blickt in den Wagen und weicht erschrocken zurück, als er die Pistole auf sich gerichtet sieht. Wir fahren weiter. Der Regen wird stärker, sieht im Zucken der Blitze weiß aus wie Reis, der übers Land ausgeschüttet wird. Windgepeitschte Zypressen, kahle Pappeln und Eukalyptus. Niedrige häßliche Bauten tauchen auf, aus Lehm oder grauen Hohlblocksteinen, manche mit rostigem Wellblech verkleidet, schaukelnde Fernsehantennen, dicht wie Buschwerk, über den Dächern.

In der Stadt hatte es nicht geregnet. Die Straßen waren trocken und staubig. Nur wenige Autos waren unterwegs. In den Vorgärten blühten die Pfirsich- und Mandelbäume. Als wir das Hotel erreichten, war es heller Tag. Die Sonne kämpfte sich durch dichte graubraune Wolkenbänke, die den Horizont belagerten.

Das Sheraton ist nicht das beste Hotel am Ort, aber es ist der traditionelle Treffpunkt der Amerikaner. Es ist äußerlich ein unansehnlicher sechsstöckiger Kasten aus den siebziger Jahren des vorigen Jahrhunderts, mit schießschartenartigen Fenstern, über denen im sechsten Stock die Doppelloggien der Suiten hängen wie nachträglich angeklebte Taubenschläge, und einem gewölbten bunkerartigen Gebilde an der Auffahrt, in dem die eintreffenden Autos verschwinden wie in einem Straßentunnel. Aber das Hotel hat den Vorteil, daß es etwas abseits liegt, südwestlich des Omaijadenplatzes zwischen der Faez-Mansur-Autostraße nach Quneitra, der Bahnlinie nach Beirut und der Avenue Choukry Kouwatly, auf der vor hundert Jahren Mark Twain, vom Libanon kommend, erschöpft und mit wundem Hintern in die syrische Metropole einritt.

McEnroe erwartete uns an der Rezeption, sah verschwitzt und

übernächtigt aus, sein Gesicht wirkte schwammig, seine Augen waren blutunterlaufen, und sein Atem roch nach Whisky.

„Wir haben zwei Suiten im sechsten Stock", sagte er. „Sie bleiben besser auf dem Zimmer, Kirk, damit Sie für mich immer zu erreichen sind. Keine Kontakte, auch nicht über Videophon. Das gilt auch für das Hotelpersonal. Wenn Sie was brauchen, sagen Sie es Fuller. Er besorgt es für Sie. Er hat das Zimmer neben Ihnen. Wenn jemand klopft, macht er auf. Das mag Ihnen übertrieben erscheinen, aber unsere Lage ist noch ziemlich unübersichtlich."

„Noch keine Nachricht von Roughtrade oder Andrew?" fragte ich.

„Noch nichts. Aber das kann sich sehr schnell ändern, nachdem Sie nun da sind. Legen Sie sich am besten aufs Ohr, und schlafen Sie ein paar Stunden. Wollen Sie frühstücken?"

„Ich hätte nichts dagegen", sagte Fuller. „Das Dinner gab's irgendwo südöstlich der Azoren. Das ist gut dreitausend Meilen her."

„Ich schick euch was rauf."

Der Aufzug war mit ziseliertem Messingblech ausgekleidet, die angeschlagene Speisekarte der Omaijaden-Moschee nachempfunden. Die Suite war üppig möbliert; überall wuchernde fleischige Topfpflanzen, dicke Teppiche, gewaltige Diwane und Chaiselongues, Lederpuffe und riesige Sessel und allenthalben eine verschwenderische Fülle von Seidenkissen wie im Zelt des Kalifen von Bagdad.

Das Frühstück war nicht weniger opulent: mit Hackfleisch und Nüssen gefüllte, in Olivenöl eingelegte kleine Auberginen, kandierte Auberginen mit Honig, weißer kremiger Schafskäse, mit Olivenöl beträufelt und mit Oregano bestreut, frischgebackenes Fladenbrot, Weintrauben, Feigen und Datteln. Der Tee war mit grünen Pfefferminzzweiglein gewürzt, der Kaffee mit einem Hauch Zimt verfeinert. Mein Weltbild wurde, was die arabische Küche betraf, gründlich revidiert.

UM DIE Mittagszeit weckte uns McEnroe.

„Wir haben einen Anruf, der zu einer Kontaktaufnahme führen könnte. Machen Sie sich fertig, Kirk! Nehmen Sie ein Taxi, und fahren Sie" – er blickte auf einen Zettel – „zum Jabal Kassioun. Das ist der langgestreckte Bergrücken nordwestlich der Stadt. Da muß es so eine Art Vergnügungspark für Kinder geben, Café-Terrassen und so was. Fuller, Sie folgen mit dem Wagen! Nehmen Sie Piercy mit! Man hat uns keine Uhrzeit angegeben. ‚Im Laufe des Nachmittags', hieß es nur. Alles klar?"

„Mir ist überhaupt nichts klar", sagte ich.

Er musterte mich einen Moment lang verdrießlich, dann knurrte er: „Mir auch nicht, Sportsfreund. Aber wir werden schon sehen. Ich habe ein ganz gutes Gefühl. Okay?"

„Wenn Ihnen das genügt."

„Es genügt mir *nicht,* Sie Komiker!" herrschte er mich an. „Aber wenn ich nicht mehr in den Händen habe, muß ich mich darauf verlassen. Und ich kann mich darauf verlassen, sonst wäre ich in diesem Job nicht so alt geworden. Verstanden?"

Ich hob beschwichtigend die Hände.

„Okay", sagte ich, „okay, okay!"

Der Jabal Kassioun ist ein kahler ockerfarbener Höhenzug, den man ziemlich willkürlich und lieblos mit Radarstationen, Satellitenantennen und Sendemasten bepflanzt hat. Auf halber Höhe ist eine Art Terrasse, auf der sich, wenn die Zeit der ärgsten Mittagshitze vorüber ist, zahlreiche Damaszener mit ihren Kindern einfinden.

Die Parkplätze wurden immer voller, je mehr der Tag sich neigte. Bei den Autoscootern, den Karussells und in den Spielhallen beim elektronischen Djihad herrschte bereits Hochbetrieb. Kindergeschrei. Mädchen flanierten in Gruppen, auffallend stark geschminkt. Ihre Blicke waren neugierig, abschätzend, selbstbewußt.

Nachdem ich mehr als zwei Stunden vergeblich auf und ab geschlendert war, entdeckte ich einen Stand, an dem gekühltes Bier angeboten wurde. Ich kaufte zwei Büchsen Henninger und sah mich sofort von einem halben Dutzend Jungen in khakifarbenen Schuluniformen umlagert. Ich wußte ihr Interesse nicht gleich zu deuten, bis mir einfiel, daß ich mich in einem islamischen Land befand, in dem der Alkohol verpönt ist. Wahrscheinlich warteten sie darauf, daß ich betrunken umfiele, wie man es sie in der Schule abschreckend gelehrt hatte.

Ich setzte mich an einen Tisch, an dem Kinder Eis gegessen hatten. In der himbeerfarbenen Soße auf dem Grund der flachen weißen Plastikschalen schwammen tote Ameisen. An der Betonwand gegenüber entdeckte ich alte Bekannte: medaillonartige Plastikreliefs von Donald Duck und Mickymaus, einst gewiß farbig bemalt, nun von Wind und Wetter fast bis zur Unkenntlichkeit entstellt. Reste der Popkultur aus dem vorigen Jahrhundert.

Ich trank mein Bier aus, stand zur Enttäuschung der Jungen auf, ohne umzufallen, und schlenderte zum Rand der Terrasse, von wo aus man einen herrlichen Blick über die einstige Oase der sieben Flüsse hat, die längst in Beton gezwängte unterirdische Kloaken sind.

Die Luft ist wie dunstig vom Staub, den der Wind aus der Wüste heranträgt. Im malvenfarbenen Himmel schwimmt eine seltsam konturlose Sonne, wie zerfasert und in Auflösung begriffen. Ihr Licht läßt die Viermillionenstadt unwirklich erscheinen: ein zimtfarbenes Halbrelief vor dem Ocker und Grau des Hintergrunds, krustenartig, wie nach einem wundersamen Niederschlag aus dem Boden der Wüste kristallisiert, durchwuchert von Friedhöfen, die aussehen wie trockengefallene Korallenstöcke, mit langen schlanken Grabsteinen, als schöbe sich bleiches Gebein aus dem Staub. Weit im Osten erkenne ich die Kuppeln und Minaretts der Omaijaden-Moschee.

„Genau da, wo Sie jetzt stehen, Mr. Kirk, stand im Herbst 635 der letzte Statthalter Ostroms und nahm Abschied von dieser Stadt. Herakles war sein Name. Er soll geweint haben, berichtet die Legende.“ Neben mir stand ein eher kleiner Mann um die Vierzig, mit kurzgestutztem schwarzem Kinn- und Schnurrbart, lebhaften dunklen Augen und einem freundlichen, offenen Gesicht. Er trug einen dunklen Anzug mit Weste und sah aus wie ein Jurist oder ein Schullehrer. Sein Englisch hatte einen leichten französischen Akzent.

„Chalid, das Schwert Gottes, brach aus der Wüste hervor und schlug mit seinen 40 000 Kriegern 250 000 oströmische Legionäre am Jarmuk, fünfundsechzig Kilometer südwestlich von hier, in die Flucht. Ein halbes Jahr hielt Damaskus der Belagerung stand, dann mußte es aufgegeben werden. Das war der Anfang vom Ende Konstantinopels.“ Er breitete resigniert die Arme aus.

„Woher wissen Sie meinen Namen?"

„Ich soll Ihnen Grüße von Mr. Baldenham bestellen. Er freut sich darauf, Sie wiederzusehen."

„Wie geht es ihm?"

„Es geht ihm nicht gut, aber er wird voraussichtlich lange genug leben, um seinen Auftrag zu erfüllen."

„Wo ist er?"

„In der Stadt."

„Dann bringen Sie mich zu ihm!"

„Wappnen Sie sich mit Geduld, Mr. Kirk. Wir wissen noch nicht mit Sicherheit, ob es nur Ihre Leute sind, die uns beschatten."

„Wer sind ‚wir'?"

„Es gibt bei uns ein Sprichwort, Mr. Kirk. Es lautet: ‚Dem Dürstenden, der um Wasser bittet, wird ein Trank gewährt. Fragt er nach dem Brunnen, mag er leicht umkommen.' Haben Sie verstanden?"

„Ja. Deshalb werde ich Sie auch gar nicht erst nach Ihrem Namen fragen."

Er nickte.

„Aber wie soll ich wissen, daß Mr. Baldenham Sie schickt?"

„Er hat mir aufgetragen, Ihnen folgendes zu sagen. Ich verstehe es nicht, aber er meinte, Sie wüßten sofort, um was es sich handelt. Er sagte: ‚Erinnerst du dich an die Feuersäule, kürzlich am Abend, an den Fischer und an die Fische, denen das Singen verging?'"

Ich lächelte unwillkürlich und erinnerte mich an unseren letzten gemeinsamen Abend in Batticaloa, an den Mann, der in der Abenddämmerung durchs flache Wasser gewatet war, an die Feuersäule am Himmel. Wie weit mochte der Abend für Andrew zurückliegen?

„Kommen Sie morgen mittag zum Makam al-Sitt Zainab. Vielleicht kommen wir von dort aus einen Schritt weiter. Sagen Sie Ihren Leuten, sie sollen zu Hause bleiben."

„Ich fürchte, das zu bestimmen liegt außerhalb meiner Möglichkeiten."

„Versuchen Sie's trotzdem! Ich möchte kein Aufsehen und noch weniger, daß jemand zu Schaden kommt. Nehmen Sie ein Taxi, und fahren Sie allein."

„Wie heißt der Ort?"

„Makam al-Sitt Zainab. Die Grabstätte der Tochter Alis. Ein schiitischer Wallfahrtsort ganz in der Nähe des iranischen Flüchtlingslagers."

Er drehte sich grußlos um und ging.

McEnroe schnaubte zunächst skeptisch, nachdem ich berichtet und den Vorschlag unterbreitet hatte, allein zu gehen. Er warf einen fragenden Blick zu Fuller, der mit ausdrucksloser Miene an dem mit bunten Kordeln verzierten Mundstück einer Wasserpfeife nuckelte, die er sich vom Room Service hatte aufs Zimmer bringen lassen.

„Können Sie mit einer Pistole umgehen, Kirk?"

„Nein. Ich hasse Waffen."

McEnroe seufzte. Fuller kicherte, ließ seine Aktentasche aufschnappen und zog eine Maschinenpistole heraus.

„Soll ich's ihm beibringen?" fragte er.

„Tut mir leid, aber ich werde so ein Ding nicht anrühren."

„Was sollen diese Zicken, Kirk?" knurrte McEnroe.

„Das sind keine Zicken. Das ist mein Ernst."

„Sollen wir ihn so gehen lassen?" fragte er, an Fuller gewandt.

Der zuckte die Achseln und verstaute seine Waffe wieder in der Aktentasche. „Es bleibt uns ja nichts anderes übrig."

Das hörte sich alles ein bißchen abgekartet an. Spielten die beiden Schabernack mit mir?

„Sie werden sich doch an die Abmachung halten?" erkundigte ich mich mißtrauisch.

„Aber klar doch!" beteuerte McEnroe und breitete die Arme aus. „Ich bin froh, daß wir endlich den Kontakt haben. Ich werde den Teufel tun und ihn gefährden."

Die Wasserpfeife blubberte. Der brennende Tabak roch würzig und hatte einen süßlichen Beigeschmack.

„Sollten Sie auf Baldenham stoßen, bringen Sie ihn auf dem schnellsten Wege hierher. Wir werden ihn ins amerikanische Militärhospital in Douma bringen lassen. Er benötigt dringend ärztliche Hilfe. Und ich habe eine ganze Menge Fragen an ihn."

Das Makam al-Sitt Zainab ist ein großes ummauertes Geviert, in dessen Mitte sich eine architektonisch einfallslose Moschee mit einem Minarett erhebt, das mit rautenförmigen grün und blau gemusterten Kacheln verkleidet und mit einer Batterie rostiger Lautsprecher bestückt war. Über dem Tor hatte man eine häßliche, viereckige graue Betonplatte angebracht, auf der das große weiße Zifferblatt einer Bahnhofsuhr prangte. Die Zeiger zeigten fünf nach zwölf.

Der Ort hatte selbst im hellen Mittagslicht etwas Düsteres, Todesnahes, und die Trostlosigkeit wurde noch verstärkt durch Hunderte von Armeezelten in ausgeblichenen Tarnfarben, die man in parallelen Reihen in die Wüste gestellt und mit Stacheldrahtrollen umgeben hatte. Kein Baum, kein Strauch, so weit das Auge reichte. Tanklastwagen mit Trinkwasser in den staubigen Straßen, schwarzgekleidete, tiefverschleierte Frauen mit bunten Plastikeimern, die davor Schlange standen, häßliche betonierte Waschstellen, spielende Kinder, doch auch sie leise, ohne Fröhlichkeit. Die Mädchen mit Kopftüchern und knöchellangen Kleidern.

Es sind die Reste des Ayatollah-Regimes. Während des Militärputsches im Iran hat sich das Volk grausam an der Geistlichkeit gerächt für das sinnlos geflossene Blut am Golf, die Millionen Toten, hauptsächlich Kinder, die unerfüllt gebliebenen Hoffnungen nach dem Sturz des Schahs, für den Terror der schiitischen Inquisition. Mehr als 50 000 Mullahs sollen den Tod gefunden haben, erstochen, erschlagen, gevierteilt und bei lebendigem Leibe öffentlich verbrannt. Ein Schlag, von dem sich die Schiiten nie mehr erholen würden. Die Überlebenden waren überall unwillkommene Flüchtlinge; nur Syrien hatte einem Teil von ihnen Asyl gewährt: Mullahs und ihren Angehörigen, denen die Flucht über den Persischen Golf gelungen war.

„Allah ist immer nur mit den Rechtgläubigen", sagte ein alter Mann neben mir in fehlerlosem Englisch. „Das war schon zu Zeiten Zainabs und ihrer Brüder Hussein und Hassan so. Sie waren sich des Beistands Allahs zu sicher, aber er hat gleichgültig zugesehen, wie Prinz Hussein getötet wurde. Schiiten!" Er spuckte in den Staub. „Während des Golfkriegs haben sie hier jeden Abend ihre Haßgesänge gegen die Wände gebrüllt, und die Frauen haben stolz die Bilder ihrer gefallenen Söhne vor sich hergetragen oder Bilder von Khomeini, dem alten Gauner. Nun sind sie alle tot", sagte er achselzuckend. „Und Allah hat wieder gleichgültig zugesehen. Geblieben sind nur Trauer und Erbitterung. Doch viele sind jetzt nur noch fester im Glauben." Er hob den Stock und stieß ihn heftig in den Staub. „Die Legende sagt, daß nach der Zerstörung der Welt Allah zuerst wieder in der Omaijaden-Moschee angebetet werden wird. Nicht in Mekka, nicht in Jerusalem und auch nicht hier." Wieder stieß er mit dem Stock in den Staub.

„Wo haben Sie so gut Englisch gelernt?"

Er war ärmlich gekleidet, trug eine schwarze Pluderhose und eine geflickte alte Uniformjacke; um den Kopf hatte er kunstvoll ein rot-weiß kariertes Tuch mit weißen Troddeln geschlungen.

Er hob den Blick, als müsse er mein Gesicht durch seine starke Brille näher betrachten, bevor er antworten wollte. Er hatte nur noch einen gelben Zahnstumpf im Unterkiefer.

„Meine Familie hatte ein großes Hotel in Beirut. Viele ausländische Touristen, natürlich vor dem Krieg. Jetzt bin ich arm; verdiene mir ab und zu ein Pfund wie jetzt, indem ich Ihnen sage, daß Sie zu dem grauen Lieferwagen dort drüben gehen sollen." Er deutete mit dem Stock. „Machen Sie die hintere Tür auf, und steigen Sie ein. Sie werden dort einen alten Bekannten treffen. Sie brauchen nicht zu rennen!" rief er mir nach. „Er wartet auf Sie."

„Eben deshalb."

„Andrew!" rief ich, während ich die Tür aufriß, doch es war der Mann vom Jabal Kassioun, der auf der rechten Seitenbank saß.

„Steigen Sie ein, Mr. Kirk, und machen Sie die Tür zu!" sagte er. „Wir werden jetzt eine Rundfahrt durch die Altstadt machen. Ich traue nämlich Ihren Leuten nicht. Sie könnten eine Dummheit machen und dabei an die Falschen geraten."

„Sind sie doch hinter mir her?"

„Ich weiß es nicht, aber ich halte es für möglich."

„Man hat mir versprochen . . ."

Er winkte ab und schlug mit der Faust an die Rückwand der Fahrerkabine. Das Gesicht eines jungen Mannes erschien im Rückfenster und nickte. Wir fuhren los.

DER SOUK von Damaskus, das ausgedehnte Marktviertel der Altstadt westlich und südlich der Omaijaden-Moschee, wirkt auf den ersten Blick wie ein Höhlensystem: ineinander verschachteltes Gemäuer aus verschiedenen Jahrhunderten, uralte Bogenreste aus römischer und byzantinischer Zeit, halb abgetragen, in neuere Bauwerke einbezogen, Ziegel, Bruchstein, Lehm, Holz, Beton durcheinandergewuchert. Die Straßen liegen durch wiederholte Aufschüttungen im Lauf von Jahrhunderten stellenweise meterhoch über ihrem ursprünglichen Niveau, wodurch die Erdgeschosse älterer Häuser im Boden versunken zu sein scheinen, zu denen man über Stiegen oder steile Rampen hinabsteigen muß wie in unterirdische Gewölbe, wo Handwerker ihre Werkstätten haben. In Kopfhöhe, nur ein oder zwei Meter entfernt, dröhnen die Räder der Laster und Busse vorbei, quälen sich ganze Rudel von Kleinfahrzeugen knatternd und hupend durch die viel zu engen überdachten Straßen, die gefüllt sind mit beißenden Abgasen und infernalischem Lärm.

Von einer dieser Straßen bogen wir über eine steile Abfahrt in einen gepflasterten Innenhof ab. Er schien fest in der Hand von Schmieden zu sein, denn acht winzige rußige Werkstätten umgaben ihn dicht an dicht auf allen Seiten.

„Wir warten hier einen Moment", sagte mein Begleiter, während der junge Mann mit dem Lieferwagen vom Hof fuhr.

Vor einer der Werkstätten lag ein Esel, dem man zum Beschlagen Vorder- und Hinterbeine zusammengebunden hatte. Das Tier schien ganz apathisch, zuckte nur dann und wann mit den Ohren, wenn ihm die heißen Eisen auf die Hufe gedrückt wurden und dünner Rauch aufstieg. Zwei Jungen standen dabei und sahen zu, einer hatte einen gelben Ball unterm Arm. Der andere bückte sich in einem unbeobachteten Moment und spuckte dem wehrlosen Tier in die Nüstern, worauf es die Augen rollte, kläglich zu schreien begann und der Schmied herumfuhr und die Burschen mit wütenden Beschimpfungen verscheuchte. Lachend rannten die Jungen davon und warfen sich gegenseitig den Ball zu.

In der Werkstatt daneben knieten vor einer hell glühenden Esse zwei Männer auf Kohlensäcken, einen kleinen Amboß zwischen sich. Während der eine, ein älterer Mann mit kurzgeschnittenem grauem Haar, mit der Zange ein glühendes Eisenband auf dem Amboß festhielt und mit der Rechten den Meißel ansetzte, führte der andere, ein kräftiger Kerl mit schweißnassem Gesicht, den Vorschlaghammer und trieb die Schneide in das weiche Metall, das sich in zwei Bänder spaltete.

Ich sah ihnen fasziniert zu. Mein Begleiter bemerkte es. „Hier hat sich in den letzten fünftausend Jahren nicht viel geändert", sagte er.

Unser Fahrer bog mit einem kleinen Dreiradlaster auf den Hof ein und wendete. Mein Begleiter hob die Plane und bedeutete mir einzusteigen. Die Pritsche war mit ein paar Getränkekisten beladen, auf denen wir Platz nahmen.

Zwanzig Minuten später, nach quälend langsamem Vorankommen und mehreren Staus, dieselbe Prozedur. Ein anderer Innenhof, weniger Lärm, dafür vom durchdringend würzigen Duft einer angrenzenden Kaffeerösterei erfüllt. Auf einer Seite ein altes zweistöckiges Gewölbe, bis zur Decke vollgestapelt mit Baumwollballen. Auf der anderen Seite Kisten und Kartons, die sich bis zu einer Holzveranda im ersten Stock türmen. Eine junge Frau, ein kleines Kind auf dem Arm, blickt mit traurigen Augen auf uns herunter und wendet sich schweigend ab, als ich halbherzig grüße.

In der Mitte des Hofs ein Brunnen, überwuchert von einer verdorrten Kletterpflanze. Die Einfassung des niedrigen runden Beckens ist mit Fayencen geschmückt, die meisten zerbrochen, blaue Pfauen auf türkisfarbenem Grund. Vielleicht war dies einst die Faktorei eines persischen Handelsherrn gewesen.

Neben der Einfahrt bot ein Händler gemahlene Gewürze in großen viereckigen Zinnblecheimern feil: Kreuzkümmel, das Dunkeloliv getrockneter Pfefferminze, das Goldgelb des Safrans, das stumpfe Rot der Paprika und das satte Braun der herb duftenden schwarzen Zitrone, schwarzer und grüner Pfeffer, Büschel von Rosmarin und Thymian, Ingwerknollen und Knoblauch, rote und braune Linsen. Neben der Tür hing Kandiszucker, an weißen Wollfäden auskristallisiert, wie plumpe Perlenschnüre.

Ich hatte unwillkürlich ein paar Schritte in Richtung Einfahrt gemacht, um mir das Angebot des Händlers näher zu betrachten.

Mein Begleiter blickte auf die Uhr. „Wir gehen besser ins Haus. Mögen Sie Tee?"

Ich nickte. Wir betraten eine Art Büro, das als Lagerraum benutzt wurde. Auf dunklen Regalen im Hintergrund waren Tuchballen gestapelt. An der Wand hing ein großer schöner Spiegel, in den arabische Schriftzeichen geschliffen waren wie Ornamente. Neben einer uralten Ladenkasse saß ein breitschultriger alter

Mann in einer weißen Ghalabia, mit einem weinroten Tarbusch auf dem Kopf. Er nahm nicht die geringste Notiz von uns und saß reglos da wie eine Schaufensterpuppe. Ich nahm auf einem Stuhl am Fenster Platz, durch das man auf einen winzigen Hof blicken konnte, auf dessen anderer Seite, keine sechs Meter entfernt, halb unterirdisch eine Backstube lag.

„Wie lange soll das Versteckspiel noch dauern?" fragte ich.

„Ayman muß jeden Moment zurück sein", sagte mein Begleiter achselzuckend. „Es ist viel Verkehr um diese Zeit."

Ein Junge in zerrissenen Bluejeans und einem ausgeblichenen T-Shirt erschien mit einem Drahtgestell, in dem drei Teegläser hingen. Als er sie austeilte, bemerkte ich, daß der Mann an der Ladenkasse blind sein mußte, denn er reagierte erst, als er die Wärme des Teeglases an der Hand spürte. Er begann laut schlürfend zu trinken.

Der Tee war heiß und würzig, aber für meinen Geschmack zu stark gesüßt. Ich blickte zum Fenster hinaus. Der Bäcker, ein jüngerer Mann in einem weißen Netzunterhemd, schob mit blitzschnellen Bewegungen große weiße Teigfladen auf die heiße Steinplatte des Backofens. Die Fladen regten sich und blähten sich in Sekundenschnelle zu kissenförmigen Gebilden auf, um langsam wieder in sich zusammenzusinken. Das lachende Gesicht einer jungen Frau tauchte im Fenster der Backstube auf. Sie preßte die Hand auf den Mund, als sie mich sah, konnte ihr lautes Kichern jedoch nicht unterdrücken. Bei dem Geräusch drehte der Mann sich um. Sein dunkles Gesicht war schweißüberströmt. Er nickte mir grinsend zu, griff der Frau ins Kleid und umfaßte eine ihrer Brüste. Sie kreischte auf und zerrte an seiner Hand, während er sie beiseite schob und ein weißes, mehlbestäubtes Tuch zurückschlug, unter dem eine weitere Lage Teigfladen zum Vorschein kam.

„Kommen Sie, Mr. Kirk! Er ist da."

Der Junge sammelte die Teegläser ein. Mein Begleiter drückte ihm ein Geldstück in die Hand, wofür er sich mit einem kehligen Grunzen bedankte.

Auch der Alte an der Ladenkasse erhob sich, sammelte mit einem krächzenden Laut den Schleim in der Kehle und spuckte auf den Boden, dann raffte er seine Ghalabia und schlurfte in seinen Ledersandalen zielsicher auf die Tür zu.

Diesmal war es ein blauer Kleinbus, in dem wir weiterfuhren. Er hielt in einer dunklen schmalen Einfahrt, von der aus eine steile Treppe in den ersten Stock führte. Diesmal stieg auch der Fahrer aus. Er war ein junger Bursche, höchstens zweiundzwanzig, mit schwarzem Kraushaar und einem sympathischen, freundlichen Gesicht. Er trug einen alten grauen Trainingsanzug und abgetretene weiße Turnschuhe.

„Salam", sagte er und reichte mir die Hand.

„Shalom", erwiderte ich.

„Das bedeutet das gleiche: Friede", sagte er. „Sind Sie Jude?"

„Nein, Amerikaner."

„Früher dachte ich, das sei ein und dasselbe", erklärte er. „So hatte man uns das in der Schule gesagt."

„Wo wollen Sie Mr. Baldenham hinbringen?" fragte mich mein Begleiter.

„Ist er hier?" Ich deutete auf die Treppe.

Er nickte.

„Ins Sheraton."

„Ayman wird euch hinfahren", sagte er und hob grüßend die Hand.

„Danke", sagte ich und begann zu laufen, nahm zwei Stufen auf einmal. Ich stürmte in ein geräumiges düsteres Wohnzimmer, das über und über mit Teppichen ausgelegt und behängt war.

„Stopp!" rief eine schrille Stimme.

Auf einem Sofa zwischen Glasvitrinen voll Porzellan saß eine rundliche Frau in einem schwarzen Kleid und starrte in einen Fernsehapparat. Auf ihrem Schoß lag ein halb aufgegessenes Fladenbrot, an dem sie mit dicken Fingern herumzupfte.

Mit keifender Stimme erkundigte sie sich auf arabisch, ohne den Bildschirm aus den Augen zu lassen. Der Fahrer antwortete von unten. Sie wandte mir ihr blasses, teigiges Gesicht zu, deutete mit einer Kopfbewegung auf einen Schnurvorhang aus weinroten Plastikperlen auf der anderen Seite des Raums und sagte: „Okay."

„Bist du's, Pete?" fragte Andrews Stimme.

„Andrew?" rief ich.

„Endlich!" sagte er.

Mit drei, vier Schritten hatte ich das Zimmer durchquert und fegte die Perlenschnüre beiseite.

XII. Die Klingen der Angst

Ich hatte genau die Szene vor mir, die mich schon wiederholt in meinen Alpträumen heimgesucht hatte. Der Rollstuhl aus vernickeltem Stahlrohr und Plastik, darin Andrew mit einem vom Schmerz gezeichneten Gesicht und schmutzigen, blutdurchtränkten Verbänden an den Beinstümpfen, die schmalen, sehnigen, braungebrannten Hände auf die gepolsterten Doppelfelgen der Räder gelegt. Ein Gefühl der Unwirklichkeit schob sich dazwischen. Es war wie in einem surrealistischen Film, in dem variierende Sequenzen unmittelbar aneinandergeschnitten sind.

„Du lebst", sagte ich und hatte mit den Tränen zu kämpfen.

„Ja", sagte er und lächelte. „In einer meiner nun so flüchtigen Daseinsformen."

„Wo kommst du her?" fragte ich ihn, nachdem wir ihn samt dem Rollstuhl die Treppe hinuntergetragen und in dem Kleinbus verstaut hatten.

„Aus dem Iran", sagte er. „Diese Kopie hat Roughtrade selbst hergestellt. Es ist eine gute Kopie, besser, als sie jetzt aussieht. Ich habe nur eine Menge durchgemacht, bevor es mir gelang hierherzukommen."

„Weshalb?"

„Man traut Roughtrade nicht mehr. Seine Geschäftspartner ahnen, daß er die Fronten wechseln will. Sie sind mißtrauisch geworden. Die persischen Militärs vermuteten, daß ich so eine Art Parlamentär spielen sollte. Sie versuchten mich festzusetzen, um aus mir die Wahrheit herauszuprügeln. Aber Untergrundleute haben mich an die Küste und über den Golf gebracht."

Wir kamen in dem dichten Verkehr nur quälend langsam vorwärts, und die Elektromotoren winselten vom ständigen Anfahren und erneuten Abbremsen.

„Hast du Roughtrade gesehen?"

„Natürlich. Wir haben wiederholt ausführlich miteinander gesprochen. Er hat mir eine Menge Informationen anvertraut – und selbstverständlich auch seine Vorschläge."

„Und warum ausgerechnet dir?"

„Weil er auch keinem mehr traut. Er hat ein sagenhaftes Vermögen angehäuft. Er ist vielleicht der reichste Mann der Welt. Aber was hat er davon, dauernd auf der Flucht vor Geheimdiensten, Neidern, Gegnern, Staatsmännern, die sich geprellt und übervorteilt fühlen, weil die gelieferten Kopien der Spezialisten nicht ihren Erwartungen entsprachen oder sich weigerten, an ihren Projekten mitzuarbeiten, oder zu schnell starben? Ich bin einer der ganz wenigen, denen er vertraut, weil ich zehn Jahre lang zu seinen engsten Mitarbeitern gehörte und als eingefleischter Determinist immer zu ihm gehalten habe."

„Auch heute noch?"

„Versteh mich nicht falsch, Pete. Ich meine das ausschließlich in wissenschaftlicher Hinsicht. Er ist ein wissenschaftliches Genie. Als Mensch war er immer schwierig und unberechenbar. Und wenn es um die Durchsetzung seiner Pläne ging, war er kalt wie eine Hundeschnauze."

„Er ist ein Monster. Denk daran, wie oft er dich in den Tod geschickt hat!" Ich dachte an die grausamen Leben und Tode der Nancy Tanner. „Er gehört auf den elektrischen Stuhl!"

„Nach meiner zusammengestückelten elektronischen Biographie hat er neun Kopien von mir verkauft, diese nicht mitgezählt. Rechne noch drei oder vier dazu, die keine Gelegenheit hatten, einen Infopool-Anschluß zu erreichen oder zu übertölpeln: ein Dutzend Tode, jeder einzelne wahrscheinlich elend und scheußlich, jedesmal der Tod eines Menschen, jedesmal mein Tod, aber merkwürdigerweise berührt mich das nicht sonderlich, nicht *wirklich*. Es erfüllt mich eher mit Heiterkeit, daß es mir gelungen ist, dem Tod immer wieder ein Schnippchen zu schlagen, so verrückt das klingen mag."

„Was verspricht er sich davon, mit Regierungsbehörden zu verhandeln? Glaubt er, ungeschoren in ein bürgerliches Leben zurückkehren zu können? Man wird ihn vor Gericht stellen – wegen Menschenhandels oder was weiß ich."

Andrew schüttelte lächelnd den Kopf. „Das glaube ich nicht, Pete. Im Gegenteil, man wird ihn mit offenen Armen aufnehmen. Vielleicht wird er wieder ein Institut erhalten, wer weiß? Er hat seine Forschungen weitergeführt, automatische Fehlersuchprogramme entwickelt, mit denen man schadhafte Aufzeichnungen anhand von statistischen Erfahrungswerten optimieren kann. Das bedeutet, Kopien herzustellen, die man medizinisch für Monate, vielleicht sogar für Jahre stabilisieren kann. Das würde für wissenschaftliche Zwecke, etwa für Raumfahrtunternehmen zu den äußeren Planeten oder zu den näheren Sternsystemen, völlig ausreichen. Man kann die Missionen unbemannt auf die Reise schicken, mit den geeigneten Empfangsgeräten an Bord, und bei Bedarf die benötigten Spezialisten mit Lichtgeschwindigkeit nachsenden. Ganz zu schweigen von den militärischen Möglichkeiten, die sich daraus ergeben. Pete, sie werden ihn empfangen wie den verlorenen Sohn, glaub's mir! Er hat auch die Wirbelkammer verbessert ..."

Er sah meinen verständnislosen Blick. „Das ist die Reproduktionseinheit, der Synthesizer, in dem die Materie nach den aufgezeichneten Informationen wieder zusammengesetzt wird. Du mußt dir das als eine Art dreidimensionalen molekularen Webstuhl vorstellen. Die Beschickung der Wirbelkammer mit den erforderlichen Elementen und Basisverbindungen erfolgt nach einem Vordurchlauf der Aufzeichnung, damit das gesamte Material, das für die Kopie benötigt wird, bereitgestellt ist und keine ..."

Ich hatte schon die ganze Zeit eine sich nähernde Polizeisirene gehört. Plötzlich erhielt unser Bus von links einen Schlag und wurde nach rechts geworfen. Er schleuderte schwankend über eine Bordsteinkante, berührte krachend ein Hindernis und kam mit einem lauten Kreischen zum Stehen. Ich hatte versucht, Andrew samt dem Rollstuhl festzuhalten, wurde jedoch durch den Ruck zu Boden gefegt, der Rollstuhl kippte um. Ich rappelte mich auf und hämmerte mit der Faust gegen die Wand zur Fahrerkabine. Keine Reaktion. Andrew stöhnte benommen. Ich versuchte, die seitliche Schiebetür aufzustemmen – ohne Erfolg, sie hatte sich beim Aufprall verklemmt. Irgend jemand versuchte sie von außen zu öffnen. Ich drückte mit aller Kraft dagegen, gemeinsam gelang es uns, die Tür einen Spaltbreit aufzuwuchten. Ich sah eine Gestalt in khakifarbener Uniform und eine Maschinenpistole, dahinter ein stabiles graues Eisengeländer vor einer niedrigen Betonmauer.

In dem Moment erhielt der Wagen einen weiteren heftigen Stoß von links. Ich sah noch, bevor ich abermals zu Boden ging, daß der Soldat, der hatte hereinklettern wollen, gegen das Geländer geschleudert wurde. Dann hörte ich McEnroes Stimme brüllen: „Heben Sie die Hände hoch! Bleiben Sie weg von diesem Wagen!"

Ich quetschte mich durch den Türspalt nach draußen, sah vor uns einen Streifenwagen mit Rotlicht, der unseren Kleinbus von der Fahrbahn gedrängt hatte, einen zweiten Uniformierten mit Maschinenpistole, McEnroe, der ihn mit grimmiger Miene anschrie, und einen großen Ambulanzwagen, der uns und den Streifenwagen eingekeilt hatte.

Ich warf einen Blick ins Führerhaus unseres Busses und sah mit Entsetzen unseren Fahrer tot über dem Steuerrad hängen. Man hatte ihn in den Kopf und den Hals geschossen, und sein Gesicht sah seltsam klein und verschoben aus.

„Warum habt ihr ihn erschossen?" schrie ich. „Er war ein Junge! Er wußte von nichts!"

„Halten Sie sich da raus!" schnauzte McEnroe mich an. „Steigen Sie in die Ambulanz!"

„Warum hat man ihn erschossen? Der Junge hat niemandem was getan!"

„Halten Sie die Schnauze, und überlassen Sie das mir! Steigen Sie endlich ein!" schrie McEnroe.

Ich ging um den Kleinbus herum, sah, daß der Uniformierte, der gegen das Geländer geschleudert worden war, sich aufrichtete, sich mit dem Handrücken die blutende Nase wischte und seine Waffe auf McEnroe richtete.

„Ich glaube, Sie wissen nicht, in welcher Situation Sie sich befinden", donnerte McEnroe ihn an und breitete die Hände aus. Ich sah Fuller und Piercy, den Fahrer von der Botschaft, beide hielten mit ihren Waffen die beiden Uniformierten in Schach. „Holen Sie ihn raus!" befahl er den beiden Sanitätern von der Ambulanz, die sich beeilten, die Schiebetür weiter aufzustemmen und Andrew herauszuheben. „Das ist *mein* Mann!" schrie er und deckte den Bewußtlosen mit seinem Körper. McEnroes Gesicht war bleich und glänzte von Schweiß. „Sie überschreiten hier Ihre Kompetenzen. Kümmern Sie sich lieber um die Schweinerei, die Sie hier angerichtet haben!" Er deutete auf den Toten.

Ich stieg hinter Andrew und den beiden Sanitätern in den

Ambulanzwagen. Mir war zum Kotzen zumute. Der junge Mann würde dem Tod kein Schnippchen schlagen.

„Shalom", sagte ich. „Salam."

„Was ist los?" fragte McEnroe, der sich hinter Fuller und Piercy als letzter in den Rettungswagen gezwängt hatte, während Piercy und Fuller ihre Maschinenpistolen hinaushielten und den Rückzug deckten. Wir fuhren mit Rotlicht und heulenden Sirenen nach Norden.

„Nichts", sagte ich. „Nichts, wirklich nichts."

Am Morgen darauf fuhren McEnroe und Piercy schon zeitig hinaus nach Douma ins amerikanische Militärhospital, um mit Andrew zu reden. Fuller und ich blieben in unserem „Hauptquartier" im Sheraton.

„Ich fahre in die Stadt", sagte Fuller, „habe was zu erledigen." Er grinste.

„Sind die Sicherheitsvorkehrungen jetzt aufgehoben, nachdem Andrew da ist?" fragte ich.

„Sie bleiben besser hier, Kirk", meinte er, „bis wir genauer wissen, was da gespielt wird."

Ich starrte zum Fenster hinaus. Zwei junge Hotelangestellte fegten den Parkplatz. Sie fühlten sich unbeobachtet. Der eine führte eine Art Pantomime auf, indem er den Besenstiel vor sich hielt und ihn mit grimmigem Gesicht ohrfeigte, während der andere sich den Bauch hielt vor Lachen, bis jemand von der Rezeption erschien und sie auseinandertrieb.

Ich schaltete die Kanäle des Fernsehens durch. TV Amman strahlte einen Film auf englisch aus, aber es war eine alberne Klamotte aus den achtziger Jahren des vorigen Jahrhunderts: *Tootsie*, mit Dustin Hoffman in einer Frauenrolle. Ich schaltete schleunigst weiter – und fand die Muppets! Aber Kevin und Miss Piggy sprachen arabisch; es war nicht auszuhalten. Ich überlegte, ob ich mir von Alice ein englisches oder amerikanisches Programm überspielen lassen sollte, aber in London war es früher Vormittag, in den USA längst nach Mitternacht.

Ich ging in die andere Suite, um nachzusehen, ob McEnroe irgendwelche Zeitungen oder Zeitschriften hatte liegenlassen, fand aber nur ein aufgeschlagenes Buch auf seinem Nachttisch, in grünes Plastik gebunden. Es war ein arabischer *Koran* mit englischer und französischer Übersetzung und dem Sheraton-Emblem auf der Titelseite. Hatte etwa McEnroe darin gelesen?

„Welche Wohltaten eures Herrn wollt ihr wohl leugnen?“ las ich. „Ruhen sollen sie auf Polsterkissen, welche aus Seide und golddurchwirkt sind, und die Früchte der beiden Gärten sollen ihnen nahe zur Hand sein . . .“

Es klopfte an der Tür. Ich sprang auf.

„Fuller?“ fragte ich.

Eine Frauenstimme antwortete auf arabisch; ich verstand nur das Wort *Monsieur*.

Ich öffnete die Tür einen Spaltbreit. Mein Blick fiel auf einen Wagen mit frischen Handtüchern und verpackten Klopapierrollen. Eine zierliche Frau mittleren Alters in einer weißen Kleiderschürze stand daneben. Sie machte tatsächlich einen Knicks vor mir.

„Kommen Sie rein!“ sagte ich.

Während sie im Bad saubermachte, wandte ich mich wieder den Huris des Paradieses zu, die den tapferen Wüstenkrieger als Belohnung im Jenseits erwarten, „schwarzäugige Jungfrauen mit keusch niedergesenkten Blicken, welche zuvor weder Menschen noch Dschinnen berührt haben . . .“ – eine Fußnote erklärte: „Dschinnen: Geister, unsichtbare Wesen aus Feuer, die verschiedene Gestalt annehmen können und vor allem schönen Frauen nachstellen“ – „Schön sind sie wie Rubine und Perlen . . . Jungfrauen mit großen schwarzen Augen, gleich Perlen, die noch in Muscheln verborgen sind . . .“ – Ich ertappte mich dabei, daß ich die Kniekehlen der Hotelangestellten anstarrte, während sie frische Leintücher über die Matratzen spannte. Sie hatte muskulöse, stark behaarte Beine. War sie überhaupt eine Frau? Ich hatte keine Lust, es herauszufinden, legte das Buch beiseite und stand auf. Sie nahm keine Notiz von mir.

Ich fischte das Schlüsselkärtchen aus der Tasche und warf einen Blick in die andere Suite. Fuller war noch nicht zurück. Ich zog die Tür zu und fuhr mit dem Aufzug ins Foyer, um mir im International Bookshop neben dem Eingang ein paar Zeitschriften zu kaufen.

In dem geräumigen Vestibül links von den Aufzügen war irgendeine Veranstaltung im Gange, denn ich sah dichte Gruppen elegant gekleideter Leute herumstehen: wohlgenährte Damen, in Korsetts geschnürt, mit langen Abendkleidern aus Atlas und Brokat und Taft, mit Perlen und Straß bestickt, mit Nerzstolen, trotz der hochsommerlichen Hitze – Hitachi-Nerz, wie er in den japanischen Biolabors von hirnlosem, DNS-rekombiniertem Marderfleisch geerntet wird. Viel Gold und Diamanten und die schwüle Aura aller Wohlgerüche des Orients zwischen Moschus und Rosenwasser. Beleibte, wichtig aussehende Herren mittleren Alters, in Dinnerjackets gezwängt, mit dunklen Anzügen und silbernen Krawatten, beflissen bemüht, es nicht an Höflichkeit fehlen zu lassen und die Hackordnung nicht zu verletzen. Es wurden Brillen gerückt und Krawatten glattgestrichen, und jede Bewegung wurde gnadenlos von mehreren Videokameras gleichzeitig festgehalten, die von einer energischen jungen Frau dirigiert wurden. In Plastik eingeschweißte, wie für die Ewigkeit konservierte Blumengebinde lehnten, an hohen zusammengenagelten Holzlatten befestigt, zu Dutzenden an Wänden und Säulen wie die Standarten japanischer Garderegimenter. Ich dachte schon, in einen Empfang von Unternehmern eines florierenden Industriezweigs oder Managern der Bankenwelt geraten zu sein, als ein junger Mann in hellgrauer Ghalabia und rotem Tarbusch mit einem Silbertablett auf mich zutrat und mir Süßigkeiten anbot. Aus einem beiliegenden Kärtchen in Arabisch, Englisch und Französisch ging hervor, daß ein stadtbekannter Zuckerbäcker im Sheraton eben eine Filiale eröffnete. Ich war zum Zeugen dieses denkwürdigen Ereignisses geworden und wurde nun mit Köstlichkeiten aus Zucker, Honig, Nüssen und Pistazienkernen belohnt.

Als ich zum Aufzug zurückschlenderte, ging vor mir ein Paar, das ebenfalls an der Feierlichkeit teilgenommen hatte. Ich konnte sie nicht verstehen, aber offensichtlich stritten die beiden mit unterdrückter Stimme. Als sie den Aufzug betraten, machte die Frau eine heftige Geste, wobei ihr die Stola von den Schultern glitt und zu Boden fiel. Ich war dicht hinter ihr und bückte mich, um sie aufzuheben. In dem Moment hörte ich knapp über meinem Kopf ein leises klirrendes Geräusch. Ich sah einen nassen Fleck, in dem ein paar durchsichtige Splitter klebten. Ein Glasgeschoß, wie es die Bordsheriffs der Fluggesellschaften verwenden. Instinktiv berührte ich die Schließtaste. Durch den Spalt zwischen den sich quälend langsam zuschiebenden Türflügeln sah ich undeutlich eine Gestalt im Schutz der hohen Topfpflanzen neben dem Haupteingang stehen, eine Waffe im Anschlag. Er hätte Zeit für einen weiteren Schuß gehabt, wurde aber durch ein paar Leute behindert, die zum Aufzug strebten und mich nun vorwurfsvoll anschauten, weil ich ihnen die Tür vor der Nase schloß. Niemand sonst schien irgend etwas von dem Vorfall bemerkt zu haben.

Ich reichte der Frau die Stola, während der Mann die Tasten für den ersten und den zweiten Stock aktivierte, ohne seinen Redefluß zu unterbrechen. Ich berührte die 6.

Der Aufzug hielt im ersten Stock. Die Frau stieg aus, aber offensichtlich gedachten die beiden, ihren Disput durch die geöffnete Tür fortzusetzen, weil der Mann den Handballen auf die „Öffnen"-Taste gepreßt hielt.

„Come on!" sagte ich, aber er ließ sich nicht im geringsten beeindrucken, während die Frau ihre mit dicken Goldringen bewehrte Hand zur Klaue krümmte und sie immer wieder niedersausen ließ, als wollte sie seine Argumente in der Luft zerfetzen. Ungeduldig schob ich den Mann beiseite und trat auf den Korridor hinaus, um einen der drei anderen Aufzüge zu rufen. Ich berührte die Sensortaste, aber plötzlich kamen mir Bedenken. Was war, wenn der Kerl mir folgte und ich in die Mündung seiner Waffe blickte, wenn die Aufzugtür sich öffnete? Also eilte ich den Korridor nach rechts. Ich wußte, daß sich auf dem einstöckigen Rückgebäude der Wirtschaftstrakt, ein Tennisplatz und ein Swimmingpool befanden. Eine Pendeltür führte zu einem kahlen, häßlichen Gang, der die Terrasse mit dem Treppenhaus hinter den Fahrstühlen verband. Die Glastür zur Terrasse war zugesperrt.

Nun geriet ich in Panik. Als ich unten im Treppenhaus Schritte hörte, lief ich die Treppe zum zweiten Stock hinauf, und weil die Schritte mir folgten, eilte ich weiter bis zum vierten. Ich spähte in den Korridor, sah, daß sich eben ein Aufzug öffnete. Ein Mann trat heraus und blickte sich suchend um. Ich fuhr zurück. Es war ein großer Kerl mit einem Tweedsakko und dunkelgrauen Hosen. Kein Einheimischer. War er es, der auf mich geschossen hatte? Vielleicht ein bezahlter Killer. Ich spähte erneut in den Korridor. Er war nicht ausgestiegen, sondern weitergefahren. Ich eilte zu den Aufzügen, drückte die Ruftaste und hetzte zur Tür ins Treppenhaus.

Schritte über mir. Verdammt! Natürlich hatte er mir längst den Weg abgeschnitten, lauerte im sechsten Stock auf mich!

Ein Klingelzeichen ertönte, die Türen öffneten sich. Niemand stieg aus. Ich näherte mich vorsichtig. Die Türen begannen sich wieder zu schließen. Ich machte einen Satz, um im letzten Moment in die Lichtschranke zu greifen – und fuhr zurück, als ich eine zusammengekrümmte Gestalt darin liegen sah: Fuller! Guter Gott!

Der Aufzug fuhr nach unten. Aber wo war er hergekommen? Von unten oder von oben? Ich war in einer ausweglosen Situation. Der Killer konnte auf jedem Stockwerk lauern, brauchte nur den Finger auf die Ruftaste zu legen und dann zu warten, bis sich die Türen öffneten: Peng!

Ich rüttelte verzweifelt an allen Türen im Korridor. Alle verschlossen. Ich klopfte – keine Reaktion. Ich eilte zurück ins Treppenhaus. Von unten rief eine Männerstimme, fragend. Auf französisch? Von oben antwortete eine andere. Waren es zwei? Ich überlegte fieberhaft. Ich mußte raus aus diesem verfluchten Hotel, und es gab nur eine winzige Chance. Ich drückte entschlossen auf die Ruftaste, preßte mich seitlich an die Wand und wartete. Ein Aufzug kam, die Türen öffneten sich, ich blickte vorsichtig hinein. Er war leer.

Ich sprang hinein und legte den Kippschalter um auf „Stopp", entsicherte meinen Eraser am Handgelenk, betete darum, daß der Impuls bis zum Programmspeicher durchschlagen und die Rufe von allen Stockwerken löschen würde, preßte das kleine Gerät gegen die Wählplatte und drückte ab. Dann schaltete ich den Stoppschalter wieder aus und legte den Finger auf 0. Keine der anderen Sensortasten leuchtete, aber ich hatte nie darauf geachtet, ob sie auch Rufe von den einzelnen Stockwerken anzeigten. Die Türen schlossen sich, der Aufzug setzte sich nach unten in Bewegung. Ich hielt die Luft an. Dritter Stock – der Aufzug hielt nicht an; zweiter – wieder nicht; erster – kein Halt! Ich stieß die Luft aus den Lungen und preßte mich seitlich an das ziselierte Messingblech der Verkleidung. Die Türen öffneten sich; ich musterte die Eingangshalle durch den Spiegel an der Rückwand des Aufzugs. Soweit ich sie überblicken konnte, sah ich keine Gefahr. Ich huschte hinaus.

Im Foyer war der Teufel los. Man hatte Fuller aus dem Aufzug gezogen. Er lag auf dem Rücken im gelb-braun gestreiften Muster des Fußbodenbelags zwischen zwei Aufzügen, neben einem der kniehohen schwarzen Aschenbecher. Irgend jemand hatte ein weißes Tischtuch über Gesicht und Oberkörper gelegt und ihm die Hände über dem Bauch gefaltet. Neugierige umdrängten ihn, von Hotelangestellten halbherzig auf Abstand gehalten. Die Zuckerbäckerparty hatte ein unverhofft makabres Ende gefunden. Ich drängte mich durch die Menschentraube zum Ausgang. Kein Mensch nahm Notiz von mir.

Ich hatte Glück und erwischte ein Taxi, dessen Fahrgäste gerade ausgestiegen waren.

„Wohin?" fragte der Fahrer. Ich blickte ihn verständnislos an.

Wo wollte ich eigentlich hin?

„Fahren Sie mich in die Stadt!" sagte ich.

„Zum Hauptpostamt?"

„Ja, zum Hauptpostamt."

DAS HAUPTPOSTAMT erwies sich als vierstöckiger grauer Kasten, der etwas zurückgesetzt auf einer Terrasse am S.-el-Jabry-Boulevard stand. Der untere Teil, die Front der Schalterhalle, wurde von einer durchbrochenen Ziegelmauer gebildet, die aussah wie eine einfallslose Laubsägearbeit. In den Etagen darüber schienen Büros zu sein. Aus den Fenstern hingen unter halb herabgelassenen Rollos die Ansaugstutzen der Klimaanlage wie drohende Kanonenmündungen in Geschützpforten. Auf der Terrasse saßen unter bunten Sonnenschirmen Schreiber an niedrigen Holztischen und tippten auf uralten mechanischen Schreibmaschinen Briefe für ihre Klienten. Hier schien Infopool nicht viele Kunden zu haben.

Die doppelstöckige Schalterhalle war voller Menschen. Ich konnte nirgends eine Infopool-Kabine entdecken, sah aber rechts am Ende des Raums ein paar Telefonzellen, vor denen sich die Leute drängten. Auf einem Pult lagen ein paar Telefonbücher. Ich brauchte die Nummer des Militärhospitals oder der amerikanischen Botschaft, um McEnroe zu erreichen und ihn zu warnen. Ich klappte das Buch hilflos wieder zu, denn es war in Arabisch wie alle übrigen auch.

Zufällig hob ich den Blick. Auf der Galerie gegenüber setzte ein Mann in einem dunklen Anzug ein Aktenköfferchen auf der halbhohen Balustrade ab und rückte es genau in meine Richtung. Ich ging sofort hinter einer Gruppe von Männern in Deckung und verließ fluchtartig die Halle, drängte mich durch die hereinströmende Menschenmenge ins Freie. Ich sah mich gehetzt um und erblickte das Stadtbüro der Syrianair im Haus gegenüber. Dort sprach man Englisch und würde mir weiterhelfen. Ich rannte von der Terrasse und bahnte mir einen Weg durch den Verkehr auf die andere Seite. Die großen Glastüren waren verschlossen. Ein junger Mann in Hemdsärmeln saß an einem Schreibtisch. Ich klopfte an die Scheibe. Er stand auf, kam zur Tür und deutete auf das zweisprachige Schild „Closed". Ich bedeutete mit Gesten, er solle die Tür öffnen, doch er antwortete mit diesem merkwürdigen Kopfnicken, das im Orient Verneinung bedeutet. Ich fischte eine Zehndollarmünze aus der Tasche und hielt sie hoch. Er winkte entrüstet ab und kehrte zu seinem Schreibtisch zurück, ohne mich eines weiteren Blicks zu würdigen.

Ich wandte mich an einen Passanten. „Infopool?" fragte ich verzweifelt. „Gibt es hier ein Büro von Infopool?"

„Iffopull", sagte der Mann ratlos.

„Telefon, Telegraf, Satellit."

„Ah – Telefon, Telegraf." Er wies in die Richtung, aus der er gekommen war, den S.-el-Jabry-Boulevard hinauf.

Ich rannte weiter. Das Ende der Straße bildete ein breiter luftiger Bau, der entfernt an einen venezianischen Palazzo erinnerte und über den Bogenfenstern des Obergeschosses mit einem hübschen Band aus dunkelblauen Fayencen geschmückt war. Über der Giebeluhr in der Mitte hing die syrische Flagge schlaff von einer Stange. Ich eilte die Treppe hinauf und durch die Glastür ins Innere.

Das war alles andere als Infopool. Ich blickte mich um: ein paar schöne alte Holzbänke, winzige Schalter mit schwarzen Eisengittern, die Wände in Gold und Grün, eine prächtig geschnitzte Kassettendecke und eine umlaufende Galerie aus Holz. Auf einer der Bänke schlief ein Mann, den Kopf in ein rot-weiß kariertes Kopftuch gehüllt, seine zu Pantoffeln umfunktionierten Halbschuhe hatte er abgestreift.

Plötzlich hörte ich hinter mir einen dumpfen Aufschlag. Ich fuhr erschrocken herum. Ein Mann mit einer Schirmmütze warf verschnürte Aktenbündel von der Galerie. Staub wallte auf. Eine Tür öffnete sich; ein junger Mann mit einer Sackkarre erschien, rief lachend etwas zu dem anderen hinauf und begann die Bündel zu verladen.

„Sprechen Sie Englisch?" fragte ich ihn.

„Ein bißchen."

„Ich suche ein Infopool-Büro."

„Gleich nebenan", sagte er. „Wenn Sie zum Bahnhof rausgehen, gleich rechts, im Telegrafenamt an der El-Nasr-Avenue."

„Ist das hier ein Bahnhof?" fragte ich.

Er wirkte wie der Bahnhof einer Spielzeugeisenbahn. „Ich habe noch nie einen so schönen Bahnhof gesehen."

„Die Hedschasbahn", sagte der junge Mann lächelnd. Er freute sich über meine Bemerkung. „Amman. Zweimal die Woche geht ein Zug. Montag und Donnerstag."

VÖLLIG unbegründet empfand ich Erleichterung, als Alice mich mitten in Damaskus vom Bildschirm anlächelte.

„Hallo, Alice, treues Kind, welch ein Vergnügen, dich zu sehen so weit von zu Hause!" sagte ich. „Verdaustig wars, und glasse Wieben, rotterten gorkicht um Gemank; gar elump war der Pluckerwank, und die gabben Schweisel frieben."

„Stimmprobe akzeptiert. Hallo, Mr. Kirk! Es freut mich auch, Sie wiederzusehen. Wie geht es Ihnen?"

„Ich bin eben knapp mit dem Leben davongekommen."

„Das freut mich für Sie, Mr. Kirk", sagte Alice nach einem kurzen Zögern. Der Computer von Infopool hatte offenbar selten derartige Bemerkungen zu verarbeiten. „Was kann ich für Sie tun?"

„Ich brauche ein Direktgespräch mit McEnroe. Er befindet sich vermutlich im amerikanischen Militärhospital in Douma."

„Moment."

Ich blickte mich um. Alle fünf Kabinen waren besetzt. Ein halbes Dutzend Kunden wartete geduldig, bis eine frei wurde.

„Mr. McEnroe befindet sich nicht mehr an dem angegebenen Ort. Einer Auskunft zufolge wurde er ins Hotel zurückgerufen."

„Dann versuch ihn im Sheraton zu erreichen!"

„Welches Sheraton, Mr. Kirk?"

„Ja, natürlich das Sheraton hier in Damaskus!"

Mir ging durch den Kopf, was für Alice das Wort „hier" bedeuten mochte. In ihrer elektronischen Allgegenwart war es sinnlos. „Hier auf der Erde?" – Ja, eher, obwohl Infopool natürlich auch den erdnahen Raum bediente.

„Moment."

Es dauerte fast fünf Minuten, bis das wütende Gesicht McEnroes auf dem Monitor erschien. Er war nicht in der Suite, sondern an einem der Apparate neben der Rezeption.

„Was ist das für eine Scheiße, Kirk?" schnauzte er. „Ich dachte schon, Sie hätten auch den Löffel weggeschmissen. Wo stecken Sie, Mann?"

„Im Telegrafenamt an der El-Nasr-Avenue."

„Dann kommen Sie ins Hotel zurück!"

„In das Hotel bringen mich keine zehn Pferde zurück."

„Machen Sie keinen Quatsch, Kirk! Ich muß genau wissen, wie das passieren konnte."

„Fuller ist tot, wie?"

„Ja. Armer Kerl. Irgend so ein Lähmungsgift, das ihm irgend so ein fieses Schwein in den Nacken geschossen hat. Von hinten umgelegt."

„Was soll ich jetzt machen?"

„Halten Sie die Augen offen! Nehmen Sie ein Taxi zum Cham Palace Hotel! Das ist dort ganz in der Nähe. Ich komme hin, sobald ich hier weg kann. Oder ich schicke Piercy. Okay?"

„Gut."

Von außen wirkt das Cham Palace wie ein Supertanker, der zwischen der Rue El Brazil und dem Boulevard Port Saïd Richtung Osten durch die Betonwüste der City pflügt. Im Innern ist es eine Oase, ein fürstliches Serail: ein Lichthof mit bequemen Sitzgruppen um eine von unten beleuchtete plätschernde Quelle. Von den umlaufenden Galerien hängen die langen Ranken von Grünpflanzen herab, die dichte und trotzdem luftige Wände aus lebendiger Vegetation bilden. Wasser, Geborgenheit, Ruhe – der Architekt hatte den Paradiesvorstellungen von Wüstenbewohnern Rechnung getragen. Treppchen und Brückchen aus weißem Marmor, gesäumt von blitzenden Messinggeländern, überspannen mit arabeskenhafter Leichtigkeit den Raum bis in luftige Höhen, wo sie durchs Grün der Ranken geradewegs in den Himmel, ins Djenet, das muslimische Paradies, zu führen scheinen. Und tatsächlich trippelten immer wieder entzückende Huris mit farbigen Pumphosen und hochhackigen Goldlackschuhen über die Sziraths, glitten schmale, karamelfarbene, reichgeschmückte Hände übers blitzende Messing, klirrten leise winzige Goldmünzen am Saum der kokett drapierten Tschadors, und die Blicke darüber waren ebenso glutäugig wie emanzipiert, während Kellner, in prächtige rote Uniformen gekleidet, auf und ab stiegen wie Tatarenfürsten, Silbertabletts auf den Fingerkuppen balancierend.

Selbst an der Rezeption ein Abglanz von paradiesischem Luxus: drei Infopool-Anschlüsse aus Gold und Elfenbein, repräsentiert von poliertem Messing und weißem Plastik.

Ich bestellte mir einen Kaffee und suchte mir einen Platz, von dem aus ich den Eingang im Auge behalten konnte. Ich konnte mich nicht darauf konzentrieren, etwas zu lesen; jedesmal wenn die Tür aufging, schreckte ich zusammen.

Nach mehr als einer Stunde, es war draußen schon dunkel, kam McEnroe hereingewatschelt. Er war erschöpft und mißgelaunt.

„Wie konnte das passieren?" knurrte er. „Ich hatte Ihnen doch ausdrücklich verboten, das Zimmer zu verlassen."

„Moment mal! Sie haben mir nichts zu befehlen. Ich bin nicht von Ihrem Verein. Ich kann mich auch nicht erinnern, daß ich mich freiwillig zu diesem Job gemeldet habe."

„Das spielt keine Rolle. Sie haben sich an meine Weisungen zu halten! Wie notwendig solche Sicherheitsmaßnahmen sind, haben Sie ja jetzt selbst gesehen!" Er bestellte sich ein Bier.

„Wahrscheinlich wäre ich jetzt ein toter Mann, wenn ich im Zimmer geblieben wäre. Die wären schon irgendwie reingekommen."

„Oder Fuller wäre noch am Leben, denn die Schweine haben ihn von hinten umgelegt, als er nach Ihnen suchte. Weshalb hat Fuller Sie überhaupt rausgelassen?"

„Der war doch die ganze Zeit über weg."

„Was? Der war weg?" fragte McEnroe verblüfft. „Dann hat er selber sich diese Scheiße angerührt." Er goß das Bier, das ihm der Kellner gebracht hatte, in einem Zug hinunter. „Hoffentlich war er noch mal im Puff." Er rülpste und grinste mich an. „Das würde ich ihm ehrlich gönnen. Wo der schon überall rumgevögelt hat, das hält ein anderer gar nicht aus. Ich kann Ihnen sagen.“ Er schüttelte den Kopf. „Der schreckte vor nichts zurück. – Im Herbst hätte er seinen aktiven Dienst hinter sich gehabt, hätte es sich hinter einem Schreibtisch bequem machen können.“ Er schlug sich mit der Faust auf die Brust. „Warum habe ich für diesen Einsatz keine Kopie von ihm machen lassen?“ sagte er anklagend.

„Vielleicht, weil Sie so ein gutes Gefühl hatten.“

„Das soll wohl witzig sein!“ fuhr er auf.

„Was waren das für Leute?“

„Profis. Gekaufte Killer. Internationale Gangster, die für viel Geld alles machen. Wahrscheinlich waren sie zu zweit.“

„Und wer hat sie bezahlt?“

„Mein Gott, Kirk! Woher soll ich das wissen? Aber ich werde es rauskriegen, verlassen Sie sich drauf! Wenn einer die Frechheit hat, auf mich und meine Leute loszugehen, dann hat er bald kalte Eier, das verspreche ich Ihnen.“

„WOHIN fahren wir?“ fragte ich, als wir im Auto saßen.

„Nach Douma, ins Hospital. Glauben Sie, daß ich das noch mal riskiere? Ich schicke Sie nicht mehr ins Feuer, ich schicke Sie heim in die Staaten. Wir werden eine Aufzeichnung von Ihnen machen. Wenn Mr. Baldenham mit Roughtrade zusammentrifft, wird eine Kopie von Ihnen dabeisein.“

„Weshalb muß da jemand dabeisein?“

McEnroe zuckte die Achseln. „Es ist Mr. Baldenhams Wunsch. Er möchte, daß jemand bei ihm ist. Und am liebsten ist ihm, wenn Sie das wären. Ich habe das heute mit ihm besprochen und alle Details festgelegt. Er schlug vor, aus Sicherheitsgründen von Ihnen eine Kopie zu machen, also schon längst bevor ich von dem Schlamassel erfuhr.“

„Wird Roughtrade sich stellen?“

„Ja.“

„Er wird eine Kopie schicken.“

„Baldenham sagt, daß er persönlich kommen will. Er möchte raus aus diesem Teufelskreis. Und er bringt – als Morgengabe sozusagen – Baldenhams Aufzeichnung mit, die in Sri Lanka gemacht worden ist. Die Aufnahme soll nach seinen neuesten Spezialmethoden bearbeitet sein, damit die Mediziner sie möglicherweise stabilisieren können."

„Wo soll die Übergabe stattfinden?"

„Im Foyer des Sheraton."

„Und wann?"

„Den genauen Zeitpunkt wissen wir noch nicht."

„Ich habe kein gutes Gefühl", sagte ich.

„Ich auch nicht", gestand McEnroe. „Ich habe Verstärkung angefordert."

Der Mond war über der Wüste aufgegangen und tauchte die Berge in orangefarbenes Licht. Beiderseits der Straße waren Stacheldrahtzäune und niedrige Gebäude zu erkennen. Nur da und dort brannte ein Licht. Irgendwelche Universitätsinstitute.

„Angenommen, unser Gefühl trügt uns, und alles geht gut aus", sagte ich, „was passiert dann mit meiner Kopie?"

„Wissen Sie was, Kirk? Die schieben wir Ihrer Alten unter. Die darf dann mit ihr spielen, bis sie kaputt ist. Und Sie machen sich einen flotten Lenz." Er lachte schallend, hielt aber inne, als er mein Gesicht sah. „Na, dann eben nicht", sagte er. „Sie verstehen wohl nicht viel Spaß, wie?"

„Manchmal schon", sagte ich. „Aber im Ernst: Was geschieht mit Kopien, wenn man sie nicht mehr braucht?"

„Es gibt Spezialkliniken. Da sorgt man für sie, bis sie sterben. Ihre Lebenserwartung beträgt ja nur ein paar Wochen." Er grinste. „Vielleicht hilft man auch ein bißchen nach."

„Und wenn die Kopien immer besser und langlebiger werden?"

„Dann haben wir wirklich ein echtes Problem." Er hob die Schultern. „Aber auf eins mehr oder weniger kommt es ja wirklich nicht mehr an."

„Ich sehe vor allem ein juristisches Problem: Wem gehört die Frau? Wem das Sparbuch?"

„Es gibt schon Überlegungen in der Richtung. Es wird nur in Ausnahmefällen erlaubt werden, Kopien von noch lebenden Personen anzufertigen, in der Regel aber erst nach dem Ableben der Aufgezeichneten. Man hat sogar schon einen bezeichnenden Namen für das Gesetz: *Lazarus Act.*

Außerdem glaube ich nicht an eine entscheidende Verlängerung der Lebenserwartung. Es ist eindeutig bewiesen worden, daß sowohl beim Aufzeichnen wie beim Kopieren eine gewisse Fehlerquote nicht unterschritten werden kann . . ."

„Das hat man mir schon einmal erzählt, aber Andrew ist da anderer Meinung und Roughtrade offenbar auch. Ich hörte was von Fehlersuchprogrammen, die Roughtrade entwickelt habe, mit denen man die Fehlerquote weiter herunterdrücken kann. Sie sagten doch selbst, daß man bei Andrew . . ."

Er winkte ab. „Augenwischerei. Den Beweis ist er bisher schuldig geblieben."

„Vielleicht hat er ihn im Koffer. Vielleicht will er sich damit wieder in die menschliche Gesellschaft einkaufen."

„Wie ich die maßgeblichen Herren kenne, wird ihm das auch gelingen. Wollen wir wetten, Kirk?"

ICH WURDE nackt in eine Weichplastikwanne gelegt, deren Masse erstarrte und die Konturen meines Körpers festhielt, damit dieser beim „Lese"-Vorgang absolut still gelagert war. In dieser Wanne würde auch die Kopie entstehen, die nach der Datenflut aus den ULT-Kristallspeichern in der Wirbelkammer „gewebt" werden würde. Das Aufzeichnungsgerät war ein Portal aus Chrom und Plastik, ähnlich einem Computertomographen, das erschütterungsfrei lasergesteuert über die Wanne glitt.

Vom Aufnahmevorgang selbst merkte ich nichts, weil man mich vorher anästhetisiert hatte, um unwillkürliche Körperbewegungen auszuschließen, aber ich glaubte mich an seltsame Lichtblitze zu erinnern, die durch meinen Kopf zuckten, Funkengestöber in verschiedenen Farben, die einmal hierhin, einmal dorthin durch meinen Wahrnehmungsraum flogen, manchmal einzeln hintereinander wie Leuchtspurmunition, dann wieder explodierend und in fächerförmigen Kaskaden nachglühend wie Feuerwerksraketen – vermutlich ein neuronales Gewitter infolge der Reizung durch die Abtaststrahlen, die den Körper Schicht für Schicht, Zelle für Zelle bis in den molekularen und atomaren Bereich hinein „abbildeten" und in einen digitalen Datenstrom verwandelten, der im Computer bearbeitet wurde, bevor er sich in die fast auf null Kelvin gekühlten Galliumarsenidkristalle der Speicher ergoß und dort im Molekülgitter erstarrte.

In der Nacht träumte ich, wie flink huschende Laserstrahlen wie blitzende Stricknadeln farbige, schlüpfrig aussehende Ketten aus Kohlenwasserstoffmolekülen zu einer komplizierten Textur verwoben, zu wallenden purpurnen Gewebeteppichen, zu lebendigen Zellverbänden, die pulsierend aufquollen und zurückschrumpften, aus dem Fokus rutschten und neblige Labyrinthe aus waberndem, fließendem Plasma bildeten, übereinanderlappten, sich aufbäumten und wieder zurück in den Fokus sprangen. Zellen, in deren plasmatischen Containern dunkle Kerne zuckten, die sich aneinanderfügten und übereinanderstapelten wie Fertigbauteile auf einer phantastischen Baustelle in einem Zeitrafferfilm, sich auftürmten zu Mauern und Gesimsen, zu schwellenden Bogen und Kuppeln, zu einem atmenden Ozean.

Ich erwachte mit rasenden Kopfschmerzen und stellte fest, daß ich von modernstem medizinischem Gerät umgeben war wie auf einer Intensivstation. So ganz unproblematisch, wie mir alle versichert hatten, war der Abtastvorgang offenbar doch nicht.

Ein junger Arzt kam herein, zwinkerte mir kurz zu, hatte sonst aber nur Augen für seine Instrumente.

„Wie fühlen Sie sich?"

„Miserabel", sagte ich wahrheitsgemäß.

Er schüttelte tadelnd den Kopf. „Sie haben ja auch von einem prächtigen Zwilling entbunden."

„Haben Sie Witzbold auch was gegen Kopfschmerzen?"

„Sicher." Er trug eine Injektionspistole am Gürtelhalfter wie ein Sheriff seinen Colt. Drehte an der Wählscheibe und schoß mir eine Ladung durch die Haut in den Oberarm. Dann befreite er mich von den Sensoren seiner Meßgeräte.

„Wo sind meine Sachen?"

„Man wird sie Ihnen bringen. Bleiben Sie noch ein bißchen liegen. Manche vertragen die Narkose nicht so gut. Übrigens ist Besuch für Sie da."

„Eine ziemlich bissig wirkende Bulldogge oder ein Beinamputierter im Rollstuhl?"

„Keins von beiden: eine hübsche Frau im besten Alter. Aber nur zehn Minuten. Sie schlafen besser erst Ihren Rausch aus."

„Sie sind ja rührend besorgt um mich."

Er zwinkerte wieder und öffnete die Tür. Ich hob den Kopf. „Rut?“ sagte ich verblüfft.

Sie warf den Trenchcoat über das Fußende des Bettes und setzte sich an meine Seite.

„Was ist passiert, Pete? Bist du krank?“

„Nein. Nur eine Unpäßlichkeit, heute morgen erst.“

„Und deshalb liegst du auf der Intensivstation? Sag mir die Wahrheit!“

„Es ist die Wahrheit, Rut. Man hat gestern eine . . . äh . . . Untersuchung durchgeführt. Und heute morgen bin ich hier aufgewacht.“

„Was wird hier eigentlich gespielt?“ fragte sie. „Am Dienstag ruft man mich an, ich könne dich hier abholen und nach Hause bringen, ich komme auf dem schnellsten Weg her und finde dich in diesem Krankenhaus. Was hat das alles zu bedeuten?“

„Sagtest du Dienstag? – Heute ist Dienstag.“

„Mach mich nicht wirr. Heute ist Donnerstag.“

Ich schüttelte verständnislos den Kopf.

„Wer hat dich angerufen?“

„Jemand von der amerikanischen Botschaft hier, McEwans oder so ähnlich.“

„McEnroe?“

„Kann sein. Er sagte, du würdest dich sehr darüber freuen.“

„Ich freu mich wirklich.“

Sie beugte sich über mich und berührte flüchtig mit ihren Lippen meinen Mund. Ich wickelte eine Locke von ihrer Schläfe um den Finger und zog ihren Kopf herab.

Als ich die Augen schloß, sah ich wieder diese Lichtblitze in meinem Kopf, doch diesmal war es mehr wie ein Wetterleuchten. Ich öffnete die Augen und sah ihr lächelndes Gesicht über mir.

„Du siehst müde aus“, sagte sie.

„Du auch.“

„Kein Wunder. Ich bin seit mehr als 24 Stunden unterwegs. Das Gepäck ist noch am Flugplatz. Ich bin zur Botschaft und dann gleich hierhergefahren.“

„Nimm dir ein Zimmer im Cham Palace. Es ist hübsch dort. Ich komme, sobald sie mich hier rauslassen und ich meine Kleider wiederhabe.“

„Paß gut auf dich auf!“

Ich nickte.

„Wann krieg ich endlich meine Kleider?“ fragte ich den Arzt, der in der Tür stand und demonstrativ auf seine Uhr blickte.

„Soll ich mich vielleicht darum auch noch kümmern?“ sagte er. Rut nahm ihren Trenchcoat und ging zur Tür.

„Bis bald!“ sagte sie.

„Bis bald!“

„DAS SIND nicht meine Kleider, Schwester“, sagte ich. „Da muß ein Irrtum vorliegen. Wo sind meine Brieftasche, mein Eraser und meine Uhr?“

„Man hat mir gesagt, ich soll Ihnen diese Kleider bringen.“

„Dann bringen Sie sie, verdammt noch mal, zurück, und fragen Sie, wo meine Kleider geblieben sind!“ sagte ich wutentbrannt über soviel Dummheit und Sturheit. „Das muß sich doch feststellen lassen.“

Ich schwang die Beine aus dem Bett und wollte aufstehen, aber die Beine versagten ihren Dienst, ich sank auf die Bettkante zurück. Mir war schwindelig, und mein Kopf pochte wie rasend. Was hatte der Kerl mir injiziert?

„Salve“, sagte eine bekannte Stimme von der Tür her. Andrew lenkte mit stoßenden Armbewegungen seinen Rollstuhl ins Zimmer und schloß hinter sich die Tür. „Weißt du, wie man uns im alten Rom genannt hätte? – Morituri. Die Todgeweihten.“

„Weshalb das?“

„Weil man uns zu opfern gedenkt.“

„Du meinst die Begegnung mit Roughtra –“ Ich stockte, spürte eine eisige Klinge, die an mein Herz rührte. *Nein! Nicht ich! Weshalb ich?* Jetzt wurde mir klar, weshalb man mir meine Kleider nicht ausgehändigt hatte. Sie gehörten dem anderen! Dem Glücklicheren!

Andrew hatte mein wachsendes Entsetzen bemerkt. „O Gott! Hat man dir nicht gesagt, daß du die Kopie bist?“

Ich schüttelte den Kopf, brachte keinen Laut heraus. Mir wurde schwindelig; mit einem Ächzen sank ich aufs Kissen zurück.

„Wir Datenmutanten kommen genauso nackt auf die Welt wie alle anderen Menschen. Das Trauma der Geburt bleibt uns nicht erspart, Pete, nur müssen wir Erwachsenen es bewußt ertragen, im Bewußtsein unserer kurzen Existenz. Und das macht es so schlimm."

Er fuhr mit dem Rollstuhl zum Waschbecken und füllte ein Glas mit Wasser. Er reichte es mir. Ich richtete mich auf und trank es gierig.

„Nichts ist schrecklicher als die unverstellte Wirklichkeit", fuhr er fort, „nichts ist irrealer als die Realität angesichts des nahen, unausweichlichen Todes."

„Du hast es oft genug durchgemacht."

„Nicht wirklich ich selbst, aber ich bin sicher, daß ich jedesmal diese kreatürliche Angst empfunden habe. Es ist jedesmal, als beträte man eine Vorhölle, und man weiß, es gibt kein Zurück. Man muß hindurch."

Ich sah hinunter auf meine schlotternden Knie in der dünnen baumwollenen Pyjamahose, konnte die Bewegung nicht unterdrücken. Würde man wenigstens erlauben, daß Rut für diese schwere Zeit bei mir blieb? Hatte nicht McEnroe so etwas angedeutet? Aber man hatte ihr gesagt, sie könne mich abholen und mitnehmen. Das konnte ja nur der andere sein.

„Und doch . . .", sagte Andrew nach einer Pause. „Und doch erfüllt mich ein Gefühl der Befriedigung, daß ich immer wieder zurückkehren und an der Welt teilhaben kann, und sei es nur in dieser Form, und . . .", fügte er hinzu und pochte mit der Faust auf die Doppelfelge seines Rollstuhls, „ein Gefühl des Trotzes."

XIII. Roughtrades Geschäft

Am späten Abend des darauffolgenden Tages brachte ein Ambulanzwagen Andrew und mich in die Stadt.

„Glaubst du, daß ich das Original sehen werde?" fragte ich.

„Mit Sicherheit nicht. Während der ersten Tage, bevor sich Original und Kopie durch abweichende Erfahrung ausreichend weit auseinandergelebt haben, hält man sie möglichst auf Distanz und achtet auf unterschiedliche Umweltbedingungen, weil seltsame psychische Erscheinungen auftreten, für die man noch keine Erklärung hat. Die einen glauben an eine Art Interferenz der Gehirntätigkeit, die anderen sprechen von Psi-Phänomenen, wie sie zuweilen bei eineiigen Zwillingen auftreten sollen. Hinzu kommt der Schock, sich selbst gegenüberzustehen. Ich kann mich an meine ersten Erfahrungen erinnern, noch im Institut."

„Habt ihr dort Experimente mit Menschen durchgeführt?"

„Nur Selbstversuche." Er schlug die Augen nieder und schwieg eine Zeitlang. „Es gab mal eine Kopie von mir." Er blickte nicht auf, als er fortfuhr: „Sie lebte nicht einmal eine Stunde. Ein Webfehler im limbischen System, ein paar hochgiftige Moleküle. Wir wußten damals ja erst sehr wenig. Ich habe seine Schreie und seinen Blick nie vergessen, mit dem er mich ansah. Und ich schrie mit ihm und war tagelang wie erstarrt, hatte wirklich das Gefühl, ich sei mit ihm gestorben und würde nur noch künstlich am Leben erhalten. Es war kein Mitleiden im üblichen Sinne, es war ein Mitleiden in potenzierter, in buchstäblicher Form, eine rätselhafte Parallelität, die nur durch einen unmittelbaren Kontakt der Gehirne hatte zustande kommen können." Er zuckte die Achseln. „Man ist bei der Erforschung dieses Phänomens noch um keinen Schritt weitergekommen."

McEnroe erwartete uns am Eingang des Sheraton. Er begrüßte uns zartfühlend als seine „Zombietruppe". Wir fuhren in den sechsten Stock. Ich drehte mich unwillkürlich um und warf einen prüfenden Blick auf die hohen Topfpflanzen neben dem Eingang, bevor ich den Aufzug betrat.

Wir erhielten unsere letzten Instruktionen, was Roughtrade betraf: „Er hat sich für sechs Uhr angesagt. Um die Zeit sind im Foyer keine Gäste anzutreffen. Zum Zeichen, daß alles in Ordnung ist, fahren Sie, Mr. Kirk, den Rollstuhl mit Mr. Baldenham hinaus in die Auffahrt des Hotels bis zu dem haltenden Wagen. Darauf wird Mr. Roughtrade aussteigen, und Sie, Mr. Baldenham, werden mir ein Zeichen geben, daß er's ist. Mr. Roughtrade wird dem Kofferraum des Wagens die Aufzeichnung von Mr. Baldenham entnehmen: einen Aluminiumkoffer mit 32 tiefstgekühlten Speicherkristallen. Er wird ihn Ihnen übergeben, Mr. Kirk. Sie gehen hinter Roughtrade auf den Eingang zu und betreten das Foyer, wo ich und ein paar Leute sind, während Mr. Baldenham . . ."

„. . . den Rückzug mit Rollstuhl und Körper deckt, wenn doch noch etwas aus Richtung Einfahrt passieren sollte", sagte Andrew. „Absolut logisch."

McEnroe warf ihm einen grämlichen Blick zu. „Ist dann soweit alles klar?“ fragte er.

„Absolut“, sagte ich.

„Dann sollten wir uns jetzt alle aufs Ohr legen. Ich habe Anweisung gegeben, daß wir um fünf Uhr geweckt werden.“

„Hallo, Rachel!“ sagte Andrew in den Infopool-Anschluß. „Wenn wir nun zwischen deinen Knien mein Liebster spielt die Melodien, verleumde nicht die Seele, als ob nur Körper zähle.“

„Stimmprobe akzeptiert, Mr. Baldenham“, sagte die dunkelhaarige junge Frau auf dem Bildschirm, die Andrew „betreute“. „Was kann ich für Sie tun?“

Andrew ließ eine Tonkassette aus seinem Diktiergerät schnappen und drückte sie in den Aufnahmeschlitz der Infopool-Konsole. „An mich selbst. Tonübermittlung. Start.“ Er berührte den Sensor. „Auch wenn meine Leben kurz und flüchtig sind“, sagte er zu mir gewandt, „ich möchte eine Erinnerung an sie behalten. – Nur für den Fall, daß morgen früh etwas passiert.“

„Rechnest du damit?“

Er zuckte die Achseln. „Ja.“

„Das würde ja bedeuten, daß auch Roughtrade in höchster Gefahr ist.“

„Damit muß er rechnen. Er hat viele Gegner. Und er weiß eine Menge über Politiker in der dritten Welt, die nun unliebsame Enthüllungen befürchten. Nur deshalb ist er doch für unsere Leute auf höchster Ebene so interessant. Nichts läßt sich besser in Erpressung und politischen Druck ummünzen als solche Informationen.“

„Wenn er aber selbst kommt . . . Ich meine das Risiko . . .“

„Könnte durchaus ein kalkuliertes sein. Du darfst Roughtrade nicht unterschätzen: er ist ebenso kaltblütig wie genial.“

Die Konsole warf die Kassette aus. Andrew hielt sie zwischen zwei Fingern hoch. „Ich bin eine merkwürdige Art Zeitreisender, Pete, wenn ich meine elektronische Biographie betrachte. Wie ein gehetztes Tier am Ufer eines Flusses, der die Zeit ist: ein Abdruck hier, ein halber dort, ein umgewendeter Stein, ein abgerissenes Blatt. Weiter! Mal da, mal dort. Dahin!“

„Brauchen Sie mich noch, Mr. Baldenham?“ fragte Rachel.

„Nein, heute nicht mehr.“

Einen Moment lang spielte ich mit dem Gedanken, Alice auf den Schirm zu holen und mir trotz des ausdrücklichen Verbots ein Direktgespräch mit meinem anderen Ich machen zu lassen, aber die Vorstellung, mich ihm gegenüberzusehen, bereitete mir derart Unbehagen, daß ich es sein ließ.

„Brauchst du das Band noch?" fragte ich.

„Nein."

Ich steckte es in das Diktiergerät und schaltete es ein. „Dann sollten wir auch diesen möglicherweise letzten Abend nicht der Vergessenheit anheimfallen lassen."

„Für wen?"

„Für mein Alter ego."

„Was immer wir reden, Pete, McEnroe wird es zensieren und nicht passieren lassen."

„Und deine Botschaft?"

„Ich habe das mit ihm abgesprochen, im Einverständnis mit Buchan."

„Dann werde ich das Band verstecken."

„Woher soll dein anderes Ich wissen, daß du eine Aufnahme gemacht und wo du sie versteckt hast?"

„Ich werde es ihm ausrichten lassen."

„Von wem?"

„Von McEnroe persönlich."

„Du weißt genau, daß er es dir ausdrücklich untersagt hat, irgendwelchen Kontakt aufzunehmen. Also wird er den Teufel tun."

„Wetten?"

Ich suchte in der Suite umher, aber meine Reisetasche war nicht mehr da. Mein Blick fiel auf Fullers Aktentasche. Ich öffnete sie und kramte in seinen Habseligkeiten. Zwischen Kreuzworträtseln und Pornoheften fand ich sein Diktiergerät. Ich kontrollierte, ob es aufnahmebereit war, legte es neben das von Andrew und schaltete es ein.

„Aha", sagte Andrew und hob den Finger. „Ich verstehe: Redundanz."

Ich nickte. „Genau."

„Reich mir eine Orange", bat Andrew.

Ich holte eine aus der Früchteschale, die auf dem Tisch stand, und reichte sie ihm. Mir selbst nahm ich eine Weintraube. Die fast pflaumengroßen dunkelblauen Beeren schmeckten eigenartig, irgendwie seifig und bitter.

„Mit meinen Geschmacksnerven stimmt etwas nicht." Ich spuckte die Frucht angeekelt in den Aschenbecher.

„Möglicherweise ein Webfehler im Gehirn. Dort liegen die kompliziertesten Texturen; die Wahrscheinlichkeit von Abweichungen ist entsprechend größer, und ihre Folgen sind gravierender, weniger in der Großhirnrinde als im Zwischenhirn und vor allem im Hirnstamm."

„Diese Fehler wird man nie ganz vermeiden können."

„Darum geht es im Grunde nicht. Strenggenommen kommt es bei allen lebenden Organismen zu Mutationen, zu ‚Lesefehlern' bei der Vererbung. Die Fehlerquote muß nur niedrig genug sein, daß lediglich ein verschwindend geringer Teil der Population lebensunfähig ist. Das gilt für Datenmutanten ebenso."

„Ich dachte, es gibt den Beweis, daß . . ."

„Es gibt eine Hypothese von ein paar Randomisten in der Chaosforschung, Horace Simonson und Aron Rosenblueth, beides Schüler von Alan Garfinkel, von der University of California in Los Angeles. Sie behaupten, es gäbe analog zur Heisenbergschen Unschärferelation im subatomaren Bereich etwas ähnliches im molekularen bei der Umsetzung von Materie in Information und wieder zurück. Ich glaube weder an das eine noch an das andere. Ich bin überzeugter Determinist, genau wie Roughtrade. Ich glaube nicht an prinzipielle Erkenntnisgrenzen. Wir werden zwar nie alles erkennen, weil die Anzahl der zu erkennenden Tatsachen unendlich ist, denn auch Aussagen über Tatsachen sind Tatsachen, das bedeutet aber nicht, daß es Bereiche von Tatsachen gibt, die der Erkenntnis prinzipiell verschlossen sind.

Weißt du, Pete, das Gehirn ist ein fabelhaftes Organ, das sich im Verlauf von Jahrmilliarden zu einem optimalen Instrument entwickelt hat – aber nicht zu einem, um die Welt zu erkennen, sondern um in ihr zu überleben. Das heißt, es werden ganze Gruppen von Umweltdaten rausgefiltert, die nicht unbedingt biologisch relevant sind, damit sich der Organismus um so mehr mit den biologisch relevanten auseinandersetzen kann. Das, was sich wirklich jenseits unserer Haut befindet, ist eine rätselhafte, unvorstellbare und verdammt gleichgültige Welt.

Ist es da ein Wunder, wenn wir mit unserem unzureichenden Erkenntnisapparat immer wieder an Grenzen stoßen, die uns unüberwindlich scheinen? Ich halte es für übereilt, gleich von prinzipiellen Grenzen zu faseln. Es sind nur immer wieder unzureichende Modellvorstellungen, untaugliche Meßmethoden und unzulängliche Meßinstrumente.

Ich glaube, daß dieses Universum dort draußen von den Gesetzen von Ursache und Wirkung beherrscht wird, sonst würde es nicht existieren. Roughtrade hatte recht, als er seine Gegner als Mystiker bezeichnete. Ich glaube an die Unteilbarkeit und Unverbrüchlichkeit des Determinismus."

„Und an die Auferstehung des Fleisches", warf ich ein.

„Und an die Auferstehung des Fleisches. – Was glaubst du, was es bei den Budgetverhandlungen und den Expertenanhörungen für Wortgefechte gegeben hat! Man maß den Argumenten der Randomisten nur deshalb mehr Gewicht zu, weil wir keine Fortschritte vorzuweisen hatten. Dabei war alles so gut gelaufen, aber wir hatten die Schwierigkeiten beim Schritt von der anorganischen zur organischen Materie überschätzt. Und ohne diesen Schritt war die ganze MIDAS-Technik nichts wert. Was nützt es, selbst komplizierte mechanische oder elektronische Produkte zu reproduzieren, wenn die Kopien das Mehrfache kosten? Erst bei organischen Substanzen wird das Verfahren interessant: Nahrungsmittel aus dem Datenspeicher!"

„Multimanna?"

„Multimanna. Aber da fingen die Schwierigkeiten an. Immer wieder traten Lesefehler auf, die sich als Giftstoffe manifestierten. Es war zum Verzweifeln. Und gerade auf Multimanna hatten wir so viele Hoffnungen gesetzt, um dem Hunger in der Welt zu Leibe zu rücken."

„Tischlein deck dich."

„Kennst du das Märchen?"

„Inzwischen kenne ich es. ‚Esel streck dich' ist mir inzwischen klar, aber es lohnt sich nicht wegen der Kosten. Aber was ist mit dem ‚Knüppel aus dem Sack' gemeint?"

„Dafür interessieren sich die Militärs am meisten. Ein paar ausgesuchte, geschulte Spezialisten auf Band, die man im Krisenfall in beliebiger Anzahl reproduzieren und ins Feuer schicken kann. Man hat auf diesem Gebiet insgeheim weitergeforscht, das ist mir inzwischen klar. Und für Soldaten reicht die Qualität der Kopien allemal. Sie brauchen ja nur so lange zu leben, bis sie ihre ‚Pflicht' erfüllt haben. Es ist nicht nötig, daß sie von ihrem Einsatz zurückkehren."

„Vielleicht fehlt ihnen die notwendige Motivation."

„Die läßt sich chemisch induzieren. Du brauchst nur den richtigen Auslöser im Zwischenhirn zu betätigen, dann kannst du eine von Haß getriebene Kampfmaschine auf den Weg bringen, die nicht von ihrem Kurs abweichen wird. Und wird sie in Fetzen geschossen, feuerst du die nächste Kopie auf dein Ziel ab. Schafft sie es nicht, dann vielleicht die nächste oder die übernächste. Das ideale Spielzeug für Generäle, Admiräle und ähnliche . . . äh . . . Schlachtenlenker." Er lachte sarkastisch.

Wir schwiegen lange.

„Gehen wir schlafen", sagte Andrew.

Ich schaltete die beiden Geräte aus. Das eine steckte ich in Fullers Aktentasche zurück, das andere reichte ich Andrew, nachdem ich das Band entnommen hatte. Ich schaute mich prüfend im Raum um: Schrank, Nachttische, Betten, Schreibtisch, Lampen, Klimaanlage, Papierkorb, Diwan, Chaiselongue, Sessel? Unter den Teppich? In der Toilette? – Alles ziemlich einfallslos, so leicht wollte ich es ihnen nicht machen. Ich untersuchte eine der Topfpflanzen. Sie wurzelte in einem faßähnlichen Behälter, dessen Daubenrand tiefer lag als der Boden. Ich schob die Kassette in den Zwischenraum und rückte die Pflanze wieder zurecht.

Ich half Andrew im Bad, dann hob ich ihn vom Rollstuhl ins Bett. Er war abgemagert und leicht wie eine Katze.

Später, als ich im Bett lag, sprang mich die Angst an. Ich krümmte mich zusammen, und mein Herz schlug wie rasend. Ich hielt die Luft an, um ein Stöhnen zu unterdrücken. Der Anfall ging vorüber.

„Sind wir eigentlich noch wirklich?"

„Eine überaus philosophische Frage", sagte Andrew. „Ich werde sie überschlafen müssen."

„Weil es mir gerade einfällt: Wußtest du, daß es hier eine Legende gibt, die besagt, daß nach der Zerstörung der Welt Allah zuerst wieder in der Omaijaden-Moschee angebetet werden wird?"

„Wenn es die Omaijaden-Moschee dann noch gibt und eine Menschenseele, die ihn anbeten kann."

Wir schwiegen lange.

„Haben wir eine Seele, Andrew?" fragte ich.

Er antwortete nicht, und ich dachte schon, er sei eingeschlafen, doch dann hörte ich, wie er sich im Bett zu mir umdrehte.

„Ein interessanter Aspekt", sagte er. „Ist die Seele unteilbar?" Er lachte leise; es klang wie ein Schluchzen. „Vielleicht ist das unser Problem, Pete: Wir haben keine Seele!"

Bald darauf hörte ich, daß er eingeschlafen war. Ich lag noch lange wach und haderte mit meinem Geschick. Warum ich? Warum nicht der andere? Was mochte er jetzt wohl tun? War er bei Rut im Cham Palace Hotel? Schlief er? Schlief er mit ihr? Jetzt in diesem Moment? Verschwendete er einen Gedanken an mich, seinen Ghoul, seinen zum Tode verurteilten Doppelgänger? Ich erinnerte mich an das, was Andrew über Interferenzerscheinungen zwischen Kopie und Original gesagt hatte. Wir hatten uns in den fast hundert Stunden seit dem Kopiervorgang „auseinandergelebt". Er war längst ein „anderer" geworden, hatte anderes erlebt, gehört, gesehen.

Hallo, du dort draußen, kannst du mich hören? Ich bin es, dein anderes Ich, das mit jeder Sekunde weiter von dir wegstürzt. Hörst du mich? Hörst du mich?

Ich lauschte hinaus in die Finsternis des Universums jenseits meiner Haut. Ich bekam keine Antwort.

Ich erwachte von einem seltsamen Heulen, Stöhnen und Knurren, das ich mir nicht erklären konnte. Der Morgen dämmerte. Ich stand auf und öffnete das Fenster. Es war der Morgenruf des Muezzins. Aus Hunderten von hoffnungslos übersteuerten Lautsprechern plärrten, dröhnten und klirrten mit voller Lautstärke der Name Gottes und die Ermahnung zum Gebet. Aber es hörte sich eher an wie das Geheul einer Heerschar von Teufeln, die hungrig nach einer armen Seele schnappen.

Es wurde an die Tür geklopft. Ich hörte McEnroes Stimme. Das Frühstück wurde hereingefahren. Es war opulent wie am Morgen meiner Ankunft in Damaskus, aber ich brachte keinen Bissen hinunter. Ich trank nur eine Tasse schwarzen Kaffee. Dann fuhren wir hinunter.

Als wir den Aufzug verließen, überkam mich eine unerklärliche Nervosität. Ich spürte, als ich mir Stirn und Mund wischte, daß meine Hand schweißnaß war. Mir war, als nähme meine Angst plötzlich in irgendeiner grauenhaften Form Gestalt an und träte mir gegenüber. Mir drohten die Knie nachzugeben. Bevor die Schwäche mich ganz übermannen konnte, faßte ich die Eingangstür ins Auge und schob den Rollstuhl darauf zu, ohne auch nur einmal den Blick zu wenden. Links und rechts vom Eingang lungerte ein halbes Dutzend Ausländer herum, alle sportlich trainiert, alle betont desinteressiert und doch von katzenhafter Wachsamkeit bei jeder Bewegung an der Glastür, alle einen Trenchcoat überm rechten Arm, als stünde trotz des wolkenlosen Himmels eine Regenzeit bevor. Waren es Kopien? McEnroe blickte nervös auf seinen Computer am Handgelenk. Er sprach ab und zu mit leiser Stimme hinein, dirigierte seine Einsatztruppe; wahrscheinlich hatte er seine Leute auch draußen und möglicherweise auch auf dem Dach postiert, damit sie Bewegungen in der Umgebung überwachten.

Ich blieb stehen, fühlte, daß ich meine Schwäche überwunden und mich wieder unter Kontrolle hatte.

Man hatte als Treffpunkt das Sheraton gewählt wegen des flachen, bunkerartigen Vorbaus vor dem Eingang, der einigermaßen Sicherheit bot gegen Einflußnahme von außen. Der Vorbau ist wie ein Autotunnel angelegt, etwa acht bis zehn Meter breit und seitlich galerieartig durchbrochen von halbhohen Bogen und Schlitzen. Durch diese Schlitze führen Fußwege, etwa anderthalb Meter breit und mit weißen Platten belegt, flankiert von Blumenrabatten, Agaven, immergrünen Rankengewächsen und struppigen Zwergpalmen, zu einem geräumigen Parkplatz. Dahinter steigt das Gelände, von dichtem Buschwerk und schütteren Eukalyptusbäumen bewachsen, an zu einer Mauer, in die in regelmäßigen Abständen Zäune aus Eisenstangen eingelassen sind. Jenseits der Faez-Mansur-Straße stehen mehrere Hochhäuser aus den achtziger und neunziger Jahren, und südwestlich der Mauer führt auf einem hohen Damm die Bahnlinie nach Beirut vorüber.

Wir warteten. Ich sah, daß Andrews Darmblutungen wieder eingesetzt hatten, unter denen er zunehmend litt. Ein dünnes Rinnsal perlte über die Kante der Sitzfläche und rann das verchromte Stahlrohr des Rollstuhls hinunter. „Ein Webfehler", hatte Andrew geringschätzig erklärt.

Plötzlich entstand Unruhe. An der Auffahrt hielten zwei große, staubbedeckte Mercedes Benz. Zwei drahtige junge Männer in langen weißen Gewändern und schwarzkarierten Kopftüchern sprangen heraus und blickten sich wachsam um. Sichtlich nicht nur Fahrer, sondern auch Leibwächter. Ein großer, breitschultriger Araber in einem weiten schwarzen Mantel und einem Aghal auf dem weißen Kopftuch stieg aus, gefolgt von einer älteren und einer jüngeren Frau, Kindern, zwei Jungen, drei Mädchen, im Alter von fünf bis fünfzehn Jahren. Sie blickten uns an, in ihren dunklen Augen war noch Schlaf.

McEnroe versuchte mit barscher Stimme den Breitschultrigen zu veranlassen, sofort die Wagen vom Eingang wegzufahren. Ein junger Mann von der Rezeption übersetzte händeringend und mit weinerlicher Stimme, doch das schien den Araber nicht im geringsten zu beeindrucken; er wandte sich ab. Als McEnroe ihm nacheilen wollte, standen die beiden Leibwächter blitzschnell vor ihm, die Hand am silbernen Griff des breiten Krummdolchs, den sie in der Schärpe vor dem Körper trugen. Doch sie blickten plötzlich in die Mündung von mehreren Maschinenpistolen, die unter Trenchcoats zum Vorschein gekommen waren.

Der Mann im schwarzen Mantel hob abwehrend beide Hände und erkundigte sich mit ruhiger Stimme. Der Mann von der Rezeption antwortete ihm unterwürfig. McEnroe scheuchte seine Leute zurück. Die Maschinenpistolen verschwanden, und die beiden Leibwächter machten sich ans Entladen des Gepäcks: Körbe und Lederkoffer, so groß wie Kleiderschränke. An McEnroes Handgelenk blinkte es. Fast gleichzeitig erschien links am Eingang zur Auffahrt ein dritter Wagen. Der Fahrer hielt, als er die beiden Autos vor dem Eingang stehen sah, und fuhr dann weiter auf den Parkplatz außerhalb des Vorbaus.

„Das ist er!" rief Andrew.

McEnroe sah sich verzweifelt um. „Los!“ schrie er wütend. Er wußte, daß er einen schweren Fehler gemacht hatte, als er versäumte, die Zufahrt für andere Fahrzeuge zu sperren, aber er hatte zu so früher Stunde keine erwartet. Ich schob den Rollstuhl zum Eingang hinaus und zwischen den beiden Mercedes hindurch zu dem Fußweg, der zum Parkplatz führte. Ein großer, schlanker, grauhaariger Mann in einem eleganten dunkelblauen Anzug war aus dem Wagen gestiegen, war nach hinten gegangen und hatte den Kofferraum geöffnet. Er hob einen großen Aluminiumkoffer heraus und drückte den Deckel des Kofferraums zu.

„Cecil!“ rief Andrew.

Er freut sich, ihn wiederzusehen, sagte ich mir. Dieses Monster, das ihn ein dutzendmal in die Hölle geschickt hat, um Geld damit zu verdienen.

Der Mann hob grüßend die Hand, und plötzlich geschahen mehrere Dinge gleichzeitig: Roughtrade riß mit einer heftigen Bewegung den Aluminiumkoffer hoch und schleuderte ihn von sich, dabei drückte er die Wirbelsäule durch, als würde er nach vorn gerissen, und seine Knie gaben nach. Aus seiner Brust begann an mehreren Stellen helles Blut zu sprudeln. Der Koffer machte zwei, drei Sprünge und begann weißen Rauch zu verströmen. Ich hörte Schüsse, sah aus dem Augenwinkel an zwei Stellen über der Mauer Mündungsfeuer aufblitzen.

McEnroe brüllte „Deckung!“, doch bevor ich überhaupt reagieren konnte, schien Andrews Kopf direkt vor mir zu explodieren und schwappte mir gegen Brust und Kinn. Ich spürte einen Schlag gegen den Leib und befand mich plötzlich auf einer kleinen Rasenfläche, zwischen Blumen und Gebüsch auf dem Rücken liegend. Der Rollstuhl stand vier, fünf Meter von mir entfernt. Andrew hing seitlich heraus; der obere Teil seines Kopfes war verschwunden. Ich hörte jetzt auch hinter mir und vom Dach Gewehrschüsse und Feuerstöße von Maschinenpistolen. Ich versuchte mich hochzurappeln, war aber zu schwach, um auf die Beine zu kommen. Ich betrachtete verwundert meine Arme, die über und über voller Blut waren. Da spürte ich einen Schlag zwischen den Schulterblättern, der mich hochriß. Plötzlich war ich wieder auf den Beinen, rannte durch Büsche und Blumen, nein, ich schwebte, denn Arme und Beine waren seltsam gefühllos geworden, während in meiner Brust ein rasendes Feuer um sich griff, das die Luft in meinen Lungen verzehrte und meine Augen mit schwarzem Rauch füllte, so daß ich nicht sah . . .

Ich sah, wie er in die Blumenrabatten geschleudert wurde und hinter dem Pfeiler der Galerie aus meinem Blickfeld verschwand, sah, wie er wiederauftauchte und durch die Büsche taumelte, bis er hinstürzte und liegenblieb, das Gesicht in orangefarbenen Blumen begraben. Ich taumelte gegen eine Säule des Foyers und wäre hingesunken, wenn ich mich nicht festgehalten hätte. Ich sah meine Arme und meine Brust an, weil mir einen Moment lang so gewesen war, als wären sie blutbesudelt.

„Sind Sie verletzt?" fragte einer der Leute McEnroes irritiert.

„Nein", keuchte ich, fühlte aber einen Schmerz in der Brust, als wäre ich getroffen worden und nicht der andere, den sie hinausgeschickt hatten.

Vom Bahndamm hinter der südwestlichen Mauer war ein langer qualvoller Schrei zu hören, dann verstummte das Schießen. Um so lauter war nun das Weinen der verschreckten Kinder zu hören, die im Foyer mit ihren Müttern hinter Gepäckstücken Schutz gesucht hatten.

Ich hörte McEnroe, der mit einem seiner Männer und den beiden Leibwächtern hinter den beiden Wagen am Eingang in Deckung gegangen war, draußen rufen: „Die Luft ist rein! Es müssen mindestens zwei gewesen sein."

Er kam mit zornrotem Gesicht ins Foyer hereingestapft, einen zerschossenen Aluminiumkoffer in der Hand. An den Einschußlöchern hatten sich dicke Eiskrusten gebildet.

„Verdammt!" knurrte er. „Müssen uns diese Kameltreiber in die Quere kommen!" Mit einer wütenden Bewegung schmiß er den Koffer neben einen Sessel. „Sie gehn besser nicht raus, Kirk, bevor die Schweinerei nicht aufgeräumt ist. Gehn Sie besser nach oben, so wie Sie aussehen!"

„Ich habe heute nacht sehr schlecht geschlafen", sagte ich.

„Machen Sie mir nichts vor! Ich habe Sie gewarnt, aber Sie wollten ja partout dabeisein. Da sind manchen Männern schon die merkwürdigsten Dinge passiert, wenn ihre Kopie starb, das kann ich Ihnen sagen!"

Es war weit schlimmer gewesen, als ich es für möglich gehalten hätte. Ich *spürte* ihn, bevor ich ihn sah, fühlte seine Aufregung und Angst. Dann kam er aus dem Aufzug, schob Andrew im Rollstuhl vor sich her. Ich dankte Gott, daß er nicht in meine Richtung sah; ich hätte seinem Blick nicht standhalten können. Ich spürte, wie meine Erregung sich auf ihn übertrug; wahrscheinlich wurde ihm das nicht bewußt, weil er ein Ziel vor Augen hatte; ich sah, wie seine Bewegungen fahriger wurden – oh, ich kenne sie, diese typischen Gesten, *meine* Gesten, der Griff an die Schläfe, das Wischen über den Mund, das trockene Schlucken, das ruckende Drehen des Kopfes, ertappte mich dabei, daß ich im Begriff war, sie nachzuäffen wie ein Spiegelbild, spürte, wie die wachsende Nervosität zu mir zurückflutete, wie ein neuraler Rückkoppelungsprozeß in Gang kam, der sich gefährlich aufzuschaukeln drohte.

Ich erzählte McEnroe auch nichts von dem schrecklichen Traum, der mich letzte Nacht heimgesucht hatte: Ich war durch den Souk geirrt, hatte in die mit Waren vollgestopften Speicher und Lagerhäuser geblickt, in die Büros und Kontore, in die Teestuben und Werkstätten, in die unterirdischen Schmieden und Bäckereien, nirgends fand ich einen Menschen, alles war kalt und von Staub und Asche bedeckt. In den düsteren Gewölben der Händler wimmelten Insekten, bargen die nutzlos gewordenen Waren für die Zukunft ihrer Welt. Immer wieder rief ich hinein in die Stille, doch niemand antwortete mir. Bis ich zur Omaijaden-Moschee kam. Da lagen sie alle, füllten den großen mit Teppichen gefüllten Raum rings um das Grab von Johannes dem Täufer, füllten den Hof zwischen den Arkaden, lagen dicht an dicht, die Schmiede, die Gewürzhändler, die Lastenträger neben den feingekleideten Herren von der Party des Zuckerbäckers, alle lagen sie da, nach Süden ausgerichtet, gen Mekka wie stets, Leib an Leib, und alle waren sie tot, und ihre verwesten Stirnen berührten den Boden.

Dann hörte ich den anderen, wie er mit meiner Stimme sagte: „Hallo, du dort draußen, kannst du mich hören? Ich bin es, dein anderes Ich, das mit jeder Sekunde weiter von dir wegstürzt. Hörst du mich? Hörst du mich?" Und es war, als spräche er aus der Tiefe der Erde und versänke mit jedem Wort tiefer in ihr.

Ich wachte auf und hatte Angst.

ICH FUHR in den sechsten Stock hinauf. Die Tür der Suite, in der der andere und Andrew letzte Nacht geschlafen hatten, war nur angelehnt. Als ich sie öffnen wollte, kam ein junger Mann mit einer Videokamera heraus.

„Sie können hier nicht rein!" sagte er.

Ich packte ihn an den Rockaufschlägen und sagte: „Sie Hampelmann! Ich wohne hier. Was machen Sie in meinem Zimmer?"

Er starrte mich verdattert an und hob beschwichtigend die Hände. „Okay, okay, Mr. Kirk!" Aber er gab mir den Weg nicht frei. „Spurensicherung abgeschlossen", sagte er in seinen Computer am Handgelenk. „Mr. Kirk ist hier. Darf er . . .? – Okay." Er gab mir endlich den Weg frei.

„Bürokratenarschloch!" sagte ich und knallte ihm die Tür vor der Nase zu, sah noch, wie er schützend die Kamera an die Brust drückte.

Was hatten die hier für „Spuren" gesichert? Ich blickte mich prüfend im Raum um. Hatte mein Alter ego mir eine Nachricht hinterlassen? Was kam als Versteck in Frage? Schrank, Nachttische, Betten, Schreibtisch, Lampen, Klimaanlage, Papierkorb, Diwan, Chaiselongue, Sessel? Unter dem Teppich? Auf der Toilette? – So einfallslos wäre er nicht gewesen. Ich untersuchte eine der Topfpflanzen.

„Ganz heiß, Kirk!" McEnroe stand hinter mir in der Tür und hielt triumphierend die Kassette eines Diktiergeräts in die Höhe. „Wo hätten Sie sie versteckt?"

Ich zuckte die Achseln. Die Topfpflanze steckte in einem faßähnlichen Behälter, dessen Daubenränder üblicherweise über den Boden hinausragten. „Vielleicht da drunter."

„Ihr elektronischen Zwillinge seid noch genauer aufeinander abgestimmt als Quarzuhren", sagte er begeistert. „Ganz schön, aber von einem Telemetrieingenieur hätte ich eigentlich ein bißchen mehr erwartet."

Ich hob die Schultern. Dabei fiel mein Blick auf Fullers Aktentasche, die neben einem Sessel stand. Plötzlich kam mir das Wort „Redundanz" in den Sinn. Ich ließ meinen Blick achtlos weiterwandern und öffnete die Tür.

„Ich muß mir diesen letzten Gruß erst anhören, Kirk. Tut mir leid, aber ich hatte jeden Kontakt untersagt."

Wir gingen in die andere Suite. Mitten im Raum standen drei gleiche Aluminiumcontainer, ähnlich dem zerschossenen, den McEnroe unten im Foyer aufgestellt hatte.

„Was ist das?" fragte ich.

„Das sind ULT-Container, wie sie für den Transport von Speicherkristallen mit Aufzeichnungen verwendet werden. Sie wurden heute morgen angeliefert. Was drin ist, weiß ich nicht. Wenn in dem zerstörten irgendeine wichtige Aufzeichnung war, steh ich verdammt blöd da."

Während McEnroe nach unten fuhr, machte ich mir ein Bier auf, dann schlenderte ich zurück in die andere Suite, setzte mich in den Sessel, nahm Fullers Aktentasche auf den Schoß und öffnete sie. Zwischen Kreuzworträtselmagazinen und Pornoheften fand ich Fullers Diktiergerät. Ich spulte es zurück und schaltete es ein.

„Aha", sagte Andrew, „ich verstehe: Redundanz."

„Genau", sagte mein anderes Ich.

Ich zog die Kassette heraus und steckte sie in die Tasche, das Gerät ließ ich in die Aktentasche zurückfallen. Ich schloß sie und stellte sie wieder neben den Sessel. Dann trank ich in aller Ruhe mein Bier aus, bevor ich wieder ins Foyer hinunterfuhr.

Man war gerade dabei, die Toten abzutransportieren. Auf einen der fünf schwarzen flachen Plastiksärge, die nebeneinander auf dem Parkplatz standen, hatte jemand mit Kreide „Kirk" geschrieben und darunter ein C, was höchstwahrscheinlich „Copy" bedeuten sollte. Auf zweien war nur ein Fragezeichen gemalt. Sie wurden in eine Ambulanz des amerikanischen Militärhospitals geschoben. Ein weiterer Wagen war mit zwei Verletzten vorausgefahren. Ein paar einheimische Polizei- und Militärfahrzeuge standen auf dem Parkplatz. Bewaffnete Männer in khakifarbenen Uniformen hatten an der Einfahrt und an der Ausfahrt Posten bezogen.

Die Stimmung unserer Leute war nervös und gedrückt. Ein dritter Attentäter hatte offenbar entkommen können; man hatte eine dritte Tatwaffe an der südwestlichen Mauer gefunden. Wahrscheinlich war der Mann mit Hilfe eines Komplizen über die Faez Mansur in Richtung Quneitra entkommen.

Zwei von McEnroes Männern hatten Schußverletzungen davongetragen. Einer war in sehr kritischem Zustand, und es handelte sich nicht um eine Kopie.

An der Durchfahrt zum Parkplatz waren zwei Hotelangestellte damit beschäftigt, mit Besen und Wasserschlauch die Blutspuren von den weißen Platten des Gehwegs und den Büschen zu entfernen. Beide kicherten über etwas, verstummten aber jäh, als ich näher kam.

„Do you want a taxi, Sir?“ fragte einer.

Ich starrte die schwärzlichbraunen Flecken an, die der Besen über den Boden schmierte, und schüttelte den Kopf.

In der Auffahrt stand achtlos abgestellt Andrews blutbesudelter Rollstuhl. Niemand hatte sich bislang darum gekümmert, ihn wegzubringen.

Im Foyer rechts vom Eingang stand McEnroe mit drei von seinen Leuten. Sie trugen immer noch die Trenchcoats überm Arm. Ich gesellte mich zu ihnen.

„Was waren das für Aufzeichnungen?“ fragte ich und deutete auf den zerschossenen Aluminiumcontainer.

„Woher soll ich das wissen?“ sagte er und wischte sich mit einem Taschentuch das schweißnasse Gesicht. „Hoffentlich nicht seine Forschungsunterlagen, die er mitbringen wollte. Dann wäre nämlich alles umsonst gewesen. Wenn diese Kristalle sich bloß um ein paar Grad erwärmen, sind die gespeicherten Informationen futsch. Und die da drin sind garantiert hinüber.“

„Wollte er nicht Andrews Aufzeichnung mitbringen?“

„Woher wollen Sie das wissen?“ fragte er mißtrauisch.

Ich dachte einen Moment lang nach. Es war mir entfallen. „Haben nicht Sie es mir gesagt?“

„Ich habe Ihnen nichts dergleichen gesagt.“ Er musterte mich aufmerksam.

„Ich habe wirklich keine Ahnung“, sagte ich achselzuckend. „Mir war so, als hätten Sie's mir selber gesagt.“

Er nickte. „Interessant. Entweder Sie sind cleverer, als ich Sie eingeschätzt habe, und haben sich jetzt verraten. Oder es ist eins dieser Phänomene, die ich schon öfter bei Zwillingen wie euch beobachtet habe.“

„Und was ist in den Containern, die oben stehen?“ fragte ich ihn.

„Wenn es stimmt, was er gesagt hat, ist dies eine Aufnahme von Roughtrade und eine von Baldenham.“

„Dann starb draußen tatsächlich Roughtrade in voller Lebensgröße?"

„Der Arzt sagt ja, aber ein endgültiges Urteil wird erst die Obduktion erbringen."

Ich konnte mir ein befriedigtes Nicken nicht verkneifen.

„Und in dem dritten?"

„Ich bete zu Gott", sagte er und legte tatsächlich seine fleischige Rechte auf die verschwitzte Hemdbrust, „daß das die Forschungsunterlagen sind, von denen er gesprochen hat."

Plötzlich traute ich meinen Augen nicht: Ich sah Rut am Eingang stehen und suchend umherblicken. Sie sah mich und kam auf mich zugeeilt.

McEnroe, der meinem Blick gefolgt war, hob die Hand und brüllte: „Nicht schießen!"

Rut hielt erschrocken inne, als sie die dunklen Läufe von Maschinenpistolen auf sich gerichtet sah.

„Kommen Sie her, Mrs. Kirk!" sagte McEnroe. „Es geschieht Ihnen nichts."

„Was hat das zu bedeuten?" fragte sie.

„Es hat hier heute morgen ein Attentat gegeben", sagte er. „Alle sind noch ein bißchen nervös." Er hob entschuldigend die Hände.

„Du bist hier, Rut?" fragte ich verblüfft.

Sie blickte mich stirnrunzelnd und sichtlich irritiert an. „Ich habe ein Zimmer im Cham Palace genommen, wie du es mir empfohlen hattest. Ich hab gestern den ganzen Tag auf dich oder wenigstens einen Anruf von dir gewartet. Die im Militärhospital sagten mir, du seist unterwegs und nicht zu erreichen. Aber von Infopool erhielt ich die Auskunft, du seist im Sheraton, aber es waren ständig andere Leute am Apparat, die mir sagten, du seist im Moment nicht da. Ich wußte nicht, was ich davon halten sollte, also habe ich ein Taxi genommen und bin hergefahren."

Ihre Augen blitzten kampflustig. Ich kannte diesen Blick.

„Es ist wunderbar, daß Sie da sind, Mrs. Kirk", meinte McEnroe, merkte aber sogleich, daß er mit seiner Gönnerhaftigkeit bei ihr nicht so richtig ankam. „Darf ich Ihnen einen Drink bringen lassen?"

„Danke, Mister. Ich will keinen Drink." Sie setzte sich und

zündete sich eine Zigarette an, wobei sie das brennende Feuerzeug, das ihr McEnroe hinhielt, geflissentlich übersah. „Aber ich will wissen, was hier gespielt wird."

Ich konnte mir denken, was gespielt worden war.

„Rut, ich . . ."

„Entschuldige, Pete, ich hätte gern eine Antwort von Mr. McEnroe. Er hat mich schließlich eingeladen, nach Damaskus zu kommen."

„Mrs. Kirk", sagte McEnroe, „es gibt Dinge, die aus triftigen Gründen der Geheimhaltung unterliegen. Aber ich versichere Ihnen, sie geschehen im Interesse unserer Regierung und zum Wohl des amerikanischen Volkes."

Ich befürchtete eine etwas weniger patriotische Bemerkung von Rut, deshalb sagte ich schnell: „Werde ich noch gebraucht hier?"

„Von mir aus können Sie in die Staaten zurückfliegen."

„Rut, entschuldige bitte, ich hole nur mein Gepäck runter."

„Aber nehmen Sie bloß dieses Weibsstück mit", fuhr er mit unterdrückter Stimme fort, während wir zu den Aufzügen gingen.

„Sie sprechen von meiner Frau."

„Ahaaa", sagte McEnroe gedehnt, und er grinste, indem er das Maul aufriß und seine Zungenspitze über die Unterlippe herabhängen ließ, was seiner Belustigung etwas ekelhaft Obszönes verlieh.

Wir betraten den Aufzug.

„Warum haben Sie sie überhaupt nach Damaskus kommen lassen?" frage ich mühsam beherrscht.

Er tat erstaunt. „Als Bonbon natürlich, für Ihren selbstlosen Einsatz. Ich habe Ihr Double auch noch mal dran lutschen lassen." Er lachte gackernd. „Dagegen werden Sie doch nichts haben bei Ihrer gewohnten Großzügigkeit!"

Wutentbrannt versuchte ich ihn an den Schultern zu packen und gegen die Wand zu drängen, doch er befreite sich mit einer mühelosen Bewegung. „Werden Sie nicht komisch", sagte er. „Fahren Sie mit ihr ins Cham Palace! Ich reserviere euch noch Plätze nach Portland und schick euch die Tickets."

„Sie sind die Güte selbst, McEnroe", sagte ich.

Er zuckte die Achseln. „Verbringen Sie ein paar schöne Stunden, und machen Sie mal wieder im Heimathafen fest für heute nacht."

„. . . und ein Schwein dazu."

Er tätschelte mir gönnerhaft die Schulter. „So gefallen Sie mir schon besser."

Die beiden Hotelangestellten hatten ihre Arbeit beendet, Andrews Rollstuhl war verschwunden, Ruts Absätze klapperten laut auf dem Pflaster.

Ich hatte es plötzlich eilig, von dem Ort wegzukommen, blickte mich nicht um. Ich hatte den Arm um ihre Schultern gelegt. Der Wind von den kahlen Bergen im Westen hatte schon die Hitze des Mittags. Er blies Rut die Locken halb übers Gesicht, als sie zu mir aufblickte. Sie wischte sie von der Wange und lächelte.

„Als ich dich vorgestern sah", sagte sie, „kamst du mir so unwirklich vor, als wärst gar nicht du es, den ich berührte. Heute bist du wirklich."

Ihre Hand, die in mein offenes Hemd fuhr und sich auf meine Brust legte, war kühl und zärtlich.

Als wir bei der kleinen Moschee am Nordwestausgang des Hotels zur Choukry Kouwatly angelangt waren, holte uns ein großer weißer Mercedes Benz ein, der vom Parkplatz des Sheraton kam. Er fuhr langsam neben uns her, die getönte Scheibe des Rückfensters wurde heruntergelassen. Ich blieb erschrocken stehen. Der Wagen hielt. Ich blickte in das Gesicht, das mich seit dem Flug auf der *Sultan Ahmet* im Wachen wie im Traum verfolgte. Die Narben knautschten sich zu einem aberwitzigen Lächeln, Gold blitzte.

„Es freut mich, Sie wohlauf zu sehen, Mr. Kirk", sagte es. „Grüßen Sie Mr. Baldenham, wenn Sie ihn gelegentlich wiedersehen."

„Von wem soll ich ihn grüßen?"

„Namen sind Schall und Rauch. Ich bin für ihn auch nur der, den er auf der *Sultan Ahmet* gesehen hat, obwohl wir uns in seinen anderen Leben gelegentlich begegnet sind."

Er nickte Rut zu und hob grüßend die Hand. Die getönte Scheibe fuhr nach oben, und der Wagen bog nach Süden auf die Avenue Choukry Kouwatly ein.

„Wer war das denn, um Himmels willen?" Sie schauderte.

Ich hob die Schultern. „Vielleicht ein echter Sklavenhändler."

„So was gibt's doch heute nicht mehr."

„Da wäre ich mir nicht so sicher."

Die Geborgenheit des Serails im Cham Palace ließ uns den Hader vergessen. Mitten in der Nacht erwachte ich. Ruts Arm lag über meiner Brust. Ich lauschte hinaus in die Dunkelheit. Ich hörte nur das leise Wispern der Klimaanlage. Die Rufe des anderen, der von mir weggestürzt war, waren verstummt.

Zwei Wochen nachdem wir wieder zu Hause in Portland waren, rief mich McEnroe an, um mir mitzuteilen, daß er mir die Kassette, die er mir „abgenommen" habe, nicht aushändigen könne, weil sie Informationen enthalte, die der höchsten militärischen Geheimhaltung unterlägen.

„Sie meinen ‚Knüppel aus dem Sack'?"

Er blickte mich resigniert an. „Sie haben mich also doch reingelegt, wie?"

„Ein Basisbegriff der Informationstheorie. Er heißt: ‚Redundanz'. Das Wie verrate ich Ihnen nicht."

Er nickte. „Wir werden wohl nie mehr miteinander zu tun haben."

„Ach, wie bedauerlich", sagte ich, aber er faßte es überhaupt nicht ironisch auf.

„Man hat mich gefeuert", erklärte er grämlich. „Abgeschoben hinter einen Schreibtisch."

„War der dritte Container leer?"

„Nein, aber der kaputte enthielt alle Forschungsunterlagen, auf die unsere Leute im Pentagon so heiß waren."

Der Bildschirm flackerte.

„Auch ein Schreibtischjob hat seine schönen Seiten", tröstete ich ihn. „Widmen Sie sich der vergleichenden Forschung von elektronisch hergestellten Zwillingen."

„Als ob auf dem Gebiet noch viel liefe!"

„Wieso? Sie haben doch Roughtrade."

„Haben Sie eine Ahnung!"

Er unterbrach die Verbindung.

KURZE Zeit später erhielt ich einen Anruf von Andrew. Man hatte ihn wiederholt operiert, er wirkte sehr schwach und erschöpft, aber es war offenbar gelungen, die Kopie medizinisch zu stabilisieren. Er war zuversichtlich und recht guter Dinge. Ich versprach ihm, ihn so bald wie möglich in der Klinik bei Pasadena zu besuchen.

Als die NASA mich Anfang Mai nach Houston beorderte, machte ich einen Umweg über Los Angeles und besuchte ihn.

Es war eine jener Kliniken, von denen McEnroe gesprochen hatte, in denen elektronische Klone an den rätselhaftesten körperlichen und geistigen Gebrechen dahinsiechten, denen das ungeteilte Interesse der Wissenschaft sicher war. Sie lag weit abseits in einem großzügigen Park mit alten Bäumen, ein Palais aus den sechziger Jahren des vorigen Jahrhunderts, das ein Hollywood-Millionär nach dem Vorbild eines französischen aus dem siebzehnten hatte errichten lassen, umgeben von den nüchternen weißen Flachbauten medizinisch-technischer Labors, niedergeduckt zwischen hohen Büschen und beschattet von alten Platanen und Kiefern.

Als ich auf den Parkplatz am Eingang fuhr, trat ein vierschrötiger weißhaariger Mann aus dem Pförtnerhäuschen. Er hinkte und stützte sich beim Gehen auf einen derben Bergstock mit einem silbernen Totenschädel als Knauf.

„Fahren Sie hierher in den Schatten, Mister!" rief er und wies mit dem Totenschädel auf eine mächtige Kiefer, die hinter dem Pförtnerhäuschen aufragte. Als der Mann den Kopf wandte, sah ich, daß er an der rechten Schläfe eine schwere Brandverletzung davongetragen hatte. Das Ohr war ein kleiner weißlicher, verschrumpelter Knorpel; Braue und Haaransatz waren weggebrannt; die Haut schimmerte glatt und rosig und wirkte wie straff über den Schläfenknochen gespannt. Ich sah, daß sein rechtes Bein stark verkürzt war und irgendwie nach außen verdreht, aber er bewegte sich geschickt und mit kraftvollen, fließenden Bewegungen.

Ich parkte den Wagen, stieg aus und schloß ihn ab, wandte mich um – und blieb verblüfft stehen.

„McEnroe?" fragte ich unsicher.

Er musterte mich prüfend. Sein rechtes Auge, beeinträchtigt

durch die schreckliche Brandnarbe an der Schläfe, war tiefer eingesunken als das linke.

„Kennen wir uns?“ fragte er.

Ich hob die Schultern. „Ich . . . ich glaube nicht.“

Er grinste plötzlich. „Sie haben mein Original kennengelernt“, sagte er. „Grüßen Sie diesen alten Bastard von mir, und sagen Sie ihm, daß ich wider Erwarten immer noch lebe.“ Er klemmte seinen Stock unter den Arm, nahm einen zerknautschten Zigarrenstummel vom Fensterbrett der Pförtnerloge, ließ ein Army-Feuerzeug aufschnappen und setzte ihn in Brand. „Wissen Sie“, sagte er paffend, „der Kerl hat es bis heute nicht für nötig gehalten, mal hier vorbeizukommen. Nicht mal 'ne Flasche Whisky oder ein paar Zigarren hat er mir geschickt. Dabei habe ich für ihn die Kastanien aus dem Feuer geholt.“ Er stieß eine gewaltige Wolke Tabakrauch aus. „Und das war ein verflucht heißes Feuer, das kann ich Ihnen sagen. Napalm.“ Er deutete mit dem Daumen auf seine Schläfe und betrachtete die Glut an seiner Zigarre. „Geben Sie mir hundert Dollar, Mister?“

„Bißchen viel Geld für 'nen Parkplatz.“

Er lachte. „Meine Nummer eins soll's Ihnen zurückgeben. Das ist mir der alte Schuft schuldig.“ Er schlug mit dem Stock gegen den Schuh seines verkürzten Fußes, der eine Handbreit über dem Boden schwebte.

Ich zog die Brieftasche heraus und reichte ihm eine Hundertdollarnote. Er grunzte befriedigt und steckte sie ein. Dann neigte er den Kopf und blickte mich forschend an. „Irgendwoher kenne ich Sie“, sagte er und spitzte nachdenklich die Lippen. „Das ist noch gar nicht lange her.“ Er betastete vorsichtig mit den Fingerspitzen das zarte Narbengewebe an der Schläfe. „Richtig“, sagte er und schlug mir mit dem Handrücken leicht gegen den Oberarm. „Es war ein Traum. Ein Überfall oder so was, auf 'ner Brücke. Jedenfalls kann ich mich an ein Geländer erinnern. Und ein Sanitätsauto war daran beteiligt. Jemand hielt eine Maschinenpistole auf mich gerichtet. Und Sie rannten herum und brüllten immer wieder: ‚Warum habt ihr ihn erschossen?‘“ Er nickte. Das eingesunkene Auge glitzerte wäßrig blau.

„Das war in Damaskus.“

„Seltsam, nicht? Ich bin nie in der Gegend gewesen.“

„Aber Ihre Nummer eins, wie Sie ihn nannten."

Er zuckte die Achseln und betrachtete gedankenversunken den silbernen Totenschädel an seinem Stock, dann löste er den zerweichten Zigarrenstummel von den Lippen und warf ihn weg.

Er ließ sich auf seinen verkürzten Fuß herab, als hätte er eine Stufe zu überwinden, und stieg dann mit einer fließenden Bewegung wieder hinauf auf den anderen, wobei er mit einem geschickten Kreisen der Hüfte die seitliche Abdrift korrigierte, die durch sein verkrümmtes Bein zustande kam. Er bewegte sich wie ein exakt gesteuerter Mechanismus, wie ein Montageroboter, und hatte in seiner organischen Versehrtheit zugleich etwas tief anrührend Menschliches.

„Haben Sie öfter mit ihm zu tun?" fragte er.

„Ich hoffe, nein. Wissen Sie, daß er seinen Job verloren hat?"

„Das gibt's doch nicht!"

„Es ist ihm in Damaskus eine schreckliche Panne passiert. Er hat damit eine für das Pentagon äußerst wichtige Sache vermasselt."

Er schlug heftig mit seinem Stock gegen den Schuh und lachte schallend. „Dabei sagt man immer, die Kopien seien blöder als die Originale, weil man hier oben" – er deutete auf seine verwüstete Stirn – „nicht alle Schrauben so ganz wieder hinkriegt. Aber in unserem Fall scheint es umgekehrt zu sein." Er schüttelte lachend den Kopf. „Wie ich das dem alten Bastard gönne!" Er schwang sich herum und hinkte auf das Pförtnerhäuschen zu. An der Tür machte er noch mal kehrt und hob den Stock. „Und vielen Dank für die hundert Dollar, Mister."

Ich ging durch den Park auf das Haupthaus zu. Ich sah viele Rollstühle, wenig Pflegepersonal und allenthalben hinfällige Menschen, die mehr oder weniger apathisch ihrem Tod ins Auge sahen. Neben ihnen wirkte Andrew geradezu vital.

Ich schob ihn in seinem Rollstuhl vor mir her über die asphaltierten Wege durch den Park.

„Weißt du, Roughtrade war nicht der ‚mad scientist', für den ihn manche hielten. Er war nur . . ., er war unheimlich konsequent. Aber" – Andrew blickte über die Schulter zu mir auf – „das erwartet man doch von einem Genie. Oder?"

Ich gab keine Antwort. Wir schwiegen beide eine Zeitlang; nur das Scheuern und Knirschen der Räder auf dem Weg war zu hören.

„Sie werden versuchen, mir nächsten Monat ein Paar Füße zu transplantieren. Ich habe zur Bedingung gemacht, daß sie ein Paar längere Unterschenkel aussuchen. Ich wollte schon immer ein bißchen größer sein", versuchte er zu scherzen, aber es gelang ihm nicht so recht. „Es war ein Schock für mich, als ich hier erwachte und die Füße waren weg. Gott sei Dank war ich von dem Whisky noch etwas benommen, den wir am Abend miteinander getrunken hatten. Gestern noch am Strand in Batticaloa, und es ist Dezember, und heute hier, und es ist Mitte April. Erinnerst du dich an den Fischer und an die Feuersäule am Himmel?"

„Freilich erinnere ich mich noch."

„Für dich ist es ein halbes Jahr her; für mich sind es erst vier Wochen."

„Erinnerst du dich an einen Mann mit goldenen Zähnen und einem Gesicht, das aussah wie mit einem Hackmesser bearbeitet? Wir sind ihm auf der *Sultan Ahmet* begegnet."

„Ich erinnere mich genau."

„Ich soll dich von ihm grüßen. Ich bin ihm kurz vor meiner Abreise in Damaskus begegnet. Er sagte, ihr wärt euch schon öfter über den Weg gelaufen."

„Ich kenne ihn nicht, aber das kann nur Naim Sanduk gewesen sein, Roughtrades ‚Seelenverkäufer'. Inzwischen habe ich meine elektronische Biographie nämlich genau studiert." Er wandte den Kopf und blickte lächelnd zu mir auf. „Übrigens, vielen Dank für deine Hilfe, Pete. – Ich weiß, was los ist. Mein Typ scheint begehrt gewesen zu sein: etwa ein Dutzend Kopien in vier Monaten. Gelegentlich muß ich gleich mehrfach zur selben Zeit existiert haben."

„Was ist eigentlich aus den Aufzeichnungen der anderen Wissenschaftler geworden, von Torre, Pazzi, Wordsworth, Nealon, Donsdorf, Rødestrom?" – Und der von Nancy Tanner? fügte ich im stillen hinzu.

„Ashkenside von der CIA meint, daß Roughtrade vereinbarungsgemäß alle Aufzeichnungen zerstört hat bis auf meine."

„Und seine."

„Und seine selbstverständlich."

„Was ist aus der geworden?"

„Man hat eine Kopie hergestellt. Sie ist erstaunlich gut. Weiß der Himmel, wie er das Kunststück fertiggebracht hat, die Aufzeichnung immer weiter zu verbessern."

„Wird man ihn vor Gericht stellen?"

„Das wird nicht möglich sein, Pete. Die Aufzeichnung ist fast fünfzehn Jahre alt. Sie wurde noch im Institut gemacht."

„Ein raffinierter Schachzug. Er weiß von nichts. Nichts von Kidnapping, nichts von Menschenhandel. Gar nichts."

„Er weiß wirklich von nichts."

„Und den Kaufpreis für seine Rückkehr in die Wohlanständigkeit hat die CIA selber verspielt: die Forschungsunterlagen. Sehr geschickt eingefädelt. Das sieht ganz nach einem abgekarteten Spiel aus."

„Das war sicher ein abgekartetes Spiel. Das ist typisch Roughtrade. Er sah keinen anderen Ausweg aus dem Teufelskreis von Geld, Macht und Gewalt, in den er geraten war."

„Um den Preis seines Lebens."

„Darunter ging's nicht."

„Dann starb Roughtrade also tatsächlich in Damaskus."

„Daran ist kein Zweifel. Die Obduktion hat es einwandfrei ergeben."

„Ich erinnere mich, daß es, abgesehen von dem, den er im Wagen hatte, drei Container waren, die er am frühen Morgen vor seiner Ankunft ins Sheraton hatte bringen lassen. In dem einen war eine Aufzeichnung von dir, im anderen eine von ihm. Wer oder was war in dem dritten?"

„Davon hat mir jemand erzählt, der in Damaskus dabei war, Jerry Shirley, einer von Ashkensides Leuten. Alle waren ganz heiß darauf, weil sie dachten, er enthielte die wissenschaftlichen Forschungsergebnisse. Weißt du, was sie fanden? Du wirst es nicht glauben, denn es ist der blanke Irrsinn! Die Aufzeichnung von hundertsechzig Tonnen Gold in Barren. Das Vermögen, das Roughtrade in einem Jahrzehnt zusammengerafft hat."

„Damit kann er zehn Institute einrichten, um seine Forschungen weiterzuführen."

„Da müßte es aber schon wirklich wie im Märchen zugeh'n."

„Wie bei Rumpelstilzchen."

„Genau! Nur genügte dem Stroh, um es zu Gold zu machen.

Um hundertsechzig Tonnen Barrengold im MIDAS-Kopierverfahren herzustellen, brauchst du jedoch genau hundertsechzig Tonnen atomar zerstäubtes Gold, um die Wirbelkammer zu beschicken."

„Und wo ist dieses Vermögen geblieben?"

„Sollte dir irgendwann wieder Naim Sanduk begegnen, dann frag ihn danach!"

„Ich hoffe, ihm nicht einmal mehr in meinen Träumen zu begegnen."

Ich blickte auf Andrews Schädel hinab. Die Haut auf seiner sommersprossigen Glatze war sonnenverbrannt und schuppte sich. Seine langen schmalen Hände lagen leicht auf den Doppelfelgen, die unter seinen Fingern hindurchglitten. Plötzlich hatte ich das überwältigende Gefühl eines Déjà-vu. Ich hielt den Atem an und schloß die Augen, aber es half nichts. Ich sah, wie Andrews Schädel in einer blutigen Eruption zerbarst und mir gegen Brust und Kinn schwappte. Ich blickte entsetzt an mir hinab. Überall war Blut, das mir an Brust und Armen hinablief.

„Was ist?" fragte Andrew. Er hatte den Rollstuhl angehalten und blickte zu mir auf. Ich bemerkte, daß meine Hände, die auf der Stange des Rollstuhls lagen, heftig zitterten.

„Nichts", wollte ich sagen, brachte aber zunächst nur ein Krächzen zustande. „Nichts."

Er biß sich auf die Unterlippe und nickte, dann setzte er mit einem energischen Stoß seinen Rollstuhl wieder in Bewegung.

„Schlimm ist es nachts", sagte er. „Dann überkommen mich oft Träume von Folter, von Siechtum und Tod. Ich werde an schrecklichen Orten gefangengehalten, die ich nie gesehen habe, werde von Menschen geschlagen und mißhandelt, denen ich nie begegnet bin."

Ich sah, daß sich auf seiner Kopfhaut Schweißperlen gebildet hatten, trotz der angenehmen Kühle unter den Bäumen.

„Und manchmal", sagte er, „träume ich von jenem Doppelgänger, damals, im Institut, aber ich bin es, der sein Leid und seine Verzweiflung hinausschreit, und es sind nur erschrockene und verständnislose Gesichter ringsum. Das ist am schlimmsten."

Wir kamen an einer Bank vorbei, auf der ein großer schlanker Mann von etwa vierzig Jahren saß. Er trug einen hellgrauen Anzug mit Weste und einen teuren Panamahut. Andrew legte die Hände auf die Felgen und brachte seinen Rollstuhl zum Stehen.

„Cecil", sagte er.

Der Mann wandte den Kopf und schien zu lauschen. „Ja."

„Ich bin's, Andrew. Andrew Baldenham."

„Ja, ja." Er lächelte. „Es ist ein Jammer."

„Kannst du dich an Pete Kirk erinnern? Ich hab dir von ihm erzählt."

„Es ist ein Jammer."

„Pete Kirk ist bei mir."

„Ja, ja." Er nahm den Hut vom Kopf, legte ihn in den Schoß und nickte mir freundlich lächelnd zu. „Es ist ein Jammer."

Als wir am Tor waren, reichte ich Andrew die Kassette.

„Was ist das?"

„Eine Aufnahme von unserem letzten Abend in Damaskus."

„Oh, wie schön. Die Unterhaltung zweier Morituri, für die Nachwelt erhalten."

„Ein Bekenntnis deinerseits zur Unteilbarkeit und Unverbrüchlichkeit des Determinismus."

Er lachte.

„Du solltest die gütige Vorsehung und die ausgleichende Gerechtigkeit mit in dein Glaubensbekenntnis aufnehmen", schlug ich vor.

„Sie sind mir im Leben nie untergekommen, Pete."

„Ich bin ihnen heute begegnet. Es muß die Hölle sein, so zu leben."

„Sei dir da nicht so sicher!"

„Dann ist es das Nichts, in dem er nun lebt."

Andrew hob die schmalen Schultern. „Es ist die Auferstehung des Fleisches."

„Ja, des Fleisches", sagte ich schaudernd.

Er hielt meine Hand, wollte sie nicht loslassen.

„Ich besuche euch mal, wenn ich wieder auf den Beinen bin", sagte er. „Buchstäblich, meine ich."

„Du bist immer willkommen, Andrew. Das weißt du."

„Grüß Rut von mir!"

„Das tue ich gern. Du weißt, daß sie dich mag."

Er lächelte.

„Gehst du wieder in den Orbit?“

„Ich bin auf dem Weg nach Houston, zur Einsatzbesprechung. Wir werden sehen.“

„Dann – viel Glück!“

„Dir auch!“

McEnroe kam aus dem Pförtnerhäuschen und hob grüßend den Stock mit dem blitzenden Knauf. „Nochmals vielen Dank, Mister!“ rief er.

Sie winkten mir lange nach; die kleine Gestalt im Rollstuhl und der vierschrötige Krüppel mit der verbrannten Schläfe. Als die Straße eine Biegung machte, stürzten sie aus dem Rückspiegel. Ich trat aufs Gaspedal und floh diesen Ort. Doch der Blick von Roughtrades Augen, mit denen er mich lächelnd angesehen hatte, verfolgte mich.

Sie waren völlig leer gewesen wie die Augen eines Toten.

Wolfgang Jeschke

Als Herausgeber von rund hundert Science-fiction-Anthologien ist der Name Wolfgang Jeschke den meisten deutschen Science-fiction-Fans bestens bekannt. Doch machte sich Jeschke nicht nur um die deutsche und internationale Science-fiction verdient, sondern er schreibt auch selbst Science-fiction-Geschichten und -Romane.

Geboren wurde er 1936 in Tetschen in der Tschechoslowakei und wuchs dann bei Stuttgart auf. Nach einer Lehre als Werkzeugmacher holte er das Abitur nach und studierte an der Universität München Germanistik, Anglistik und Philosophie. 1969 wurde er Redakteur bei „Kindlers Literatur Lexikon" und arbeitete von 1971 bis 1978 an der Enzyklopädie „Die Großen der Weltgeschichte" mit. Schon während dieser Zeit beschäftigte er sich mit Science-fiction. Von 1970 bis 1972 gab er die Reihe „Science Fiction für Kenner" im Lichtenberger Verlag heraus, seit 1973 dann die Reihe „Heyne Science Fiction & Fantasy" im Wilhelm Heyne Verlag, die er seit 1978 hauptberuflich auch als Lektor betreut.

Mit dem Publizieren von eigenen Aufsätzen und Erzählungen, meist Science-fiction, begann er schon als ganz junger Mann. 1981 erschien sein Roman „Der letzte Tag der Schöpfung", für den er den Kurd-Laßwitz-Preis erhielt, mit dem er auch noch für zwei seiner Erzählungen ausgezeichnet wurde. Seine Werke wurden in zahlreiche Sprachen übersetzt. Jeschke ist außerdem Autor mehrerer Hörspiele. 1987 ehrte ihn „World SF" mit dem Harrison Award für seine Verdienste um die internationale Science-fiction.

DIE WAFFEN-
HÄNDLER
VON ISHER
von ALFRED ELTON
VAN VOGT
Ins Deutsche
übertragen von
Wulf H. Bergner

Prolog

ZAUBERKÜNSTLER HYPNOTISIERT ZUSCHAUERMASSEN

MIDDLE CITY, 11. JUNI 1975 – Polizei und Presse glauben zu wissen, daß ein Zauberkünstler demnächst auf seiner Tournee hier einige Vorstellungen geben wird. Sie sind bereit, ihn herzlich zu empfangen, wenn er sich bereit findet, genau zu erklären, wie er es fertiggebracht hat, Hunderten von Menschen vorzuspiegeln, sie hätten ein seltsames Gebäude gesehen, das offenbar eine Art Waffengeschäft darstellen sollte.

Das Gebäude schien an der Stelle zu stehen, wo im vergangenen Jahr Pattersons Cafeteria eingerichtet wurde. Zu der fraglichen Zeit waren dort nur drei Angestellte anwesend, die nichts von den Vorgängen außerhalb des Restaurants bemerkt haben wollen. Über dem Eingang des Waffengeschäftes hing eine Leuchtschrift, die bereits den ersten Hinweis darauf gab, daß es sich bei dem angeblichen Gebäude nur um eine Illusion handeln konnte. Aus jedem Gesichtswinkel konnte man folgende Inschrift sehen: ERSTKLASSIGE WAFFEN ALLER ART. DAS RECHT, WAFFEN ZU ERWERBEN, IST DAS RECHT, FREI ZU SEIN.

In dem Schaufenster des Geschäfts waren eigenartige Waffen ausgestellt – Gewehre und kleinere Handfeuerwaffen; auf einem Leuchtschild stand: DIE BESTEN ENERGIEWAFFEN DES BEKANNTEN UNIVERSUMS.

Inspektor Clayton von der Kriminalbereitschaft versuchte das Geschäft zu betreten, aber die Tür war abgeschlossen. Wenige Augenblicke später unternahm C. J. McAllister, Reporter des *Gazette-Bulletin*, einen ähnlichen Versuch, fand die Tür offen und betrat das Geschäft.

Inspektor Clayton wollte seinem Beispiel folgen, mußte aber feststellen, daß die Tür wieder abgeschlossen war. McAllister scheint das Gebäude durch den rückwärtigen Ausgang verlassen zu haben, denn einige der Zuschauer wollen ihn dort gesehen haben. Nachdem er wiederaufgetaucht war, verschwand das seltsame Gebäude so plötzlich, wie es erschienen war.

Die Polizei gibt offen zu, daß sie bisher keine Erklärung dafür gefunden hat, wie es dem Zauberkünstler gelungen ist, eine so umfangreiche Illusion so lange vor so vielen Menschen zu erzeugen.

> Wir dürfen also mit Recht gespannt sein, welche anderen Tricks der Meister uns vorführen wird, sobald er mit seiner Schau nach Middle City kommt.

(Anmerkung des Verfassers: Der vorstehende Artikel erwähnt allerdings nicht, daß die Polizei versuchte, Verbindung mit McAllister aufzunehmen, weil sie glaubte, er könnte nähere Auskünfte geben. Seither sind einige Wochen vergangen, aber McAllister ist noch immer nicht wiederaufgetaucht.

Was ist McAllister also wirklich zugestoßen, nachdem er die Tür des geheimnisvollen Waffengeschäftes offen fand?)

DIE TÜR war in gewisser Beziehung ebenso seltsam wie der ganze Laden. Überraschend daran war nicht, daß sie sich öffnen ließ, sondern vielmehr, daß sie so federleicht nach außen schwang. McAllister glaubte zuerst, die Klinke habe sich unter seiner Hand aus der Tür gelöst.

Er blieb verblüfft stehen. Aber dann dachte er an Inspektor Clayton hinter sich. Und dieser Gedanke war wie ein Signal. Denn der Inspektor sagte im gleichen Augenblick laut:

„Ausgezeichnet, McAllister, jetzt können Sie die Sache mir überlassen."

Das Innere des Ladens war dunkel, zu finster, um etwas sehen zu können, und es war merkwürdig, daß seine Augen sich der herrschenden Dunkelheit kaum anpaßten. Aber da er Reporter war, machte er einen weiteren Schritt in diese Dunkelheit hinein. Aus dem Augenwinkel heraus sah er, wie Inspektor Clayton nach der Klinke griff, die seine eigenen Finger eben noch berührt hatten. Und er wußte genau, daß der Inspektor keinen Reporter in das Gebäude lassen würde, wenn er es irgendwie verhindern konnte. Er sah noch immer nach hinten und achtete mehr auf die Hand des Inspektors als auf die Dunkelheit vor sich; als er dann einen weiteren Schritt nach vorn machte, geschah etwas Bemerkenswertes.

Die Türklinke ließ sich nicht von Inspektor Claytons Hand berühren. Statt dessen bewegte sie sich und schien vor seinen Augen zu verschwimmen. Im gleichen Augenblick schlug die Tür blitzschnell zu und berührte dabei McAllisters Hacken. Der Reporter spürte keinen deutlich wahrnehmbaren Schlag, wurde aber trotzdem weiter in die Dunkelheit hineingestoßen. In dieser Zehntelsekunde verkrampften seine Muskeln sich unwillkürlich, aber als die Tür ins Schloß fiel, löste sich die nervöse Verkrampfung sofort wieder. Vor ihm lag der strahlend hell beleuchtete Laden; was hinter ihm lag, war vollkommen unwirklich!

McAllister brauchte einige Sekunden, um sich von seiner Überraschung zu erholen. Er blieb stehen, achtete kaum auf seine nähere Umgebung, sondern starrte nur durch die durchsichtige Tür nach draußen.

Nirgendwo mehr eine undurchdringliche Dunkelheit, kein Inspektor Clayton, keine verblüfften Zuschauer, keine bekannten Läden auf der anderen Straßenseite. Nicht einmal die gleiche Straße, sondern *keine* Straße. Statt dessen war ein gepflegter Park sichtbar. Hinter den Bäumen erhoben sich die Wolkenkratzer einer Großstadt. Dann sagte eine wohltönende Frauenstimme neben ihm: „Möchten Sie eine Waffe kaufen?"

McAllister drehte sich erschrocken um. Die Bewegung war eine automatische Reaktion auf das Geräusch. Und weil er alles noch immer für einen Traum hielt, verschwand auch das Bild der Stadt augenblicklich; seine Aufmerksamkeit konzentrierte sich auf die junge Frau, die aus einer Seitentür getreten war und sich ihm jetzt langsam näherte. Er wollte etwas sagen, fand nicht die richtigen Worte und sah statt dessen die junge Frau an. Sie war groß und schlank, hatte braune Haare und braune Augen. Sie lächelte freundlich. Das einfache Kleid wirkte auf den ersten Blick so normal, daß McAllister keinen Gedanken daran vergeudete. Er brachte schließlich hervor: „Ich verstehe nicht, warum der Polizeibeamte draußen bleiben mußte, während ich ohne weiteres den Laden betreten konnte. Und wo steckt er jetzt?"

Zu seiner Überraschung schien die junge Frau sich entschuldigen zu wollen: „Wir wissen, daß viele es für lächerlich halten, daß wir die alte Fehde nicht endlich einschlafen lassen." Ihre Stimme wurde fester. „Wir sind uns sogar darüber im klaren, daß unsere Haltung der gegnerischen Propaganda immer wieder Material liefert. Aber wir lassen ihre Leute trotzdem niemals herein, weil wir unsere Prinzipien weiterhin sehr ernst nehmen."

Sie machte eine Pause, als erwarte sie, daß er verständnisvoll mit dem Kopf nicke. Aber McAllister erkannte aus ihrem Stirnrunzeln, daß er nicht richtig reagierte. *Ihre Leute!* Die junge Frau meinte damit offenbar eine bestimmte Persönlichkeit und hatte den Ausdruck benützt, als McAllister von Polizisten gesprochen hatte. Das bedeutete, daß „ihre Leute", wer *sie* auch immer sein mochte, Polizisten waren – und daß diese Männer das Waffengeschäft nicht betreten durften. Die Tür war also so eingestellt, daß sie diesen Leuten den Zutritt verwehrte. McAllister hatte zum erstenmal den Verdacht, daß alles längst nicht so war, wie es sein sollte. Als die junge Frau wieder sprach, klang ihre Stimme schärfer. „Ist Ihnen wirklich nie zu Ohren gekommen, daß die Gilde der Waffenschmiede in diesem Zeitalter verheerender Energien den einzigen Schutz des gemeinen Mannes vor der Versklavung darstellt? Das Recht, Waffen zu erwerben . . ." Sie sprach nicht weiter, sondern betrachtete ihn prüfend und sagte dann langsam: „Irgendwie kommen Sie mir seltsam vor. Ihre eigenartige Kleidung – stammen Sie vielleicht aus den Farmgebieten im Norden?"

McAllister schüttelte schweigend den Kopf und ärgerte sich über seine Reaktion. Aber er war selbst dagegen machtlos. Die Spannung in seinem Innern nahm von Sekunde zu Sekunde zu, als werde ein Uhrwerk bis zum Äußersten aufgezogen.

Die junge Frau sprach rasch weiter: „Noch seltsamer ist eigentlich die Tatsache, daß die Alarmanlage nicht angesprochen hat, als der Polizist nach der Klinke griff."

Ihre Hand bewegte sich. Eine blitzende Waffe war auf McAllister gerichtet. Die Stimme klang nicht mehr entschuldigend, als die junge Frau sagte: „Sie bleiben, wo Sie sind, Sir, bis ich meinen Vater gerufen habe! In unserem Geschäft und bei unserer Verantwortung dürfen wir keine Risiken eingehen. Hier stimmt irgend etwas nicht."

Seltsamerweise begann McAllisters Verstand an diesem Punkt wieder normal zu funktionieren. Seine Überlegungen kamen zu dem gleichen Schluß. Wie war dieses Waffengeschäft an einer Straße im Jahre 1975 aufgetaucht? Wie war er selbst in diese phantastische Welt gelangt? Sie hatte recht. Irgend etwas stimmte hier nicht.

Er starrte die Waffe an. Sie war verhältnismäßig klein, wie ein Revolver geformt, aber mit drei Würfeln, die halbkreisförmig um den hinteren Teil des Laufs angeordnet waren. Der Anblick allein genügte, um McAllister nervös zu machen, denn die Waffe war so wirklich wie die gebräunte Hand, in der sie lag.

„Großer Gott", flüsterte er. „Was für ein Teufelsding ist denn das? Lassen Sie lieber den Unsinn, Miß. Wir müssen endlich herausbekommen, was hier los ist."

Die junge Frau schien gar nicht zugehört zu haben. McAllister stellte fest, daß sie immer wieder nach links sah. Er folgte ihrem Blick und sah dort sieben weiße Lämpchen aufblitzen. Seltsame Lämpchen! Er war geradezu fasziniert von dem Wechsel zwischen Hell und Dunkel, da die Leuchtkraft der Lämpchen sich ständig veränderte, als reagierten sie auf die Messungen eines hochempfindlichen Barometers. Als sie schließlich alle gleichzeitig hell leuchteten, sah er wieder zu der jungen Frau zurück. Zu seiner Überraschung hatte sie ihre Waffe eingesteckt. Sie schien seine Verwunderung bemerkt zu haben.

„Alles in Ordnung", stellte sie gelassen fest. „Sie werden jetzt von der Automatik überwacht. Falls wir uns geirrt haben, entschuldigen wir uns gern. Wenn Sie noch immer eine Waffe kaufen möchten, führe ich Ihnen selbstverständlich einige vor."

Die Automatik überwacht mich also, dachte McAllister. Diese Information beruhigte ihn keineswegs. Welche Funktion die Automatik auch hatte – sie würde sich jedenfalls nicht zu seinen Gunsten auswirken. Da die junge Frau trotz ihres Mißtrauens die Waffe aus der Hand legte, war die Überwachung wohl sehr wirksam. Selbstverständlich mußte er den Laden so schnell wie möglich verlassen. Aber in der Zwischenzeit nahm die junge Frau offenbar an, daß ein Mann, der ein Waffengeschäft betrat, auch eine Waffe kaufen wollte. Ihm fiel plötzlich ein, daß er eine dieser Waffen aus nächster Nähe sehen wollte. Allein ihre Form war verblüffend genug, um seine Neugier zu erregen. Deshalb antwortete er jetzt: „Richtig, zeigen Sie mir bitte einige Modelle." Dann fiel ihm etwas ein. Er fügte hinzu: „Ich nehme an, daß Ihr Vater mich irgendwie beobachtet."

Die junge Frau ging nicht auf die Vitrinen zu, in denen die Waffen ausgestellt waren. Statt dessen starrte sie McAllister verwirrt an.

„Sie sind sich vielleicht nicht darüber im klaren", sagte sie langsam, „aber Sie haben unseren ganzen Betrieb bereits gründlich durcheinandergebracht. Die Lämpchen der Automatik hätten sofort gleichmäßig aufleuchten müssen, nachdem mein Vater auf den Knopf gedrückt hat. Aber sie haben es nicht getan! Das ist unnatürlich, denn . . ." Sie runzelte die Stirn. „Aber wie wären Sie durch die Tür gekommen, wenn Sie einer von den anderen wären? Ist es möglich, daß ihre Wissenschaftler Menschen gefunden haben, die unsere Alarmanlagen nicht aktivieren? Und daß Sie die Vorhut sind, die versuchen soll, ob ein Eindringen möglich ist? Aber das wäre ebenfalls unlogisch. Wenn nur die geringste Hoffnung auf Erfolg bestünde, wären Ihnen schon längst andere gefolgt, um den Angriff energisch vorzutragen. Sie ist rücksichtslos, sie ist brillant – und sie strebt die totale Herrschaft über arme Narren wie Sie an, die dumm genug sind, sie anzubeten und sich von der Pracht des kaiserlichen Hofes blenden zu lassen."

Die junge Frau machte eine Pause und lächelte schwach. „Schon wieder eine politische Ansprache. Aber Sie sehen selbst, daß wir Ihnen gegenüber aus verschiedenen Gründen mißtrauisch sein müssen."

In einer Ecke stand ein Sessel. McAllister ging darauf zu. Er konnte endlich wieder etwas gelassener denken. „Hören Sie", begann er, „ich weiß nicht einmal, wovon Sie sprechen. Ich habe keine Ahnung, wie ich in Ihren Laden geraten bin. Ich bin völlig Ihrer Meinung, daß es dafür eine Erklärung geben muß – aber bestimmt nicht die, von der Sie eben gesprochen haben."

Seine Stimme versagte plötzlich. Er hatte sich in den Sessel setzen wollen, richtete sich aber dann sehr langsam wieder auf. Seine Augen blieben auf einen Punkt über der nächsten Vitrine gerichtet. Er sagte mit heiserer Stimme: „Ist das . . . ein Kalender?"

Die junge Frau nickte überrascht. „Richtig, heute ist der dritte Juni. Stimmt etwas nicht?"

„Das meine ich nicht. Ich meine . . ." Er beherrschte sich mühsam. „Ich meine die Zahlen darüber; ich wollte fragen . . . In welchem Jahr befinden wir uns?"

Die junge Frau zog die Augenbrauen in die Höhe. Sie öffnete die Lippen, schüttelte den Kopf und trat einen Schritt zurück. Dann sagte sie: „Starren Sie mich nicht so an! Alles ist in Ordnung. Wir leben im vierundachtzigsten Jahr des siebenundvierzigsten Jahrhunderts der Herrschaft des kaiserlichen Hauses Isher. Das weiß doch jedes Kind."

McAllister ließ sich langsam in den Sessel sinken und war selbst darüber verblüfft, daß er eigentlich gar nichts empfand. Aber was sollte er in diesem Augenblick denken? Er war nicht einmal sonderlich überrascht, denn die Ereignisse fügten sich zu einem zwar unverständlichen, aber immerhin logischen Ganzen zusammen. Das Gebäude stand dort, wo 1975 ein anderes gestanden hatte; die seltsame Tür, die nur ihn eingelassen hatte. Die Leuchtschrift, die Freiheit und Waffenerwerb miteinander verband. Das Schaufenster mit den besten Energiewaffen des bekannten Universums . . .

Er bemerkte, daß die junge Frau sich mit einem weißhaarigen älteren Mann unterhielt, der auf der Schwelle der Tür stand, durch die sie selbst den Laden betreten hatte. Beide sahen gelegentlich besorgt zu ihm herüber. McAllister konnte nicht hören, was sie sagten, und erschrak fast, als die junge Frau sich an ihn wandte: „Wie heißen Sie?"

McAllister gab seinen Namen an.

Die junge Frau zögerte, bevor sie weitersprach: „Mr. McAllister, mein Vater möchte wissen, aus welchem Jahr Sie kommen!"

Der weißhaarige Mann trat vor. „Ich fürchte allerdings", stellte er ernst fest, „daß uns keine Zeit zu ausführlichen Erklärungen bleibt. Offenbar ist die Katastrophe eingetreten, vor der wir Waffenschmiede uns seit Jahrhunderten fürchten: daß wieder einmal jemand versucht, die uneingeschränkte Herrschaft an sich zu reißen. Aber bevor das möglich ist, müssen wir vernichtet werden. Ihre Anwesenheit ist der Beweis für eine Energiewaffe, die sie gegen uns eingesetzt haben – eine so neuartige Waffe, daß wir bisher von dieser Bedrohung nichts geahnt haben. Aber jetzt dürfen wir keine Zeit mehr verlieren. Sprich mit ihm, Lystra, und warne ihn vor der Gefahr, in der er schwebt." Der Mann wandte sich ab. Die Tür schloß sich lautlos hinter ihm.

„In welcher Gefahr befinde ich mich seiner Meinung nach?" erkundigte sich McAllister sofort.

Die braunen Augen der jungen Frau starrten ihn nachdenklich an. „Das ist nicht einfach zu erklären", begann sie zögernd. „Vielleicht kommen Sie am besten hierher ans Fenster. Für Sie ist alles ziemlich verwirrend, nehme ich an."

McAllister holte tief Luft und nickte.

Seine Befürchtungen waren verflogen. Der weißhaarige Mann schien genau zu wissen, was sich ereignet hatte. Das konnte nur bedeuten, daß McAllister bald wieder zu Hause sein würde. Daß die Waffenschmiede sich bedroht und angegriffen fühlten, war nicht sein Problem. Er ging auf die junge Frau zu, die überraschenderweise zurückwich, als habe er sie bedroht. Als er verblüfft die Stirn runzelte, lachte sie unsicher und sagte: „Seien Sie bitte nicht beleidigt – aber Sie dürfen keinen Menschen berühren, in dessen Nähe Sie kommen. Sonst sind Sie selbst in höchster Lebensgefahr!"

McAllister spürte, daß ihm ein kalter Schauer über den Rücken lief. Dann wurde er plötzlich ungeduldig, als er sah, daß die junge Frau ihn ängstlich beobachtete. „Hören Sie", begann er, „ich möchte endlich Klarheit haben. Wir können hier ungefährdet sprechen, solange ich nicht in Ihre Nähe komme oder Sie gar berühre. Stimmt das?"

Sie nickte rasch. „Der Fußboden, die Wände, die Einrichtung – der ganze Laden besteht nur aus nichtleitenden Materialien."

McAllister hatte das Gefühl, über einem bodenlosen Abgrund auf einem schwankenden Drahtseil zu balancieren. Er beherrschte sich mit einiger Anstrengung. „Am besten fangen wir ganz von vorn an", sagte er. „Woher haben Sie und Ihr Vater gewußt, daß ich nicht . . . aus dieser Zeit stamme?"

„Vater hat Sie fotografiert", antwortete die junge Frau. „Er hat den Inhalt Ihrer Taschen aufgenommen. Dabei hat er gemerkt, daß irgend etwas nicht in Ordnung war. Unsere selektiven Energien, mit deren Hilfe die Alarmanlagen funktionieren, sind selbst Träger der Energie geworden, mit der Sie geladen sind. Deshalb hat die Automatik sich nicht gleich auf Sie eingestellt und . . ."

„Energie . . . geladen?" stotterte McAllister.

Die junge Frau starrte ihn an. „Verstehen Sie noch immer nicht?" flüsterte sie. „Sie haben siebentausend Jahre in einem einzigen Augenblick durchquert. Und die Zeit ist die stärkste Energie des Universums. Sie sind mit etlichen Trillionen Zeitenergieeinheiten aufgeladen. Wenn Sie jetzt unseren Laden verließen, würden Sie die kaiserliche Hauptstadt in die Luft sprengen und das Land im weiten Umkreis zerstören." Ihre Stimme schwankte unsicher, als sie lauter schloß: „Wahrscheinlich könnten Sie sogar mit einem Schlag die Erde vernichten!"

McAllister hatte den Spiegel bisher noch nicht bemerkt. Das war eigentlich seltsam, denn er war doch wirklich groß genug und nahm fast die ganze Wand vor ihm ein, die noch vor einer Minute (das hätte er beschwören können) aus massivem Metall bestanden hatte.

„Sehen Sie sich gut an", riet die junge Frau ihm. „Nichts ist so beruhigend wie der eigene Anblick. Tatsächlich hat Ihr Körper den geistigen Schock sehr gut überwunden."

McAllister starrte das Bild im Spiegel an. Sein hageres Gesicht war unnatürlich blaß, aber sein Körper zitterte wenigstens nicht, wie er sich bisher eingebildet hatte. Plötzlich fühlte er sich wieder besser. „Vielen Dank", sagte er ruhig. „Das habe ich wirklich gebraucht."

Die junge Frau lächelte ermutigend. McAllister wunderte sich über sie. Noch vor wenigen Minuten hatte sie kaum die richtigen Worte gefunden, um ihm die Gefahr zu erklären, in der er sich befand. Aber der Trick mit dem Spiegel bewies, daß sie trotzdem genau wußte, welche psychologischen Methoden in seinem Fall am wirksamsten waren. Er sagte langsam: „Für Sie besteht das Problem also jetzt darin, die herrschsüchtige Dame zu überlisten und mich in das Jahr 1975 zurückzubringen, bevor ich die Erde in die Luft jage."

Die junge Frau nickte. „Vater sagt, daß wir Sie wieder zurückschicken können, aber es ist schwierig. Sehen Sie her!"

McAllister hatte keine Zeit, seine Erleichterung darüber zu genießen, daß er wieder nach Hause zurückkehren würde. Die junge Frau betätigte einen der zahlreichen Schalter an der Wand hinter ihr. Der Spiegel verwandelte sich augenblicklich in eine massive Metallwand. Noch ein Schalter. Die Wand war verschwunden. Vor McAllister erstreckte sich jetzt ein Park, der eine Fortsetzung des anderen zu sein schien, der vor dem Schaufenster lag. Überall standen Bäume, blühten Blumen, wuchs saftiges grünes Gras.

Ein riesiges Gebäude ragte dunkel vor dem Himmel auf und beherrschte den gesamten Horizont. Es stand etwa fünfhundert Meter von dem Waffengeschäft entfernt und war ebenso lang und mindestens ebenso hoch. Weder in der Umgebung des Gebäudes noch in dem Park waren Menschen zu sehen. Selbst die Bäume standen bewegungslos in der strahlenden Nachmittagssonne.

„Passen Sie gut auf", sagte die junge Frau leise.

Diesmal betätigte sie keinen Schalter, sondern veränderte nur die Einstellung eines der Knöpfe. Das Bild vor McAllisters Augen schien zu verschwimmen, obwohl die Sonne nach wie vor aus einem wolkenlosen Himmel schien. Die Verzerrung war nicht einmal so stark, als ob plötzlich eine Glasscheibe vor ihm aufgetaucht wäre; zwischen ihm und dem Park lag kein sichtbares Hindernis. Aber der Park war jetzt nicht mehr leer und verlassen.

Hunderte von Männern und Maschinen waren sichtbar geworden. McAllister beobachtete die Szene erstaunt, bis ihm auffiel, wie bedrohlich diese Gestalten wirkten.

„Die Männer sind Soldaten", stellte er schließlich fest, „und die Maschinen sind . . ."

„Energiekanonen", warf die junge Frau ein. „Sie müssen eine Methode finden, um ihre Waffen nahe genug in Stellung bringen zu können. Selbstverständlich wirken die Kanonen auch über weite Entfernungen hinweg. Selbst die Gewehre, die wir verkaufen, wirken aus zwei oder drei Kilometer Entfernung gegen ungeschützte Lebewesen. Aber unsere Waffengeschäfte sind so stark befestigt, daß sie ihre größten Kanonen bis auf Kernschußweite heranbringen müssen. Bisher ist ihnen das noch nie geglückt, weil uns der umliegende Park gehört und weil unsere Alarmanlagen einwandfrei funktionieren – bis heute. Die neue Energieart, die sie benutzen, beeinflußt unsere Instrumente nicht; noch schlimmer ist allerdings, daß sie unsere Gegner vor unseren Waffen schützt. Natürlich ist längst bekannt, wie man sich unsichtbar machen kann, aber wenn Sie nicht zufällig hereingekommen wären, hätten wir alle den Tod gefunden, ohne überhaupt zu wissen, daß wir angegriffen werden."

„Aber was haben Sie vor?" erkundigte sich McAllister aufgeregt. „Die Soldaten sind noch immer dort draußen, sie arbeiten weiter und . . ."

Die braunen Augen der jungen Frau blitzten. „Mein Vater hat die Gilde bereits gewarnt. Einzelne Mitglieder haben daraufhin festgestellt, daß unsichtbare Soldaten vor ihren Geschäften unsichtbare Kanonen in Stellung bringen. Der Großrat tritt bald zusammen, um Abwehrmaßnahmen zu beraten."

McAllister beobachtete schweigend, wie die Soldaten schwere Kabel auslegten, die zu dem schwarzen Gebäude im Hintergrund führten, dreißig Zentimeter starke Kabel, die ahnen ließen, welche titanischen Energien bald gegen den winzigen Laden eingesetzt werden sollten. Dazu gab es nichts zu sagen. Die Realität dort draußen überschattete Sätze und Phrasen. Er konnte hier weniger nützen als alle anderen Anwesenden, seine Meinung hatte das geringste Gewicht. Er mußte diesen Gedanken laut ausgesprochen haben, denn der Vater der jungen Frau antwortete plötzlich hinter ihm: „Sie irren sich, Mr. McAllister. Sie sind im Gegenteil wertvoller als jeder andere. Nur durch Sie haben wir überhaupt erkannt, daß die Isher uns angreifen wollen. Fast noch wichtiger ist allerdings die Tatsache, daß unsere Feinde nichts von Ihrer Anwesenheit wissen, so daß sie nicht ahnen können, welchen Nebeneffekt ihre neue Energie hat. Folglich sind Sie ein unbekannter Faktor, den wir sofort ausnützen müssen."

Der Mann sieht älter als vorhin aus, dachte der Reporter. Sein hageres Gesicht war sorgenvoll; seine Stimme klang schärfer, als er sagte: „Lystra, Nummer sieben!"

Während die junge Frau auf den siebenten Knopf drückte, wandte ihr Vater sich wieder an McAllister. „Der Großrat unserer Gilde ist bereits zu einer Sitzung zusammengetreten. Wir müssen die bestmögliche Lösung des Problems finden, das uns alle bedroht. Die bisherigen Gespräche haben erst eine Möglichkeit erkennen lassen, die . . ., äh, Gentlemen!"

McAllister drehte sich überrascht um, als der andere über seine Schulter hinweg sprach. Hinter ihm kamen Männer aus der massiven Wand – so leicht und mühelos, als ob dort eine Tür wäre. Einer, zwei, fünf . . ., dreißig.

Sie alle gingen wortlos an McAllister vorbei. Nur einer von ihnen lächelte und blieb kurz vor ihm stehen.

„Machen Sie endlich wieder den Mund zu, alter Freund. Glauben Sie, wir hätten bisher alle Angriffe überstanden, wenn wir nicht schon lange das Prinzip der Teleportation in die Praxis umgesetzt hätten? Die Polizei hat sich schon immer große Mühe gegeben, uns von unseren Rohstoffquellen abzuschneiden. Ich heiße übrigens Cadron – Peter Cadron!"

McAllister nickte kurz. Die neuen Maschinen beeindruckten ihn kaum noch. Hier hatte er das Endergebnis des Maschinenzeitalters vor sich – eine so fortgeschrittene Wissenschaft, daß die

Menschen sich kaum noch bewegen konnten, ohne eine Maschine zu beeinflussen oder selbst von einer beeinflußt zu werden. Ein dicklicher Mann neben ihm sagte: „Wir haben uns hier versammelt, weil festzustehen scheint, daß die neue Energie aus dem Gebäude kommt, das dort drüben hinter dem Park . . ."

Er zeigte auf die massive Wand, die zuvor ein Spiegel und dann ein Fenster gewesen war, durch das der Reporter das riesige Gebäude gesehen hatte. Der andere fuhr fort: „Seitdem das Gebäude vor fünf Jahren fertiggestellt wurde, haben wir gewußt, daß es sich dabei um ein Kraftwerk handelt, dessen Bau ausschließlich gegen uns gerichtet ist. Jetzt wissen wir, daß daraus eine so starke Energie fließt, daß sogar die Grenzen zwischen Zeit und Raum überwunden werden – allerdings zum Glück nur in der Nähe dieses Ladens, der dem Kraftwerk am nächsten liegt. Offenbar nimmt die Energie rasch ab, wenn sie weitere Entfernungen zu überwinden hat."

„Hören Sie, Dresley", warf ein anderer ungeduldig ein, „was sollen die langen Vorreden? Sie haben die Vorschläge der regionalen Gruppen geprüft. Ist ein vernünftiger dabei, der Aussicht auf Erfolg hat?"

Dresley zögerte. Zu McAllisters Überraschung waren die Augen des Mannes zweifelnd auf ihn gerichtet. Das plumpe Gesicht nahm plötzlich einen entschlossenen Ausdruck an. „Ja, es gibt eine Methode, die aber voraussetzt, daß unser Freund aus der Vergangenheit ein großes Risiko auf sich nimmt. Sie alle wissen, was ich damit meine. Auf diese Weise gewinnen wir die benötigte Zeit."

„Was?" fragte McAllister erstaunt und merkte erst jetzt, daß ihn alle anstarrten.

McAllister wünschte sich in diesem Augenblick wieder einen Spiegel, um zu sehen, ob er nicht etwa doch zitterte. Er sah von einem Mann zum anderen und stellte fest, daß ihre Zahl sich irgendwie verringert zu haben schien. Eins, drei, sechs . . ., achtundzwanzig, wenn er die junge Frau mitzählte. Dabei hätte er schwören können, daß es vorher noch zweiunddreißig gewesen waren. Dann fiel sein Blick auf die rückwärtige Tür, die sich langsam schloß. Vier der Männer waren also dorthin verschwunden.

Er schüttelte verwirrt den Kopf und starrte die Leute vor sich an.

„Wie können Sie voraussetzen, daß ich mich zu etwas zwingen lassen würde? Wenn Sie nicht gelogen haben, bin ich geradezu mit Energie geladen. Vielleicht irre ich mich, aber wenn einer von Ihnen mich anfaßt, würde diese Energie sich verheerend ...", sagte er.

„Sie haben völlig recht", unterbrach ihn ein junger Mann. Er wandte sich wütend an Dresley. „Wie können Sie einen so primitiven psychologischen Fehler machen? Sie wissen doch, daß McAllister alles tun muß, was wir vorschlagen, weil er sich selbst retten will, und zwar schnell!"

Dresley machte eine abwehrende Handbewegung. „Wir haben nur keine Zeit für lange Erklärungen", antwortete er. „Deshalb wollte ich ausprobieren, ob er sich vielleicht einschüchtern läßt. Aber jetzt sehe ich, daß wir es mit einem intelligenten Mann zu tun haben."

McAllister runzelte die Stirn. Irgend etwas stimmte hier nicht. Er sagte mit scharfer Stimme: „Sparen Sie sich Ihre Komplimente lieber für einen anderen auf. Sie alle schwitzen bereits Blut. Sie würden sogar Ihre eigene Großmutter umbringen, um mich dazu zu bringen, daß ich den Vorschlag annehme, weil Ihre kostbare Welt gefährdet zu sein scheint. Welches Risiko soll ich auf mich nehmen, damit Sie wieder ruhig schlafen können?"

Der junge Mann antwortete: „Sie sollen einen isolierten Schutzanzug anziehen und damit in Ihre Zeit zurückkehren ..."

Er machte eine Pause. McAllister stellte fest: „Bisher scheint alles in Ordnung zu sein. Was ist der Haken an der Sache?"

„Sie hat keinen Haken!"

McAllister schüttelte den Kopf. „Hören Sie", begann er wütend, „damit können Sie mich nicht hereinlegen. Wenn die Sache so einfach ist, kann sie unmöglich gegen die Energiewaffen der Isher helfen. Oder sind Sie anderer Meinung?"

Der junge Mann sah nochmals zu Dresley hinüber. „Sehen Sie, jetzt ist er mißtrauisch, weil Sie ihn mit Ihrem Gerede kopfscheu gemacht haben." Er wandte sich wieder an McAllister. „Wir wollen nur das alte Prinzip von Hebelarm und Drehpunkt ausnützen. Sie sollen das Gewicht am langen Ende des Energiehebels darstellen, das ein größeres Gewicht am kürzeren Hebelarm bewegt. Sie kehren fünftausend Jahre weit in die Vergangenheit zurück; die

Maschinen des Kraftwerks, auf die Ihr Körper eingestellt ist und die uns im Augenblick Sorgen machen, werden einige Monate weit in die Zukunft versetzt."

„Und dadurch haben wir genügend Zeit, unsere Abwehrmaßnahmen entsprechend zu planen", warf ein anderer ein, bevor McAllister etwas sagen konnte. „Es muß eine Lösung geben, denn sonst wären unsere Gegner offen gegen uns vorgegangen. Na, was halten Sie davon?"

McAllister ging langsam auf den Sessel zu, in dem er vorher gesessen hatte. Er überlegte angestrengt, war sich aber darüber im klaren, daß er technisch nicht genügend ausgebildet war, um diesen Männern auf die Schliche zu kommen. Er sagte langsam: „Das Ganze soll also etwa wie ein Pumpenschwengel funktionieren, nehme ich an. Das alte Prinzip von dem Hebel, der die Welt aus den Angeln heben kann, wenn er nur an einem festen Punkt im All angesetzt wird."

„Genau", antwortete Dresley rasch. „Aber diesmal haben wir einen festen Punkt. Sie bewegen sich fünftausend Jahre weit zurück, das Kraftwerk bewegt sich . . ." Seine Stimme brach ab, als er McAllisters Gesichtsausdruck sah.

„Hören Sie", sagte McAllister nachdrücklich, „es gibt kein kläglicheres Bild als eine Gruppe ehrlicher Männer, die eine Unehrlichkeit begehen wollen. Sie alle sind charakterfeste und intelligente Menschen, die ihr Leben einer idealistischen Auffassung verschrieben haben. Sie haben sich gegenseitig immer wieder beteuert, daß Sie zu allen Opfern bereit seien, wenn die Lage es erforderte. Aber mich können Sie nicht mit schönen Sprüchen hereinlegen. Welchen Haken hat der Vorschlag?"

McAllister war völlig überrascht, als ihm plötzlich der Isolieranzug unter die Nase gehalten wurde. Er hatte zwar gemerkt, daß die vier Männer wieder zurück waren, aber dann versetzte ihm die Erkenntnis doch einen Schock, daß sie den Schutzanzug geholt hatten, bevor sie wissen konnten, daß er ihn anlegen würde. Er starrte Peter Cadron wütend an, der ihm das graue Ding vor das Gesicht hielt und dabei eindringlich sagte: „Los, ziehen Sie den Anzug an, und verschwinden Sie! Wir haben nur noch wenige Minuten Zeit, Mann! Wenn die Kanonen dort draußen zu spucken beginnen, haben Sie nie wieder Gelegenheit, über unsere Ehrlichkeit nachzudenken."

McAllister zögerte noch immer. Der Raum schien unerträglich heiß zu sein. Auf seiner Stirn standen große Schweißperlen. Irgendwo im Hintergrund sagte ein Mann: „Zuerst müssen wir Zeit gewinnen, aber dann müssen wir neue Geschäfte in kleineren Städten gründen, wo wir nicht so leicht angegriffen werden können. Gleichzeitig müssen wir uns mit allen Würdenträgern in Verbindung setzen, die uns direkt oder indirekt helfen können, und schließlich müssen wir . . ."

Er sprach weiter, aber McAllister hörte nicht mehr zu. Sein Blick fiel auf die junge Frau, die schweigend vor der Eingangstür stand. Als er sich ihr näherte, wich sie fast erschrocken einen Schritt zurück und wurde blaß.

„Hören Sie gut zu", bat er. „Ich stecke ohnehin bis zum Hals in der Tinte. Was riskiere ich, wenn ich den Vorschlag annehme? Ich möchte wenigstens wissen, wie groß meine Chance ist. Was ist der Haken an der Sache?"

Die junge Frau zögerte unentschlossen. „Es hängt mit der Reibung zusammen", murmelte sie schließlich. „Vielleicht kommen Sie nicht bis 1975 zurück. Sie sind dann eine Art ‚Gewicht', wissen Sie, und . . ."

McAllister wandte sich wortlos ab. Er kletterte in den dünnen Anzug und zog ihn sich über die Schultern. „Die Kapuze wird über den Kopf gezogen, nicht wahr?" fragte er.

„Richtig", antwortete Lystras Vater. „Sobald Sie den Reißverschluß zuziehen, wird der Anzug völlig unsichtbar. Außenstehende glauben dann, Sie hätten nur Ihren eigenen Anzug an. Der Schutzanzug ist für Notfälle. Damit könnten Sie sogar auf dem Mond leben."

„Ich verstehe nur nicht, weshalb ich ihn jetzt tragen muß", klagte McAllister. „Schließlich bin ich auch ohne Anzug hierhergekommen." Er runzelte die Stirn, weil ihm plötzlich etwas eingefallen war. „Augenblick", sagte er dann. „Was wird eigentlich aus der Energie, mit der ich geladen bin, wenn ich in dem Isolieranzug stecke?"

Er sah an dem Gesichtsausdruck der Umstehenden, daß er ein heikles Thema angeschnitten hatte.

„Das ist also der Haken", stellte er fest. „Die Isolierung soll einen Energieverlust verhindern. Nur dadurch behalte ich das entsprechende ‚Gewicht'. Wahrscheinlich steht der sogenannte Schutzanzug sogar mit der anderen Maschine in Verbindung. Na, Gott sei Dank ist es noch nicht zu spät."

Er versuchte auszuweichen, als die vier Männer die Hände nach ihm ausstreckten. Aber dazu blieb keine Zeit mehr, denn die anderen hielten ihn eisern fest. Peter Cadron schloß den Reißverschluß mit einem kurzen Ruck und sagte dabei: „Tut mir leid, aber wir haben ebenfalls Isolieranzüge angelegt. Deshalb können wir Sie auch anfassen. Denken Sie immer daran: Da Sie hier keinen Krater erzeugt haben, können Sie auch in der Vergangenheit nicht explodiert sein. Das beweist, daß Sie eine andere Lösung für dieses Problem gefunden haben. Los, macht die Tür auf!"

McAllister wurde zum Ausgang geschleppt. Und dann . . .

„Wartet!"

Das war die Stimme der jungen Frau. Ihre Augen blitzten fast so hell wie der Lauf der Waffe, die sie jetzt wieder in der Hand hielt. Die vier Männer um McAllister blieben erschrocken stehen. Ihr Gefangener achtete kaum darauf, sondern sah nur auf die junge Frau, die jetzt rief: „Das ist ein Verbrechen! Sind wir solche Feiglinge – ist es tatsächlich möglich, daß der Geist der Freiheit nur durch eine so gemeine Tat weiterbestehen kann? Nein, sage ich! Mr. McAllister muß zumindest durch eine Hypnosebehandlung auf seine Aufgabe vorbereitet werden; die dadurch verursachte kurze Verzögerung wirkt sich bestimmt nicht entscheidend aus."

„Lystra", sagte ihr Vater tadelnd. McAllister sah aus seiner raschen Bewegung, wie klar der Alte die Situation erfaßt hatte. Er ging auf seine Tochter zu und nahm ihr die Waffe aus der Hand – der einzige Mann in diesem Raum, überlegte McAllister, der das wagen konnte, ohne sein Leben zu riskieren. Die anderen hatten mit Recht gezögert, weil die junge Frau vermutlich geschossen hätte.

Trotzdem gab McAllister sich nicht einen Augenblick lang falschen Hoffnungen hin. Er beobachtete die Ereignisse nur wie ein völlig unbeteiligter Zuschauer, blieb unbeweglich stehen und merkte erst dann zu seiner Überraschung, daß er sich noch immer in dem Raum befand. Gleichzeitig nahm er wahr, daß Peter

Cadron seinen Arm losgelassen hatte und jetzt zwei Schritte neben ihm stand.

Die Stimme des jungen Mannes klang ruhig, als er mit stolz erhobenem Kopf sagte: „Ihre Tochter hat recht, Sir. Wir erheben uns jetzt über unsere kleinlichen Ängste und sagen zu diesem unglücklichen jungen Mann: ‚Verliere den Mut nicht! Wir vergessen dich nicht. Wir können nichts garantieren, können nicht einmal genau sagen, was dich erwartet. Aber wenn es in unserer Macht liegt, dir Hilfe zu bringen, gewähren wir sie dir. Das versprechen wir hiermit feierlich.' Und jetzt müssen wir Sie vor den unerträglichen psychischen Belastungen schützen, die Sie sonst unweigerlich vernichten würden."

McAllister bemerkte zu spät, daß die anderen sich von der Wand abwandten, die sich bereits als so verblüffend vielseitig erwiesen hatte. Er sah nicht einmal, wer den Schalter betätigt hatte, der die Veränderung bewirkte.

Vor seinen Augen blitzte ein heller Lichtschein auf. Einige Sekunden lang schien sein Verstand schutzlos allen Einflüssen von außen preisgegeben zu sein; und während dieser kurzen Zeit prägte sich Peter Cadrons Stimme unauslöschlich ein: „Damit Sie Ihre Selbstbeherrschung bewahren und bei Verstand bleiben – dies ist Ihre Hoffnung, dies tun Sie trotz aller Hindernisse! Aber sprechen Sie um Ihrer selbst willen nur mit Wissenschaftlern über Ihre Erlebnisse, wenn Sie es nicht vorziehen, sich an andere einflußreiche Persönlichkeiten zu wenden, von denen Sie Verständnis und Hilfe erwarten können. Viel Glück!"

McAllister empfand die Nachwirkungen des hellen Lichtscheins noch immer so stark, daß er kaum spürte, daß die Männer wieder nach ihm griffen und ihm einen Stoß gaben.

Er hatte das Gefühl, in einen bodenlosen Abgrund zu stürzen.

1

In der Abendsonne wirkte das Dorf zeitlos. Fara ging zufrieden neben seiner Frau die Straße entlang. Die Luft war ungewöhnlich lau; und er dachte eben an den Maler, der aus der kaiserlichen Hauptstadt gekommen war und hier ein Bild gemalt hatte, das in den Telestats besprochen worden war – er erinnerte sich noch gut an die Zusammenfassung –, weil es ein symbolisches Gemälde war, das an eine Straßenszene aus dem elektrischen Zeitalter vor siebentausend Jahren erinnerte.

Fara war völlig davon überzeugt. Die Straße vor ihm mit den makellos gepflegten Vorgärten, den Blumenkästen vor allen Schaufenstern, den plastiküberzogenen Gehsteigen und den Straßenlaternen, die blendfreies Licht ausstrahlten – das alles gehörte zu einem idyllischen Paradies, in dem die Zeit stillstand.

Aber fast noch schöner war eigentlich die Tatsache, daß das Gemälde des großen Künstlers sich jetzt in der Sammlung der Kaiserin befand. Sie hatte es gelobt, und der hocherfreute Künstler hatte sie selbstverständlich sofort gebeten, das Gemälde als bescheidenes Geschenk anzunehmen. Wie herrlich war es, auf solche Weise persönlich der göttlichen Innelda Isher eine Huldigung darbringen zu können!

Während sie weitergingen, wandte sich Fara seiner Frau zu. In dem milden Schein der nächsten Laterne wirkte ihr noch immer jugendliches Gesicht fast kindlich sanft. Er murmelte leise, als wolle er den Frieden dieses Abends nicht durch laute Worte stören: „Sie hat gesagt – unsere Kaiserin hat gesagt –, daß unser kleines Dorf Glay die glückliche Zufriedenheit auszustrahlen scheint, die zu den besten Eigenschaften ihrer Untertanen gehört. Ist das nicht wunderbar ausgedrückt, Creel? Wir müssen dem Schicksal dafür dankbar sein, daß es uns diese . . ."

Sie hatten unterdessen eine Seitenstraße erreicht, und was Fara dort in etwa fünfzig Meter Entfernung sah, verschlug ihm geradezu den Atem. „Sieh dir das an", flüsterte er heiser.

Er hob den Arm und wies mit ausgestrecktem Zeigefinger auf ein Leuchtschild, das in der Dunkelheit vor ihnen glühte: ERSTKLASSIGE WAFFEN ALLER ART. DAS RECHT, WAFFEN ZU ERWERBEN, IST DAS RECHT, FREI ZU SEIN.

Fara spürte, daß ihm ein kalter Schauer über den Rücken lief, während er die strahlende Inschrift anstarrte. Er sah, daß die anderen Dorfbewohner sich bereits darunter versammelten, und sagte zu Creel: „Ich habe schon oft von diesen Läden gehört. Sie sind ein Schandfleck, den die Regierung der Kaiserin eines Tages beseitigen wird. Sie werden in unterirdischen Fabriken gebaut und dann, vollständig ausgestattet, in Städte und Dörfer transportiert, wo sie einfach auf irgendeinem Grundstück aufgestellt werden. Der dort vorn war vor einer Stunde noch nicht hier." Seine Stimme klang hart und entschlossen, als er fortfuhr: „Du gehst jetzt nach Hause, Creel."

Er war überrascht, als Creel diese Anweisung nicht sofort befolgte. Das war in den langen Jahren ihrer Ehe noch nie passiert. Er sah, daß sie ihn aus großen Augen ängstlich anstarrte. Sie sagte leise: „Fara, was hast du vor? Du willst doch nicht etwa . . ."

„Geh nach Hause!" Ihre Angst bestärkte seinen Entschluß nur noch mehr. „Wir dürfen nicht untätig zusehen, wie unser schönes Dorf auf diese Weise entweiht wird. Wir haben beschlossen, es immer so zu erhalten, wie es auf dem Gemälde in der kaiserlichen Sammlung dargestellt ist. Und jetzt kommen diese . . . Nein, das dürfen wir nicht zulassen!"

Creel hatte sich bereits einige Schritte weit entfernt. Ihre Stimme klang leise, aber die Angst war daraus verschwunden. „Sei nicht voreilig, Fara. Denke lieber daran, daß dies nicht das erste neue Gebäude in Glay ist – seitdem das Bild gemalt wurde."

Fara schwieg verbissen. Das war eine der wenigen Eigenschaften seiner Frau, die ihm nicht gefielen, denn er wollte nicht gern an unangenehme Tatsachen erinnert werden. Trotzdem wußte er genau, was sie meinte. Die gigantische AUTOMATISCHE ATOMMOTOR-REPARATUREN AG hatte mit Unterstützung der Regierung eine Filiale in Glay eingerichtet, obwohl der Gemeinderat dagegen protestiert hatte. Das riesige Gebäude erinnerte Fara jedesmal daran, daß er bereits die Hälfte seiner bisherigen Kunden eingebüßt hatte.

„Das ist ein ganz anderer Fall", knurrte Fara schließlich. „Erstens werden die Leute schon noch merken, daß diese automatischen Reparaturen nichts taugen. Und zweitens handelt es sich dabei um einen fairen Wettbewerb. Aber diese Waffengeschäfte sind geradezu eine Herausforderung für alle Untertanen der Kaiserin. Sieh dir nur diese verlogene Reklame an: ‚Das Recht, Waffen zu erwerben . . .' Ahhh!" Er schüttelte energisch den Kopf. „Geh endlich nach Hause, Creel. Wir werden dafür sorgen, daß hier keine Waffen verkauft werden."

Er sah ihr nach, als sie die Straße überquerte. Dann rief er noch: „Und wenn du deinen Sohn irgendwo herumlungern siehst, nimmst du ihn am besten gleich mit. In seinem Alter treibt man sich abends nicht mehr auf der Straße herum."

Fara drehte sich auf dem Absatz um und ging rasch auf das Waffengeschäft zu. Die aufgeregten Stimmen der männlichen Dorfbewohner, die sich in der Zwischenzeit versammelt hatten, drangen durch die Dunkelheit. Wahrscheinlich glaubten die Trottel alle, daß dies das größte Ereignis in der Geschichte von Glay war.

Die Reklameschrift über dem Eingang vermittelte die bekannte Illusion, aus jedem Sehwinkel im rechten Winkel zu der Sehebene des Betrachters zu stehen. Als Fara vor dem großen Schaufenster stand, leuchteten die Buchstaben über ihm an der Außenwand des Gebäudes. Er zuckte mit den Schultern und las das Schild im Fenster. Die Inschrift lautete: DIE BESTEN ENERGIEWAFFEN DES BEKANNTEN UNIVERSUMS.

Das weckte Faras Interesse. Er starrte die blitzenden Waffen an und war geradezu fasziniert, obwohl er versuchte, sich zu beherrschen. Die Waffen reichten von winzigen Revolvern bis zu Schnellfeuergewehren, bestanden alle aus Plastikmaterial, das in den verschiedensten Farben glitzerte, und wirkten trotz ihrer Farbenpracht gefährlich. Fara erschrak fast, als er diese Auslage betrachtete. So viele Waffen für das kleine Dorf Glay, in dem seines Wissens nur zwei Männer Jagdwaffen besaßen. Nein, das war nicht nur absurd, sondern auch bösartig und bedrohlich!

Irgendwo hinter Fara stellte ein Mann fest: „Ausgerechnet auf einem Grundstück, das Lan Harris gehört. Der alte Knabe wird einen schönen Krach schlagen!"

Die Umstehenden lachten zustimmend. Fara sah, daß der andere recht hatte. Die Front des Waffengeschäfts war etwa zwölf Meter lang. Und das Gebäude stand mitten auf dem Grundstück, das der alte Geizhals Harris vor zwei Jahren gekauft hatte. Fara runzelte die Stirn. Diese Waffenhändler waren wirklich nicht dumm, denn sie hatten sich ein Grundstück ausgesucht, das dem unbeliebtesten Bürger von Glay gehörte. Auf diese Weise hatten die Leute gleich etwas zu lachen. Aber er würde dafür sorgen, daß auch dieser geschickte Trick wirkungslos blieb. In diesem Augenblick sah er die dickliche Gestalt des Bürgermeisters Mel Dale hinter sich auftauchen. Fara drängte sich durch die Menge, berührte respektvoll seinen Hut und fragte: „Wo steckt Jor?"

„Hier." Der einzige Polizist von Glay kam langsam näher. „Was schlagen Sie vor?"

„Es gibt nur eine Möglichkeit", antwortete Fara unerschrocken. „Sie gehen hinein und verhaften die Bande."

Die beiden Männer sahen sich an. „Die Tür ist abgeschlossen. Ich habe geklopft, aber keine Antwort bekommen. Am besten versuchen wir es morgen früh noch einmal", sagte der Polizist dann.

„Unsinn", widersprach Fara ungeduldig. „Holen Sie eine Axt, damit wir die Tür einschlagen können. Wenn wir noch länger warten, glaubt das Gesindel noch, wir hätten uns damit abgefunden. Dabei wollen wir diese Leute nicht einmal eine Nacht lang in unserem Dorf haben, nicht wahr?"

Die Männer in seiner Umgebung nickten hastig. Zu hastig. Fara sah sie nacheinander an und merkte, daß sie seinem Blick auswichen. Sie haben alle Angst, dachte er. Bevor er etwas sagen konnte, meinte Jor: „Offenbar haben Sie noch nie etwas von den Türen dieser Waffengeschäfte gehört. Sie sind alle so konstruiert, daß sie völlig einbruchsicher sind."

Fara erkannte plötzlich, daß er selbst handeln mußte. „Am besten hole ich meinen Atomschneider aus der Werkstatt", erklärte er. „Das müßte genügen. Sind Sie damit einverstanden, Herr Bürgermeister?"

Mel Dale zog ein rotkariertes Taschentuch heraus und wischte sich damit über die Stirn. Er meinte zögernd: „Vielleicht rufe ich besser den Kommandeur der kaiserlichen Garnison in Ferd an und frage ihn, was sich in diesem Fall unternehmen läßt."

„Nein!" Fara wußte, daß der andere nur einer Entscheidung ausweichen wollte. „Wir müssen selbst handeln. Andere Gemeinden ertragen diese Leute seit Jahren, weil sie keinen Widerstand geleistet haben. Aber wir dürfen einfach nicht nachgeben. Deshalb müssen wir den Kampf sofort aufnehmen. Einverstanden?"

„Von mir aus", antwortete der Bürgermeister mit fast unhörbarer Stimme. Aber Fara war bereits damit zufrieden. Er wandte sich ab, drängte sich durch die Menge und sah in diesem Augenblick seinen Sohn mit einigen anderen jungen Männern vor dem Schaufenster stehen.

Fara rief: „Cayle, komm und hilf mir den Schneider tragen!"

Cayle bewegte sich nicht und drehte sich nicht einmal um. Fara blieb stehen, wollte seinen Befehl wiederholen, überlegte es sich dann doch anders und ging wütend davon. Demnächst würde er andere Saiten aufziehen müssen. Sonst wurde nie etwas aus diesem Tunichtgut.

Die Energie arbeitete geräuschlos und fast unmerklich, sie erzeugte weder Gestank noch sprühende Funken. Der weißglühende Feuerstrahl strich langsam über den Türrahmen. Aber nach einer Minute war noch immer keine Wirkung zu erkennen. Fara schüttelte ungläubig den Kopf und stellte schließlich die Maschine ab. „Das verstehe ich einfach nicht", murmelte er vor sich hin. „Es kann doch kein Metall geben, das diesem stetigen Energiefluß widersteht. Nicht einmal die Brennkammerauskleidungen der Atommotoren, die aus Hartmetall bestehen, halten länger als ein paar Monate."

„Jor hat eben doch recht", meinte der Bürgermeister. „Diese Waffengeschäfte sind . . . groß. Sie erkennen die Kaiserin nicht an."

Fara runzelte die Stirn. Dieses Gerede paßte ihm nicht. Es grenzte fast an Majestätsbeleidigung. Bevor er etwas sagen konnte, warf ein anderer ein: „Ich habe gehört, daß die Tür sich nur für Menschen öffnet, die den Waffenhändlern nicht schaden können."

Das genügte, um Fara wütend auffahren zu lassen. Sein Versagen hatte sich bereits schlimm genug ausgewirkt. „Das ist lächerlich", protestierte er aufgebracht. „Wenn es solche Türen wirklich gäbe, hätten wir alle welche. Wir . . ."

Er brach unsicher ab, als ihm einfiel, daß er noch keinen gesehen hatte, der die Tür zu öffnen versucht hätte; die Umstehenden besaßen alle so wenig Mut, daß wahrscheinlich bisher noch keiner den Versuch gewagt hatte. Er trat vor, griff nach der Klinke und drückte sie nach unten. Die Tür öffnete sich so leicht, daß er im ersten Augenblick dachte, er habe die Klinke herausgerissen. Dann zog er sie weit auf.

„Jor, schnell!" rief Fara.

Der Polizist setzte sich zögernd in Bewegung. Einerseits wollte er so vorsichtig wie möglich sein, aber andererseits war ihm klar, daß er angesichts der zahlreichen Zuschauer nicht einfach stehenbleiben konnte. Aber bevor er die Tür erreicht hatte, fiel sie wieder ins Schloß.

Fara starrte verblüfft seine rechte Hand an, deren Finger noch immer gekrümmt waren. Die Klinke hatte sich seinem Griff entwunden wie eine Schlange. Selbst die Erinnerung an dieses Gefühl jagte ihm einen kalten Schauer über den Rücken. Er merkte, daß die anderen Männer ihn neugierig anstarrten. Fara griff wieder nach der Klinke, aber diesmal ließ sie sich nicht niederdrücken. Auch die Tür bewegte sich nicht. Fara gab dem Polizisten einen Wink. „Treten Sie zurück, Jor, während ich ziehe."

Der Mann zog sich zurück, aber auch das half nichts. Die Tür blieb verschlossen. Eine laute Stimme stellte fest: „Sie wollte Fara bereits hineinlassen und hat sich die Sache doch anders überlegt."

„Was soll der Unsinn?" fragte Fara erbittert. „Sie hat sich die Sache anders überlegt. Sind Sie verrückt geworden? Eine Tür kann doch nicht denken!"

Seine eigenen Befürchtungen trieben ihn dazu, den Versuch zu wiederholen. Fara wandte sich wieder um und starrte das Gebäude an, das drohend vor ihm aufragte. Er fragte sich, was die Soldaten der Kaiserin dagegen unternehmen würden, wenn sie verständigt wurden. Und plötzlich wußte er, daß sie nichts dagegen ausrichten konnten. Fara erschrak fast über diesen Gedanken. Er konzentrierte sich statt dessen wieder auf seine Aufgabe.

„Die Tür hat sich einmal für mich geöffnet", stellte er ruhig fest. „Deshalb wird sie es auch ein zweites Mal tun."

Er behielt recht. Die empfindsame Tür öffnete sich ohne den geringsten Widerstand, als er die Klinke nach unten drückte und gleichzeitig daran zog. Vor ihm lag ein düster beleuchteter Raum, in dem keine Einzelheiten erkennbar waren. Hinter ihm sagte Bürgermeister Dale: „Fara, seien Sie doch vernünftig! Was wollen Sie dort drinnen?"

Fara stellte verblüfft fest, daß er die Schwelle bereits überschritten hatte. Er drehte sich noch einmal um und starrte die verschwommenen Gesichter der Männer an. „Ich . . .", begann er zögernd. Dann hatte er eine Idee. „Ich kaufe natürlich eine Waffe", sagte er grinsend.

Er war selbst so über seine brillante Antwort erstaunt, daß er einige Sekunden lang gar nicht wahrnahm, wie rasch die Tür sich jetzt hinter ihm geschlossen hatte. Seine gute Stimmung verflog allerdings, als er sich in dem Laden umsah.

Von draußen drang kein Geräusch durch die massive Tür. Fara bewegte sich langsam über den dicken Teppich, der seine Schritte dämpfte. Seine Augen hatten sich unterdessen an die Beleuchtung gewöhnt, die aus den Wänden und der Decke zu kommen schien. Alles um ihn herum war so gewöhnlich und normal, wie er es nie erwartet hätte, und er beruhigte sich.

Der Raum wirkte durchaus nicht außergewöhnlich. Es war ein spärlich eingerichteter Laden. An den Wänden und auf dem Boden standen große Vitrinen. Zehn oder zwölf Schaukästen – sonst nichts. An der Rückwand erkannte Fara eine Tür.

Er versuchte die Tür im Auge zu behalten, während er die Vitrinen betrachtete, in denen jeweils drei oder vier Waffen ausgestellt waren. Er überlegte dabei, ob er nicht einfach eine der Waffen herausholen und die Händler damit nach draußen treiben konnte, wo Jor sie verhaften würde. Dann sagte eine ruhige Männerstimme hinter ihm: „Möchten Sie eine Waffe kaufen?"

Fara drehte sich fast erschrocken um. Er war wütend, weil das Erscheinen des Verkäufers seinen Plan zunichte gemacht hatte. Aber sein Ärger verflog rasch wieder, als er sah, daß der Verkäufer ein weißhaariger älterer Mann war. Das war enttäuschend. Fara respektierte ältere Menschen. „Ja, ja, eine Waffe", sagte er deshalb verlegen.

„Zu welchem Zweck?" fragte der Alte ruhig. Fara starrte ihn sprachlos an. Er wollte seinem Zorn freien Lauf lassen. Er wollte diesen Leuten ins Gesicht schreien, was er von ihnen hielt.

Aber sein Respekt vor dem Alter war zu groß. Als er schließlich antwortete, klang seine Stimme unsicher. „Zur Jagd", murmelte er. „Ja, richtig, zur Jagd. Ganz in der Nähe liegt ein größerer See", fuhr er dann rascher fort, „und dort . . ."

Er schwieg und ärgerte sich über diese Lüge. Nein, das war wirklich überflüssig gewesen. „Für die Jagd", wiederholte er deshalb kurz.

Fara hatte seine Fassung zurückgewonnen. Er war auf den Alten wütend, weil er seinetwegen gelogen hatte. Er beobachtete ihn gespannt, als er eine Vitrine öffnete und ein blitzendes Gewehr herausnahm. Dabei dachte er: Wirklich keine schlechte Idee, einen alten Mann vorzuschieben. Das bewies die gleiche Gerissenheit wie der Entschluß, das Gebäude auf dem Grundstück des alten Harris zu errichten, der als Geizhals bekannt war. Er griff nach dem Gewehr, aber der Verkäufer machte eine abwehrende Handbewegung.

„Bevor Sie die Waffe überhaupt in die Hand nehmen dürfen", begann er, „muß ich Sie den Bestimmungen nach auf die Umstände hinweisen, unter denen Sie bei uns eine Waffe erwerben können."

Sie hatten also sogar Bestimmungen für den Erwerb ihrer Waffen. Ein psychologischer Trick nach dem anderen, um die Leichtgläubigen hereinzulegen.

„Wir Waffenschmiede", fuhr der weißhaarige Verkäufer fort, „haben Waffen entwickelt, die innerhalb ihrer jeweiligen Reichweite jedes Objekt zerstören können, das aus Materie besteht. Wer also eine unserer Waffen besitzt, ist jedem Soldaten der Kaiserin weit überlegen. Diese Überlegenheit beruht auf der Tatsache, daß die Waffen Mittelpunkt eines Kraftfeldes sind, das den Träger vor immateriellen Zerstörungskräften schützt. Die Abschirmung wirkt nicht gegen materielle Gegenstände wie Kugeln, Pfeile oder Messer, widersteht aber selbst einer kleinen Atomkanone.

Sie werden verstehen", sprach der Alte weiter, „daß wir diese Waffen nicht einfach an jeden verkaufen dürfen, ohne gewisse Vorkehrungen zu treffen. Keine unserer Waffen läßt sich bei einem Mord oder einem anderen tätlichen Angriff auf Menschen gebrauchen. Wer ein Jagdgewehr erwirbt, darf nur die Tiere schießen, die in einem Verzeichnis enthalten sind, das in jedem unserer Läden ausliegt. Schießlich ist jeder Weiterverkauf ohne unsere ausdrückliche Zustimmung unzulässig. Ist Ihnen das klar?"

Fara nickte wortlos. Im Augenblick war seine Zunge wie gelähmt. Er wußte nicht, ob er schallend lachen oder fluchen sollte, weil der Mann seine Intelligenz so unterschätzte. Das Gewehr durfte also nicht zu einem Mord benutzt werden. Er durfte damit nur bestimmte Wildarten erlegen. Und der Weiterverkauf war nicht zulässig – aber was war, wenn er zweitausend Kilometer weit verreiste und die Waffe dort für drei oder vier Credits verkaufte? Wer würde je davon erfahren? Oder er überfiel einen Fremden damit. Oder erschoß ihn sogar. Würde das Waffengeschäft davon hören?

Dann merkte er plötzlich, daß der Alte ihm das Gewehr mit dem Kolben nach vorn entgegenhielt. Er griff danach und mußte sich beherrschen, um es nicht gleich auf den Verkäufer zu richten. „Wie funktioniert es?" erkundigte er sich.

„Sie brauchen nur zu zielen und den Abzug zu betätigen. Möchten Sie es an einem unserer Ziele ausprobieren?"

Fara hob das Gewehr. „Ja", sagte er triumphierend, „und Sie sind das Ziel. Los, gehen Sie zur Tür und dann nach draußen!" Er sprach lauter. „Falls jemand durch die andere Tür hereinkommen will, soll er lieber bleiben, wo er ist." Er machte eine ungeduldige Handbewegung. „Los, Mann, gehen Sie endlich! Sonst schieße ich! Das schwöre ich Ihnen."

Der Mann blieb ruhig stehen. „Das bezweifle ich keineswegs. Bevor wir Sie trotz Ihrer Feindseligkeit eingelassen haben, sind wir uns darüber klargeworden, daß Sie durchaus zu einem Mord fähig wären. Sie vergessen aber, daß wir hier den Ton angeben. Denken Sie lieber daran, und sehen Sie sich um."

Dann herrschte tiefes Schweigen. Fara stand mit dem Finger am Abzug da und dachte über die Gerüchte nach, die er bereits über die Waffengeschäfte gehört hatte. Ihre Anhänger waren überall verstreut, sie verfügten über eine Art geheime Regierung; und wenn man erst einmal in ihre Fänge geriet, war einem ein schrecklicher Tod sicher. Aber dann stellte er sich vor, wie Fara Clark als treuer Untertan der Kaiserin gegen diese mächtige Organisation auftrat und sie wenigstens in einem Fall zum Rückzug zwang. Der Gedanke daran gab ihm wieder neuen Mut. „Mir können Sie nicht einreden, daß jemand hinter mir steht", sagte er entschlossen. „Los, gehen Sie zur Tür!"

Der weißhaarige Alte sah an ihm vorbei. „Haben Sie alle erforderlichen Informationen, Rad?" fragte er dann.

„Genug für eine erste Analyse", antwortete die Stimme eines jungen Mannes hinter Fara. „Konservativer Typ A-7. Durchschnittliche Intelligenz, aber von dem Leben hier beeinflußt. Einseitige Lebensauffassung durch eine Ausbildung in kaiserlichen Schulen. Außergewöhnlich ehrlich. Vernunftgründe bleiben wirkungslos. Psychologische Behandlung würde längere Zeit in Anspruch nehmen. Meiner Meinung nach brauchen wir uns gar nicht mit ihm aufzuhalten. Am besten lassen wir ihn einfach wie bisher weiterleben."

„Wenn Sie glauben", warf Fara ein, „daß die angebliche Stimme bewirkt, daß ich mich umdrehe, müssen Sie mich für sehr dumm halten. Dort befindet sich nur eine glatte Wand ohne jede Tür. Ich weiß, daß niemand hinter mir stehen kann."

„Richtig", stimmte der Alte zu, „er soll wie bisher weiterleben. Aber er hat die Menge gegen uns aufzuhetzen versucht. Vielleicht sorgen wir lieber dafür, daß er in Zukunft keine Lust mehr dazu verspürt."

„Am besten machen wir mit ihm Reklame", antwortete Rad. „Dann bringt er den Rest seines Lebens damit zu, den Vorwurf zu widerlegen."

Faras Vertrauen zu der Waffe schwand immer mehr, bis er sie schließlich völlig vergessen hatte und statt dessen gespannt der unverständlichen Unterhaltung der beiden Männer zuhörte.

Der Alte fuhr fort: „Ich glaube, daß seine Gefühle sich doch beeinflussen lassen, selbst wenn die Wirkung erst später eintritt. Zeig ihm den Palast!"

Palast! Das Wort genügte, um Fara aus seiner Bewegungslosigkeit auffahren zu lassen. „Hören Sie", begann er unsicher, „ich sehe jetzt, daß Sie mich belogen haben. Das Gewehr ist überhaupt nicht geladen. Es . . ."

Seine Stimme versagte. Sein Körper richtete sich steif auf. Er hatte kein Gewehr mehr in der Hand.

„Sie . . .", sagte er drohend und schwieg dann wieder, als ihm klar wurde, was das zu bedeuten hatte. Irgend jemand hatte ihm die Waffe aus der Hand genommen. Das bedeutete, daß jemand hinter ihm stand. Die Stimme war kein Trick. Er wollte sich umdrehen und konnte es nicht. Er strengte jeden Muskel an und war doch zu keiner Bewegung fähig. Der Raum wurde immer dunkler. Er sah den Alten nur noch undeutlich und verschwommen. Er hätte am liebsten geschrien, brachte aber keinen Ton hervor, denn der Laden war plötzlich nicht mehr da.

Er stand am Himmel über einer riesigen Stadt. Einfach am Himmel. Um ihn herum waren nur Sonnenschein und Luft, aber zwei Kilometer unter ihm lag die Stadt. Er beherrschte sich mühsam und überlegte, daß es sich dabei nur um eine Illusion handeln konnte, die ihm das Gefühl gab, nicht mehr auf dem Fußboden des Ladens zu stehen.

Jetzt erkannte Fara auch, um welche Stadt es sich handelte. Es war die Stadt seiner Träume, die kaiserliche Hauptstadt, die Stadt der lieblichen Kaiserin Isher. Aus dieser großen Höhe erkannte er sogar den weitläufigen Park, in dessen Mitte der Palast lag. Seine Angst war mit einem Schlag verschwunden, während er dieses herrliche Bild beobachtete, das sich rasch näherte. „Zeig ihm den Palast!" hatte der Alte gesagt. Das glitzernde Dach bildete kein Hindernis für seinen Körper, sondern schien sich vor ihm zu teilen.

Dann empfand Fara wieder eine leise Furcht vor diesem unheimlichen Erlebnis, als ein großer Raum auftauchte, in dem ein Dutzend Männer um einen Tisch saßen, an dessen Ende sich eine Frau befand. Die geheimnisvollen Kameras, die dieses Bild erzeugten, ignorierten die Männer und richteten sich statt dessen auf das Gesicht der Frau.

Es war ein schönes Gesicht, aber in diesem Augenblick wurde es von Haß und Leidenschaft verzerrt, als die Frau sich nach vorn beugte und mit einer Stimme sprach, die gleichzeitig vertraut – wie oft hatte Fara sie schon während der Übertragungen in den Telestats gehört – und verzerrt klang. Zorn und überhebliche Selbstsicherheit veränderten den Tonfall fast bis zur Unkenntlichkeit. Diese Karikatur einer geliebten Stimme drang so deutlich an seine Ohren, als stehe er selbst in dem großen Raum.

„Ich will, daß der Verräter stirbt, haben Sie verstanden? Die Methode ist mir völlig gleichgültig, aber ich möchte bis morgen abend hören, daß er tot ist!"

Das Bild wurde dunkel, und Fara fand sich in dem Waffengeschäft wieder. Er schwankte einen Augenblick lang unsicher, bis er sich wieder an das Halbdunkel gewöhnt hatte. Zuerst hätte er fast höhnisch gelacht, weil der Trick doch wirklich einfach genug zu erkennen war. Es konnte sich nur um einen Film gehandelt haben. Für wie dumm hielten die beiden Männer ihn eigentlich? Aber dann wurde er plötzlich wütend, als ihm einfiel, wie gemein und niederträchtig die Absicht war, die hinter diesem Versuch steckte.

„Schamloses Gesindel", brüllte er. „Sie haben jemand die Kaiserin spielen lassen und behaupten . . . So eine verdammte . . ."

„Das genügt", unterbrach Rad ihn. Fara zuckte zusammen, als ein großer junger Mann vor ihm auftauchte. Er überlegte sich, daß Leute, die selbst die Kaiserin auf so gemeine Weise beleidigten, vermutlich kaum davor zurückschrecken dürften, Fara Clark tätlich anzugreifen. Der junge Mann sprach gelassen weiter: „Wir behaupten nicht, daß diese Szene sich in diesem Augenblick im Palast abgespielt hat. Das wäre ein zu großer Zufall. Aber sie ist vor zwei Tagen aufgenommen worden. Die Frau ist die Kaiserin. Der Mann, dessen Tod sie verlangt hat, ist ein ehemaliger Berater, den sie für einen Schwächling gehalten hat. Er ist gestern in seinem Appartement tot aufgefunden worden. Falls Sie sich selbst davon überzeugen wollen, brauchen Sie nur in den Zeitungen nach dem Namen Banton Vickers zu suchen. Aber das muß ich Ihnen überlassen. Wir sind mit Ihnen fertig."

„Aber ich nicht mit Ihnen", antwortete Fara heiser. „Einen so heimtückischen Trick habe ich noch nie erlebt. Sie bilden sich doch hoffentlich nicht ein, daß Sie in Zukunft hier ruhig Ihre Geschäfte machen können? Wir werden den Laden Tag und Nacht bewachen, das verspreche ich Ihnen!"

„Jetzt reicht es wirklich", sagte der weißhaarige Alte. „Die Untersuchung war wirklich äußerst interessant, Mr. Clark. Beehren Sie uns wieder, wenn Sie einmal in Schwierigkeiten kommen. Ehrliche Menschen sehen wir immer gern. Das war alles. Benützen Sie bitte den Seitenausgang."

Das war tatsächlich alles. Fara spürte, daß er zu der Tür geführt wurde, die sich plötzlich dort öffnete, wo vorher noch der Palast gewesen war. Dann stand er mitten in einem Blumenbeet und sah die Menschenmenge links von sich. Er erkannte seine Freunde wieder und wußte, daß er den Laden verlassen hatte.

Der Alptraum war vorüber. Als er eine halbe Stunde später nach Hause kam, fragte Creel: „Wo hast du das Gewehr?"

„Das Gewehr?" wiederholte Fara verständnislos. Er starrte seine Frau an.

„Vor fünf Minuten ist die Nachricht durch die Telestats gekommen, daß du der erste Kunde des Waffengeschäfts gewesen bist."

Fara erinnerte sich plötzlich wieder an die Stimme des jungen Mannes: „Am besten machen wir mit ihm Reklame." Mein guter Ruf, dachte er verzweifelt. Immerhin war Fara Clarks Reparaturwerkstätte in der näheren Umgebung von Glay recht gut bekannt. Zuerst die private Demütigung im Innern des Ladens. Und jetzt diese öffentlichen Lügen, die Erfolg haben würden, weil die Leute gesehen hatten, daß er das Geschäft betreten hatte.

Er ging an den Telestat und rief den Bürgermeister an. Seine Hoffnungen fanden ein jähes Ende, als Dale sagte: „Tut mir leid, Fara. Ich kann Ihnen die Zeit im Telestat nicht umsonst geben. Sie müssen dafür bezahlen. Das haben die anderen auch getan."

„Wirklich?" Fara fragte sich, ob seine Stimme so leer wie seine Gedanken klang.

„Und sie haben Lan Harris tatsächlich das Grundstück abgekauft. Der alte Knabe hat einen unverschämten Preis verlangt und ihn anstandslos erhalten. Er hat mich angerufen, damit ich die Eigentumsübertragung vornehme."

„Oh!" Faras Welt fiel allmählich in Trümmer. „Das heißt also, daß kein Mensch etwas dagegen unternehmen will? Wie steht es mit der kaiserlichen Garnison in Ferd?"

Er hörte nur undeutlich, daß der Bürgermeister irgend etwas von Soldaten murmelte, die sich nicht in die Angelegenheiten der Zivilisten einmischen wollten. „Zivile Angelegenheiten!" wiederholte Fara erregt. „Soll das heißen, daß diese Leute einfach hierbleiben dürfen, ob es uns paßt oder nicht? Daß sie den Verkauf eines Grundstücks erzwingen können, indem sie es einfach in Besitz nehmen?" Ihm fiel plötzlich etwas ein. „Hören Sie", sagte er atemlos, „Jor hält doch weiterhin vor dem Laden Wache? Oder haben Sie etwas anderes angeordnet?"

Das plumpe Gesicht auf dem Bildschirm des Telestats zeigte einen ungeduldigen Ausdruck. „Das müssen Sie schon mir überlassen, Fara. Schließlich bin ich der rechtmäßig gewählte Bürgermeister von Glay."

„Aber Jor hält weiter Wache?" hielt Fara unbeirrt an seiner Frage fest.

Der Bürgermeister zuckte mit den Schultern. „Habe ich nicht versprochen, daß er dort bleibt? Folglich steht er auch Wache. Wollen Sie jetzt Zeit im Telestat kaufen? Die Minute kostet fünfzehn Credits. Aber ich möchte Sie in aller Freundschaft davor warnen, Ihr Geld so zu vergeuden. Das Gerücht schaffen Sie damit nicht aus der Welt."

„Ich nehme zwei Minuten", antwortete Fara. „Eine morgens, die andere abends."

„Wird gemacht. Wir streiten alles ab. Gute Nacht."

Als der Bildschirm dunkel wurde, wischte sich Fara den Schweiß von der Stirn. Dann fiel ihm plötzlich etwas ein. „Ab morgen kann unser Junge sich auf andere Töne gefaßt machen. Entweder arbeitet er bei mir in der Werkstatt – oder er bekommt kein Taschengeld mehr."

Creel seufzte. „Du hast ihn schon immer falsch behandelt. Er ist dreiundzwanzig, aber du siehst ihn noch als Kind an. Mit dreiundzwanzig warst du schon verheiratet, Fara."

„Das ist ein ganz anderer Fall", wandte Fara ein. „Ich hatte wenigstens genügend Verantwortungsgefühl. Weißt du, was er heute abend gemacht hat?"

Er verstand Creels Antwort nicht richtig. Einen Augenblick lang bildete er sich ein, sie habe gesagt: „Nein. Wodurch hast du ihn zuerst gedemütigt?"

Fara war zu ungeduldig, um sich mit dieser völlig unwahrscheinlichen Antwort zu befassen. Er sprach rasch weiter: „Er hat sich in aller Öffentlichkeit geweigert, mir zu helfen. Er ist schlecht, durch und durch schlecht."

„Ja", stimmte Creel zu. „Du ahnst gar nicht, wie schlecht er tatsächlich ist. Er ist so kalt wie Stahl, aber weniger stark und hart. Er hat lange dazu gebraucht, aber jetzt haßt er sogar mich, weil ich dich immer verteidigt habe, obwohl ich wußte, daß du unrecht hattest."

„Was?" fragte Fara verblüfft. Dann zuckte er mit den Schultern. „Komm, Creel, wir sind beide zu aufgeregt. Gehen wir lieber zu Bett."

Er schlief unruhig.

2

IN DEN nächsten Tagen bekam Fara immer mehr den Eindruck, daß die ganze Sache eine private Auseinandersetzung zwischen ihm und dem Waffengeschäft war. Obwohl er dazu einen weiten Umweg machen mußte, ging er zweimal täglich daran vorbei und sprach jedesmal kurz mit Jor. Am vierten Tag war der Polizist nicht mehr auf seinem Posten.

Fara wartete zunächst geduldig, dann wütend auf ihn. Schließlich ging er in seine Werkstatt zurück und rief Jors Frau an. Jor war nicht zu Hause. Nach Auskunft seiner Frau bewachte er das Waffengeschäft. Fara zögerte unentschlossen. Er hatte mehr als genug Arbeit, und ihm war klar, daß er zum erstenmal seine Kunden vernachlässigte. Ein Anruf beim Bürgermeister würde genügen, um Jors Pflichtverletzung aufzudecken. Und trotzdem wollte er den Polizisten nicht in Schwierigkeiten bringen.

Als er wieder auf die Straße hinaustrat, sah er, daß sich eine größere Menschenmenge vor dem Laden versammelte. Fara lief darauf zu. Einer seiner Bekannten empfing ihn mit den aufgeregten Worten: „Jor ist ermordet worden, Fara!"

„Ermordet?" Fara blieb wie angewurzelt stehen und dachte im ersten Augenblick nur daran, daß jetzt endlich die Soldaten eingreifen mußten. Dann erschrak er selbst über diesen triumphierenden Gedanken und erkundigte sich langsam: „Wo liegt die Leiche?"

„Drinnen."

„Dieses Gesindel hat also . . ." Er zögerte unwillkürlich, als er an den weißhaarigen Alten dachte, den er selbst gesehen hatte. Dann schüttelte er entschlossen den Kopf. „Das Gesindel hat ihn also erschossen und die Leiche nach innen geholt?"

„Den Mord selbst hat keiner beobachtet", warf ein anderer ein, „aber Jor ist seit vier Stunden spurlos verschwunden. Der Bürgermeister hat in dem Laden angerufen, aber die Leute behaupten, nichts mit der Sache zu tun zu haben. Ich möchte wetten, daß sie ihn umgelegt haben – aber jetzt wollen sie nichts mehr davon wissen. Nur sind wir diesmal schlauer als zuvor. Der Bürgermeister ruft bereits in Ferd an, damit die Soldaten mit Atomkanonen kommen."

Die Erregung der Menge steckte auch Fara an. Er spürte deutlich, daß große Dinge bevorstanden. Gleichzeitig war er stolz darauf, daß er von Anfang an recht gehabt hatte, weil er die verbrecherischen Absichten dieser Leute sofort richtig erkannt hatte. „Kanonen?" fragte er aufgeregt. „Ja, das ist die einzig richtige Antwort."

Fara nickte zufrieden, als er daran dachte, daß die kaiserlichen Soldaten diesmal keine Entschuldigung mehr finden würden, um nicht kommen zu müssen. Er wollte eben eine Bemerkung über die voraussichtliche Reaktion der Kaiserin machen, aber seine

Stimme ging in dem allgemeinen Geschrei unter: „Da kommt der Bürgermeister! Wie lange müssen wir noch warten, Dale? Wann bringen sie die Atomkanonen?"

Während der Helicar des Bürgermeisters landete, wurden weitere Fragen dieser Art laut. Dale schien sie gehört zu haben, denn er stand in dem offenen Zweisitzer auf und hob beschwichtigend die Hand. Zu Faras Überraschung starrte der Bürgermeister ihm anklagend ins Gesicht. Er sah sich um, aber hinter ihm stand niemand mehr; die Männer hatten sich alle nach vorn gedrängt.

Fara schüttelte verblüfft den Kopf und zuckte dann zusammen, als der Bürgermeister mit dem Finger auf ihn zeigte und dabei mit zitternder Stimme sagte: „Das ist der Mann, der an allen unseren Schwierigkeiten schuld ist. Kommen Sie hierher, Fara Clark, damit wir Sie alle sehen können. Ihretwegen muß die Gemeinde siebenhundert Credits bezahlen, die sie sich wirklich nicht leisten kann."

Vor Überraschung blieb Fara die Spucke weg. Voller Selbstmitleid sprach der Bürgermeister weiter: „Wir haben alle gewußt, daß es nicht richtig ist, sich mit diesen Waffengeschäften anzulegen. Welches Recht haben wir, gegen sie vorzugehen, solange selbst die kaiserliche Regierung nichts in dieser Richtung unternimmt? Das war von Anfang an meine Meinung, aber Fara Clark hat uns alle bedrängt, hat uns gegen unseren Willen beeinflußt – und jetzt müssen wir siebenhundert Credits auf den Tisch legen, die uns . . ."

Dale schüttelte betrübt den Kopf. „Ich will es lieber kurz machen. Der Kommandeur der Garnison hat nur gelacht und gesagt, daß Jor wiederauftauchen würde. Ich hatte kaum aufgelegt, als ein R-Gespräch von Jor kam. Er ist auf dem Mars." Er wartete, bis sich die Aufregung wieder gelegt hatte. „Der Rückflug mit dem Raumschiff dauert fast vier Wochen . . ., und wir müssen dafür bezahlen . . ., und Fara Clark ist daran schuld."

Der erste Schock war überwunden. Fara trat vor und sagte laut: „Sie geben also auf und wollen mir zur gleichen Zeit die Schuld dafür in die Schuhe schieben. Meiner Meinung nach ist jeder ein Trottel, der sich nicht gegen die Waffengeschäfte zur Wehr setzt."

Doch da erklärte der Bürgermeister den Umstehenden bereits, daß doch nicht alles verloren sei, weil er erfahren hatte, daß der Laden nur deshalb in Glay eingerichtet worden war, weil das Dorf gleich weit von vier Städten entfernt war. In Zukunft war also mit einer Zunahme des Touristenverkehrs zu rechnen, durch den sich der Umsatz der hiesigen Geschäfte erhöhen würde.

Fara hörte nicht mehr zu. Er ging mit hocherhobenem Kopf zu seiner Werkstatt zurück. Hinter ihm wurden zwei oder drei schrille Pfiffe laut, aber er achtete nicht darauf. In den folgenden Tagen kam er allmählich zu der Erkenntnis, daß die Leute aus dem Waffengeschäft keinerlei persönliches Interesse an ihm hatten. Sie waren weit entfernt, überlegen und unbesiegbar. Fara lief ein kalter Schauer über den Rücken, wenn er daran dachte, wie sie Jor in weniger als drei Stunden auf den Mars transportiert hatten, obwohl doch jeder wußte, daß selbst das schnellste Raumschiff vierundzwanzig Tage für den Flug dorthin brauchte.

Fara hielt sich nicht in der Nähe der Express-Station auf, um Jors Heimkehr zu erleben. Er hatte gehört, daß Jor die Hälfte des Flugpreises bezahlen sollte. Falls er sich weigerte, sollte er seinen Posten verlieren. Am zweiten Abend nach Jors Rückkehr betrat Fara das Haus des Polizisten, drückte dem Mann hundertfünfundsiebzig Credits in die Hand und kehrte mit gutem Gewissen nach Hause zurück.

Drei Tage später öffnete jemand die Tür zu seiner Werkstatt. Fara runzelte die Stirn, als er den Mann erkannte, der jetzt hereinkam: Jon Castler, der größte Taugenichts des ganzen Dorfes. Der Mann grinste breit. „Vielleicht interessiert Sie das, Fara. Heute ist jemand aus dem Laden gekommen."

Fara arbeitete ruhig weiter und löste die Befestigungsschrauben einer Brennkammerverkleidung, die poliert werden mußte. Trotzdem ärgerte er sich darüber, daß der andere nicht freiwillig weitersprach. Aus Neugier fragte er dann doch nach: „Der Polizist hat ihn vermutlich sofort festgenommen?" Selbstverständlich glaubte er nicht daran; aber das war wenigstens eine gute Eröffnung.

„Es war kein Mann, sondern eine junge Frau."

Fara runzelte die Stirn. Diese gerissenen Kerle! Jetzt schicken sie eine Frau vor, nachdem sie schon einen alten Mann als Verkäufer benützt hatten. Aber der Trick war zu durchsichtig; nur Dummköpfe ließen sich davon beeinflussen. „Was war also los?" fragte Fara mürrisch.

„Sie ist noch immer draußen und hat sich gar nicht um Jor gekümmert. Hübsch ist sie übrigens auch."

Als die letzte Schraube gelöst war, hob Fara die Platte ab und ging mit ihr an die Poliermaschine. Er schaltete sie ein und begann die Stellen zu polieren, an denen sich Kristalle auf dem harten Metall gebildet hatten. Das leise Summen der Maschine bildete den Hintergrund zu seiner nächsten Frage: „Ist etwas dagegen unternommen worden?"

„Nein. Jor sagt, daß er nicht noch einmal vier Wochen lang von seiner Familie getrennt werden will. Außerdem hat er keine Lust, die Reisekosten zu bezahlen."

Fara dachte darüber nach, während die Poliermaschine weitersummte. „Dann bleiben sie also wieder einmal ungeschoren. Dabei ist alles nur ein gerissener Trick. Sieht denn keiner ein, daß wir diesen ... Eindringlingen gegenüber keinen Zentimeter nachgeben dürfen?" In seiner Stimme schwang ein unterdrückter Zorn mit.

Aus dem Augenwinkel heraus stellte er fest, daß der andere grinste. Fara merkte erst jetzt, daß der Mann sich über seinen Zorn amüsierte. Und dieses deutete noch etwas anderes an – ein geheimes Wissen. Fara schaltete die Poliermaschine aus und wandte sich dem Taugenichts zu. „Darüber machen Sie sich natürlich keine Sorgen."

„Oh", meinte Castler nonchalant, „das Leben macht die Menschen tolerant. Wenn Sie die junge Frau besser kennenlernen, stellen Sie vermutlich fest, daß auch in ihr etwas Gutes steckt."

Nicht die Antwort, sondern der geheimnisvolle Tonfall erregte Faras Aufmerksamkeit. „Was soll das heißen – wenn ich sie besser kennenlerne?" fragte er scharf. „Ich spreche gar nicht mit ihr!"

„Das kann man nicht immer selbst bestimmen", meinte der andere gelassen. „Was wollen Sie tun, wenn er sie mit nach Hause bringt?"

„Wer soll wen mit nach Hause bringen?" erkundigte sich Fara irritiert. „Castler, Sie ..." Dann schwieg er betroffen, als ihm einfiel, was das bedeutete. „Sie meinen also, daß ..."

„Ich meine", erwiderte Castler mit einem triumphierenden Grinsen, „daß eine Schönheit wie sie nicht lange einsam bleibt. Und Ihr Sohn war natürlich der erste, der sie angesprochen hat." Er wies mit dem Daumen nach draußen. „Sie gehen jetzt zusammen die Hauptstraße entlang und kommen hierher."

„Hinaus!" brüllte Fara. „Ich will Ihr dummes Grinsen nicht mehr sehen! Verschwinden Sie gefälligst!"

Castler hatte offenbar nicht mit dieser Entwicklung gerechnet. Er lief rot an, verließ hastig die Werkstatt und knallte die Tür hinter sich zu. Fara blieb einen Augenblick lang ruhig stehen und überlegte. Dann schaltete er alle Maschinen aus und schloß die Tür der Werkstatt hinter sich ab. Jetzt durfte er nicht länger tatenlos zusehen, sondern mußte endlich handeln . . .

Er hatte keinen bestimmten Plan, aber er war fest entschlossen, diese unmögliche Situation so rasch wie möglich zu beenden. Gleichzeitig war er auf Cayle so wütend wie noch nie. Wie konnte ein Mann nur einen so wertlosen Sohn haben, obwohl er immer hart gearbeitet, seine Schulden und Steuern bezahlt und sich als treuer Untertan der Kaiserin erwiesen hatte?

Er fragte sich, ob Cayle diese schlechten Eigenschaften nicht von seinen Großeltern mütterlicherseits geerbt haben könnte. Selbstverständlich nicht von Creels Mutter – das war ihm sofort klar. Sie war eine ausgezeichnete Geschäftsfrau, die Creel eines Tages ein hübsches Vermögen hinterlassen würde. Aber Creels Vater war verschwunden, als sie noch ein Kind gewesen war.

Und jetzt Cayle mit dieser Frau aus dem Waffengeschäft, die sich auf der Straße von ihm hatte ansprechen lassen – er sah die beiden vor sich, als er in die Hauptstraße einbog. Sie gingen nicht in seine Richtung. Als er nur noch wenige Schritte hinter ihnen war, hörte er die junge Frau sagen: „Sie haben ganz falsche Vorstellungen von uns. Ein Mann wie Sie ist in unserer Organisation fehl am Platz. Sie gehören in die kaiserliche Armee, wo junge Männer mit gutem Aussehen und Ehrgeiz alle Chancen haben."

Fara hörte kaum zu. „Cayle!" sagte er scharf.

Die beiden drehten sich nach ihm um. Cayle mit der Gelassenheit eines jungen Mannes, der Nerven aus Stahl besitzt; die junge Frau rascher, aber trotzdem würdevoll.

Fara hatte das Gefühl, daß sein Zorn ihm selbst am meisten schadete, aber im Augenblick war er zu keiner nüchternen Überlegung fähig. „Cayle, du gehst sofort nach Hause!" befahl er.

Er merkte, daß die junge Frau ihn neugierig mit ihren eigenartigen grüngrauen Augen anstarrte. Schamlos, dachte er und achtete in seinem Zorn nicht darauf, daß Cayle langsam rot anlief.

Dann wurde der junge Mann plötzlich wieder blaß vor Ärger,

wandte sich an die Frau und sagte: „Das ist der alte Narr, mit dem ich es aushalten muß. Zum Glück sehen wir uns ziemlich selten. Wir essen nicht einmal gemeinsam. Was halten Sie von ihm?"

Die junge Frau lächelte unpersönlich. „Oh, wir kennen Fara Clark gut. Er ist der beste Untertan, den die Kaiserin in Glay hat."

„Richtig", stimmte Cayle grinsend zu. „Sie müßten ihn einmal erleben. Er glaubt tatsächlich, wir seien alle im Himmel, der von der göttlichen Kaiserin regiert wird. Noch schlimmer ist allerdings, daß nicht die geringste Aussicht besteht, daß er eines Tages doch noch zur Vernunft kommt."

Sie gingen weiter, und Fara blieb wie angewurzelt stehen. Sein Zorn war so völlig verflogen, als habe er nie existiert. Er wußte jetzt, daß er einen Fehler gemacht hatte, war sich aber nicht darüber im klaren, worin er bestand. Seitdem Cayle sich geweigert hatte, bei ihm in der Werkstatt zu arbeiten, hatte die ganze Entwicklung sich allmählich einem Höhepunkt genähert. Jetzt war der große Krach da, obwohl Fara ihn nachträglich bedauerte.

Während er in seiner Werkstatt arbeitete, überlegte er immer wieder: Geht das Leben jetzt wie bisher weiter? Wohnen Cayle und ich in dem gleichen Haus, ohne uns zuzunicken, wenn wir uns begegnen? Gehen wir zu verschiedenen Zeiten ins Bett und stehen wir zu anderen auf – ich um sieben Uhr dreißig, Cayle gegen Mittag? Ging das auch in Zukunft noch jahrelang weiter?

Creel wartete auf ihn, als er nach Hause kam. „Fara, Cayle möchte sich fünfhundert Credits von dir leihen, damit er in die kaiserliche Hauptstadt fahren kann", sagte sie.

Fara nickte wortlos. Am nächsten Morgen brachte er das Geld nach Hause und gab es Creel, die damit in Cayles Schlafzimmer ging.

Sie kam eine Minute später wieder heraus. „Ich soll dir einen schönen Gruß von ihm ausrichten."

Als Fara an diesem Abend nach Hause kam, war Cayle bereits nicht mehr da. Er fragte sich, ob er jetzt erleichtert sein sollte. Aber dann hatte er doch das Gefühl, daß eine Katastrophe bevorstand.

CAYLE wußte, daß er sein Heimatdorf nicht auf Grund eines plötzlichen Entschlusses verlassen hatte. Dieser Wunsch war schon seit Jahren so stark, daß er alles andere beherrschte, obwohl er zunächst noch unbestimmt und verschwommen gewesen war. Nachdem sein Vater ihn immer wieder enttäuscht hatte, war er von Tag zu Tag mit den Verhältnissen in Glay unzufriedener geworden. Er schien in einem Gefängnis zu leben, das ihn unbeirrbar festhielt – bis jetzt.

Er wußte nicht einmal, weshalb der Käfig sich so plötzlich geöffnet hatte. Natürlich hatte die junge Frau aus dem Waffengeschäft etwas damit zu tun gehabt. Schlank, mit intelligenten grüngrauen Augen, wohlgeformtem Gesicht und der undefinierbaren Aura eines Menschen, der bereits viele erfolgreiche Entscheidungen hinter sich hat. Cayle erinnerte sich noch deutlich an den Tonfall ihrer Stimme, als sie gesagt hatte: „Ja, ich komme aus Imperial City. Ich fliege Donnerstag nachmittag wieder zurück."

Am Donnerstag kehrte sie also in die große Stadt zurück, während er hier in Glay bleiben mußte. Das konnte er nicht ertragen, weil seine Sehnsucht in diesem Augenblick übermächtig wurde. Nur deshalb hatte er seine Mutter gebeten, ihm das Geld zu beschaffen. Jetzt saß er in dem Helibus nach Ferd und stellte enttäuscht fest, daß die junge Frau nicht an Bord war.

Während Cayle auf dem riesigen Flughafen von Ferd auf das Flugzeug nach Imperial City warten mußte, hielt er weiter nach Lucy Rall Ausschau. Aber die Menschenmassen, die sich durch das Abfertigungsgebäude drängten, machten einen Erfolg dieser Suche wenig wahrscheinlich. Dann rollte auch schon das Flugzeug heran – ein dreißig Meter hoher und fast zweihundert Meter langer Rumpf, der aus vollkommen durchsichtigem Material bestand, damit die Passagiere die Aussicht ungehindert genießen konnten.

In diesem Augenblick vergaß Cayle in seiner Aufregung völlig, daß er nach Lucy Rall suchen wollte. Er stieg rasch ein und dachte erst wieder an sie, als das Flugzeug längst hoch über den Wolken schwebte. Dann lehnte er sich in den bequemen Sessel zurück und überlegte. Was für ein Mensch war diese Lucy Rall, die der Gilde der Waffenschmiede angehörte? Wo arbeitete sie? Wo wohnte sie? Wie lebte sie als Mitglied einer verfemten Organisation? In einem der Sessel vor Cayle saß ein Mann, der einigermaßen intelligent wirkte. Cayle mußte sich beherrschen, um nicht zu ihm zu gehen und ihn alles das zu fragen, was ihn jetzt beschäftigte. Andere Menschen erkannten vielleicht nicht ohne weiteres, daß er kein dummer Bauernjunge war, obwohl er bisher nur in einem Dorf gelebt hatte.

Ein Mann lachte. Eine Frau sagte: „Aber, Liebling, weißt du bestimmt, daß wir uns eine Rundreise zu den Planeten leisten können?" Die beiden gingen an Cayle vorüber, der verwundert feststellte, wie gleichmütig andere den Flug erlebten. Allmählich wurde er jedoch auch selbstsicherer und fühlte sich bereits wie zu Hause, als drei Männer sich auf der anderen Seite des Mittelganges niederließen und eine Partie Poker begannen.

Sie spielten um winzige Einsätze. Cayle fiel auf, daß zwei der Männer nie mit Namen angesprochen wurden. Der dritte wurde „Wiesel" genannt. Ein ungewöhnlicher Name, aber der Mann war ebenso ungewöhnlich. Er schien etwa dreißig Jahre alt zu sein, hatte bernsteingelbe Augen, künstlich gewellte Haare und ein blasses Gesicht, das aber trotzdem nicht ungesund wirkte. An seinen Fingern blitzten schwere Ringe. Wenn er sprach, hörten die beiden anderen aufmerksam zu. Er wandte sich schließlich an Cayle und sagte: „Ich sehe, daß Sie unser Spielchen verfolgen. Möchten Sie mitmachen?"

Cayle hatte die Männer tatsächlich beobachtet und war zu dem Schluß gekommen, daß Wiesel ein professioneller Spieler sein mußte. Bei den anderen war er sich nicht so sicher. Die Frage war nur: Wer sollte bei dem Spiel ausgenommen werden?

„Dann wird die Partie interessanter", fügte Wiesel hinzu.

Cayle wurde plötzlich blaß. Jetzt wußte er, daß diese drei Männer ein Team bildeten. Und er sollte ihr Opfer sein. Er sah sich instinktiv um, weil er wissen wollte, wie viele diese Schande beobachtet hatten. Zu seiner Erleichterung war niemand in der Nähe. Der intelligent wirkende Mann war verschwunden. Cayles normale Gesichtsfarbe kehrte allmählich wieder zurück. Die Kerle bildeten sich also ein, einen Dummen gefunden zu haben, den sie leicht ausnehmen konnten, wie? Er stand lächelnd auf.

„Bitte, gern", sagte er.

Er ließ sich in dem leeren Sessel gegenüber dem Mann mit den gelben Augen nieder. Cayle mußte geben. Er mischte die Karten, gab völlig ehrlich und hatte drei Könige in der Hand. Trotz der niedrigen Einsätze brachte ihm allein dieses Spiel etwa vier Credits in kleinen Münzen ein.

Cayle gewann drei der nächsten acht Spiele, was weniger als sein gewohnter Durchschnitt war. Er war kallidetisch veranlagt, was seine unwahrscheinlichen Gewinne bei Glücksspielen aller Art erklärte. Schon vor fünf Jahren hatte er mit den anderen Jungen um Bruchteile von Credits gespielt und dabei einmal neunzehn von zwanzig Spielen gewonnen. Seitdem hatte niemand mehr mit ihm spielen wollen.

Obwohl er jetzt wieder eine Glückssträhne hatte, fühlte er sich keineswegs überlegen. Das Wiesel hatte die Partie nach wie vor in der Hand. Von dem Mann ging eine seltsame Ausstrahlung aus, die Cayle geradezu faszinierte.

„Hoffentlich sind Sie jetzt nicht beleidigt", sagte Cayle schließlich, „aber Sie gehören zu den Menschen, die mich interessieren."

Der Mann starrte ihn mit seinen gelben Augen nachdenklich an, aber er schwieg.

„Sie sind wohl schon weit herumgekommen?" fragte Cayle weiter.

Er war mit der Frage unzufrieden. Das hatte er eigentlich nicht sagen wollen. Die Frage klang wirklich kindisch. Obwohl Wiesel nur ein Spieler war, stand er weit über solchen Dingen. Aber diesmal antwortete er. „Ein bißchen", sagte er gleichmütig.

Seine Begleiter schienen die Antwort lustig zu finden. Beide grinsten breit. Cayle wurde rot, ließ aber nicht locker. „Auch auf den Planeten?" erkundigte er sich.

Keine Antwort. Wiesel starrte seine Karten an und schob eine weitere Münze über den Tisch zwischen ihren Sitzen. Cayle kämpfte gegen das Gefühl an, einen Narren aus sich gemacht zu haben. „Man hört alles mögliche", meinte er entschuldigend, „bis man schließlich nicht mehr weiß, was richtig und was falsch ist. Lohnt sich die Reise zu den Planeten?"

„Hören Sie, junger Freund", sagte der Mann nachdrücklich, „bleiben Sie lieber, wo Sie jetzt sind. Die Erde ist der schönste Planet, und wenn jemand Ihnen zu erzählen versucht, daß die schöne Venus lockt, schicken Sie ihn zum Teufel. Oder zur Venus, denn dort ist die Hölle. Endlose Sandstürme. Ich habe selbst erlebt, daß die Temperatur in Venusburg auf vierundachtzig Grad

Celsius ansteigt.“ Er lächelte. „Das steht nicht in den Anzeigen, wie?“

Cayle stimmte hastig zu. Er war nicht auf eine so ausführliche Antwort gefaßt gewesen. Sie klang so angeberhaft wie . . . Jedenfalls war der Mann plötzlich sehr viel weniger interessant. Aber er wollte noch eine Frage stellen.

„Sind Sie verheiratet?“ erkundigte er sich.

Wiesel lachte. „Verheiratet? Hören Sie, Freundchen, ich nehme mir überall eine passende Frau. Aber nicht vor dem Standesamt, das können Sie mir glauben.“ Er grinste bedeutungsvoll. „Hoffentlich habe ich Ihnen jetzt keine Flausen in den Kopf gesetzt.“

„Auf solche Ideen kommt jeder Mann allein“, sagte Cayle.

Er hatte automatisch geantwortet. Diese Bloßstellung war überraschend gekommen. Wiesel besaß ohne Zweifel Mut und Energie, aber der Glanz war plötzlich erloschen. Cayle wußte, daß er den anderen in diesem Augenblick mit den Augen seiner Mutter betrachtete, konnte sich aber nicht davon freimachen. Seit Jahren kämpfte er gegen das Gefühl an, daß die große weite Welt sich bestimmt nicht mit den moralischen Maßstäben messen ließ, die in einem Dorf angebracht waren.

„Der Junge wird es später bestimmt weit bringen“, sagte Wiesel zu seinen Begleitern. „Da gehe ich jede Wette ein.“ Er runzelte die Stirn. „Wo haben Sie eigentlich immer die guten Karten her?“

Cayle hatte wieder einmal gewonnen. Er strich seinen Gewinn ein und zögerte. Er hatte dreiundvierzig Credits gewonnen und wußte, daß er aufhören mußte, bevor die anderen wütend wurden. „Ich kann leider nicht weiterspielen“, sagte er deshalb. „Ich habe noch etwas anderes zu tun. Vielen Dank für die . . .“

Er schwieg atemlos, als er die winzige Waffe sah, die über den Rand des Tisches auf ihn gerichtet war. Der Mann mit den gelben Augen sagte gleichmütig: „Sie wollen also rechtzeitig aufhören, was?“ Er wandte sich nicht den anderen zu, aber seine Stimme war an seine Begleiter gerichtet. „Er will aufhören, Jungens. Sollen wir ihn lassen?“ Das schien eine rhetorische Frage gewesen zu sein, denn die beiden grinsten nur.

„Ich bin jedenfalls dafür“, fuhr Wiesel fort. „Die Transparenzaufnahme zeigt, daß er sein Portemonnaie in der rechten Brusttasche trägt. In der Innentasche seiner Jacke steckt ein Umschlag, der einige größere Geldscheine enthält. Und in der Hosentasche hat er das Geld, das wir verloren haben."

Er lehnte sich über den Tisch und grinste ironisch. „Sie haben uns also für Spieler gehalten, die hinter Ihrem Geld her sind. Nein, mein Freund, wir arbeiten anders. Unser System ist viel einfacher. Wenn Sie das Geld nicht herausrücken oder gar Krach schlagen, schieße ich Ihnen mit dieser Energiepistole direkt ins Herz. Der Feuerstrahl ist so nadeldünn, daß kein Mensch auf das winzige Loch in Ihrer Jacke aufmerksam werden würde. Dann bleiben Sie hier sitzen und sehen vielleicht etwas schläfrig aus – aber wen kümmert das schon an Bord eines so großen Flugzeuges?" Seine Stimme klang plötzlich hart. „Geld her! Schnell! Das ist mein Ernst. Ich gebe Ihnen zehn Sekunden."

Cayle brauchte länger, um das Geld aus den verschiedenen Taschen zu holen, aber die Gauner waren offenbar schon damit zufrieden, daß er überhaupt gehorchte. Er durfte sein leeres Portemonnaie wieder einstecken und einige kleine Münzen behalten. „Sie müssen einen Bissen essen, bevor wir landen", sagte Wiesel großzügig.

Die Pistole verschwand wieder unter dem Tisch. Wiesel lehnte sich in seinen Sessel zurück.

„Ich möchte Sie davor warnen, sich bei dem Captain zu beschweren. Dann erschieße ich Sie nämlich augenblicklich, ohne mir wegen der Konsequenzen Sorgen zu machen. Unsere Geschichte ist ganz einfach. Sie waren dumm genug, Ihr ganzes Geld beim Kartenspiel zu verlieren." Er lachte und stand auf. „Vielleicht sehen wir uns noch einmal, Freundchen. Hoffentlich haben Sie nächstes Mal mehr Glück."

Auch die anderen Männer erhoben sich. Cayle sah ihnen sprachlos nach, als sie durch die Tür verschwanden, die zur Bar führte. Er blieb völlig verstört in seinem Sessel zurück.

Sein Blick fiel auf die weit entfernte Uhr – 15. Juli 4784 Isher –, zwei Stunden fünfzehn Minuten seit dem Start, noch mehr als eine Stunde bis Imperial City.

Cayle schloß müde die Augen und stellte sich seine Ankunft vor. Jetzt würde er die erste Nacht auf der Straße verbringen müssen.

3

Er konnte nicht mehr stillsitzen. Statt dessen wanderte er ruhelos durch das Flugzeug und blieb dreimal vor den riesigen Energiespiegeln stehen. Seine blutunterlaufenen Augen starrten ihn aus dem lebensgroßen Bild an. Und er überlegte immer wieder: Warum haben sie ausgerechnet mich hereingelegt? Wieso sind sie so unfehlbar auf mich gekommen?

Als er sich von dem dritten Spiegel abwandte, sah er die junge Frau aus dem Waffengeschäft. Sie schien ihn nicht bemerkt zu haben. Sie trug ein dunkelblaues Kostüm und eine Perlenkette um den gebräunten Hals. Sie wirkte so selbstsicher und überlegen, daß Cayle einfach nicht den Mut fand, sie anzusprechen. Statt dessen ging er weiter und ließ sich in der Nähe der Bar in einen Sitz fallen.

Eine Bewegung erregte seine Aufmerksamkeit. Ein Mann saß ihm gegenüber auf der anderen Seite des Mittelganges an einem Tisch. Er trug die Uniform eines Obersten der Armee Ihrer Kaiserlichen Majestät. Er war so betrunken, daß er kaum aufrecht sitzen konnte. Jetzt drehte er den Kopf und starrte Cayle an.

„Sie spionieren hinter mir her, was?" Seine Stimme wurde tiefer und lauter. „Kellner!"

Ein Steward kam heran. „Ja, Sir?"

„Den besten Wein für meinen Schatten und mich." Als der Steward gegangen war, winkte der Offizier Cayle zu sich heran. „Sie können auch hier sitzen. Können gleich gemeinsam reisen, wie?" Er senkte die Stimme zu einem vertraulichen Flüstern. „Ich saufe nämlich, wissen Sie. Aber die Kaiserin darf nichts davon wissen. Sie mag es nicht." Er schüttelte traurig den Kopf. „Mag es gar nicht. Worauf warten Sie noch? Kommen Sie endlich her!"

Cayle folgte hastig und fluchte innerlich über diesen betrunkenen Trottel. Aber gleichzeitig regte sich eine schwache Hoffnung in ihm. Er erinnerte sich daran, daß Lucy Rall vorgeschlagen hatte, er solle in die kaiserliche Armee eintreten. Wenn er die nötigen Informationen aus diesem Säufer herausholen und dann sofort eintreten konnte, spielte das verlorene Geld keine große Rolle mehr. Aber die Entscheidung mußte bald fallen.

Langsam trank er ein Glas Wein und beobachtete dabei unauffällig den älteren Mann. Allmählich hörte er auch, wen er vor sich hatte. Sein Gegenüber hieß Laurel Medlon. Oberst Laurel Medlon, um es ganz genau zu sagen, Vertrauter der Kaiserin, häufiger Besucher des Palastes und Leiter eines Steuerbezirks.

„Und ein . . . hick . . . verdammt guter dazu", stellte er mit einer Zufriedenheit fest, die mehr als die Worte aussagte.

Er grinste Cayle spöttisch an. „Davon möchten Sie sich wohl auch eine Scheibe abschneiden, wie?" Er rülpste. „Schön, kommen Sie in mein Büro – morgen."

Seine Stimme wurde leiser. Er murmelte nur noch vor sich hin. Als Cayle ihm eine Frage stellte, antwortete er, daß er nach Imperial City gekommen sei, „. . . als ich in Ihrem Alter war. Menschenskind, war ich ahnungslos!" Er schüttelte erbittert den Kopf. „Sie wissen doch, daß das Tuchmonopol verschiedene Stoffarten aufs Land schickt. Daran kann man jeden erkennen, der aus einem Dorf kommt."

Wieder murmelte er vor sich hin. Cayle runzelte wütend die Stirn.

Das war es also – seine Kleidung!

Er erinnerte sich daran, daß sein Vater es ihm immer verboten hatte, seine Anzüge wenigstens in Ferd zu kaufen. Fara hatte jedesmal protestiert: „Wie kann ich erwarten, daß die hiesigen Geschäftsleute mir Aufträge geben, wenn meine Familie ihren Bedarf nicht bei ihnen deckt?" Und nachdem er diese unbeantwortbare Frage gestellt hatte, war die Diskussion für ihn beendet.

Jetzt sitze ich in der Tinte, überlegte Cayle, weil der alte Narr . . . Sein sinnloser Zorn verflog rasch wieder. Selbst größere Städte wie Ferd erhielten vermutlich besondere Stoffe geliefert, die ebenso leicht wie die aus Glay zu erkennen waren. Folglich war nicht nur ein sturer alter Mann an seiner jetzigen Lage schuld.

Aber er war trotzdem froh darüber, endlich die Wahrheit erfahren zu haben, obwohl sie ihm nichts mehr nützen konnte.

Der Oberst bewegte sich wieder. Cayle stellte noch eine Frage. „Wie sind Sie damals in die Armee gekommen? Wie sind Sie überhaupt Offizier geworden?"

Der Betrunkene murmelte irgend etwas von einer Kaiserin vor sich hin, die sich unverschämterweise wegen zu niedriger Steuereinnahmen bei ihm beklagt hatte. Dann folgte etwas über den unsinnigen Angriff auf die Waffengeschäfte, aber das war nicht deutlich genug zu verstehen. Die nächste Bemerkung betraf die verdammten Weiber, die sich nur vorsehen sollten, damit sie nicht plötzlich . . . Cayle schloß daraus, daß der Oberst einige Geliebte gleichzeitig aushielt. Und dann kam endlich die Antwort auf seine Frage.

„Habe fünftausend Credits für das Offizierspatent bezahlt – verdammte Schande . . ." Der Oberst schwieg einen Augenblick und murmelte schließlich: „Kaiserin will sie jetzt verschenken. Nichts zu machen. Nicht mit mir. Muß auch leben." Er hob wütend den Kopf. „Habe selbst genug dafür blechen müssen."

„Das heißt also, daß man jetzt nichts mehr für ein Offizierspatent bezahlen muß?" fragte Cayle. „Haben Sie das gesagt?" In seiner Aufregung faßte er nach dem Arm des Mannes.

Der Oberst riß die Augen auf und starrte ihn mißtrauisch an. „Wer sind Sie überhaupt?" knurrte er. „Lassen Sie mich gefälligst los!" Seine Stimme zeigte, daß er fast wieder nüchtern war. „Mein Gott", sagte er dann, „heutzutage läuft man wirklich überall Säufern über den Weg. Am liebsten würde ich Sie festnehmen lassen."

Cayle wurde rot und stand rasch auf. Er stolperte davon und schwankte dabei wie ein Boxer, der allzu viele schwere Haken eingesteckt hatte.

Dann fiel ihm auf, daß er an der Tür zur Bar stand. Er sah hinein und stellte fest, daß Wiesel und seine Spießgesellen noch immer dort saßen. In diesem Augenblick wußte er, daß er zurückgekommen war, um sie noch einmal zu sehen. Er war fest entschlossen, sie nicht einfach ungeschoren entkommen zu lassen. Aber zunächst brauchte er zusätzliche Informationen.

Er drehte auf dem Absatz um und ging geradewegs auf Lucy Rall zu, die noch immer in dem gleichen Sessel saß und ein Buch las. Sie hörte aufmerksam zu, als er beschrieb, auf welche Weise er sein Geld eingebüßt hatte. Cayle schloß mit einer Frage: „Würden Sie es für richtig halten, daß ich mich an den Captain wende?"

Sie schüttelte den Kopf. „Nein", antwortete sie, „das wäre falsch. Der Captain und die Besatzung bekommen meistens vierzig Prozent der Gesamteinnahmen. Wenn Sie sich beschweren, helfen die Kerle noch, Ihre Leiche zu beseitigen."

Cayle lehnte sich in seinen Sitz zurück. Er war plötzlich müde und erschöpft. Diese erste große Reise stellte ihn auf eine harte Probe. „Warum sind die Gauner nicht auf Sie gekommen?" erkundigte er sich schließlich. „Sie tragen natürlich ein Kostüm aus der Stadt, aber wie suchen die Kerle sich ihre Opfer aus?"

Die junge Frau schüttelte den Kopf. „Sie gehen durch das Flugzeug und machen Dutzende von Transparenzaufnahmen", erklärte sie Cayle. „Dabei stellt sich heraus, wer eine unserer Waffen trägt. Diese Leute bleiben auf jeden Fall unbelästigt."

Cayle richtete sich auf. „Können Sie mir Ihre leihen?" fragte er gespannt. „Damit hole ich mir mein Geld wieder zurück."

Lucy Rall zuckte mit den Schultern. „Unsere Waffen sind auf den Besitzer abgestimmt", antwortete sie. „Mit meiner könnten Sie also nichts anfangen. Außerdem sind sie nur zur Selbstverteidigung zu gebrauchen. Dazu ist es aber in Ihrem Fall bereits zu spät."

Cayle spürte, daß seine Verzweiflung langsam fast übermächtig wurde. Er hatte plötzlich das Gefühl, daß Lucy Rall seine letzte Hoffnung war, daß er sie dazu überreden mußte, ihm zu helfen. „Verkaufen die Waffengeschäfte eigentlich außer Gewehren und Pistolen noch etwas anderes?" erkundigte er sich.

Die junge Frau zögerte. „Wir haben ein Informationszentrum", antwortete sie dann.

„Was soll das heißen – Information? Welche Informationen?"

„Oh, eigentlich alles. Wer wo geboren ist. Wieviel Geld jemand hat. Welche Verbrechen er begangen hat oder noch plant. Selbstverständlich mischen wir uns nicht ein."

Cayle runzelte die Stirn und war gleichzeitig unzufrieden und fasziniert. Er hatte sich nicht ablenken lassen wollen, aber andererseits war ihm noch nie ein Mensch begegnet, der ihm zuverlässige Auskünfte über die Waffenschmiede geben konnte.

Und Lucy Rall gehörte selbst zu ihnen.

„Was haben Sie und Ihre Freunde eigentlich vor?" fragte er eindringlich. „Warum haben Sie nicht schon längst die Macht übernommen, wenn Sie doch über so wunderbare Waffen verfügen?"

Lucy Rall schüttelte lächelnd den Kopf. „Sie verstehen uns falsch", antwortete sie. „Die Gilde der Waffenschmiede ist vor über zweitausend Jahren von einem Mann gegründet worden, der wollte, daß die ewigen Machtkämpfe und Bürgerkriege ein Ende nehmen. Er machte sich zum Vorkämpfer des Gedankens, daß bestehende Regierungen auf keinen Fall gestürzt werden sollten. Statt dessen wollte er eine Organisation aufbauen, die verhindern sollte, daß die Regierungen jemals wieder unbegrenzten Einfluß auf die Menschen nehmen. Jeder, der sich bedroht fühlte, sollte die Möglichkeit haben, sich eine Verteidigungswaffe zu kaufen. Sie können sich gar nicht vorstellen, welchen Fortschritt das bedeutet. In früheren Jahrhunderten war es oft schon strafbar, überhaupt eine Pistole oder einen Strahler zu besitzen."

Ihre Stimme klang eindringlich, und Cayle merkte, daß sie selbst fest von ihren Erklärungen überzeugt war. „Der Gründer unserer Gilde hat ein elektronisches und nukleares Kontrollsystem erfunden, mit dessen Hilfe unzerstörbare Läden und nur zur Verteidigung benutzbare Waffen gebaut werden können. Dadurch war ausgeschlossen, daß unsere Waffen von Gangstern und anderen Verbrechern benutzt werden, was den Zweck des Unternehmens gefährden würde. Für Verteidigungszwecke sind unsere Waffen sämtlichen anderen weit überlegen. Sie werden von den Gedanken des Besitzers kontrolliert und liegen plötzlich in seiner Hand, wenn er sie braucht. Sie bilden auch einen Abwehrschirm gegen andere Strahler, aber nicht gegen Kugeln. Das ist allerdings unwichtig, weil unsere Waffen viel schneller wirken."

Sie warf Cayle einen fragenden Blick zu. „Wollten Sie das wissen?" fragte sie.

„Was passiert, wenn man aus einem Hinterhalt schießt?" erkundigte sich Cayle.

Sie zuckte mit den Schultern. „Das ist keine Selbstverteidigung." Sie schüttelte den Kopf und lächelte nochmals. „Sie haben mich offenbar nicht richtig verstanden. Wir machen uns im Grunde genommen keine Sorgen um einzelne Menschen. Für uns zählen nur die Milliarden Menschen, die genau wissen, daß sie ein Waffengeschäft aufsuchen können, wenn sie sich selbst und ihre Familien schützen wollen. Noch wichtiger ist allerdings, daß diese Tatsache die Regierung davon abhält, die Menschen zu versklaven. Auf diese Weise hat sich ein Gleichgewicht zwischen Herrschern und Beherrschten herausgebildet."

Cayle starrte sie enttäuscht an. „Sie meinen also, daß jeder für sich selbst sorgen muß? Wenn man eine dieser Waffen kauft, dann muß man selbst Widerstand leisten? Ohne Hilfe von außen?"

Ihm fiel plötzlich auf, daß sie ihm die ganze Geschichte nur erzählt hatte, um ihm zu zeigen, weshalb sie ihm nicht helfen konnte.

„Ich sehe, daß Sie jetzt enttäuscht sind", fuhr Lucy fort. „Aber ich kann an den Tatsachen nichts ändern. Vielleicht sehen Sie später selbst ein, daß dies die einzig mögliche Lösung ist. Wenn die Menschen erst einmal den Mut verlieren, jeder Bedrohung entschlossen Widerstand zu leisten, sind sie auch durch Hilfe von außen nicht mehr zu retten. Unserer Überzeugung nach hat jedes Volk die Regierung, die es verdient. Jeder Mensch muß die Risiken selbst tragen, die das freie Leben mit sich bringt, obwohl er dabei vielleicht sogar den Tod findet."

Sie schwieg einen Moment. „Hören Sie", sagte sie dann drängend, „lassen Sie mich zehn Minuten lang allein, damit ich über Ihren Fall nachdenken kann. Ich verspreche Ihnen nichts, aber ich entscheide mich, bevor wir landen. Einverstanden?"

Cayle fragte sich, ob sie ihn nur fortschicken wollte, aber er nickte wortlos, stand auf und ging in den vorderen Salon. Als er später wieder einen Blick auf Lucys Platz warf, war der Sitz leer.

Das bestärkte seinen Entschluß noch mehr. Lucy wollte sich gar nicht ernstlich mit seinen Schwierigkeiten befassen. Er drehte sich um und ging rasch auf die Bar zu.

Wiesel saß noch immer dort. Cayle blieb vor ihm stehen, holte mit der geballten Faust aus und versetzte ihm einen kräftigen Kinnhaken. Der kleine Mann fiel von seinem Barhocker. Seine beiden Begleiter sprangen auf. Cayle trat einem von ihnen in den Magen. Der Kerl krümmte sich und klappte wie ein Taschenmesser zusammen.

Cayle achtete nicht weiter auf ihn, sondern warf sich auf den dritten Mann, der einen Strahler aus dem Schulterhalfter unter der Jacke zog. Er prallte heftig mit ihm zusammen und hatte von diesem Augenblick an bereits die Oberhand. Der Gauner starrte ihn erschrocken an, als Cayle ihm die Waffe aus der Hand riß und ihn von sich fortstieß.

Cayle drehte sich um und sah, daß Wiesel wieder auf den Beinen war. Der Spieler rieb sich die schmerzende Stelle am Kinn und starrte Cayle wütend an.

„Geben Sie mir mein Geld zurück!" forderte Cayle ihn auf. „Los, rücken Sie das Geld heraus! Bei mir sind Sie an den Falschen geraten!"

Wiesel versuchte zu protestieren: „Hilfe, ein Raubüberfall! Ich werde . . ."

Er schwieg, als er plötzlich erkannte, daß dieser junge Mann sich nicht abschrecken lassen würde. Deshalb hob er jetzt auch die Hände und sagte rasch: „Nicht schießen, Sie Narr! Denken Sie daran, daß wir Sie am Leben gelassen haben."

Cayle beherrschte sich mühsam. Er behielt den Finger am Abzug. „Mein Geld!" verlangte er.

In diesem Augenblick wurde er unterbrochen. „Was geht hier vor?" fragte eine laute Stimme. „Hände hoch, der Mann mit der Pistole!"

Cayle drehte sich um und ging bis an die nächste Wand zurück. Drei Offiziere mit schußbereiten Waffen standen auf der Schwelle und bedrohten auch ihn. Während der nun folgenden Diskussion ließ Cayle seine Waffe nicht ein einziges Mal sinken.

Er brachte seine Geschichte vor und erklärte, weshalb er sich nicht ergeben wollte. „Ich habe Grund zu der Annahme", erläuterte er, „daß die Offiziere ebenfalls nicht über jeden Verdacht erhaben sind, wenn sich an Bord solche Dinge abspielen können. Los, rücken Sie endlich mein Geld heraus, Wiesel!"

Keine Antwort. Cayle sah rasch zu der Stelle hinüber, wo Wiesel eben noch gestanden hatte – und zuckte erschrocken zusammen.

Der Spieler war verschwunden. Seine Begleiter ebenfalls.

„Hören Sie, junger Mann", sagte der Offizier, der vorhin gesprochen hatte, „geben Sie uns die Waffe, dann vergessen wir die ganze Sache."

„Ich verlasse den Raum durch die Tür dort drüben", sagte Cayle und wies nach rechts. „Dann lasse ich die Pistole auf der Schwelle liegen."

Der Offizier nickte zustimmend. Cayle vergeudete keine Sekunde mehr. Er durchsuchte das Flugzeug gründlich, ohne eine Spur von dem Spieler und seinen beiden Spießgesellen zu finden. In seinem Zorn ging er schließlich zum Captain. „Sie verdammter Schuft", sagte er kalt, „Sie haben die Kerle in einer Pinasse fliehen lassen."

Der Captain starrte ihn mit einem amüsierten Grinsen an. „Junger Mann", antwortete er dann ironisch, „Sie haben gelernt, daß die Zeitungsanzeigen recht haben. Reisen bildet tatsächlich. Als Resultat Ihres Aufenthalts an Bord sind Sie in Zukunft wahrscheinlich etwas vorsichtiger. Außerdem haben Sie festgestellt, daß Sie mutiger sind, als Sie dachten. Kurz gesagt – innerhalb dieser wenigen Stunden sind Sie etwas erwachsener geworden. Was das für Ihre zukünftige Entwicklung bedeutet, ist gar nicht abzuschätzen. Im Vergleich dazu haben Sie eine lächerlich geringe Summe eingebüßt. Falls Sie später ähnliche Zuwendungen eingeplant haben, gebe ich Ihnen gern meine Adresse, damit Sie wissen, wohin Sie das Geld schicken können."

„Ich beschwere mich bei der Gesellschaft über Sie."

Der Captain zuckte mit den Schultern. „Beschwerdevordrucke sind bei den Stewards erhältlich. Allerdings müssen Sie auf eigene Kosten an der Sitzung des Ausschusses teilnehmen, der in Ihrem Fall in Ferd zusammentritt."

„Aha", meinte Cayle grimmig. „Die Vorteile sind also völlig auf Ihrer Seite, nicht wahr?"

„Ich bin nicht für die Bestimmungen verantwortlich", lautete die Antwort. „Ich habe mich nur danach zu richten."

Cayle ging wütend in den Salon zurück, in dem er Lucy Rall zum letztenmal gesehen hatte. Sie war noch immer nicht an ihren Platz zurückgekehrt. Seine Nervenanspannung erhöhte sich, als er daran dachte, daß die Landung in spätestens einer halben Stunde bevorstand. Weit unter ihm fielen bereits die ersten langen Schatten über die Erde, die der Kaiserin untertan war; der Himmel im Osten war neblig und düster, als sei es dort hinter dem weit entfernten Horizont bereits Nacht geworden.

Nachdem Cayle in dem benachbarten Salon verschwunden war, stand Lucy Rall auf und machte sich auf die Suche nach der nächsten öffentlichen Telestatzelle. Sie schloß die Tür hinter sich ab und betätigte dann den Schalter, der die Verbindung zu dem Vermittlungspult in der Kabine des Captains unterbrach.

Dann streifte sie einen ihrer Ringe ab, legte ihn auf die flache Oberseite des Geräts und drehte ihn langsam, bis er in der richtigen Stellung lag. Auf dem Bildschirm wurde eine Frau sichtbar. „Informationszentrum", meldete sie sich.

„Verbinden Sie mich bitte mit Robert Hedrock."

„Einen Augenblick, bitte."

Das Gesicht des Mannes, der dann auf dem Bildschirm erschien, wirkte energisch und willensstark, aber auch empfindsam. Die ungeheure Lebenskraft, die er bei jeder Bewegung ausstrahlte, war fast körperlich zu spüren. Seine Persönlichkeit fand ihren Ausdruck aber auch in seiner ruhigen Stimme: „Abteilung Koordination."

„Hier spricht Lucy Rall. Ich bin mit der Überwachung von Cayle Clark betraut worden, der über ein beträchtliches ungenutztes Potential verfügt." Sie schilderte kurz, was Cayle zugestoßen war. „Wir haben festgestellt, daß er überragend kallidetisch begabt ist, und hoffen auf einen so raschen Aufstieg, daß wir ihn in unserem Kampf gegen die Kaiserin einsetzen können, damit sie unsere Waffengeschäfte nicht mit ihrer neuen Energiewaffe zerstört. Das entspricht der Anweisung, daß keine Möglichkeit ungenutzt bleiben soll, falls einer von uns in der Lage ist, die weitere Entwicklung zu beeinflussen. Meiner Meinung nach müssen wir ihm mit etwas Geld unter die Arme greifen."

„Hmm." Hedrock runzelte nachdenklich die Stirn. „Wie hoch ist sein Dorfindex?"

„Mittel. Wahrscheinlich hat er anfangs einige Schwierigkeiten mit dem Leben in der Großstadt. Aber auch daran gewöhnt er sich bestimmt rasch. Ich bin davon überzeugt, daß er nach einiger Zeit gut zurechtkommen wird. Aber im Augenblick braucht er unsere Hilfe."

Hedrock schien einen Entschluß gefaßt zu haben. „In solchen Fällen verhält sich die zu erwartende Dankbarkeit umgekehrt proportional zu dem geliehenen Betrag." Er lächelte kurz. „Das hoffen wir wenigstens. Geben Sie ihm fünfzehn Credits – als persönliches Darlehen von Ihnen. Weitere Hilfeleistungen sind nicht erwünscht. Er muß selbst beweisen, was er wert ist. Sonst noch etwas?"

„Nein."

„Auf Wiedersehen."

Lucy Rall steckte ihren Ring wieder an, die Verbindung wurde getrennt, und sie verließ die Telestatzelle.

4

CAYLE beobachtete den Gesichtsausdruck der Zimmervermieterin, während sie ihn abschätzend von oben bis unten betrachtete. Diese Entscheidung konnte er nicht beeinflussen.

Er dachte tatsächlich daran – an eine Entscheidung. Würde sie erkennen, daß er in Wirklichkeit aus einem kleinen Dorf stammte? Er konnte es nicht beurteilen, denn ihr Lächeln war nichtssagend, als sie die Tür öffnete, um ihn hereinzulassen. Das Zimmer war klein, kostete aber nur eindreiviertel Credits pro Woche.

Cayle streckte sich auf dem Bett aus und schloß eine Minute lang die Augen. Er fühlte sich überraschend wohl. Daß er sein gesamtes Geld eingebüßt hatte, war nach wie vor bedauerlich, aber wenigstens keine Katastrophe mehr. Die fünfzehn Credits, die Lucy Rall ihm geliehen hatte, würden einige Wochen lang reichen. Er befand sich in Sicherheit. Er war in Imperial City. Und allein die Tatsache, daß Lucy ihm das Geld geliehen und ihm ihre Adresse gegeben hatte, schien etwas zu beweisen. Cayle stand auf und verließ das Haus, um irgendwo zu essen.

Er hatte ein Automatenrestaurant an der nächsten Straßenecke bemerkt. Der einzige Gast außer ihm war ein älterer Mann. Cayle ließ sich von einem der Automaten ein Steak geben und setzte sich absichtlich in die Nähe des anderen Gastes.

„Ich bin hier neu", sagte er. „Können Sie mir einige Tips geben, was hier sehenswert ist? Ich wäre Ihnen dankbar dafür."

Das war seine neue Masche – er gab offen zu, daß er nicht wußte, was er hier anfangen sollte. Aber er war sich darüber im klaren, daß Informationen wichtiger waren als unangebrachter Stolz. Jetzt überraschte es ihn keineswegs, daß der Fremde sich räusperte und dann fragte: „Neu in der Großstadt, was? Schon irgendwo gewesen?"

„Nein. Ich bin erst vor einer Stunde angekommen."

Der Mann nickte vor sich hin und betrachtete sein Gegenüber abschätzend. Cayle überlegte zynisch: Er denkt darüber nach, wie er mich am besten ausnehmen kann.

Als der andere wieder sprach, lächelte er übertrieben freundlich. „Ich heiße Gregor und wohne gleich um die Ecke. Was möchten Sie wissen?“

„Eigentlich alles“, antwortete Cayle rasch. „Wo liegt die beste Wohngegend? Wo sind die Hauptgeschäftsstraßen? Wer ist im Augenblick im Gespräch?“

Gregor lachte. „Die letzte Frage ist leicht zu beantworten – selbstverständlich die Kaiserin. Haben Sie sie schon einmal zu Gesicht bekommen?“

„Nur auf dem Bildschirm.“

„Schön, dann wissen Sie ja bereits, daß sie nur eine junge Frau ist, die energisch wirken möchte.“

Cayle wußte nichts dergleichen. Obwohl er keinen großen Respekt vor hochtrabenden Titeln besaß, hätte er nie in dieser Art von einem Mitglied der Herrscherfamilie gesprochen. Deshalb empfand er jetzt eine instinktive Abneigung gegen diesen Mann, der von der Kaiserin wie von einem ganz gewöhnlichen Menschen sprach.

„Was wissen Sie über die Kaiserin?“ fragte er trotzdem.

„Sie wird im Palast gefangengehalten – von einem Haufen alter Männer, die alles tun, um die Macht zu behalten.“

Cayle runzelte die Stirn, weil er mit dieser Beschreibung nicht einverstanden war. Er erinnerte sich an das letzte Mal, als er die Kaiserin auf dem Bildschirm gesehen hatte. Aus dem Gesicht und ihrer Stimme sprachen unbeugsamer Stolz und große Willensstärke. Falls irgendeine Gruppe tatsächlich versuchte, sie für ihre Zwecke einzuspannen, würde sie wenig Erfolg damit haben. Die junge Kaiserin wußte selbst recht gut, was sie wollte.

„Wahrscheinlich haben Sie auch Lust, ein kleines Spielchen zu riskieren“, fuhr Gregor fort. „Das können Sie in der Glücksallee. Und dann gibt es noch die Theater, die Restaurants und die . . .“

Cayle verlor allmählich das Interesse. Er hätte gleich wissen müssen, daß ein Mann, der in dieser billigen Gegend wohnte, ihm nicht die Auskünfte geben konnte, die er brauchte. Der Mann hatte einen zu begrenzten Horizont. Was er zu sagen hatte, war nicht wichtig genug.

„Ich führe Sie gern ein bißchen herum“, sagte Gregor eben. „Leider bin ich allerdings im Augenblick fast abgebrannt, aber . . .“

Cayle grinste unwillkürlich. Mehr war dem Kerl also wirklich nicht eingefallen. Sein Versuch entsprach der hier allgemein üblichen Methode, war aber so kümmerlich und wenig überzeugend, daß er seinen Zweck völlig verfehlte. Cayle schüttelte den Kopf. „Vielleicht treffen wir uns später einmal wieder. Heute abend bin ich schon zu müde. Die lange Reise war doch ziemlich anstrengend", antwortete er.

Er wandte sich wieder seinem Steak zu und war trotz der Enttäuschung mit sich selbst zufrieden. Die Unterhaltung hatte ihm nicht geschadet, sondern eher genützt, wenn er es sich recht überlegte. Ohne jemals in Imperial City gewesen zu sein, wußte er besser als Gregor, was hier angebracht und vernünftig war.

Die Mahlzeit kostete wesentlich mehr, als Cayle erwartet hatte. Aber selbst darüber konnte er ohne Bedauern hinwegsehen. Nach seinen Erlebnissen an Bord des Flugzeugs brauchte er dringend eine kleine Stärkung. Er ging zufrieden auf die Straße hinaus. Überall spielten noch Kinder, obwohl es längst dunkel war.

Cayle blieb einen Augenblick lang stehen und sah ihnen zu. Die Kinder waren alle zwischen sechs und zwölf Jahre alt. Ihre Spiele entsprachen denen, die in allen Schulen als rhythmische Bewegungen gelehrt wurden, aber hier trat noch ein anderes Motiv hinzu, das Cayle nicht erwartet hätte. Zuerst war er verblüfft, dann amüsiert.

Großer Gott, dachte er. Dabei habe ich wirklich den Ruf gehabt, ein Teufelskerl zu sein. Aber im Vergleich zu diesen Kindern bin ich nur ein kleiner Anfänger.

Er kehrte in sein Zimmer zurück und überlegte sich dabei, daß der junge Mann, über den die Dorfältesten oft genug die Köpfe geschüttelt hatten, in Wirklichkeit nur eine naive, ehrliche Seele war. Wenn er jemals ein schlechtes Ende nahm, war daran nur seine Unerfahrenheit schuld – nicht etwa das Gegenteil.

Das machte ihm Sorgen. In Glay hatte er ein gewisses Vergnügen dabei empfunden, die Konventionen unbeachtet zu lassen oder absichtlich gegen sie zu verstoßen. In Glay hatte er sich eingebildet, so aufzutreten, wie es „Städter" vermutlich taten. Aber jetzt wußte er, daß diese Einbildung nur bis zu einem bestimmten Punkt zutraf. Ihm fehlten Erfahrung, Wissen und das Gefühl für drohende Gefahren. Deshalb mußte er in nächster Zeit vor allem versuchen, diese Schwächen durch geschickte Planung auszugleichen. Trotzdem machte er sich deswegen Sorgen, weil er das unbestimmte Gefühl hatte, auch damit nur eine vorläufige Lösung zu erreichen. Irgendwie hatte er noch nicht das richtige Verständnis für die große Entscheidung, die in nächster Zeit vor ihm lag.

Während er über dieses Problem nachdachte, schlief er unruhig ein. Doch dieser bedrückende Gedanke ließ ihn auch im Schlaf nicht los. Nach seiner ersten Nacht in der Stadt seiner Träume wachte er müde und unzufrieden auf. Seine Laune besserte sich nur sehr langsam.

Diesmal mied er das teure Automatenrestaurant und frühstückte statt dessen in einem winzigen Lokal, das erheblich billiger war, weil der Koch und die Bedienung nicht durch Automaten ersetzt waren. Als er wieder auf die Straße hinaustrat, bedauerte er seine Sparsamkeit. Das ungenießbare Frühstück lag ihm wie Blei im Magen, bis er den Pennypalast erreicht hatte, der einer der größten Spielsalons in der weltberühmten Glücksallee war.

Cayle hatte sich einen kleinen Führer durch dieses Paradies aller Spieler gekauft, schlug ihn jetzt auf und las, daß die Besitzer des Pennypalastes „glitzernde Leuchtschriften aufgestellt haben, in denen bescheiden behauptet wird, hier könne jeder mit einem Penny hereinkommen und mit einer Million hinausgehen – selbstverständlich mit einer Million Credits. Doch niemand weiß, ob dieser glückliche Zufall bisher schon einmal eingetreten ist."

Der unbekannte Berichterstatter schloß seine Beschreibung mit der Behauptung: „Doch steht fest, daß es im Pennypalast mehr Spielautomaten mit gleichen Chancen gibt als in jedem anderen Betrieb in der Glücksallee."

Das und die niedrigen Einsätze interessierten Cayle vor allem. Vorläufig hatte er nicht die Absicht, den Pennypalast mit einer Million Credits in der Tasche zu verlassen. Er brauchte vorerst nur fünfhundert. Aber später . . ., nun, dann konnte er sich vielleicht auch zu größeren Taten aufschwingen.

Er steckte seinen ersten Penny in eine Maschine, die abwechselnd die Worte GERADE und UNGERADE in ein lichtdurchflutetes Becken pumpte. Wenn zwanzig Worte hineingefallen waren, ging in der Flüssigkeit eine chemische Veränderung vor, durch die eines der Wörter an die Oberfläche trieb, während die anderen nach unten sanken und verschwanden. Der Spieler mußte erraten, ob zuletzt GERADE oder UNGERADE übrigbleiben würde.

Hatte er richtig geraten, setzte das Wort den Auszahlungsmechanismus in Betrieb; im anderen Fall wurde der Einsatz kassiert. Die Spieler sahen ihr Geld entweder verschwinden oder hörten den Gewinn in eine Schale vor sich fallen. Cayle hörte nur ein leises Klicken, als seine Münze von dem Automaten verschluckt wurde.

Dann verdoppelte er seinen Einsatz und gewann. Er steckte die erste Münze in die Tasche und spielte mit der gewonnenen weiter. Die Beleuchtung änderte ständig ihre Farbe, die Pumpe summte fast unhörbar, dann trieb das Wort GERADE an die Oberfläche. Cayle grinste zufrieden, als er die Münzen in die Schale fallen hörte. Dieses Geräusch hörte er in den folgenden eineinhalb Stunden noch oft, denn er gewann etwas über fünf Credits, obwohl er vorsichtig spielte und nur Pennies riskierte.

Als er schließlich müde wurde, ging er kurz in das Restaurant des Casinos. Dann kehrte er wieder in die sogenannte „Schatzkammer" zurück und wurde erst jetzt auf ein anderes Spiel aufmerksam, das ihn sofort interessierte. Der Spieler zog einen Hebel nach unten, dann begannen nacheinander verschiedene Lichter aufzuleuchten. Die Veränderung ging sehr rasch vor sich, aber bald war nur noch ein rotes oder weißes Licht übrig. Auch hier hatte der Spieler eine fünfzigprozentige Gewinnchance, denn das rote Licht betätigte den Auszahlungsmechanismus.

Cayle steckte einen halben Credit in den Schlitz, zog den Hebel nach unten – und verlor. Auch der zweite und dritte Versuch brachten kein besseres Ergebnis. Beim viertenmal leuchtete die rote Lampe auf und zeigte einen Gewinn an. Cayle gewann die nächsten zehn Spiele, verlor dann vier, gewann sieben der nächsten zehn und verlor wieder zwei. Innerhalb der folgenden zwei Stunden gewann er trotz niedrigen Einsatzes achtundsiebzig Credits.

Er zog sich an eine der Bars zurück und trank dort langsam einen Cognac. Dabei überlegte er sich, was er tun sollte. Er hatte einiges vor sich – einen neuen Anzug kaufen, seinen Gewinn richtig einteilen, den nächsten Versuch vorbereiten und Lucy Rall das geliehene Geld zurückzahlen.

Das war im Grunde genommen wichtiger als alles andere. Eine

Minute später stand Cayle bereits in der nächsten Telestatzelle und rief Lucy an. Die großen Gewinne konnten warten.

Sie meldete sich fast sofort. „Ich bin im Augenblick auf der Straße unterwegs", erklärte sie ihm.

Cayle sah, was sie damit meinte. Ihr Gesicht füllte fast den gesamten Bildschirm aus. Ein Zusatzgerät vergrößerte das winzige Bild. Manche Leute trugen es selbst auf der Straße mit sich herum und blieben so mit dem Telestat in ihrer Wohnung in Verbindung. Sogar in Glay hatte sich einer der reichen Farmer dieses Zusatzgerät gekauft.

Bevor Cayle etwas sagen konnte, fuhr Lucy fort: „Ich fahre jetzt in mein Appartement zurück. Wollen Sie sich dort mit mir treffen?"

Und ob er wollte!

Ihr Appartement bestand aus vier behaglich eingerichteten Räumen, in denen auffällig viele Automaten zu sehen waren. Cayle war schon nach dem ersten Blick davon überzeugt, daß Lucy Rall sich nie mit Hausarbeit abzugeben brauchte. Noch mehr verblüffte ihn allerdings die Tatsache, daß das Appartement offenbar nicht einmal mit einer Alarmanlage ausgestattet war. Als er Lucy danach fragte, zuckte sie nur mit den Schultern.

„Wir leben wie ganz gewöhnliche Bürger", erklärte sie ihm. „Vor allem in den besseren Wohngegenden. Nur unsere Geschäfte . . . und einige Fabriken und das Informationszentrum besitzen Vorrichtungen gegen unbefugte Eindringlinge."

Sie wechselte rasch das Thema. „Sie haben vorher gesagt, daß Sie sich einen neuen Anzug kaufen wollen. Wenn Sie möchten, bin ich Ihnen gern dabei behilflich. Ich habe aber nur zwei Stunden Zeit."

Cayle nickte begeistert und hielt die Tür für sie auf. Die Einladung in ihr Appartement mußte eine persönliche Bedeutung haben. Selbst ihre Pflichten als Mitglied der Gilde der Waffenschmiede konnten nicht erfordern, daß sie ihn zu sich einlud – er war doch im Grunde genommen unbedeutend. Lucy interessierte sich wohl tatsächlich als Frau für ihn.

Sie blieben vor der Haustür stehen, um auf den Helicar zu warten, den Lucy bestellt hatte.

„Wo sollen wir den Anzug kaufen?" fragte Cayle.

Lucy schüttelte lächelnd den Kopf. „Das erfahren Sie noch früh genug." Als der Helicar mit ihnen davonschwebte, zeigte sie nach oben. „Sehen Sie nur", sagte sie.

Am Himmel über ihnen breitete sich langsam eine künstliche Wolke aus. Sie veränderte allmählich ihre Farbe und bildete dann die beiden Wörter: HERREN-BEKLEIDUNGSPARADIES.

„Die gleiche Anzeige habe ich gestern schon einmal gesehen", stellte Cayle fest. Jetzt erinnerte er sich wieder deutlich daran. Die Reklame war am Himmel erschienen, als er zu dem Automatenrestaurant unterwegs gewesen war. Männer jeden Alters wurden darauf aufmerksam gemacht, daß dies das beste Geschäft am Platze war, daß hier Tag und Nacht Verkäufer bereitstanden, um selbst ausgefallene Wünsche zu erfüllen. Versand in alle Städte der Erde, auf den Mars und die Venus kostenlos, unbedeutende Zuschläge für andere Planeten.

Die Anzeige war nur eine von vielen gewesen, deshalb hatte Cayle sie fast vergessen, obwohl er einen Anzug brauchte.

„Das Geschäft ist wirklich sehenswert", meinte Lucy.

Cayle hatte den Eindruck, daß sie sich über seine Begeisterung amüsierte. Er kam sich etwas naiv vor, ließ sich aber die gute Laune keineswegs verderben. Viel wichtiger war schließlich, daß sie ihn überhaupt begleitete. „Wirklich sehr freundlich von Ihnen", murmelte er.

Das Herren-Bekleidungsparadies war noch eindrucksvoller als die Anzeigen. Es war in einem dreihundert Meter langen Gebäude mit achtzig Stockwerken untergebracht. Diese Information verdankte Cayle Lucy. „Am besten werfen wir nur einen kurzen Blick in die einzelnen Abteilungen und kaufen dann gleich Ihren Anzug", sagte sie.

Der Eingang zum Paradies war hundert Meter breit und dreißig Stockwerke hoch. Ein Energieschirm hielt das Wetter ab, aber sonst war kein Hindernis zu überwinden. Das Paradies bot nicht nur Strandbekleidung an – es lieferte auch vierhundert Meter Badestrand mit feinstem Sand, Wellen, Muscheln und dem typischen Geruch nach Seetang und Salzwasser. Das Paradies bot nicht nur Skiausrüstungen an – es lieferte auch eine Abfahrt mit Skilift, echtem Schnee und zweihundert Meter Höhenunterschied.

„Das Herren-Bekleidungsparadies ist das vollkommene Geschäft", behauptete eine Leuchtschrift vor Cayle. „Wenn Sie etwas nicht sehen, das zu unserem Slogan ‚Alles für den Mann' paßt, fragen Sie bitte danach. Wir führen jeden Artikel."

Allein dreißig Stockwerke waren mit Anzügen gefüllt, die nach oben teurer wurden. Lucy fuhr mit Cayle zu den Anzügen zwischen zwanzig und dreißig Credits hinauf und zeigte ihm dort den Unterschied zwischen dem Stoff der „Stadtanzüge" und seinem eigenen. Für zweiunddreißig Credits kaufte er einen Anzug, Hemd, Krawatte, Socken und Schuhe.

„Vorläufig brauchen Sie noch nicht mehr auszugeben", meinte Lucy. Sie wies das Geld zurück, das er ihr noch schuldig war. „Das können Sie mir später geben. Mir wäre es lieber, wenn Sie es als eiserne Reserve auf die Bank bringen würden."

Das bedeutete, daß er sie wiedersehen würde. Das schien zu bedeuten, daß auch Lucy ihn wiedersehen wollte. „Ziehen Sie sich schnell um. Ich warte hier", sagte sie.

Cayle überlegte sich in diesem Augenblick, daß er ihr einen Kuß geben würde, wenn sie sich verabschiedeten. Aber dazu sollte es nicht kommen, denn Lucy wartete bereits ungeduldig auf seine Rückkehr und sagte: „Es ist schon viel später, als ich gedacht habe. Ich muß jetzt gehen."

Sie trennten sich vor dem Eingang des riesigen Gebäudes. Lucy ging rasch davon und ließ Cayle betrübt zurück. Aber allmählich kehrte seine gute Laune wieder, als er daran dachte, daß er Lucy schließlich nicht zum letztenmal gesehen hatte.

Als er vor dem Gebäude der Fünften Interplanetarischen Bank stand, spürte er seine Energie wieder erwachen. Fünfzehn Credits waren im Grunde genommen eine lächerliche Summe, aber das Konto wurde ohne weiteres eröffnet. Cayle mußte nur seine Fingerabdrücke hinterlassen. Dann verließ er die Bank mit dem Bewußtsein, gut angezogen zu sein und ein Bankkonto zu besitzen. Bevor er in die dritte Phase seiner Spielerkarriere eintrat, mußte er nur noch eine Kleinigkeit erledigen.

Von dem Helicar aus hatte er bereits das Leuchtzeichen eines Waffengeschäftes gesehen, das inmitten eines kleinen Parks in der Nähe des Flusses lag. Er ging rasch darauf zu und hatte schon fast die Tür erreicht, als ihm ein kleines Schild in der Auslage auffiel, das er noch nie im Schaufenster eines Waffengeschäftes gesehen hatte. Auf dem Schild stand nur:

ALLE STÄDTISCHEN WAFFENGESCHÄFTE ZEITWEILIG GESCHLOSSEN
NEUE UND ALTE GESCHÄFTE AUF DEM LAND SIND
WIE ÜBLICH GEÖFFNET

Cayle trat zögernd einen Schritt zurück. Das war eine Möglichkeit, mit der er nicht gerechnet hatte – daß die Waffengeschäfte geschlossen sein könnten. Er las den Text nochmals und stellte fest, daß nicht angegeben war, wann sie wieder geöffnet sein würden. Cayle runzelte die Stirn, gab einem Impuls nach und rüttelte an der Tür. Die Klinke ließ sich nicht bewegen. Er ging auf die Straße zurück.

Als er die nächste Haltestelle der öffentlichen Helicars erreicht hatte, konnte er sich zunächst nicht für eine bestimmte Richtung entscheiden. Die zweieinhalb mit Lucy verbrachten Stunden wirkten nachträglich einigermaßen überraschend. Cayle erinnerte sich deutlich an die langweilige Konversation, die er gemacht hatte. Und trotzdem war ihm nicht aufgefallen, daß Lucy andere Themen angeschnitten hatte.

Anscheinend habe ich doch recht, überlegte er. Wenn ein Mädchen sich fast drei Stunden lang mit einem so langweiligen Kerl abgibt, muß es wirklich Interesse an ihm haben.

Seine Unentschlossenheit war plötzlich verschwunden, als ihm einfiel, was er an diesem Nachmittag noch hatte erledigen wollen. Eigentlich war er zu dem Entschluß gekommen, die notwendigen Dinge – Kauf einer Waffe, Glücksspiele und einen Besuch bei Oberst Medlon in der Bezirkskommandantur – im Lauf der kommenden Woche nacheinander in Angriff zu nehmen. Das Waffengeschäft war zuerst an die Reihe gekommen, weil seine Tür sich nicht für Menschen öffnete, die im Dienst der Kaiserin standen – weder für Soldaten noch für Regierungsangestellte.

Aber darauf konnte er jetzt nicht mehr warten. Statt dessen drückte er auf den Knopf, der den ersten Helicar landen ließ, der zum neunzehnten Bezirk unterwegs war.

Eine Minute später schwebte er bereits durch die Luft.

Das Hauptquartier des neunzehnten Militärbezirks, der sich mit dem neunzehnten Stadtbezirk deckte, gehörte zu den völlig veralteten Gebäuden, die hier und da noch zu sehen waren. Die Vorderfront imitierte einen Wasserfall aus Marmor. Das Gebäude war nicht allzu groß, aber immerhin groß genug, um Cayle im ersten Augenblick zu verwirren. Die dreißig Stockwerke, in denen Tausende von Menschen an Tausenden von Maschinen arbeiteten, waren tatsächlich eindrucksvoll. Er hätte nie vermutet, daß der betrunkene Offizier an Bord des Flugzeugs so viele Menschen unter sich hatte.

In der Eingangshalle war eine große Hinweistafel aufgestellt, aus der die Lage der einzelnen Abteilungen hervorging. Cayle nahm an, daß er Oberst Medlon irgendwo hinter der Aufschrift STAB UND LEITUNG – 30. STOCK finden würde. Darunter stand noch in Klammern: *Passierscheine am Empfang im 15. Stock.*

Cayle erhielt anstandslos einen Passierschein ausgestellt, aber im dreißigsten Stock erwartete ihn ein weiteres Hindernis in Form eines Unteroffiziers, der in der Nähe des Fahrstuhls hinter einem Schreibtisch saß. Der Mann nahm seinen Passierschein wortlos entgegen und legte ihn in einen Faksimile-Übertrager, der offenbar mit einem der umliegenden Büros in Verbindung stand. Dann kam ein älterer Mann in Hauptmannsuniform aus der nächsten Tür. Er starrte Cayle unfreundlich an. „Der Oberst hat nichts für junge Kerle wie Sie übrig", knurrte er. „Wer sind Sie? Was wollen Sie?"

Der Empfang ließ wenig Gutes erwarten. Aber Cayle war nicht leicht zu entmutigen. Seine jahrelange Erfahrung im Umgang mit seinem Vater ließ ihn ruhig antworten. „Ich habe Oberst Medlon gestern im Flugzeug nach Imperial City getroffen. Er hat mich gebeten, ihn so bald wie möglich hier aufzusuchen. Wenn Sie ihm bitte mitteilen, daß ich . . ."

Der Hauptmann betrachtete ihn mit gerunzelter Stirn. Dann drehte er sich wortlos um und verschwand in dem Zimmer, aus dem er gekommen war. Als er wieder zum Vorschein kam, schüttelte er den Kopf, war aber etwas freundlicher. „Der Oberst erinnert sich nicht mehr an Sie, will aber trotzdem eine Minute für Sie erübrigen." Seine Stimme sank zu einem fast unhörbaren Flüstern herab. „War er . . . äh . . . blau?"

Cayle nickte nur, weil er seiner Stimme in diesem Augenblick nicht recht traute.

„Gehen Sie hinein, und zeigen Sie es dem Alten richtig. Er ist heute schon zweimal von einer sehr wichtigen Persönlichkeit angerufen worden und war nicht in seinem Büro. Und jetzt haben Sie ihn nervös gemacht. Er fürchtet sich davor, was er im Rausch gesagt haben könnte. Hier in der Stadt rührt er keinen Tropfen an, weil er nicht den Mut dazu hat, wissen Sie."

Während Cayle dem Hauptmann folgte, der seinem Vorgesetzten so gemein in den Rücken gefallen war, dachte er über diese neue Seite des Lebens in der Hauptstadt nach. Hier war ein untergeordneter Offizier, der ganz offensichtlich nach dem Stuhl seines Vorgesetzten schielte.

Aber diese Überlegung war unwichtig, denn jetzt stand er bereits vor der Tür zu Oberst Medlons Büro. Er fragte sich, ob er der Situation überhaupt gewachsen war, und stellte fest, daß er kein Recht dazu hatte, allzuviel Selbstvertrauen zu haben. Aber als sein Blick auf den Mann hinter dem riesigen Schreibtisch fiel, verschwanden seine ungewissen Befürchtungen mit einem Schlag.

Es war derselbe Mann, den er an Bord des Flugzeugs kennengelernt hatte, aber in der Zwischenzeit schien er zusammengeschrumpft zu sein. Das Gesicht, das im Rausch so aufgedunsen gewesen war, wirkte jetzt fast hager. Die Augen waren nicht mehr halb geschlossen, sondern aufmerksam und wach. Oberst Medlon klopfte nervös mit den Fingern auf die Schreibtischplatte. „Lassen Sie uns bitte allein, Hauptmann." Seine Stimme klang ruhig und voller Autorität.

Der Hauptmann nickte und verließ wortlos den Raum. Cayle setzte sich.

„Jetzt erinnere ich mich wieder an Ihr Gesicht", sagte Medlon. „Tut mir leid, aber ich muß wohl einen kleinen Schwips gehabt haben." Er lächelte etwas verzerrt.

Cayle überlegte sich, daß dieser Mann in eine verteufelte Lage geraten würde, wenn bekannt wurde, was er über die Kaiserin gesagt hatte. Laut antwortete er: „Mir ist eigentlich nichts Außergewöhnliches aufgefallen, Sir." Er zögerte eine Sekunde lang. „Wenn ich es mir recht überlege, haben Sie Ihre Meinung vielleicht etwas zu offen vertreten." Er machte nochmals eine fast unmerkliche Pause. „Ich habe angenommen, daß Ihre Position es Ihnen gestattet, ohne Rücksicht zu sagen, was Sie denken."

Der Oberst schwieg. Cayle gratulierte sich innerlich selbst, gab sich aber keinen falschen Hoffnungen hin. Dieser Mann hatte seine gegenwärtige Stellung bestimmt nicht durch Feigheit und Dummheit erreicht.

„Äh“, sagte Oberst Medlon schließlich, „worüber haben wir uns . . . äh . . . geeinigt?“

„Unter anderem haben Sie mir erzählt, Sir“, antwortete Cayle, „daß augenblicklich großer Bedarf an Offizieren besteht. Sie haben mir ein Offizierspatent angeboten.“

„Daran kann ich mich wirklich nicht erinnern“, sagte Medlon zögernd. Er schien sich innerlich einen Ruck zu geben. „Falls ich mich wirklich so vergessen haben sollte, Ihnen ein solches Angebot zu machen, muß ich Ihnen jetzt leider mitteilen, daß ich nicht in der Lage bin, ein Versprechen dieser Art zu erfüllen. Ich habe keinerlei Einfluß auf die Verleihung von Patenten. Sie erfolgt ausschließlich über den normalen Dienstweg. Da Positionen dieser Art sehr gesucht sind, ist die Regierung schon vor längerer Zeit dazu übergegangen, bestimmte Gebühren dafür zu erheben. Wollten Sie zum Beispiel selbst mit meiner Unterstützung Leutnant werden, müßten Sie dafür fünftausend Credits auf den Tisch legen. Der Hauptmann kostet schon fünfzehntausend, was für einen jungen Mann wie Sie ein ziemlich hoher Betrag sein . . .“

Cayle hatte aufmerksam zugehört. Jetzt grinste er und machte eine abwehrende Handbewegung. Ihm war völlig klar, daß er das Beste aus den zur Verfügung stehenden Mitteln gemacht hatte. Er sah ein, daß er vorläufig noch nicht in der Lage war, Medlons Indiskretionen auszunützen. „Wieviel ist ein Oberst wert?“ erkundigte er sich jetzt.

Medlon runzelte die Stirn. „Das können Sie nicht mit Geld bezahlen, junger Freund“, antwortete er dann jovial. „Dafür müssen Sie sich selbst mit Leib und Seele verkaufen.“ Er schwieg und machte eine wegwerfende Handbewegung. „Hören Sie“, fuhr er dann ernsthaft fort, „es tut mir wirklich leid, daß ich gestern etwas zu freizügig mit den Offizierspatenten Ihrer Kaiserlichen Majestät umgegangen bin. Aber Sie müssen auch Verständnis für meine Lage haben. Um Ihnen zu beweisen, daß ich nicht nur ein alter Aufschneider und Trunkenbold bin, mache ich Ihnen einen Vorschlag zur Güte. Sie bringen mir gelegentlich fünftausend Credits, wenn es Ihnen am besten paßt – sagen wir, innerhalb der nächsten vierzehn Tage –, und ich garantiere Ihnen dafür praktisch ein Offizierspatent. Wie gefällt Ihnen das?"

Für einen Mann, der weniger als vierzig Credits besaß, war das wirklich kein annehmbarer Vorschlag. Wenn die Kaiserin tatsächlich angeordnet hatte, daß die Offizierspatente in Zukunft ohne Bezahlung ausgegeben werden sollten, wurde dieser Befehl von ihren korrupten Untergebenen ignoriert. Cayle hatte den zweiten Einblick in die mißliche Lage der Innelda Isher gewonnen.

Sie und ihre Berater waren keineswegs allmächtig. Er hatte sich immer eingebildet, daß nur die Waffenschmiede sie in der Ausübung ihrer Regierungstätigkeit behinderten. Aber das Netz, in dem sie gefangen war, bestand nicht nur aus diesen Menschen. Ihre unendlich vielen Untergebenen, die ihr mehr oder weniger treu dienten, verfolgten alle ihre eigenen Pläne und Absichten. Die Erfüllung der eigenen Wünsche war ihnen weitaus wichtiger als die Befehle der Kaiserin, der sie alle die Treue geschworen hatten.

Der Oberst ordnete die Papiere auf seinem Schreibtisch, als wolle er dadurch andeuten, daß das Gespräch beendet sei. Cayle wollte noch etwas sagen, als der Bildschirm des Telestats hinter Medlon aufleuchtete. Das Gesicht einer jungen Frau erschien darauf. „Oberst", sagte sie scharf, „wo, zum Teufel, sind Sie gewesen?"

Der Offizier zuckte zusammen. Dann drehte er sich langsam um. Aber Cayle brauchte nicht auf die Reaktion des Mannes zu achten, um genau zu wissen, wer die Frau war.

Er hatte die Kaiserin vor sich.

5

CAYLE erhob sich rasch aus seinem Sessel. Das war eine ganz automatische Bewegung. Gleichzeitig fiel ihm auf, daß er hier nur ein unerwünschter Eindringling war. Er hatte die Tür schon fast erreicht, bevor er merkte, daß die Kaiserin ihn beobachtete.

„Ich danke Ihnen, Herr Oberst", murmelte er, „aber jetzt möchte ich nicht länger . . ."

Seine Stimme klang so leise und schüchtern, daß er sich darüber ärgerte. Und dann spürte er plötzlich, wie unwahrscheinlich seine Lage war. Er sah noch einmal zu dem Bildschirm hinüber, als zweifle er daran, wirklich die Kaiserin vor sich zu haben. In diesem Augenblick ergriff Medlon das Wort. „Danke, ich brauche Sie nicht mehr, Mr. Clark", sagte er übermäßig laut.

Diese laute Stimme weckte Cayle aus seiner Verwirrung. Er schämte sich noch immer über sich selbst, aber jetzt nicht mehr wegen seiner Reaktion, sondern wegen der Tatsache, daß er nicht gleich anders gehandelt hatte. Hier stand er, gut gekleidet und bestimmt nicht gerade schlecht aussehend, vor einem alten Säufer und der Kaiserin von Isher. Er sah wieder auf den Bildschirm und verbeugte sich leicht. Diese instinktive Geste schien nur angemessen.

Cayle zweifelte jetzt nicht mehr daran, wen er vor sich hatte. Die fünfundzwanzigjährige Kaiserin Innelda war bestimmt nicht die schönste Frau der Welt. Aber das ausdrucksvolle Gesicht mit den grünen Augen war nicht zu verkennen. Alle Angehörigen der Familie Isher, aus der seit Jahrtausenden Kaiser und Kaiserinnen hervorgegangen waren, waren einander sehr ähnlich. Als sie wieder sprach, kam Cayle ihre Stimme bekannt vor – schließlich hatte jeder sie zumindest einmal gehört –, aber der große Unterschied bestand darin, daß sie ihn jetzt persönlich ansprach.

„Wie heißen Sie, junger Mann?"

„Ein Bekannter von mir, Majestät", warf Medlon rasch ein. Seine Stimme klang drängend, als er sich an Cayle wandte. „Auf Wiedersehen, Mr. Clark, ich habe mich sehr gefreut."

„Ich habe gefragt, wie Sie heißen!" Die Kaiserin ignorierte die Unterbrechung.

Cayle zuckte unwillkürlich zusammen, als er so angesprochen wurde. Er nannte seinen Namen.

„Und was haben Sie in Medlons Büro zu tun?"

Cayle fing Medlons Blick auf. Der Oberst versuchte verzweifelt, seine Aufmerksamkeit zu erregen. Cayle hatte die überlegene Art bewundert, in der Medlon ihn verabschiedet hatte. Jetzt aber schwand seine Bewunderung völlig. Der Mann konnte vor Angst kaum atmen. Cayle faßte wieder ein wenig Hoffnung. Er sagte: „Ich habe mich nach den Möglichkeiten erkundigt, ein Offizierspatent in den kaiserlichen Streitkräften zu erhalten, Majestät."

„Das habe ich mir gedacht", antwortete die Kaiserin ruhig. Sie machte eine Pause und betrachtete zuerst Cayle, dann Medlon und schließlich wieder Cayle. Aus ihrer Haltung wurde deutlich, daß sie an den Umgang mit schwierigen Untergebenen gewöhnt war. Anstatt Cayle die nächste Frage zu stellen, ließ sie Medlon einen Ausweg offen. „Darf ich fragen, wie Ihre Antwort gelautet hat, Oberst?"

Der Offizier hatte winzige Schweißperlen auf der Stirn. Aber seine Stimme klang trotzdem völlig gelassen, als er antwortete: „Ich habe Mr. Clark darüber informiert, daß er etwa vierzehn Tage warten muß, bevor er sein Patent erhält." Er lächelte verständnisvoll. „Die Bürokratie läßt sich auch in solchen Fällen nicht ganz ausschalten."

Cayle spürte, daß er in diesem Augenblick die Oberhand gewonnen hatte. Er empfand eine große Bewunderung für die junge Kaiserin – sie unterschied sich so sehr von dem Bild, das er sich von ihr gemacht hatte. Er war darüber erstaunt, daß sie rücksichtsvoll genug war, einem ihrer Offiziere ein peinliches Verhör zu ersparen, obwohl sie ihn doch auf frischer Tat ertappt hatte.

Trotz dieser Zurückhaltung klang ihre Stimme sarkastisch, als sie sagte: „Ganz recht, Oberst, das weiß ich nur zu gut. Trotz aller Anstrengungen ist dieser Unsinn offenbar nicht auszurotten." Auf ihrer Stirn erschienen kleine Falten. „Die jungen Männer, die sonst zu jedem Opfer bereit waren, um ein Offizierspatent zu erwerben, bleiben in letzter Zeit weg. Ich habe allmählich den Verdacht, daß einige der höheren Offiziere absichtlich die wenigen geeigneten Kandidaten zurückweisen, um dadurch den Waffenschmieden zu helfen."

Ihre grünen Augen blitzten zornig. Sie gab die bisher geübte Zurückhaltung auf, als sie sich jetzt an Cayle wandte. „Cayle Clark", sagte sie streng, „wieviel sollten Sie für Ihr Patent bezahlen?"

Cayle zögerte unentschlossen. Er sah aus dem Augenwinkel heraus, daß Medlon ihm einen flehenden Blick zuwarf.

Dieser flehende Blick war so eindringlich, daß Cayle sich abgestoßen fühlte. Er hatte noch nie in seinem Leben das Schicksal eines anderen Mannes so völlig in der Hand gehabt. Plötzlich konnte er diesen Anblick nicht mehr ertragen. Er wandte sich ab und antwortete: „Ich habe Oberst Medlon gestern auf dem Flug nach Imperial City kennengelernt, Majestät. Er hat mir ein Offizierspatent angeboten, ohne von einer Bezahlung zu sprechen."

Er atmete erleichtert auf, daß ihm die Lüge so glatt über die Lippen gegangen war. Oberst Medlon stieß einen fast unhörbaren Seufzer aus. Die Kaiserin nickte zufrieden und lächelte dann.

„Ausgezeichnet, Oberst", sagte sie. „Das freut mich wirklich. Nachdem damit bereits die Frage beantwortet ist, die ich Ihnen ursprünglich stellen wollte, beglückwünsche ich Sie hiermit. Das ist vorläufig alles."

Ein leises Klicken, dann wurde der Bildschirm wieder dunkel. Oberst Medlon sank langsam in seinen Sessel zurück. Cayle ging lächelnd auf ihn zu. Der Oberst sagte ruhig: „Ich freue mich, Ihre Bekanntschaft gemacht zu haben, junger Mann. Aber jetzt bin ich wirklich sehr beschäftigt. Ich nehme an, daß ich innerhalb der nächsten vierzehn Tage wieder von Ihnen höre. Vergessen Sie vor allem nicht, die fünftausend Credits mitzubringen. Auf Wiedersehen."

Cayle blieb überrascht stehen und erkannte erst jetzt, daß er diese Partie verloren hatte. Einige Minuten lang hatte er die Gelegenheit seines Lebens greifbar nahe gehabt – und dann hatte er sie verspielt. Er war naiv genug gewesen zu glauben, daß Medlon ihm später dafür dankbar sein würde, daß er ihn nicht verraten hatte. Jetzt sah er, daß der Oberst ihn amüsiert beobachtete. „Die Kaiserin versteht nicht, welche Schwierigkeiten sich dadurch ergeben, daß Offizierspatente plötzlich ohne Bezahlung erhältlich sein sollen." Medlon zuckte mit den Schultern. „Ich kann selbst nichts daran ändern, weil ich keinen Einfluß darauf habe. Wenn ich es versuche, setze ich meine eigene Position aufs Spiel." Er lächelte sarkastisch. „Mein Freund, ich hoffe sehr, daß Sie dadurch einen kleinen Einblick in das Wesen des persönlichen Aufstiegs bekommen haben. Lassen Sie sich aber keineswegs dadurch entmutigen. Auf Wiedersehen."

Cayle überlegte sich, daß es keinen Sinn hatte, den Mann tätlich anzugreifen. Schließlich befand er sich hier in einem militärischen Hauptquartier und hatte keine Lust, sich von der Wache verhaften und abführen zu lassen. Aber er beschloß, später bei einer passenden Gelegenheit gründlich mit Medlon abzurechnen.

Über Imperial City sank bereits die Dunkelheit herab, als Cayle aus dem Gebäude trat. Er sah zu den Sternen hinauf, die durch die zahlreichen Leuchtreklamen verdunkelt wurden, und fühlte sich wesentlich heimischer als am Abend vorher. Allmählich erkannte er, wie man sich in dieser komplizierten Welt zurechtfand. Und bisher hatte er trotz seiner Ahnungslosigkeit gar nicht schlecht abgeschnitten. Er pfiff leise vor sich hin, während er durch die hell beleuchteten Straßen ging. Es war richtig gewesen, Wiesel trotz des damit verbundenen Risikos anzugreifen, und es war richtig gewesen, nicht über Medlon herzufallen. Wiesel war nur ein einzelner Mensch gewesen, um dessen Schicksal sich im Grunde genommen niemand kümmerte. Aber der Oberst hatte eine beträchtliche Macht hinter sich und würde seine Position rücksichtslos ausnützen.

Cayle hatte eigentlich erst am nächsten Morgen in die Glücksallee zurückkehren wollen. Aber nachdem er jetzt nicht mehr mit inneren Zweifeln zu kämpfen hatte, faßte er einen anderen Entschluß. Wenn er die fünftausend Credits für ein Offizierspatent gewinnen konnte, würde er bald einen Teil der Schätze von Isher besitzen. Und Lucy Rall – er durfte Lucy nicht vergessen.

Jeder Tag, den er länger warten mußte, war für ihn verloren.

CAYLE mußte sich mühsam durch die Menschenmassen drängen, die den Eingang des Pennypalastes umlagerten. Bei ihrem Anblick nickte er zufrieden. Inmitten dieser geldgierigen Horden fiel er ebenso wenig auf wie ein Stück Treibholz im Meer.

Er brauchte nicht lange zu suchen, weil er sich bereits vorher nach lohnenden Spielen umgesehen hatte. Jetzt ging er geradewegs auf den Automaten zu, an dem er sein Glück wirklich auf die Probe stellen wollte. Er hatte sich überlegt, daß er nur dann mit größerem Erfolg rechnen konnte, wenn er sich auf ein Spiel konzentrierte.

Das neue Spiel bot so hohe Gewinnchancen wie hundert zu eins und so niedrige wie fünf zu eins. Es wirkte verhältnismäßig unkompliziert, aber Cayle, der bis zu seinem fünfzehnten Lebensjahr in der Werkstatt seines Vaters geholfen hatte, ahnte trotzdem, daß sich hinter dem scheinbar primitiven Aufbau eine komplizierte Elektronik verbarg. Eine kleine Kugel aus reiner Energie rollte über die Innenfläche einer größeren Kugel aus durchsichtigem Plastikmaterial. Sie rollte immer rascher, bis sie endlich den

Widerstand des Materials überwand. In diesem Augenblick sah es aus, als sei ein Lichtstrahl, der bisher in einem durchsichtigen Käfig gefangen gewesen war, plötzlich frei geworden.

Die Kugel begann zu fallen. Bis zu dem Augenblick, in dem sie dicht über der Platte des Spieltisches schwebte, schien sie überall gleichzeitig zu sein. Das war selbstverständlich nur eine Illusion in den Gehirnen der Spieler, das Ergebnis der hohen Geschwindigkeit und einer Halluzination. Jeder Spieler bildete sich ein, die Kugel fliege geradewegs auf ihn zu und werde bestimmt in dem Loch verschwinden, dessen Nummer er gewählt hatte. Aber dann folgte die unvermeidliche Enttäuschung für die meisten Spieler, wenn die Kugel in einem der anderen Löcher verschwand und den Auszahlungsmechanismus in Betrieb setzte.

Schon im ersten Spiel gewann Cayle einundsiebzig Credits bei einem Credit Einsatz. Er steckte das Geld gelassen ein, war aber innerlich über diesen leichten Sieg fast erschrocken. Dann setzte er einen Credit auf vier verschiedene Löcher, verlor, setzte nochmals auf die gleichen Zahlen und gewann neunzig Credits. Während der nächsten Stunde gewann er jedes vierte Spiel. Er erkannte, daß diese Glückssträhne selbst für seine Verhältnisse außergewöhnlich war – und bevor die Stunde vorüber war, setzte er zehn Credits auf jede der Zahlen, die er ausgewählt hatte.

Er hatte nicht einmal genügend Zeit, um seine Gewinne zu zählen. Gelegentlich warf er eine Handvoll Credits in den Wechselautomaten und erhielt dafür größere Scheine, die er in die Innentasche seiner Jacke steckte. Er brauchte diese Reserve nicht ein einziges Mal anzugreifen. Nach einiger Zeit überlegte er fast erschrocken: Ich muß schon weit über dreitausend Credits gewonnen haben. Am besten höre ich jetzt auf. Ich brauche die fünftausend Credits nicht an einem Abend zu gewinnen. Morgen und übermorgen ist auch noch ein Tag.

Die Geschwindigkeit des Spiels brachte ihn völlig durcheinander. Wenn er diesem Impuls eben nachgeben wollte, begann die Kugel schon wieder zu rollen, so daß er hastig setzen mußte. Hatte er dann verloren – was selten genug vorkam –, ärgerte er sich und beschloß, keinen Penny seiner Gewinne zurückzulassen. Hatte er jedoch wieder einmal gewonnen, kam es ihm lächerlich vor, gerade jetzt aufzuhören, wo er Glück hatte.

Irgendwann fiel ihm auf, daß er bereits vierzig oder fünfzig Tausendcreditscheine in der Innentasche seiner Jacke hatte. Auch die anderen Taschen quollen vor Geld fast über. Er merkte schon gar nicht mehr, wie hoch die Einsätze waren, mit denen er jetzt spielte. Aber das war unwichtig, denn die Maschine rechnete ehrlich und zahlte die richtigen Gewinne aus.

Cayle schwankte benommen, als sei er betrunken. Sein Körper schien über dem Fußboden zu schweben. Er spielte verbissen weiter, ohne den übrigen Spielern einen Blick zu gönnen. Trotzdem merkte er, daß mehr und mehr Spieler auf die Zahlen setzten, die er auswählte. Aber das war nicht weiter wichtig, weil seine Gewinne dadurch nicht verringert wurden.

Er wachte erst aus seiner Betäubung auf, als die Kugel plötzlich nicht mehr rollte. Dann wartete er darauf, daß sie sich wieder in Bewegung setzen würde, und ahnte nicht, daß er selbst an der Unterbrechung schuld war, bis sich ein untersetzter Mann im Smoking dem Spieltisch näherte.

Der Unbekannte sagte mit einem öligen Lächeln: „Herzlichen Glückwunsch, junger Mann, wir freuen uns mit Ihnen – aber für die anderen Damen und Herren haben wir schlechte Nachrichten. Die Spielregeln unseres Hauses, die überall öffentlich ausgehängt sind, richten sich auch gegen sogenannte ‚Nachzügler'. Unterdessen steht fest, daß dieser junge Mann eine ausgesprochene Glückssträhne hat. Deshalb müssen alle übrigen Spieler bereits gesetzt haben, bevor der ‚Gewinner' seine Wahl trifft. Die Maschine ist entsprechend eingestellt worden. Vermeiden Sie also Enttäuschungen durch Einsätze in der letzten möglichen Sekunde, die nicht mehr angenommen werden. Ich darf Ihnen allen viel Glück wünschen – und ganz besonders Ihnen, junger Mann."

Er watschelte davon und lächelte noch immer. Einen Augenblick später rotierte die Kugel wieder.

Drei Spiele später dachte Cayle plötzlich: Ich stehe tatsächlich im Mittelpunkt des allgemeinen Interesses. Das verblüffte ihn. Er war also aus der Anonymität herausgetreten, die seine persönliche Sicherheit garantieren sollte. Am besten verschwinde ich so unauffällig wie möglich, überlegte er sich.

Er wandte sich von dem Spieltisch ab . . ., und ein hübsches Mädchen warf ihm die Arme um den Hals, drückte ihn an sich und gab ihm einen herzhaften Kuß. „Bitte, geben Sie mir etwas von Ihrem Glück ab! Bitte, bitte!"

Cayle machte sich mühsam frei und hatte seine ursprüngliche Absicht bereits wieder vergessen. Ich wollte etwas, erinnerte er sich schwach und spielte weiter, während er angestrengt darüber nachdachte.

Er nahm undeutlich wahr, daß von allen Seiten neue Spieler an den Tisch drängten, die gelegentlich fast brutal vorgingen, um weniger entschlossene Spieler zu verdrängen, die früher als sie gekommen waren. Als er einmal beobachtete, daß ein Spieler von zwei Männern mit Gewalt fortgeschleppt wurde, fiel ihm plötzlich auf, daß er und sein Tisch unter ständiger Beobachtung durch Hunderte von Augen standen.

Cayle konnte sich aber selbst beim besten Willen nicht mehr daran erinnern, was er dagegen hatte unternehmen wollen. Überall schienen Frauen zu stehen, die nach seinem Arm griffen, ihn zu küssen versuchten, wenn er den Kopf wandte, und ihn mit ihrem starken Parfüm förmlich betäubten.

Und trotzdem hatte er noch immer unwahrscheinliches Glück. Aber er hatte das Gefühl, daß die anderen ihn zu aufmerksam beobachteten, daß sie zu begeistert applaudierten, wenn er wieder einmal gewonnen hatte. Ob er gewann oder verlor – immer wieder wurde er von Frauen umarmt, die ihn entweder tröstend oder begeistert küßten. Im Hintergrund spielte wilde Musik. Cayle war erst dreiundzwanzig, und dieser Generalangriff auf alle seine Sinne war einfach zuviel für ihn. Als er unzählige Male gewonnen und unzählige Tausende in den Taschen hatte, wurden plötzlich die Tore des Pennypalastes geschlossen. Dann tauchte der Mann im Smoking wieder neben ihm auf.

„Das genügt, junger Mann", stellte er fest. „Die anderen Spieler sind alle gegangen. Jetzt können wir mit dem Unsinn aufhören."

Cayle starrte ihn verständnislos an und begriff nur langsam, in welcher Gefahr er schwebte. „Ja, Sie haben recht", murmelte er dann. „Ich gehe jetzt lieber nach Hause . . ."

Irgend jemand schlug ihm ins Gesicht. „Noch einmal", sagte der Dicke. „Er träumt weiter." Der zweite Schlag war noch kräftiger. Cayle wachte endlich aus seinem verwirrten Traum auf und erkannte, daß er sich in Lebensgefahr befand.

„Was soll das?“ stotterte er. Er sah flehend zu den Menschen hinüber, die vor wenigen Minuten begeistert geklatscht hatten, wenn er gewann. Die anderen Spieler, deren Anwesenheit ihn getäuscht und in Sicherheit gewiegt hatte . . . Es war doch unmöglich, daß er auf diese Art behandelt wurde, während sie zusahen!

Er drehte sich nach dem Dicken um. Dann blieb er wie erstarrt stehen, als grobe Hände nach ihm griffen, ihn festhielten, durchsuchten und ihm das gewonnene Geld aus den Taschen nahmen. Er hörte die Stimme des Dicken wie aus weiter Ferne.

„Seien Sie doch nicht so naiv. Die Sache ist völlig klar. Wir haben die normalen Spieler verdrängt. Nicht nur von Ihrem Tisch, sondern auch aus dem Gebäude. Die tausend Menschen, die Sie hier vor sich sehen, werden für solche Zwecke angeworben und kosten uns zehn Credits pro Kopf. Das sind insgesamt zehntausend Credits – und Sie haben fast das Hundertfache gewonnen.“ Er zuckte mit den Schultern. „Die meisten Leute können einfach nicht rechtzeitig aufhören. Nächstes Mal sind Sie vielleicht etwas weniger geldgierig.“ Er lächelte ölig. „Natürlich nur dann, wenn es für Sie ein nächstes Mal gibt.“

Cayle fand seine Stimme wieder. „Was haben Sie mit mir vor?“

„Das werden Sie gleich sehen.“ Der andere rief laut: „Okay, bringt ihn nach draußen in den Helicar, dann machen wir wieder auf.“

Cayle wurde durch den Saal geschleppt und sah einen dunklen Gang vor sich. Er hatte sich offenbar wieder einmal durch eigene Dummheit in eine Lage gebracht, in der andere Menschen über sein Schicksal entschieden. Dann wurde es dunkel um ihn, als er eine Betäubungsspritze erhielt.

Interludium

McAllister, der Reporter aus dem Jahr 1975, nahm wahr, daß er auf einem Gehsteig lag. Er richtete sich langsam auf und kam auf die Füße. Seltsame Gesichter starrten ihn an; vor ihm lag kein Park und keine strahlende Stadt der Zukunft. Statt dessen sah er auf beiden Straßenseiten nur niedrige Gebäude und einstöckige Läden.

Die Stimme eines Mannes drang durch das allgemeine Gemurmel: „Das ist bestimmt der Reporter, der in das Waffengeschäft gegangen ist."

Er war also in seine eigene Zeit zurückgekehrt. Vielleicht war heute sogar der gleiche Tag. Als er sich langsam in Bewegung setzte, stellte die durchdringende Stimme fest: „Er sieht krank aus. Ob wir nicht doch lieber . . ."

Er hörte nicht mehr. Krank, dachte er. Diese Leute würden nie begreifen, wie krank er wirklich war. Aber irgendwo auf der Erde mußte es einen Wissenschaftler geben, der ihm helfen konnte. Angeblich sollte er schließlich doch nicht explodieren, denn die Erde der Zukunft wies keine Spuren einer solchen Explosion auf.

Er ging jetzt rascher und ließ die Menge hinter sich zurück. Einmal drehte er sich um und sah, daß die Menschen sich allmählich zerstreuten, weil sie das Interesse an seinem Fall verloren hatten. McAllister bog um die nächste Ecke und dachte nicht mehr an die Zuschauer. „Ich muß mich entscheiden." Die Worte klangen unnatürlich laut. Erst einen Augenblick später fiel ihm auf, daß er selbst gesprochen hatte.

Entscheiden? Er hatte bisher nie gedacht, daß seine Situation eine Entscheidung erfordern könnte. Er war hier. Er mußte einen Wissenschaftler finden, der . . . Wenn das eine Entscheidung war, hatte er sie bereits getroffen. Die Frage war nur: Wer konnte ihm am besten helfen? Er erinnerte sich plötzlich wieder an seinen alten Physikprofessor am City College, betrat die nächste Telefonzelle und suchte in seinen Taschen nach Kleingeld. Erst dann fiel ihm ein, daß er völlig von einem undurchdringlichen, durchsichtigen Anzug umgeben war – und sein Geld steckte in den Taschen darunter. Er schüttelte den Kopf und sah dann erschrocken auf. Was war geschehen?

Die leuchtende Stadt lag unter einem dunkelblauen Nachthimmel. McAllister stand auf einer Straße, die sich wie ein glitzernder Streifen bis zum Horizont erstreckte. Der Straßenbelag schien von innen heraus zu leuchten und gab unter seinen Füßen fast unmerklich nach.

Er ging einige Minuten lang auf diesem leuchtenden Teppich weiter und versuchte die unbegründete Hoffnung zu unterdrücken, die in ihm aufgestiegen war. Aber schließlich überlegte er doch: War er wieder in die Zeit des Hauses Isher und der Waffenschmiede zurückgekehrt? Das schien möglich. Wenn seine Vermutung zutraf, hatten sie ihn zurückgeholt. Sie waren also doch nicht unbarmherzig, sondern wollten ihn retten. Vielleicht waren nach ihrer Zeitrechnung unterdessen mehrere Wochen oder gar Monate vergangen.

McAllister ging rascher. Er mußte ein Waffengeschäft finden. Als ein Mann an ihm vorüberging, drehte McAllister sich nach ihm um und rief hinter ihm her. Der Mann blieb neugierig stehen, sah zurück und ging dann weiter. McAllister stellte sich vor, daß dieser Mensch sich auf dem Weg zu seinem wunderbaren Haus der Zukunft befand. Diese Überlegung hielt ihn davon ab, hinter dem Mann herzulaufen.

Wenig später wurde ihm klar, daß er es doch hätte tun sollen. Der Mann war der letzte Mensch, den er auf den verlassenen Straßen gesehen hatte. Offenbar waren jetzt die letzten Nachtstunden angebrochen, in denen niemand mehr unterwegs war. Aber McAllister nahm diese Tatsache gelassen hin. Er machte sich nur Sorgen, weil er bisher noch kein Waffengeschäft gesehen hatte.

Trotzdem verringerte sich seine Hoffnung keineswegs. Bald würde die Sonne wieder aufgehen. Dann kamen auch Menschen aus diesen seltsamen Gebäuden. Die größten Wissenschaftler eines Zeitalters der großen Physiker würden ihn untersuchen, aber nicht hastig und in größter Eile, sondern in der ruhigen Atmosphäre ihrer weitläufigen Laboratorien.

Der Gedanke brach ab. McAllister nahm eine plötzliche Veränderung wahr.

Er befand sich im Mittelpunkt eines heftigen Schneesturms. Er stolperte und wäre fast gefallen, als ein Windstoß ihn mit ungeahnter Gewalt überfiel. Dann stemmte er sich dagegen und kämpfte gleichzeitig um die innere Ruhe, die ihm helfen würde, auch diese Krise zu überwinden.

Die glänzende Stadt mit den sprühenden Lichtern war verschwunden. Unter seinen Füßen lag kein leuchtender Teppich mehr. Seine Umgebung hatte sich verändert und war zu einer Wildnis geworden. Er versuchte durch den Schneesturm zu sehen. In dem undeutlichen Tageslicht erkannte er die schattenhaften Umrisse einer Baumgruppe, die kaum zehn Meter von ihm entfernt aufragte. Er ging instinktiv auf sie zu und blieb im Windschatten stehen. Eben war ich noch in der weit entfernten Zukunft, aber jetzt – wo bin ich? überlegte er.

Hier lag keine Stadt. Hier gab es nur Bäume, eine weite Ebene und den harten Winter. McAllister wußte nicht einmal, wie lange er dort gestanden hatte, während der Sturm wütete. Aber er hatte Zeit für tausend Gedanken, hatte Zeit für die Wahrnehmung, daß der Isolieranzug ihn vor der Kälte schützte, als gäbe es gar keinen eisigen Wind; und dann . . .

Der Schneesturm hatte schlagartig aufgehört. Und die Bäume waren verschwunden. McAllister stand am Meeresufer im Sand. Vor ihm erstreckte sich eine ruhige tiefblaue See, deren niedrige Wellen in Ufernähe über die Ruinen riesiger Gebäude spülten. Überall erhoben sich Häuserreste – weit draußen im Wasser und auf den unkrautüberwucherten Hügeln hinter McAllister. Er erkannte instinktiv, daß er uralte Relikte vor sich hatte, die seit Jahrhunderten unter dieser strahlenden Sonne lagen.

Wieder eine plötzliche Veränderung. Diesmal war er besser darauf vorbereitet, ging aber trotzdem zweimal in der raschen Strömung des Flusses unter, der ihn rastlos mit sich davontrug. McAllister war ein schlechter Schwimmer, aber der Isolieranzug hatte genügend Auftrieb, weil er ständig neue Atemluft erzeugte, die ihn über Wasser hielt. Wenige Sekunden später begann McAllister auf das baumbestandene Ufer zuzuschwimmen, das über hundert Meter von ihm entfernt war. Aber dann fiel ihm etwas ein, und er schwamm nicht weiter. Zwecklos! Die Wahrheit war so einfach wie erschreckend. Er bewegte sich ständig zwischen Vergangenheit und Zukunft hin und her. Er stellte das „Gewicht" am längeren Arm eines Energiehebels dar; irgendwie schlug das Pendel mit jeder Veränderung weiter aus. Nur dadurch waren die erschreckenden Wechsel zu erklären, die er bisher erlebt hatte. In einer Stunde stand die nächste Veränderung bevor.

Sie kam pünktlich. Er lag mit dem Gesicht nach unten in dem dunkelgrünen Gras. Als er den Kopf hob, sah er einige niedrige Gebäude am Horizont. Sie wirkten fremdartig und unheimlich. Aber McAllister kümmerte sich nicht um sie. Er überlegte statt dessen, wie lange er tatsächlich jeweils in einer bestimmten Zeit blieb.

Diesmal behielt er seine Uhr im Auge; die Veränderung kam

nach zwei Stunden und vierzig Minuten. Damit war seine Neugier befriedigt. Während das Pendel unbarmherzig weiter und weiter ausschlug, blieb er stets in der gleichen Position, ohne sich darum zu kümmern, ob er festes Land oder Wasser unter sich hatte. Er setzte sich nicht mehr zur Wehr; er versuchte weder zu gehen noch zu rennen, noch zu schwimmen, noch sich aufzurichten . . . Vergangenheit . . . Zukunft . . . Vergangenheit . . . Zukunft.

McAllister konzentrierte sich ganz auf sich und seine Person. Er hatte das Gefühl, daß er irgend etwas in seinem Inneren tun mußte. Hatte er sich nicht zuvor eingebildet, eine Entscheidung treffen zu müssen? Jetzt konnte er sich eigenartigerweise nicht mehr daran erinnern.

Die Waffenschmiede hatten ohne Zweifel ihre so dringend benötigte Atempause erhalten. Am anderen Ende dieses schrecklichen Hebels befand sich die Maschine, mit deren Hilfe die Soldaten der Kaiserin die Waffengeschäfte angreifen wollten. Das gesamte Kraftwerk schwang jetzt ebenfalls wie ein Pendel zwischen Vergangenheit und Zukunft hin und her.

Aber die notwendige Entscheidung? Er mußte sich wirklich ernsthaft damit befassen . . .

6

AM SECHZEHNTEN Juli des Jahres 4784 Isher öffnete sich die Tür der Abteilung Koordination der Waffenschmiede, die in dem Hotel Royal Ganeel eingerichtet worden war. Robert Hedrock trat über die Schwelle und ging den hell beleuchteten Korridor entlang. Er bewegte sich geschmeidig und aufmerksam wie eine Wildkatze, obwohl er im Grunde genommen kaum auf seine Umgebung achtete.

Vor eineinhalb Jahren hatte er sich um Aufnahme in die Gilde der Waffenschmiede beworben und als Begründung angegeben, daß er eine Krise zwischen der Regierung und den Waffenschmieden erwarte, bei der er auf der Seite der Waffenschmiede stehen wolle. Seine Papiere waren in Ordnung, und die PP-Maschine bewertete ihn in geistiger, physischer und moralischer Beziehung so hervorragend, daß seine Personalakte sofort dem Großrat der

Gilde vorgelegt wurde. Er war von Anfang an zur besonderen Verwendung vorgesehen, so daß seine Ernennung zum Leiter der Abteilung Koordination nur einen logischen Schritt auf seinem Weg zur Spitze darstellte.

Hedrock wußte nur zu gut, daß einige Mitglieder des Großrates und mehrere andere leitende Persönlichkeiten der Meinung waren, sein Aufstieg gehe entschieden zu rasch vor sich und liege zudem nicht im besten Interesse der Gilde. Er wußte aber auch, daß einige seiner Kritiker ihn als eine etwas geheimnisvolle Gestalt ansahen, ohne einen Grund dafür angeben zu können. Niemand kam je auf die Idee, die Bewertung durch die PP-Maschine anzuzweifeln, was Hedrock gelegentlich in Erstaunen versetzte. Später wollte er die Maschine in aller Ruhe genauer untersuchen, um endlich festzustellen, weshalb selbst skeptisch veranlagte Menschen blind auf ihr Urteil vertrauten.

Bisher war es ihm überraschend leicht gelungen, sie mit einer sorgfältig erfundenen Geschichte hereinzulegen.

Allerdings mußte er dabei berücksichtigen, daß seine übermenschliche Selbstbeherrschung und seine technischen Kenntnisse ihm die Aufgabe erleichtert hatten, die Reaktion einer Maschine auf biologische Prozesse vorauszusagen. Außerdem war er den Waffenschmieden gegenüber tatsächlich freundlich eingestellt. Die PP-Maschine glich in gewisser Beziehung den Waffen, die zur Selbstverteidigung verkauft wurden – sie erahnte menschliche Reaktionen und reagierte selbst innerhalb bestimmter Grenzen darauf. Die Waffen wirkten nur unter bestimmten Voraussetzungen, während die Maschine unter ähnlichen Bedingungen eine gute Beurteilung abgab. Hedrock wußte, daß sie vor über hundert Jahren erfunden worden war, als er zum letztenmal Mitglied der Gilde der Waffenschmiede gewesen war. Und er wußte auch, daß er als einziger Unsterblicher und Beschützer der Waffenschmiede dafür sorgen mußte, daß die PP-Maschine tatsächlich so sicher arbeitete, wie allgemein angenommen wurde.

Aber das hatte Zeit bis später. Dieses Problem war unwichtiger als die anderen, mit denen er sich zu befassen hatte. Er mußte sich entscheiden; wie bald, war noch nicht klar – aber wahrscheinlich viel zu früh. Der erste Angriff der jungen Kaiserin hatte bereits bewirkt, daß die Waffengeschäfte in den Großstädten geschlossen werden mußten. Aber selbst das war nicht so wichtig wie die Wippe, auf der McAllister von der Vergangenheit in die Zukunft und wieder zurück in die Vergangenheit geschleudert wurde. Hedrock ahnte, daß er der einzige Mensch war, der darüber eine Entscheidung fällen konnte. Und trotzdem wußte er nicht, was er in dieser Beziehung unternehmen sollte.

Während er darüber nachdachte, hatte er die Tür erreicht, die sein Ziel war. Sie trug die Aufschrift: PRIVAT – NUR FÜR RATSMITGLIEDER. Hedrock klopfte, wartete drei Sekunden lang und betrat dann den Raum.

Jetzt befand er sich in einer seltsamen Umgebung. Der Raum war riesig und glich einem Würfel mit fast sechzig Meter Seitenlänge. Seltsam daran war vor allem die Tatsache, daß die Tür sich dreißig Meter über dem Boden befand, so daß sie genau zwischen Decke und Fußboden lag. Im Raum erstreckte sich ein breiter Sims die Wände entlang, an den sich eine Energieebene anschloß. Hedrock steckte die Schuhe in zwei Isolierhüllen, die an der Tür bereitstanden. Dann trat er auf die schwach leuchtende Fläche hinaus.

Genau im Mittelpunkt des Raumes standen sieben Mitglieder des Großrates vor einer Maschine, die in einem Plastikgehäuse schwebte. Sie begrüßten Hedrock mit einem kurzen Kopfnicken und wandten sich dann wieder der Maschine zu. Hedrock beobachtete sie schweigend und stellte fest, daß die Männer alle deprimiert wirkten. Neben ihm flüsterte Peter Cadron: „Die nächste Veränderung steht unmittelbar bevor."

Hedrock nickte zustimmend. Während er die Maschine betrachtete, spürte er deutlich, daß die Stimmung der anderen auch ihn erfaßte. Er hatte eine Zeitkarte vor sich. Eine Karte aus gekreuzten Linien, die so fein gezeichnet waren, daß sie vor den Augen des Betrachters zu verschwimmen schienen.

Theoretisch erstreckten sich die Linien von einem Mittelpunkt aus unendlich weit in die Zukunft und in die Vergangenheit. Aber nach einigen Billionen Jahren wurde das Bild undeutlicher, weil die Vorstellungskraft des Beobachters nicht mehr ausreichte, um diese Zeitspanne zu erfassen. In diesem unendlichen Meer lagen unbeweglich zwei dunkle Punkte – ein größerer fast im Mittelpunkt, ein winziger weit von ihm entfernt. Hedrock wußte, daß der zweite Fleck vergrößert worden war, um überhaupt mit bloßem Auge sichtbar zu sein.

Während Hedrock aufmerksam zusah, bewegten sich die beiden Punkte. Die Bewegung hatte keine Parallele im Makrokosmos und war so fremdartig, daß das menschliche Auge sie nicht einmal verfolgen konnte. Sie ging nicht sonderlich rasch vor sich, aber die beiden Punkte verschwanden trotzdem. Wohin? Nicht einmal die besten Wissenschaftler der Waffenschmiede konnten sich dieses Verschwinden erklären. Dann tauchten sie langsam wieder auf, aber jetzt hatten sie ihre Position mit erheblichen Abweichungen um hundertachtzig Grad verändert.

Sie waren beide weiter vom Mittelpunkt entfernt. Der große Schatten, der einen Monat und drei Tage in der Vergangenheit gelegen hatte, befand sich plötzlich einen Monat, drei Tage und einige Stunden weit in der Zukunft. Der winzige Fleck, der siebenundneunzig Millionen Jahre weit in der Zukunft gewesen war, lag jetzt etwa hundertsechs Millionen Jahre weit in der Vergangenheit.

Der Zeitunterschied war so gewaltig, daß Hedrock unwillkürlich zusammenzuckte und sich nach Cadron umdrehte. „Ist sein Energiepotential schon berechnet worden?" fragte er.

Cadron nickte müde. „Es reicht aus, um die Erde zu zerstören." Er seufzte. „Wo sollen wir diese unglaubliche Energie nur freisetzen?"

Hedrock dachte darüber nach. Er hatte nicht zu denen gehört, die selbst mit McAllister, dem Reporter aus dem zwanzigsten Jahrhundert, gesprochen hatten. Statt dessen hatte er sich damit begnügen müssen, die Wahrheit aus den verschiedenen Berichten und Erzählungen anderer zusammenzusetzen. Deshalb war er jetzt auch gekommen, um möglichst zusätzliche Details zu erfahren.

Er zog Cadron beiseite und bat ihn um weitere Erläuterungen. Cadron runzelte nachdenklich die Stirn. „Schön", sagte er schließlich, „wenn Sie unbedingt wollen, erzähle ich Ihnen mehr darüber. Sie ahnen vielleicht bereits, daß wir uns alle schämen, weil wir so rücksichtslos vorgegangen sind."

„Sie haben also das Gefühl, daß McAllister nicht hätte geopfert werden dürfen?" erkundigte sich Hedrock.

Cadron schüttelte den Kopf. „Nein, das wollte ich damit nicht ausdrücken." Dann schien er zu einem Entschluß gekommen zu sein. „Wahrscheinlich ist es am besten, wenn ich Ihnen die ganze Geschichte erzähle – natürlich so kurz wie möglich."

Hedrock nickte gespannt.

„Die Verkäuferin in dem Laden am Greenway Park hörte, daß jemand hereingekommen war, und ging hinaus, um ihn zu bedienen", begann Cadron seinen Bericht. „Der Kunde war ein seltsamer Mann in merkwürdiger Kleidung. Schließlich stellte sich heraus, daß er ein Reporter aus dem zwanzigsten Jahrhundert a. D. war. Trotz seiner begreiflichen Verwirrung faszinierten ihn unsere Waffen geradezu. Er erzählte, daß der Laden plötzlich in einer Straße der kleinen Stadt aufgetaucht sei, in der er lebte. Ich kann mir vorstellen, welche Sensation das gewesen sein muß, aber zum Glück dachten die Leute offenbar, es handle sich dabei nur um eine Illusion. Selbstverständlich waren sie darüber verblüfft, daß die angebliche Illusion so massiv wirkte. Aber als ein Polizist die Tür zu öffnen versuchte, gab sie nicht nach. McAllister folgte seinem natürlichen Reporterinstinkt und machte selbst einen zweiten Versuch. Da er weder Polizeibeamter noch Regierungsangestellter war, öffnete sie sich selbstverständlich für ihn. Er betrat das Geschäft. Der Verkäuferin gegenüber gab er zu, eine merkwürdige Spannung bemerkt zu haben, als er die Schwelle überschritten hatte. Damals wußte er noch nichts davon, aber in jenem Augenblick hatte er bereits begonnen, Zeitenergie in sich aufzuspeichern – etwa siebentausend Jahre, wenn man sein Gewicht mit fünfundsiebzig Kilogramm ansetzt. Als die Verkäuferin ihrem Vater berichtete, was vorgefallen war – er ist Geschäftsführer der Filiale –, erkannte er glücklicherweise sofort, daß hier etwas Außergewöhnliches geschehen war. Innerhalb weniger Minuten stellte er fest, daß das Geschäft unter einem unvorstellbar großen Energiedruck lag. Er entdeckte auch, daß dieser Energiefluß aus dem Regierungsgebäude außerhalb des Parks kommen mußte, das offenbar ein getarntes Kraftwerk war. Daraufhin rief er den Großrat zu einer Sondersitzung zusammen. Als wir endlich alle in dem Laden versammelt waren, mußte rasch eine Entscheidung getroffen werden. McAllister hatte bereits genügend Zeitenergie in sich aufgespeichert, um die gesamte Stadt in die Luft zu jagen – allerdings unter der Voraussetzung, daß er den isolierten Laden verließ, ohne einen unserer Isolieranzüge zu tragen. In der Zwischenzeit ließ der Energiedruck gegen unser Gebäude nicht eine Sekunde lang nach. Deshalb bestand die Gefahr, daß das Geschäft und wir alle in den Zeitstrom hinausgestoßen werden würden. Wir mußten annehmen, daß gleichzeitig alle anderen Waffengeschäfte auf ähnliche Weise angegriffen würden. Niemand konnte sich vorstellen, welche Folgen diese Katastrophe haben würde. Deshalb entschlossen wir uns zu dem einzig möglichen Ausweg, der darin bestand, die Energie des Kraftwerks auf McAllister zu konzentrieren und ihn in seine eigene Zeit zurückzuversetzen. Zu diesem Zweck mußten wir ihn dazu bringen, einen unserer isolierten Raumanzüge anzulegen, der eine Explosion verhinderte, bis wir einen entsprechenden Mechanismus entwickeln konnten. Wir waren uns darüber im klaren, daß er sich ständig zwischen Vergangenheit und Zukunft bewegen würde, wodurch das Kraftwerk und seine Energien aus diesem Raum-Zeit-Kontinuum in ein anderes versetzt werden."

Cadron schüttelte bedauernd den Kopf. „Ich weiß noch immer nicht, wie wir anders hätten handeln können. Wir mußten vor allem schnell reagieren, obwohl auf diesem Gebiet bisher fast keine zuverlässigen Forschungen vorliegen. Daß unsere Lage sich selbst dadurch kaum verbessert hat, ist unser persönliches Pech. Aber ich habe noch immer ein sehr schlechtes Gewissen."

„Glauben Sie, daß McAllister noch lebt?" fragte Hedrock.

„Bestimmt. Der Raumanzug, in dem er steckt, ist unser neuestes und bestes Modell – vollautomatisch und für alle Notfälle ausgerüstet. Darin kann er es jahrelang aushalten." Er machte eine resignierende Handbewegung. „Wir dachten zunächst – aber das hat sich unterdessen als Irrtum herausgestellt –, daß wir ihn vielleicht später retten könnten."

„Ja, das habe ich auch gehört." Hedrock war deprimiert. Unglücklicherweise waren alle Entscheidungen bereits gefallen, bevor er überhaupt von der Angelegenheit gehört hatte.

Der Reporter war jetzt der Goliath aller Goliaths. Innerhalb des gesamten bekannten Universums gab es nichts, was mit der Energie zu vergleichen gewesen wäre, die sein Körper mit jedem Schwung in sich aufspeicherte. Falls sie mit einem Schlag freigesetzt würde, müßte es zu einer Explosion kommen, die den Kosmos erschütterte.

„Wie steht es mit dem Kraftwerk?" erkundigte sich Hedrock.

Cadron lächelte zufrieden. „Es hat die kritischen Grenzen zum Glück noch nicht erreicht. Aber bevor es sie überschreitet und dadurch in das gefährliche Stadium eintritt, müssen wir unsere Entscheidung treffen."

Hedrock schwieg. Er ahnte, wie diese Entscheidung aussehen würde, obwohl der Großrat offenbar nicht die Absicht hatte, ihn in dieser Angelegenheit um seine Meinung zu bitten. Deshalb fragte er jetzt nur vorsichtig: „Wie kommen unsere Leute voran, die sich Gedanken darüber machen, ob sich die Ausschläge verringern lassen? Oder besteht vielleicht sogar eine Möglichkeit, sie rückgängig zu machen?"

„Alle Arbeiten in dieser Richtung sind eingestellt worden", antwortete ein anderes Mitglied des Großrates. „Die Wissenschaft des Jahres 4784 weiß keine Antwort auf dieses Problem. Wir müssen damit zufrieden sein, daß wir es geschafft haben, den Drehpunkt in eines unserer Geschäfte zu verlegen. Dadurch können wir die Explosion an irgendeiner Stelle in der Vergangenheit oder Zukunft stattfinden lassen. Aber wo? Und wann? Besonders wann?"

Die Schatten auf der Zeitkarte bewegten sich nicht. Sie schienen gelassen abzuwarten, welches Schicksal ihnen bestimmt war.

Die nervliche Anspannung, die jeden Beobachter bei einer dieser Veränderungen erfaßte, ließ allmählich nach. Die Männer wandten sich von der Zeitkarte ab und sprachen leise miteinander. Irgend jemand stellte fest, daß dies die beste Gelegenheit sei, die Untersuchungen über die Möglichkeiten von Zeitreisen voranzutreiben. Councillor Kendlon antwortete, daß die damit verbundene Aufladung des menschlichen Körpers ein recht guter Beweis dafür sei, daß Zeitreisen wohl nie in Mode kommen würden.

Erst der übermäßig pedantische Dresley unterbrach schließlich die Gespräche der anderen. „Meine Herren, wir sind hier als Mitglieder des Großrates unserer Gilde versammelt, um Mr. Hedrocks Bericht über den Gegenangriff auf die Streitkräfte der Kaiserin entgegenzunehmen. In dem letzten Bericht, den er uns vor einigen Wochen gegeben hat, war von der Organisation dieser Gegenmaßnahmen die Rede. Sie werden sich alle noch daran erinnern, daß das System ausgezeichnet zu arbeiten schien. Mr. Hedrock, wollen Sie uns jetzt die neueste Entwicklung schildern?"

Hedrock betrachtete die sieben Männer nachdenklich. Er merkte, daß sie ihn gespannt beobachteten, und schloß daraus, daß er bald selbständig handeln mußte. Sein Problem bestand darin, eine Lösung zu finden, die dem unerträglichen Wechsel der Energiewippe ein Ende bereitete, und sie dann über die Köpfe seiner nominellen Vorgesetzten hinweg in die Tat umzusetzen. Das war bestimmt keine leichte Aufgabe.

„Seit ich den Auftrag erhalten habe", begann er seinen Bericht, „haben wir zweitausendzweihundertvierzig neue Filialen errichtet – hauptsächlich in Kleinstädten und Dörfern. Außerdem ist es uns gelungen, mit dreitausendachthundertneun Männern in der zivilen und militärischen Verwaltung in Verbindung zu treten, obwohl einige dieser Kontakte nur unter größeren Schwierigkeiten zustande gekommen sind."

Er erklärte kurz seine Methode der Klassifizierung der einzelnen Männer nach Beruf, Einfluß und – was oft wichtiger war – Begeisterung für das Abenteuer, in das die Kaiserin ihre Untertanen gestürzt hatte.

„Von drei Wissenschaftlern", fuhr Hedrock dann fort, „deren Meinung nach die Waffengeschäfte einen wichtigen Teil unserer Zivilisation darstellen, haben wir innerhalb der ersten zehn Tage das Prinzip der Zeitenergiemaschine erfahren, soweit die Regierung selbst über die Arbeitsweise dieser Maschine unterrichtet ist. Wir haben festgestellt, daß vier Generäle für die Unternehmung verantwortlich sind, von denen zwei von Anfang an dagegen eingestellt waren, während der dritte sich ihrer Auffassung anschloß, als das Kraftwerk verschwand. Aber General Doocar, der vierte und wichtigste Mann, will die Angriffe erst einstellen, wenn die Kaiserin ihm den ausdrücklichen Befehl dazu erteilt. Er ist ihr so bedingungslos ergeben, daß seine Loyalität seine eigenen Gefühle und seine Meinung völlig unterdrückt."

Er machte eine Pause und wartete darauf, daß die Ratsmitglieder Bemerkungen machen würden. Aber die sieben Männer schwiegen. Das war im Grunde genommen ein Kompliment für Hedrock, der jetzt fortfuhr: „Tausende von Offizieren sind bisher desertiert, aber nur ein Mitglied der kaiserlichen Familie, der Fürst del Curtin, hat sich gegen den Angriffsplan ausgesprochen. Das war kurz nach der Hinrichtung des Banton Vickers, der bekanntlich das Projekt kritisiert hat, was er mit dem Leben bezahlen mußte. Und der Fürst drückt sein Mißfallen dadurch aus, daß er sich aus dem Palast zurückgezogen hat, während der Angriff fortgesetzt wird. Damit sind wir bei der Kaiserin selbst angelangt", stellte Hedrock fest. Er faßte kurz zusammen, was über ihren Charakter bekannt war. Innelda war seit ihrem elften Lebensjahr Waise, war mit achtzehn gekrönt worden und hatte vor einigen Wochen ihren fünfundzwanzigsten Geburtstag gefeiert. „Sie befindet sich also in dem Alter", erläuterte Hedrock, „das ein Übergangsstadium in der Entwicklung vom Kind zum erwachsenen Menschen darstellt."

Er sah, daß die anderen über diese Aufzählung bekannter Tatsachen erstaunt waren. Trotzdem hatte er nicht die Absicht, seinen Bericht zu kürzen. Schließlich mußte er wenigstens einmal die Gelegenheit nützen, seine Methode ausführlich zu erläutern. „Im Alter von fünfundzwanzig Jahren", sagte er jetzt, „ist unsere Innelda gefühlsbetont, labil, brillant, unversöhnbar, ungeduldig und anscheinend nicht bereit, in nächster Zeit endgültig erwachsen zu werden. Aus den Tausenden von Meldungen, die ich ausgewertet habe, geht deutlich hervor, daß die beste Lösung darin besteht, ihr den Rückzugsweg nicht völlig abzuschneiden, damit sie unauffällig zurückweichen kann, wenn die Krise kommt."

Hedrock sah sich fragend um. Er war sich darüber im klaren, daß diese Männer sich nicht von ihm hinters Licht führen lassen würden, selbst wenn er es versuchte. „Ich hoffe, daß der Großrat es mir nicht verübelt, wenn ich jetzt vorschlage, folgende Taktik zu beachten. Meiner Meinung nach ist damit zu rechnen, daß sich irgendwann eine Gelegenheit ergibt, die wir nützen können, um die gesamte Kriegsmaschinerie anzuhalten. Ich bin weiterhin der Meinung, daß die Kaiserin sich in diesem Fall anderen Problemen zuwenden wird, über denen sie den Krieg klugerweise vergißt, den sie selbst angefangen hat."

Hedrock machte eine Pause, damit seine nächsten Worte eindringlicher wirkten. „Mein Stab und ich werden sorgfältig auf diese Gelegenheit achten und Sie auf jede Veränderung aufmerksam machen, die für unsere Zwecke geeignet zu sein scheint. Haben Sie dazu noch Fragen?"

Die ersten waren verhältnismäßig unbedeutend. Dann fragte einer der Männer: „Haben Sie eine Vorstellung davon, in welcher

Form diese sogenannte Gelegenheit vermutlich auftreten wird?"

„Eine Erläuterung aller unserer Beobachtungen würde ziemlich viel Zeit in Anspruch nehmen", antwortete Hedrock vorsichtig. „Die Kaiserin ist in vieler Beziehung für Überredungsversuche oder sogar Erpressungen empfänglich. Sie hat große Sorgen wegen der desertierten Offiziere und Soldaten, weil es immer schwieriger wird, Rekruten für die Streitkräfte anzuwerben. Sie ist noch immer einer Gruppe älterer Berater ausgeliefert, die sie nicht als Erwachsene akzeptieren. Diese Männer informieren sie nur unzuverlässig oder gar nicht. Trotz aller Anstrengungen hat sie mit den Schwierigkeiten zu kämpfen, die schon seit Jahrtausenden das Los aller Herrscher sind: Ihre Verbindung zu der wirklichen Welt ist nicht direkt genug." Hedrock machte eine vielsagende Geste. „Auf die eine oder andere Weise versuchen wir, diese Schwäche zu unserem Vorteil auszunützen."

„Das ist aber nur eine leere Formel", widersprach der andere.

„Richtig, es ist eine Formel", bestätigte Hedrock. „Aber sie ist keineswegs leer, sondern beruht auf meiner eingehenden Untersuchung des Charakters der Kaiserin."

„Finden Sie nicht auch, daß für solche Studien eher die PP-Maschine und unsere Psychologen zuständig sind?"

„Ich habe alle zur Verfügung stehenden Informationen über die Dame ausgewertet, bevor ich diesen Vorschlag unterbreitet habe."

„Trotzdem ist nur der Großrat zu solchen Entscheidungen berechtigt", sagte der Mann.

Hedrock gab nicht nach. „Ich habe nur einen Vorschlag gemacht", stellte er fest, „über den Sie und Ihre Kollegen entscheiden müssen."

Der Mann antwortete nicht mehr. Aber Hedrock schüttelte wieder einmal innerlich den Kopf über die kleinliche Eifersucht der Ratsmitglieder, die streng darauf achteten, daß ihre Vorrechte in keiner Weise beschnitten wurden. Er wußte bereits jetzt, daß diese Männer sich nicht ohne weiteres mit seiner Entscheidung über McAllisters Schicksal abfinden würden, wenn er in dieser Sache endlich zu einem Entschluß gekommen war.

Hedrock merkte, daß seine Zuhörer unruhig wurden. Einige von ihnen sahen auf die Uhr, andere drehten immer wieder den Kopf und starrten zu der Zeitkarte hinüber. Hedrock verabschiedete sich deshalb mit einem kurzen Kopfnicken und verließ rasch den Raum. Er wollte vermeiden, daß seine Überlegungen von der fast hypnotischen Ausstrahlung der Maschine beeinflußt wurden, deren Einfluß zunahm, je länger man die Bewegungen auf der Zeitkarte verfolgte. Allein die Tatsache, daß der Mann immer wieder aus der Vergangenheit in die Zukunft und wieder in die Vergangenheit zurück geschleudert wurde, war schlimm genug.

Hedrock hatte eben erst sein Arbeitszimmer erreicht, als Lucy Rall bei ihm anrief. „Obwohl ich alles versucht habe, wurde ich mit Gewalt aus dem Pennypalast gedrängt", berichtete sie aufgeregt. „Als dann die Eingänge abgeschlossen wurden, wußte ich sofort, was gespielt wurde. Ich habe Angst, daß er in ein Haus der Illusionen verschleppt worden ist – und Sie wissen selbst, was das bedeutet."

Hedrock nickte nachdenklich. Ihm fiel auf, wie verwirrt Lucy offensichtlich war. „Unter anderem beeinflussen die Illusionsenergien auch die kallidetischen Fähigkeiten eines Menschen. Dabei gibt es mehrere Möglichkeiten, aber jedenfalls steht schon jetzt ziemlich sicher fest, daß sein Glück sich nie wieder am Spieltisch auswirken wird."

Er hatte seine Reaktion absichtlich nicht offen gezeigt, um Lucys Gesichtsausdruck beobachten zu können. „Unglücklicherweise ist dieser Clark allzu leicht in die Fallen gegangen, die das Leben in der Großstadt jedem Menschen stellt. Aber nachdem wir immer damit gerechnet haben, daß er uns vielleicht erst in einigen Jahren nützlich werden könnte, fällt es uns leicht, jetzt auf ihn zu verzichten. Dabei ist besonders zu beachten, daß jede Einflußnahme von unserer Seite Verdacht erregen würde, wodurch Clark später nicht mehr für unsere Zwecke verwendbar wäre. Aus diesem Grund ist Ihre Aufgabe, ihn unauffällig zu überwachen, vorläufig beendet. Sie erhalten in nächster Zeit neue Anweisungen." Er machte eine Pause und fragte erstaunt: „Was ist denn mit Ihnen los, Lucy? Sind Sie etwa in ihn verliebt?"

Ihr Gesichtsausdruck ließ keinen Zweifel daran. Hedrock fragte ruhig weiter: „Seit wann sind Sie sich darüber im klaren?"

Lucy schien erkannt zu haben, daß sie Hedrock gegenüber offen und ehrlich sprechen konnte. „Als die anderen Frauen ihn am Spieltisch abgeküßt haben", erklärte sie ihm. „Aber Sie dürfen nicht denken, daß mich das sehr gestört hat", fügte sie dann rasch hinzu. „Wahrscheinlich wird er in dieser Beziehung noch einiges erleben, bevor er sich zur Ruhe setzt und eine Familie gründet."

„Nicht unbedingt", antwortete Hedrock ernsthaft. „Sie müssen sich damit abfinden, daß er wahrscheinlich in ein Haus der Illusionen verschleppt worden ist, aber meiner Erfahrung nach erzeugt dieses Erlebnis in manchen Menschen eine andere Einstellung zum Leben – sie werden in mancher Beziehung stahlhart, legen aber weniger Wert auf Äußerlichkeiten wie Geld oder Frauen."

Er sah aus ihrem Gesichtsausdruck, daß er genug gesagt hatte. Die Grundlage für ihre zukünftige Tätigkeit war bereits gelegt. An den Resultaten konnte kaum noch ein Zweifel bestehen. Hedrock lächelte freundlich. „Das war vorläufig alles, Lucy. Halten Sie die Ohren steif."

Der Bildschirm wurde dunkel.

Während der folgenden Stunde sah Robert Hedrock mehrmals aus der Tür seines Arbeitszimmers. Zunächst herrschte in den langen Korridoren noch reges Leben. Dann waren immer weniger Menschen zu sehen, bis der Korridor schließlich völlig leer vor ihm lag.

Jetzt handelte er entschlossen. Er holte die Mikrofilmpläne der Zeitkontrollmaschine aus einem Wandsafe – die Blaupausen der Maschine, die er vor einigen Stunden in Gegenwart der Ratsmitglieder beobachtet hatte. Das Informationszentrum hatte sie ihm ohne weiteres geschickt, was durchaus nicht ungewöhnlich war. Als Leiter der Abteilung Koordination hatte er Zugang zu allen wissenschaftlichen Informationen der Waffenschmiede. Er hatte sich sogar eine Erklärung zurechtgelegt, falls jemand ihn fragte, weshalb er die Pläne angefordert habe. Angeblich wollte er sie nur studieren, weil er hoffte, daß ihm dabei irgendeine Lösung einfallen würde. Aber in Wirklichkeit hatte er private Gründe dafür und verfolgte damit persönliche Zwecke.

Hedrock steckte die Filme in die Tasche und ging den Korridor entlang, bis er die nächste Treppe erreicht hatte. Dann stieg er fünf Stockwerke weit hinunter und befand sich jetzt in einem Teil des Hotels Royal Ganeel, den die Waffenschmiede nicht gemietet hatten. Er schloß die Tür eines Appartements auf, trat über die Schwelle und verriegelte die Tür hinter sich.

Das Appartement war groß und eindrucksvoll, was einer führenden Persönlichkeit der Waffenschmiede allerdings auch zustand – fünf Räume und eine riesige Bibliothek. Hedrock ging geradewegs in die Bibliothek, schloß die Tür hinter sich ab und suchte dann sorgfältig nach einer Abhöranlage. Er fand keine, war aber nicht überrascht darüber. Soviel er wußte, hatte er bisher keinen Verdacht erregt. Aber er nahm nie unnötige Risiken auf sich.

Jetzt hielt er einen seiner Ringe an eine gewöhnlich aussehende Steckdose. Plötzlich ragte ihm eine Schlaufe aus Kupferdraht entgegen. Hedrock steckte den Zeigefinger durch die Schlaufe und gab ihr einen kurzen Ruck. Dann ereignete sich etwas, das die Waffenschmiede schon lange nicht mehr in Erstaunen versetzte, weil es fast ein Bestandteil ihres täglichen Lebens geworden war. Ein Materietransmitter beförderte Hedrock über sechzehnhundert Kilometer weit zu einem seiner zahlreichen Laboratorien. Außergewöhnlich war daran nur, daß der Großrat der Gilde nichts von der Existenz dieses Transmitters wußte. Das Laboratorium gehörte zu den streng geheimgehaltenen Zufluchtsorten, die Hedrock vor Jahrhunderten eingerichtet hatte.

Er wußte, daß er etwa eine Stunde fortbleiben konnte, ohne dadurch Verdacht zu erregen. In dieser kurzen Zeit war er völlig damit beschäftigt, Kopien von den Mikrofilmen herzustellen. Der Bau einer Maschine nach diesen Plänen würde noch zahlreiche weitere Besuche dieser Art erforderlich machen. Dann hatte er aber doch genügend Zeit, um eine zweite Kopie zu machen, die er sorgfältig in den Tresor legte, in dem sich bereits die unzähligen Pläne und Zeichnungen befanden, mit denen er sich im Lauf der Jahrtausende befaßt hatte.

Eine Stunde später kehrte Robert Hedrock, der einzige unsterbliche Mensch der Erde, Gründer der Gilde der Waffenschmiede und Träger von Geheimnissen, die kein anderer kannte, in die Bibliothek seines Appartements im Hotel Royal Ganeel zurück.

Kurz darauf saß er wieder hinter dem Schreibtisch in seinem Arbeitszimmer, das fünf Stockwerke höher lag.

7

Lucy Rall trat aus der öffentlichen Telestatzelle in einem Kaufhaus und ging auf den Ausgang zu, als sie plötzlich ihr Spiegelbild in einem Energiespiegel sah. Sie blieb erschrocken stehen und starrte ihr bleiches Gesicht und die übernatürlich großen Augen an.

Sie hatte sich immer eingebildet, nicht allzu schlecht auszusehen, aber das Gesicht, das sie jetzt aus dem Spiegel anstarrte, war entschieden zu traurig, um noch hübsch zu wirken. Hat Mr. Hedrock das gesehen? fragte sie sich.

Die junge Frau ging langsam die Straße entlang und näherte sich dabei wieder der Glücksallee, die selbst um diese Zeit nichts von ihrer Anziehungskraft verloren hatte. Überall blinkten farbige Lampen und lockten die Spieler wie das Licht die Motten an. Lucy wußte, daß sie eigentlich nach Hause gehen und schlafen sollte, aber sie zögerte noch immer unentschlossen, obwohl sie ahnte, daß sie nichts tun konnte, um Cayle zu helfen.

Aber ihre Verzweiflung hatte auch einen anderen Grund. Sie hatte damit gerechnet, daß sie später einen der jungen Männer der Gilde heiraten würde, und hatte alle anderen als Außenseiter betrachtet. Und jetzt hatte sie sich in diesen Cayle Clark verliebt. Daran ist sein Unglück an Bord des Flugzeugs schuld, überlegte sie. Damals habe ich Mitleid mit ihm gehabt.

Jetzt hatte sie größere Sorgen. Was sollte sie unternehmen, wenn sie herausbrachte, wohin er verschleppt worden war? Sie blieb unwillkürlich stehen, während sie überlegte. Dann erschrak sie fast über die Idee, auf die sie eben gekommen war. Ausgeschlossen! Wenn sie eines dieser Häuser der Illusionen aufsuchte, mußte sie doch selbst an den gebotenen Illusionen teilnehmen ...

Lucy fürchtete einen Augenblick lang, daß die Gilde sie ausstoßen würde, wenn sie diese Möglichkeit überhaupt in Betracht zog. Aber dann fiel ihr ein, daß die Aufnahmebedingungen eigentlich nichts enthielten, was sie daran hätte hindern können, ein Haus der Illusionen zu besuchen.

Sie erinnerte sich zwar daran, daß von einem Besuch abgeraten wurde – besonders weibliche Mitglieder der Gilde waren in gewisser Beziehung gefährdet. Das Vergnügen an sich war harmlos genug, aber Frauen reagierten oft seltsam, wenn sie erfuhren, daß die meisten Männer in diesen Häusern nicht freiwillig, sondern gezwungen daran teilnahmen. Wiederholte Erfahrungen dieser Art konnten schließlich dazu führen, daß das normale Verhältnis zum anderen Geschlecht in Frage gestellt wurde.

Lucy schrak aus ihren Überlegungen auf und sah, daß sie genau vor einer Telestatzelle stehengeblieben war. Eine Minute später hatte sie die Verbindung mit dem Informationszentrum der Waffenschmiede hergestellt. Als sie die Zelle verließ, hatte sie eine Telestatkopie der zweihundertachtzehn Häuser der Illusionen in der Handtasche. Dann ging sie rasch auf den Pennypalast zu.

Ihr Entschluß war gefaßt.

Im Innern des Pennypalastes beobachtete sie aufmerksam, was Cayle nicht hatte auffallen können, weil er nicht über ihre Informationen verfügt hatte. Sie sah, daß jetzt wieder fast normal gespielt wurde. Nur an einigen Tischen, die sonst zu verlassen gewirkt hätten, standen noch die letzten angeworbenen Leute. Sobald dort genügend echte Spieler auftauchten, zogen sie sich unauffällig zurück. Lucy ging langsam auf den rückwärtigen Ausgang des riesigen Saales zu, blieb öfters stehen und schien die Spiele zu verfolgen. In ihrer Handtasche steckte ein Spezialgerät, das die Waffenschmiede entwickelt hatten. Mit seiner Hilfe öffnete und schloß Lucy die Türen, die zu dem Büro des Managers führten, ohne den Alarm auszulösen.

Nachdem sie das Büro erreicht hatte, verließ sie sich völlig darauf, daß ihr Alarmring ihr rechtzeitig anzeigen würde, ob jemand den Raum betreten wollte. Dann durchsuchte sie das Büro rasch, aber trotzdem sorgfältig. Zuerst setzte sie den automatischen Aktenordner in Betrieb und schrieb das Wort ILLUSION in die Maschine. Der Bildschirm blieb dunkel. Lucy tippte das Wort HAUS. Wieder kein Erfolg.

Trotzdem mußte der Manager irgendwo die Adresse des Hauses oder der Häuser aufbewahren, mit denen er in Geschäftsverbindung stand. Lucy griff nach dem Telestatbuch und suchte in dem privaten Teil nach HAUS und ILLUSION. Auch diese Suche blieb erfolglos. War es vielleicht möglich, daß Martin – der Name des Managers stand auf verschiedenen Schriftstücken – nur in einigen

Häusern Geschäftspartner hatte, deren Nummern er auswendig wußte? Lucy überlegte sich, daß diese Möglichkeit sogar sehr wahrscheinlich war.

Aber sie hatte nicht die Absicht, das Büro wieder zu verlassen, bevor sie alles versucht hatte, was in ihrer Macht stand. Als die Durchsuchung des Schreibtisches erfolglos geblieben war, setzte sie sich in einen der bequemen Sessel und wartete. Nicht übermäßig lange. Der Alarmring an ihrer linken Hand begann leise zu summen. Sie drehte ihn, bis er zuerst auf eine der beiden Türen, dann auf die andere zeigte. Das Summen wurde bei der Tür lauter, durch die sie selbst vor kaum einer Viertelstunde das Büro betreten hatte.

Dann öffnete sich die Tür. Ein dicklicher Mann im Smoking kam herein und pfiff dabei leise vor sich hin. Lucys Sessel stand so ungünstig, daß der Mann bereits über die Schwelle getreten war, bevor er merkte, daß er ungebetenen Besuch hatte. Jetzt blieb er überrascht stehen, schien aber keine Angst zu haben, obwohl er die blitzende Waffe in Lucys Hand bemerkt haben mußte. Er sah ihr neugierig ins Gesicht. „Hmm, eine hübsche Überraschung", meinte er dann grinsend.

Die Reaktion war nicht vollständig. Lucy wartete geduldig.

Schließlich kam die Frage, auf die sie gewartet hatte. „Was wollen Sie?"

„Meinen Mann."

„Mann?" wiederholte der Dicke verständnislos. Er schien ehrlich erstaunt zu sein.

„Er hatte heute abend wirklich Glück", sagte Lucy gefährlich leise. „Ich habe im Hintergrund gewartet, um ihn notfalls rechtzeitig warnen zu können. Dann wurde ich mit Gewalt nach draußen gedrängt. Als ich den Eingang wieder erreicht hatte, war er verschlossen. Dann wurde er wieder geöffnet, aber mein Mann war verschwunden. Ich habe zwei und zwei zusammengezählt und bin hierhergekommen."

Das war eine lange Erklärung, aber sie behandelte das Thema erschöpfend. Der Mann mußte den Eindruck haben, einer besorgten Ehefrau gegenüberzustehen, die vor nichts zurückschrecken würde. Und das war äußerst wichtig. Niemals durfte der leiseste Verdacht aufkommen, daß die Waffenschmiede sich für Cayle

Clark interessierten. Lucy sah, daß der Dicke allmählich begriff.

„Oh, den meinen Sie also." Er lachte kurz, ließ Lucy aber keine Sekunde lang aus den Augen. „Tut mir wirklich leid, junge Frau. Ich habe nur ein Helicar-Unternehmen angerufen, das für solche Fälle wertvolle Beziehungen unterhält. Was aus den Leuten wird, die auf diese Weise abtransportiert werden, kann ich Ihnen leider nicht sagen."

„Das heißt also, daß Sie nicht wissen, wohin er gebracht worden ist", stellte Lucy fest. „Aber Sie wissen recht gut, in welcher Umgebung er sich jetzt vermutlich befindet. Stimmt das?"

Der Mann starrte sie nachdenklich an, als müsse er erst einen Entschluß fassen. Dann zuckte er mit den Schultern. „Haus der Illusionen", antwortete er gleichmütig.

Obwohl Lucy bereits zu dem gleichen Schluß gekommen war, bedeutete diese Auskunft eine wertvolle Bestätigung. Aber der Dicke konnte ebensogut gelogen haben. „Dort drüben auf dem Schrank steht ein Lambeth", sagte sie deshalb. „Bringen Sie das Gerät her."

Der Mann brachte es sofort. „Sie merken hoffentlich, daß ich keinen Widerstand leiste", meinte er dabei.

Lucy antwortete nicht. Sie nahm den Lambeth-Kegel in die Hand und richtete ihn auf den Manager. „Wie heißen Sie?"

„Harj Martin."

Keiner der Zeiger schlug aus. Folglich hieß der Dicke tatsächlich Martin.

Bevor sie weitersprechen konnte, warf der Mann ein: „Ich erzähle Ihnen freiwillig alles, was Sie wissen wollen." Er zuckte mit den Schultern. „Das macht mir persönlich gar nichts aus. Wir sind gegen alles versichert. Wenn Sie Ihren Mann in einem der Häuser ausfindig machen können, tun Sie es ruhig. Aber Sie wissen hoffentlich auch, daß die Häuser ihre eigenen Methoden haben, Männer spurlos verschwinden zu lassen, wenn die Polizei verständigt wird."

Seine nervöse Art war für Lucy sehr aufschlußreich. Sie beobachtete ihn neugierig. „Offenbar denken Sie angestrengt nach", stellte sie fest, „wie Sie mich am besten hereinlegen können." Sie schüttelte den Kopf. „Versuchen Sie es lieber nicht, sonst muß ich schießen."

„Ihre Waffe eignet sich nur zur Selbstverteidigung", meinte Martin lächelnd.

„Richtig", antwortete Lucy. „Sie feuert nur, wenn Sie mich angreifen."

Das war gelogen. Die Mitglieder der Gilde der Waffenschmiede trugen andere Waffen, die dieser Beschränkung nicht unterlagen.

Martin seufzte leise. „Ausgezeichnet", sagte er dann. „Die Firma heißt Lowery Helicars."

Die Zeiger des Lambeth-Kegels bewiesen, daß er die Wahrheit gesagt hatte. Lucy ging rückwärts auf die Tür zu. „Sie sind noch einmal davongekommen", erklärte sie Martin. „Hoffentlich ist Ihnen das klar."

Der Dicke nickte und fuhr sich mit der Zunge über die Lippen. Lucy wußte, daß er noch immer auf eine Gelegenheit wartete, um sie überraschend anzugreifen.

Die Unterhaltung war beendet. Lucy öffnete die Tür, schlüpfte hindurch und befand sich wenige Sekunden später auf der Straße in Sicherheit.

ANTON LOWERY war ein blonder Riese, der seinen Kopf schläfrig aus den Kissen hob und Lucys Abbild auf dem Schirm mit einem dümmlichen Grinsen anstarrte. Er setzte sich nicht einmal auf. „Keine Ahnung, wohin sie ihn gebracht haben könnten", sagte er schließlich. „Wir führen nur den Transport durch, wissen Sie. Der Fahrer klappert einfach eine Reihe von Häusern ab, bis er eines gefunden hat, das einen Mann gebrauchen kann. Wir führen keine Bücher darüber."

Er wirkte fast ein wenig empört. Ein grundehrlicher Unternehmer, dessen Geschäftsmoral zum erstenmal angezweifelt worden war. Lucy vergeudete keine Zeit damit, sich mit ihm über diesen Punkt zu streiten. „Wo kann ich den Fahrer erreichen?" erkundigte sie sich statt dessen.

Anscheinend war die Schicht des Fahrers um zwei Uhr morgens zu Ende gewesen, so daß er erst wieder in sechsundzwanzig Stunden zum Dienst erscheinen mußte. „Daran sind nur die verdammten Gewerkschaften schuld", erklärte Mr. Lowery ihr. „Kurze Arbeitszeit, hoher Lohn und massenhaft Urlaub." Diese Mitteilung schien ihn mit einer gewissen Befriedigung zu erfüllen.

Wahrscheinlich glaubte er, sich damit für die nächtliche Störung gerächt zu haben.

„Wo wohnt er?" fragte Lucy weiter.

Lowery hatte keine Ahnung. „Vielleicht erfahren Sie die Adresse bei der Gewerkschaft", schlug er vor. „Ich kümmere mich eigentlich nie um solche Dinge."

Leider stellte sich aber heraus, daß er sich auch nicht an den Namen der Gewerkschaft erinnern konnte. Der Lambeth-Kegel, den Lucy aus dem Pennypalast mitgenommen hatte, bewies unzweifelhaft, daß der Mann die Wahrheit sagte. Lucys Hoffnungen schwanden. Innerhalb von drei Tagen würde Cayle bereits an das Leben in einem Haus der Illusionen gewöhnt sein. Allein der Gedanke daran genügte, sie wütend zu machen.

„Hören Sie gut zu, Sie verdammter Schwachkopf", sagte sie. „Wenn der Fahrer zurückkommt, lassen Sie sich die Adresse von ihm geben. Ich rufe Sie zehn Minuten später an und möchte sie dann von Ihnen hören!"

Ihr Tonfall und ihr Auftreten schienen überzeugend gewesen zu sein. Anton Lowery versicherte ihr hastig, daß er sich persönlich darum kümmern werde. Lucy nickte und unterbrach die Verbindung.

Gegen fünf Uhr morgens erreichte sie ohne weitere Zwischenfälle ihr Appartement. Ihr letzter bewußter Gedanke vor dem Einschlafen war: Drei Tage . . . Vergeht die Zeit langsamer für einen Mann, der in einem ständigen Vergnügungsrausch lebt? Oder macht er bald die Erfahrung, daß ein unendlich verlängertes Vergnügen eher Schmerzen bereitet?

SOBALD sie die Adresse des Hauses erfahren hatte, rief sie Hedrock an. Er hörte sich ihren Bericht aufmerksam an und nickte dann. „Wir unterstützen Sie selbstverständlich. Ich schicke einen Raumkreuzer, der die Überwachung durchführt. Wenn wir zwei Stunden lang nichts mehr von Ihnen gehört haben, stellen wir das Haus auf den Kopf." Er zögerte. „Ihnen ist hoffentlich klar, daß wir dieses Risiko nur dann eingehen dürfen, wenn Sie Clark davon überzeugen, daß Ihr Interesse an ihm ausschließlich persönlicher Art ist. Sind Sie dazu bereit?"

Diese Frage war im Grunde genommen überflüssig. Allein ihr

Gesichtsausdruck zeigte deutlich, wie sehr sie unter der Vorstellung litt, daß Clark etwas zugestoßen sein könnte. Hedrock lächelte mitleidig, war sich aber gleichzeitig darüber im klaren, daß er für Lucys Gefühle nicht verantwortlich war. Er hatte sie nur erkannt und sie psychologisch richtig eingesetzt. Eine kallidetische Begabung wie dieser Cayle Clark konnte sogar den gegenwärtigen Krieg beeinflussen. Wenn der junge Mann die richtige Aufgabe erhielt, würden die Veränderungen so rasch eintreten, daß nachträglich kein Mensch mehr wußte, was sie eigentlich hervorgerufen hatte.

Wenn man nur voraussehen könnte, in welcher Form Clarks Begabung sich auswirken würde . . . Hedrock führte den Gedanken nicht zu Ende, denn er gehörte nicht zu den Menschen, die Wunschträumen nachhängen. Er konnte nur Clarks Tätigkeit verfolgen und darauf hoffen, daß er den richtigen Augenblick erkennen würde. Er bemerkte, daß Lucy Rall auf etwas zu warten schien. „Für wann sind Sie bestellt? Heute oder morgen abend?" fragte er.

„Heute abend um halb elf." Lucy lächelte verzerrt. „Die Dame am Empfang hat mich ausdrücklich gebeten, pünktlich zu kommen. Offenbar ist der Andrang ziemlich groß."

„Was wollen Sie tun, wenn Clark nicht zu denen gehört, die zu dieser Zeit zur Verfügung stehen?"

„Soviel ich gehört habe, werden die Illusionen um zehn Uhr dreißig für eine halbe Stunde völlig unterbrochen. Dann erhalten alle Gäste Gelegenheit, einen neuen Partner zu wählen. Steht er jedoch nicht zur Verfügung, warte ich einfach bis zur nächsten Unterbrechung. Schließlich habe ich genügend Zeit."

„Glauben Sie, daß Clark Sie wiedererkennt?" Hedrock merkte, daß Lucy nicht verstand, was er mit der Frage meinte. „Sie wissen vielleicht, daß die Illusionen ihrerseits Halluzinationen hinterlassen, die das Auffassungsvermögen des Betroffenen trüben", erklärte er deshalb.

„Keine Angst, ich sorge dafür, daß er mich erkennt", versicherte Lucy ihm.

Sie beschrieb die Methoden, die sie dabei anwenden wollte. Hedrock überlegte kurz und schüttelte dann den Kopf. „Offensichtlich sind Sie noch nie in einem dieser Häuser gewesen", sagte er dann. „Diese Leute sind ständig wach und mißtrauisch. Bevor die Illusionen einsetzen, haben Sie kaum Aussichten, ein unbelauschtes Wort mit Clark zu wechseln. Und sobald die Geräte in Betrieb sind, vergessen Sie völlig, weshalb Sie gekommen sind. Denken Sie immer daran, damit Sie auf alle möglichen Zwischenfälle gefaßt sind."

Lucy erholte sich nur langsam von ihrem Schock. Nachdem sie einen Nachmittag mit Cayle verbracht hatte, war sie sich seiner sicher gewesen. „Er erkennt mich bestimmt", behauptete sie jetzt.

Hedrock hatte nichts mehr zu diesem Thema zu sagen. Er hatte sie nur auf die Schwierigkeiten ihres Unternehmens hinweisen wollen. Drei Tage und drei Nächte voller Illusionen waren eine lange Zeit. Selbst wenn sie keine Halluzinationen erzeugten, beeinflußten sie die Körperreaktionen und setzten die Funktionsfähigkeit des Gehirns herab, von der das Erinnerungsvermögen abhing.

„Ich muß jetzt gehen", sagte Lucy Rall. „Auf Wiedersehen, Mr. Hedrock."

„Viel Glück, Lucy", antwortete Hedrock. „Aber rufen Sie nur im äußersten Notfall um Hilfe."

Als die Verbindung getrennt wurde, blieb Hedrock vor dem Telestat sitzen. In dieser kritischen Zeit wohnte er in den beiden Räumen, die neben seinem Arbeitszimmer lagen. Seine Arbeit war sein ganzer Lebensinhalt, denn er verbrachte buchstäblich jede wache Minute hinter seinem Schreibtisch. Jetzt rief er den Raumhafen der Waffenschmiede an und veranlaßte, daß ein schwerbewaffneter Kreuzer zur Überwachung des Hauses der Illusionen entsandt wurde.

Aber er war noch immer nicht zufrieden und ließ sich schließlich Lucy Ralls Personalakte kommen, um die potentiellen Möglichkeiten ihrer Position besser beurteilen zu können. Zwei Minuten später lag der Mikrofilmstreifen vor ihm auf dem Schreibtisch; er kam aus dem Materietransmitter des Informationszentrums. Hedrock legte ihn in den Projektor und überprüfte zunächst die psychologisch wichtigen Tatsachen – Erfassungsvermögen 110, Horizont 118, Plethora 105, Dominanz 151, Ego 123, Gefühlsindex 157 . . .

Hedrock machte eine Pause und runzelte nachdenklich die

Stirn. Wenn man 100 als durchschnittlichen Wert ansetzte und dabei berücksichtigte, daß 85 die unterste Grenze darstellte, war Lucy eine intelligente junge Frau mit überdurchschnittlich intensivem Gefühlsleben. Diese Tatsache war daran schuld, daß sie überhaupt jemals in die ganze Affäre verwickelt worden war. Nachdem Cayle Clarks kallidetische Begabung erkannt worden war (während der Routineuntersuchung der Menschen, die sich vor dem neuen Waffengeschäft angesammelt hatten), war beschlossen worden, mit ihm durch eine unverheiratete junge Frau mit hohem Gefühlsindex in Verbindung zu treten.

Der Großrat der Gilde hatte dabei absichtlich berücksichtigt, daß dieser gutaussehende junge Mann Eindruck auf Lucy machen würde. Ihre Wahl wurde aber auch von anderen Faktoren beeinflußt, die verhindern sollten, daß die junge Frau unter der Belastung zusammenbrach. Deshalb war es auch durchaus wünschenswert, daß die beiden sich zumindest vorläufig anziehend fanden, obwohl selbstverständlich niemand dafür garantieren konnte, daß diese Entwicklung auch später anhalten würde.

Hedrock untersuchte nacheinander die Faktoren, die auf die gegenwärtige Situation Einfluß haben konnten. Dann seufzte er leise, weil er Mitleid mit Lucy hatte. Normalerweise mischte die Gilde der Waffenschmiede sich nicht in das Privatleben ihrer Mitglieder oder gar in das Leben Außenstehender ein. Nur diese unvorhergesehene Krise rechtfertigte Maßnahmen, durch die zwei junge Menschen zu Schachfiguren degradiert wurden.

Da fiel Hedrock etwas ein. Er schickte die Personalakte an das Informationszentrum zurück und wandte sich wieder dem Telestat zu. Er veränderte mehrmals die Einstellung, bis er schließlich mit der Bildschärfe zufrieden war, und hatte dann die Zeitkarte vor sich. Der große Schatten war einfach genug zu finden. Er lag sechs Wochen und einen Tag weit in der Zukunft. Der kleine dunkle Fleck war noch weiter nach außen an den Rand der Karte gerückt. Er schien mindestens eine Million Jahre weit in der Vergangenheit zu liegen. Hedrock schloß die Augen und versuchte angestrengt, sich diese Zeitspanne vorzustellen. Das war unmöglich. Die in McAllisters Körper aufgespeicherte Energie genügte jetzt bereits, um den Kosmos zu erschüttern. Das Problem der unvermeidbaren Explosion lastete wie ein Alpdruck auf Hedrock.

Als er schließlich den Telestat ausschaltete, zuckte er müde mit den Schultern und wunderte sich darüber, daß es ihm selbst nach dieser langen Zeit noch nicht gelungen war, eine Lösung für das gefährlichste Problem des gesamten Sonnensystems zu finden.

Er verbrachte die nächsten Stunden damit, die Zusammenfassung der Berichte zu studieren, die andere Agenten im Laufe des Tages erstattet hatten. Lucy wußte nicht einmal, daß sie zu den etwa zwanzig Agenten gehörte, für die Hedrock Tag und Nacht zu jeder Stunde erreichbar war. Die weniger Glücklichen sprachen nur mit Anrufbeantwortern oder einem von Hedrocks Assistenten, die sich alle acht Stunden abwechselten.

Als seine Armbanduhr zehn Uhr dreißig zeigte, wußte Hedrock, daß Lucy in diesem Augenblick das Haus der Illusionen betrat. Trotzdem unterbrach er seine Arbeit nur einen Augenblick, um kurz mit dem Kommandanten des Überwachungskreuzers zu sprechen. Er warf sogar einen Blick durch das Teleskop, in dem das Haus deutlich zu sehen war. Dann wandte er sich wieder seiner Arbeit zu.

Die zusammengefaßten Berichte waren in einigen Fällen ungenau und erforderten zusätzliche Erläuterungen. Hedrock arbeitete gleichmäßig weiter, machte Anmerkungen und stellte eine Liste wichtiger Fragen zusammen. Er ließ sich durch nichts aus der Ruhe bringen, sondern las jeden Bericht so sorgfältig durch, wie es nötig war.

8

ALS LUCY durch das Tor trat, spürte sie eine ungewohnte Wärme, die ihren Körper durchströmte. Sie blieb stehen und sah sich überrascht um.

Das Gefühl der Wärme wurde künstlich hervorgerufen und verschwand nach einiger Zeit wieder. Es war nur der erste Schritt auf dem Weg zu den sinnenbetörenden Vergnügungen, die das Haus der Illusionen seinen Besuchern zu bieten hatte. Bis zu dem Augenblick, in dem sie das Gebäude wieder verließ, würde ihr Nervensystem immer wieder neuen Reizen ausgesetzt sein, die sich alle verschiedenartig auswirkten.

Lucy war stehengeblieben, aber jetzt ging sie entschlossen weiter. Dabei betrachtete sie aufmerksam das Haus, dem sie sich näherte. Es lag weit von der Straße entfernt in einem wunderbar angelegten Park. Blumen und Sträucher ragten zwischen den bizarren Felsen auf, die malerisch auf dem Rasen gruppiert waren. Etwa dreißig Meter vor dem Eingang des Gebäudes standen riesige Grünpflanzen, hinter denen kaum etwas zu sehen war.

Lucy ging unter ihnen hindurch und stand jetzt vor dem eigentlichen Eingang, der als niedriger Zaun begann, bis er schließlich drei oder vier Meter über Lucys Kopf in ein massives Dach überging. Zehn Meter vor ihr befand sich ein schlichtes Portal, das nicht vermuten ließ, was sich hinter ihm verbarg.

Auf dem Weg dorthin blieb Lucy noch einmal stehen, als irgend etwas ihr Gesicht berührte. Eine zarte Hand schien sie leicht gestreichelt zu haben. Lucy hielt unwillkürlich den Atem an und spürte, daß sie rot wurde. Als sie weiterging, war sie verlegen, aber glücklich, ein wenig scheu, aber aufgeregt. Das waren genau die Gefühlsnuancen, die ein Besucher eines Hauses der Illusionen empfinden sollte.

Sie trat über die Schwelle und fand sich in einem Vorraum wieder, dessen Wände nur aus Spiegeln bestanden, die durch schmale goldfarbene Streifen voneinander getrennt waren. Sie ging zögernd darauf zu, weil sie erriet, daß einer dieser Spiegel in Wirklichkeit eine Tür war. Dann blieb sie stehen und wartete darauf, daß die versteckte Tür sich von selbst öffnete. Sie wollte vor allem nicht ungeduldig wirken, falls sie beobachtet wurde. Aber nach einer Minute hatte sich noch keine Tür geöffnet; deshalb drückte Lucy jetzt nacheinander gegen die Spiegel.

Die ersten sechs gaben nicht nach, aber der siebente schwang beiseite. Lucy ging durch einen sehr engen Korridor weiter, der kaum zehn Zentimeter breiter als ihr Körper war. Ihre Schultern stießen immer wieder gegen die Wände, und sie hatte das Gefühl, von allen Seiten unangenehm eingeengt zu sein.

Lucy fragte sich, ob dieses Unbehagen vielleicht nur auf ihrer eigenen Nervosität beruhte, die ihrerseits durch das Bewußtsein hervorgerufen wurde, daß ihre Absichten keineswegs dem normalen Zweck dieses Hauses entsprachen. Sie war gegenüber den hier gebotenen Vergnügungen äußerst kritisch eingestellt und hatte nicht die Absicht, daran teilzunehmen. Sie wollte außerdem dafür sorgen, daß ein Teil dieser Organisation gestört wurde. Vielleicht beruhten ihre Befürchtungen deshalb auf der Möglichkeit, daß jemand ihre Motive aufdeckte, bevor sie Gelegenheit gehabt hatte, etwas für Cayles Befreiung zu tun. Vermutlich empfanden die übrigen Besucher dieses Hauses keine Angst vor dem engen Korridor, weil sie bereits wußten, wo er endete.

Ihre Angst verflog so rasch wieder, wie sie gekommen war. Statt dessen spürte Lucy jetzt eine überraschende Vorfreude. Sie erreichte das Ende des Korridors und stieß die Schwingtür auf, die sich leicht öffnen ließ. Zu ihrer großen Erleichterung stand sie daraufhin in einem Raum, der mit kostbaren Möbeln eingerichtet war. Als sie den Kopf nach links wandte, sah sie dort eine Frau hinter einem zierlichen Schreibtisch sitzen. Als Lucy stehenblieb, sagte die Frau: „Setzen Sie sich, bitte! Selbstverständlich findet zuerst ein kurzes Interview statt, wenn jemand zum erstenmal unser Haus besucht."

Die Frau war etwa vierzig Jahre alt, sah sehr gut aus, hatte aber etwas zu schmale Lippen und einen fast stechenden Blick. Als sie auf einen Sessel wies, ließ Lucy sich wortlos darin nieder.

„Sie wissen hoffentlich, meine Liebe, daß alles streng vertraulich bleibt, was Sie mir hier erzählen. Tatsächlich bleibt es immer hier drinnen." Bei diesen Worten wies sie mit dem Zeigefinger auf ihren Kopf. „Aber ich sage Ihnen auch gleich, daß ich über ein perfektes Gedächtnis verfüge. Ich erinnere mich selbst nach Jahren noch genau an Menschen, mit denen ich einmal gesprochen oder die ich einmal gesehen habe."

Lucy hatte nichts dazu zu sagen. Sie wußte, daß es Menschen gab, die über ein eidetisches Gedächtnis verfügten; deshalb glaubte sie der Frau. In den Berichten, die sie bisher über Häuser der Illusionen gelesen hatte, war immer wieder erwähnt worden, daß die Polizei bei gelegentlichen Haussuchungen nie Aufzeichnungen über die Besucher gefunden hatte. Offenbar befand sich die Kundenliste dieses Hauses nur im Gedächtnis der Empfangsdame.

„Das heißt natürlich, daß wir auf Barzahlung bestehen müssen", fuhr die Frau fort. „Wie hoch ist Ihr jährliches Einkommen?"

„Fünftausend Credits", antwortete Lucy, ohne zu zögern.

„Wo arbeiten Sie?"

Lucy nannte eine bekannte Firma. Das war nicht weiter schwierig, denn die Waffenschmiede hatten ihre Vorbereitungen für alle möglichen Notfälle getroffen. Jedes Mitglied der Gilde war offiziell in einer der zahlreichen Firmen angestellt, die entweder von den Waffenschmieden kontrolliert wurden oder einem ihrer Anhänger gehörten. Falls also ein Mitglied der Gilde Auskünfte über seine Arbeit geben mußte, konnte es wahre und überprüfbare Antworten geben.

„Wieviel Miete zahlen Sie?" erkundigte die Frau sich dann.

„Hundert Credits pro Monat."

„Was geben Sie für Lebensmittel aus?"

„Oh, fünfzig, sechzig Credits – mehr ist es eigentlich nie."

Die Frau runzelte nachdenklich die Stirn und murmelte vor sich hin: „Fahrgeld, zehn; Kleidung, fünfundzwanzig; Verschiedenes, zehn – damit haben Sie also mindestens zweitausendfünfhundert pro Jahr für andere Ausgaben übrig. Wenn Sie wöchentlich einmal kommen möchten, könnten Sie fünfzig Credits für jeden Besuch ausgeben. Aber Sie müssen auch etwas für Notfälle zurückbehalten. Fünfunddreißig Credits, bitte."

Lucy legte das Geld wortlos auf den Schreibtisch und war zur gleichen Zeit über diese rücksichtslose Kalkulation verblüfft. Tatsächlich mußte sie von ihrem Einkommen noch andere Ausgaben bestreiten – zum Beispiel die jährliche Einkommensteuer, die fast tausend Credits betrug. Auch für Kleidung gab sie mehr als fünfundzwanzig Credits pro Monat aus. Und trotzdem . . ., wenn sie das Vergnügen höher als alles andere stellte, konnte sie sogar mit weniger auskommen, als die Frau vermutet hatte. Die Berechnung beruhte offenbar auf der Tatsache, daß ein Mensch, der einmal Geschmack an den hier gebotenen Illusionen gefunden hatte, öfter als einmal wöchentlich kommen würde. In diesem Fall würde sie sich ein billigeres Appartement suchen, billigere Kleider kaufen und weniger essen – es gab viele Möglichkeiten, genügend Geld zu sparen.

Die Frau legte das Geld in eine der Schreibtischschubladen und erhob sich. „Ich danke Ihnen, meine Liebe. Hoffentlich bleibt unsere Geschäftsbeziehung für beide Seiten zufriedenstellend. Gehen Sie bitte dort drüben hinaus."

Lucy ging durch die versteckt angebrachte Tür und stand in

einem breiten Korridor, an dessen Ende sich eine weitere Tür öffnete, die in einen riesigen Wohnraum führte. Irgend etwas daran erschien Lucy verdächtig, deshalb betrat sie den Raum nicht sofort, sondern blieb auf der Schwelle stehen. Schließlich mußte sie sich der Tatsache bewußt bleiben, daß sie hier in einem Haus der *Illusionen* war. Was sie irgendwo zu sehen glaubte, konnte nur eine Phantasie sein. Sie erinnerte sich an die Methode, die Hedrock ihr empfohlen hatte, wenn sie eine Illusion zu sehen glaubte. Als sie den Raum aus dem Augenwinkel heraus betrachtete, schien er besonders am äußersten Rand des Gesichtsfeldes auf eigenartige Weise zu verschwimmen. Lucy glaubte eine Frau zu erkennen, die in einem wesentlich größeren Raum stand.

Lucy lächelte, ging auf die nächste Wand zu, durchquerte sie mühelos – obwohl sie massiv wirkte – und fand sich in einem weiteren riesigen Raum wieder, dessen Wände an drei Seiten mit deckenhohen Spiegeln verkleidet waren. Eine Dienerin kam auf sie zu, verbeugte sich entschuldigend und sagte: „Verzeihen Sie bitte, Miß. Aber nachdem es sich um Ihren ersten Besuch handelt, mußten wir annehmen, daß Sie unsere kleinen Tricks nicht kennen. Hat Ihnen ein Freund von dieser speziellen Illusion erzählt, oder sind Sie selbst schon in anderen Häusern gewesen?"

Das war eine sehr genaue Frage; Lucy wußte, daß sie nicht ausweichend antworten durfte. „Ich habe mir davon erzählen lassen", sagte sie deshalb wahrheitsgemäß.

Die Antwort schien zufriedenstellend ausgefallen zu sein. Die Dienerin drehte sich um und ging vor Lucy her auf eine Spiegeltür zu. „Ziehen Sie sich bitte um", sagte sie, „und gehen Sie dann durch die Tür dort drüben hinaus."

Lucy stand in einem kleinen Umkleideraum. An einem Kleiderhaken hing ein hübsches weißes Kleid auf einem Bügel. Darunter stand ein Paar Sandalen. Das war alles. Sie zog sich langsam um und hatte plötzlich das Gefühl, in eine Falle geraten zu sein. Aus dieser Lage würde sie sich nur schwer befreien können. Wenn sie diesmal nicht mit Cayle zusammentraf, bestand die Gefahr, daß sie erst sehr viel später einen zweiten Rettungsversuch unternehmen konnte, um sich nicht selbst verdächtig zu machen.

Das weiße Kleid fühlte sich herrlich weich an; als sie es anzog, fühlte sie sich sofort wohl darin. Es war aus einem besonderen Gewebe gemacht, das die dicht unter der Haut liegenden Nerven anregte. Stoffe dieser Art waren unglaublich teuer – der Meter kostete über fünfhundert Credits.

Lucy blieb eine Minute lang stehen und kostete das neue Wohlbefinden gründlich aus. Plötzlich war sie wieder so aufgeregt wie zuvor. Sie schwankte leicht. Eigentlich ist doch alles nicht so wichtig. Jedenfalls werde ich mich heute abend herrlich amüsieren, dachte sie.

Sie schlüpfte in die Sandalen und ging auf die Tür zu. Dann blieb sie auf der Schwelle stehen und starrte in den Saal, in dem etwa fünfzig Männer an der einen Wand um kleine Tische saßen, während ebenso viele Frauen an der gegenüberliegenden Wand Platz genommen hatten. Die Wände waren mit bunten Reliefs geschmückt, die in dem herrschenden Halbdunkel prächtig leuchteten. An der Rückwand des Saales erstreckte sich eine riesige Bar mit über hundert Hockern. Lucy versuchte festzustellen, ob es sich dabei um eine Illusion handelte, indem sie die Szene aus dem Augenwinkel heraus betrachtete. Aber sie gab den Versuch sofort wieder auf. Weshalb sollte sie sich auch deswegen Sorgen machen? Sie hatte ihr vorläufiges Ziel erreicht. Das hier war der Ballsaal. In einigen Minuten würde sie vielleicht Cayle wiedersehen. Und wenn sie ihn nicht traf – nun, das war eigentlich nicht so schlimm. Schließlich konnte sie jederzeit wiederkommen, überlegte sie sich jetzt.

Lucy ging langsam durch den Saal auf einen der freien Tische zu. Dabei starrte sie die anderen Frauen verächtlich an, die mit einem Cocktail vor sich an kleinen Tischen saßen, vor denen noch ein Stuhl frei war. Die meisten waren älter als sie; sogar viel älter. Dann sah sie zu den Männern hinüber und stellte erst jetzt zu ihrer Verblüffung fest, daß der Saal in zwei Hälften geteilt war. Eine durchsichtige Barriere erstreckte sich vom Boden bis zur Decke und trennte die Männer von den Frauen. Selbstverständlich konnte Lucy nicht beurteilen, ob die Barriere nicht ebenfalls eine Illusion war.

Sie betrachtete nacheinander die Männer an ihren Tischen. Sie waren ohne Ausnahme verhältnismäßig jung. Lucys Blick war bereits über Cayle hinweggewandert, bevor ihr einfiel, wen sie eben gesehen hatte. Sie wollte ein zweites Mal zu ihm hinübersehen, beherrschte sich aber gerade noch rechtzeitig genug, um es nicht zu tun. Ihr kurzer Gefühlsrausch war bereits verflogen, so daß sie wieder klar und logisch denken konnte. Sie wandte sich einem freien Tisch zu, der ihm am nächsten stand.

Als sie Platz genommen hatte, wurde sie plötzlich von einer tiefen Niedergeschlagenheit erfaßt. Sie dachte nur noch an den traurigen Ausdruck auf seinem Gesicht. Hager, erschöpft, unglücklich – das war Cayle Clark, der sonst so fröhlich und unbeschwert gewirkt hatte. Lucy überlegte, ob er sie möglicherweise gesehen hatte. In einer Minute schaue ich wieder hinüber. Vielleicht kann ich dann seine Aufmerksamkeit auf mich lenken, dachte sie.

Sie beobachtete den Sekundenzeiger ihrer Armbanduhr, weil sie fest entschlossen war, nicht voreilig zu sein. Fünf Sekunden vor Ablauf der ersten Minute erschien ein schlanker kleiner Mann auf dem Balkon über der Tanzfläche und hob die Hand. Lucy warf rasch einen Blick zu Cayle hinüber und stellte erfreut fest, daß er sie aufmerksam beobachtete.

„Die Barriere wird eben zurückgezogen, meine Damen und Herren. In wenigen Minuten spielt unsere Kapelle zum Tanz. Jetzt ist Gelegenheit, miteinander bekannt zu werden“, sagte der Mann.

Die Anwesenden reagierten unterschiedlich auf dieses Signal. Die meisten Frauen blieben an ihren Tischen sitzen. Einige verließen jedoch rasch ihre Plätze und gingen auf die andere Seite des Saales hinüber. Lucy sah, daß Cayle auf sie zukam, und blieb deshalb an ihrem Tisch. Er begrüßte sie mit einer leichten Verbeugung, nahm auf dem zweiten Stuhl Platz und sagte ruhig: „Ich freue mich, die Bekanntschaft einer so hübschen jungen Dame machen zu dürfen.“

Lucy quittierte das Kompliment mit einem Kopfnicken, weil sie nicht zu sprechen wagte. Einer der Saaldiener blieb neben ihr stehen. „Zufrieden, Miß?“ erkundigte er sich flüsternd.

Lucy nickte nochmals. Der Saaldiener entfernte sich wortlos. In diesem Augenblick begann die Kapelle zu spielen.

Als Cayle sie zum Tanz aufforderte, erhob Lucy sich sofort und dachte dabei: Sobald wir irgendwo allein auf der Tanzfläche sind, können wir ungestört miteinander sprechen.

An einer der Türen entstand plötzlich eine unerklärliche Aufregung. Die Frau, die Lucy interviewt hatte, kam hereingestürzt und sprach erregt auf den kleinen Mann ein. Einen Augenblick später ertönte irgendwo ein schrilles Glockenzeichen. Lucy drehte sich um und verlor dabei das Gleichgewicht. Sie hatte das Gefühl, haltlos in die Dunkelheit zu fallen . . .

HEDROCK saß noch immer in seinem Arbeitszimmer, als der Telestatempfänger auf seinem Schreibtisch um fünf Minuten nach Mitternacht zu summen begann. Dann erschien Lucys Gesicht auf dem Bildschirm. Sie schüttelte verwirrt den Kopf. „Ich kann mir gar nicht erklären, was passiert ist. Alles schien in bester Ordnung zu sein. Cayle hatte mich erkannt, ohne sich etwas anmerken zu lassen. Wir wollten eben miteinander tanzen, was die beste Gelegenheit zu einem unbelauschten Gespräch gewesen wäre, aber dann wurde plötzlich alles dunkel um mich. Als ich wieder aufwachte, war ich hier in meinem Appartement."

„Augenblick", warf Hedrock ein.

Er trennte die Verbindung und verlangte den Kommandanten des Überwachungskreuzers. Der Offizier schüttelte nur den Kopf. „Ich wollte mich eben bei Ihnen melden, Sir. Die Polizei hat das Haus durchsucht. Offenbar sind die Besitzer erst kurz vorher gewarnt worden, denn die Frauen wurden in Helicars verladen – jeweils ein halbes Dutzend – und nach Hause transportiert."

„Und die Männer?" fragte Hedrock gespannt. Er wußte, daß unerwünschte Zeugen gelegentlich mit rigorosen Methoden zum Schweigen gebracht wurden.

„Wir konnten beobachten, daß die Männer in einen größeren Helicar verladen und fortgeschafft wurden. Dann wurde die übliche Methode angewandt."

„Danke", sagte Hedrock. Er fuhr sich mit der Hand über die Augen und seufzte leise. Der Fall wurde immer komplizierter, aber diesmal war Cayle Clark nicht zu helfen, wenn er nicht selbst den Weg zurück in die Freiheit fand. „Ich danke Ihnen, Captain", fügte er noch hinzu. „Ihr Auftrag ist beendet. Sie haben gute Arbeit geleistet."

Hedrock trennte die Verbindung, rief Lucy an und teilte ihr mit, was er erfahren hatte. „Tut mir leid, aber damit ist er vorläufig aus dem Verkehr gezogen", sagte er dann. „Wir können leider nicht eingreifen."

„Was soll ich jetzt tun, Mr. Hedrock?" wollte Lucy wissen.

„Nichts", antwortete er ruhig. „Sie können nur abwarten."

9

FARA arbeitete verbissen. Er hatte nichts anderes zu tun und überlegte oft, daß er jetzt wohl bis zu seinem Tod dabeibleiben würde. Nur ein Narr konnte noch darauf hoffen, daß Cayle eines Tages die Werkstatt betreten und sagen würde: „Vater, ich sehe ein, daß ich falsch gehandelt habe. Verzeih mir, arbeite mich ein, und setze dich selbst zur wohlverdienten Ruhe."

Am sechsundzwanzigsten August begann der Telestatempfänger zu summen, als Fara eben sein Mittagessen beendet hatte. R-GESPRÄCH erschien in großen Buchstaben auf dem Bildschirm.

Fara und Creel sahen sich an. „He", sagte Fara verblüfft, „ein R-Gespräch für uns."

Creels Gesichtsausdruck zeigte deutlich, was sie in diesem Augenblick dachte. „Dieser verdammte Kerl", murmelte Fara vor sich hin.

Aber er war erleichtert. Unendlich erleichtert! Cayle hatte endlich eingesehen, wieviel seine Eltern wert waren. Fara schaltete das Gerät ein. „Ich nehme das Gespräch an", sagte er dabei.

Das Gesicht auf dem Bildschirm war düster und fremd. Der Mann sagte: „Hier spricht Pearton von der Fünften Interplanetarischen Bank in Ferd. Wir haben heute morgen einen auf Sie gezogenen Sichtwechsel über zehntausend Credits hereinbekommen. Einschließlich Bearbeitungsgebühr und Wechselsteuer beläuft sich der Einlösungsbetrag auf zwölftausendeinhundert Credits. Bezahlen Sie gleich, oder kommen Sie heute nachmittag zu uns, um zu bezahlen?"

„Aber ... aber ...", stotterte Fara. „Wer ... ich ..." Er schwieg verblüfft, als Pearton ihm erklärte, daß der Betrag vor vier Stunden an Cayle Clark ausgezahlt worden war. Schließlich fand Fara seine Stimme wieder. „Aber die Bank ist doch gar nicht berechtigt, das Geld ohne meine Genehmigung auszuzahlen", protestierte er.

Die kalte Stimme wurde unmerklich lauter. „Sollen wir also der Zentrale melden, daß der Wechselbetrag unter Vorspiegelung falscher Tatsachen kassiert worden ist? Dann wird selbstverständlich sofort ein Haftbefehl gegen Ihren Sohn erwirkt."

„Warten Sie . . ., warten Sie doch . . .", murmelte Fara erschrokken. Er nahm undeutlich wahr, daß Creel neben ihm den Kopf schüttelte. Sie war leichenblaß. „Fara, diesmal können wir ihm nicht mehr helfen. Das übersteigt unsere Kräfte. Wenn er sich so benimmt, haben wir nichts mehr mit ihm zu schaffen. Wir müssen hart bleiben."

Ihre Worte erreichten Fara nur undeutlich. Er sagte bereits: „Ich habe nicht genügend . . . Kann ich den Betrag in mehreren Raten zahlen?"

„Wir sind selbstverständlich gern bereit, mit Ihnen über die Aufnahme eines Darlehens zu verhandeln", antwortete Pearton. „Wir haben bereits Erkundigungen über Ihre Kreditwürdigkeit eingezogen und sind bereit, Ihnen elftausend Credits in Form eines jederzeit kündbaren Darlehens zu gewähren, wobei Ihr Geschäft als Sicherheit dient. Wenn Sie damit einverstanden sind, gebe ich Ihnen unsere Kreditabteilung, damit Sie gleich unterzeichnen können."

„Nein", warf Creel ein. „Fara, wir . . ."

„Die restlichen elfhundert Credits müßten dann bar bezahlt werden", fuhr der Bankangestellte fort. „Sind Sie damit einverstanden?"

„Ja, ja, natürlich. Ich habe zweitausendfünf . . ." Fara schwieg erschrocken und sagte dann fest: „Ja, ich bin einverstanden."

Als die Vereinbarung getroffen worden war, drehte Fara sich wütend nach seiner Frau um. „Hast du dir wirklich eingebildet, daß ich nicht zahlen würde?" erkundigte er sich. „Dabei wirfst du mir immer vor, daß ich für Cayles Entwicklung verantwortlich bin. Außerdem wissen wir gar nicht, wofür er das Geld braucht. Vielleicht handelt es sich um einen Notfall."

„Innerhalb von zehn Minuten hat er uns um sämtliche Ersparnisse gebracht", stellte Creel fest. „Wahrscheinlich hat er es mit voller Absicht getan, weil er weiß, daß wir alten Trottel trotzdem zahlen würden."

„Ich weiß nur", unterbrach Fara sie, „daß ich unseren guten Ruf gerettet habe."

Dieses Hochgefühl hielt nur bis vier Uhr nachmittags an. Dann kam der Gerichtsvollzieher aus Ferd, um die Werkstatt zu versiegeln.

„Aber was . . .", protestierte Fara.

„Die Aktiengesellschaft für automatische Atommotor-Reparaturen hat Ihr Darlehen von der Bank übernommen", erklärte der Gerichtsvollzieher ihm. „Da Sie den Betrag nicht zahlen können, wird die Werkstatt gepfändet."

„Das ist unfair", stellte Fara fest. „Ich bringe den Fall vor Gericht." Er dachte daran, was die Kaiserin sagen würde, wenn sie von dieser himmelschreienden Ungerechtigkeit erfuhr. ‚Sie würde . . ., sie würde . . .

Das Gerichtsgebäude war gigantisch und verwirrend. In Glay war ihm sein Entschluß, auf keinen Fall einen Anwalt zu nehmen, noch als einzig richtig erschienen. Hier in diesen riesigen Sälen wirkte der Entschluß geradezu lächerlich.

Trotzdem brachte Fara es fertig, einigermaßen ruhig und selbstsicher aufzutreten. Er schilderte das fast kriminelle Vorgehen der Bank, die zuerst Cayle das Geld ausgezahlt hatte, um dann Faras Wechsel wenige Minuten nach erfolgter Annahme an eine Konkurrenzfirma weiterzugeben. Er schloß mit den Worten: „Ich bin fest davon überzeugt, Sir, daß die Kaiserin diesen Betrug an einem ehrlichen Bürger mißbilligen würde."

„Wie können Sie es wagen", antwortete der Richter kalt, „den Namen Ihrer Majestät mit Ihren egoistischen Interessen in Verbindung zu bringen?"

Fara zuckte unwillkürlich zusammen. Er hatte plötzlich nicht mehr das beruhigende Gefühl, Mitglied der großen Menschenfamilie der Kaiserin zu sein, sondern stellte sich statt dessen Millionen Gerichte wie dieses vor, zu denen Millionen eiskalter Richter gehörten, die ein unüberwindliches Hindernis zwischen der Kaiserin und ihrem treuen Untertan Fara Clark bildeten. Wenn die Kaiserin nur wüßte, was hier geschah, wie ungerecht er hier behandelt wurde, ohne widersprechen zu können, würde sie . . .

Oder etwa nicht?

Er verdrängte diesen frevelhaften Gedanken rasch wieder und erwachte wie aus einem Traum, als der Richter sagte: „Die Klage wird abgewiesen. Die Kosten des Verfahrens – insgesamt siebenhundert Credits – werden im Verhältnis fünf zu zwei auf die Staatskasse und den Kläger verteilt. Wachtmeister, sorgen Sie dafür, daß der Kläger erst geht, nachdem er bezahlt hat. Der nächste Fall."

AM FOLGENDEN Morgen suchte Fara allein Creels Mutter auf. Zuerst ging er in ihr Restaurant am Rande des Dorfes. Nach dem ersten Blick in das Innere stellte er zufrieden fest, daß bereits die Hälfte der Tische besetzt war, obwohl noch kein Mittagessen serviert wurde. Das war ein gutes Zeichen, denn viele Gäste bedeuteten hohe Einnahmen. Aber Madame war nicht hier.

Fara fand sie in dem Lagerraum, der hinter dem eigentlichen Lokal lag. Sie überwachte dort einige Angestellte, die Mehl in Plastiktüten abfüllten. Die Alte hörte sich seine Erzählung wortlos an.

„Leider nichts zu machen, Fara", antwortete sie dann. „Ich muß selbst gelegentlich Geld bei den Banken aufnehmen, wenn ein größeres Geschäft bevorsteht. Helfe ich dir aber jetzt aus der Klemme, sind deine Konkurrenten hinter mir her. Außerdem bin ich nicht so dumm, daß ich einem Mann Geld leihe, der sich von seinem Sohn um sein Vermögen bringen läßt. Wer das fertigbringt, hat keinen Sinn für Geld. Und ich gebe dir auch keine Arbeit, weil ich grundsätzlich keine Verwandten beschäftige. Aber Creel kann bei mir leben, wenn sie will. Selbstverständlich ohne ihren Mann. Mehr habe ich dazu nicht zu sagen."

Fara beobachtete sie niedergeschlagen, während sie die Angestellten beaufsichtigte, die an den alten, längst nicht mehr genauen Waagen arbeiteten. Die Alte erhob zweimal die Stimme, um scharf zu sagen: „Das ist zuviel, die Tüte hat mindestens zehn Gramm Übergewicht. Passen Sie besser auf!"

Obwohl sie ihm den Rücken zukehrte, wußte Fara, daß sie seine Gegenwart noch immer ahnte. Schließlich drehte sie sich nach ihm um. „Warum gehst du nicht einfach in das nächste Waffengeschäft?" erkundigte sie sich. „Du hast nichts mehr zu verlieren."

Fara ging wortlos auf die Straße hinaus und kniff die Augen zusammen, als die Sonne ihn blendete. Zunächst hatte er sich gar nicht von dem Vorschlag betroffen gefühlt, eine Waffe zu kaufen und Selbstmord zu begehen. Aber er war wütend darüber, daß ausgerechnet seine Schwiegermutter auf diese Idee gekommen war. Er sollte Selbstmord begehen? Das war doch einfach lächerlich! Schließlich war er noch immer in den besten Jahren, noch nicht einmal fünfzig. Wenn er nur noch eine Chance erhielt, konnte er darauf vertrauen, daß seine geschickten Hände ihm selbst in dieser automatisierten Welt den Lebensunterhalt verdienten. Ein guter Arbeiter, der seine Sache verstand, brauchte nicht Hunger zu leiden. Davon war er sein Leben lang überzeugt gewesen.

Als Fara nach Hause kam, stellte er fest, daß Creel bereits packte. „Das ist die einzige Möglichkeit", erklärte sie ihm. „Wir vermieten das Haus und nehmen uns selbst irgendwo zwei Zimmer."

Er berichtete von dem Angebot ihrer Mutter und beobachtete dabei Creels Gesichtsausdruck genau. Sie zuckte nur mit den Schultern. „Ich habe bereits gestern abgelehnt", sagte sie einfach. „Weiß der Himmel, warum sie dir gegenüber noch einmal davon gesprochen hat."

Fara ging zu dem großen Fenster im Wohnzimmer hinüber, von dem aus man einen wunderbaren Blick auf den Garten, das Schwimmbecken und die Blumenbeete hatte. Er versuchte sich vorzustellen, wie Creel die Trennung von ihrem Garten aufnehmen würde, den sie immer so liebevoll gepflegt hatte. Wie unglücklich würde sie in zwei Zimmern sein, nachdem sie hier fast zwei Drittel ihres Lebens verbracht hatte!

Aber vielleicht gab es doch noch eine winzige Hoffnung. Fara wartete, bis Creel nach oben gegangen war, und rief dann Mel Dale an. Der Ausdruck auf dem rundlichen Gesicht des Bürgermeisters zeigte deutlich, wie unangenehm ihm das Gespräch war. Aber er hörte geduldig zu und sagte dann: „Tut mir leid, der Gemeinderat gibt keine Darlehen. Ich muß Ihnen noch etwas sagen, Fara – Sie bekommen keine Genehmigung zum Betrieb einer anderen Werkstatt mehr."

„W-w-was?"

„Tut mir leid!" Der Bürgermeister sprach leise weiter. „Hören Sie zu, Fara, nehmen Sie einen gutgemeinten Rat an, und gehen Sie in das Waffengeschäft. Das ist vielleicht nicht die schlechteste Lösung."

Ein leises Klicken, dann starrte Fara auf den dunklen Bildschirm. Er wandte sich schulterzuckend ab und ließ sich in einen Sessel fallen.

Blieb denn wirklich gar keine andere Lösung? Mußte er tatsächlich Selbstmord begehen, weil niemand ihm helfen wollte oder konnte?

FARA brauchte fast zwei Monate unter äußerst beengten Verhältnissen in einem winzigen Raum, bevor sein Entschluß endlich feststand. Er wartete, bis die Straße menschenleer war, ging erst dann den Weg zwischen den Blumenbeeten entlang und blieb vor der Tür des Ladens stehen. Er fürchtete fast, daß die geheimnisvolle Tür sich diesmal nicht für ihn öffnen würde, aber diese Angst war unbegründet. Als er den halbdunklen Raum betrat, sah er den weißhaarigen Alten in einem Sessel sitzen und im Licht einer Lampe lesen. Der alte Mann sah auf, legte das Buch beiseite und erhob sich. „Guten Tag, Mr. Clark. Was können wir für Sie tun?"

Fara wurde rot. Er hatte gehofft, daß der andere ihn nicht wiedererkennen würde. Aber nachdem er dieses unangenehme Gefühl überwunden hatte, beharrte er auf dem einmal gefaßten Entschluß. Bei seinem Selbstmord kam es vor allem darauf an, daß Creel nachträglich nicht noch die Kosten einer teuren Bestattung zu tragen hatte. Weder Messer noch Gift wirkten so radikal wie eine Energiewaffe, die keine sterblichen Überreste hinterließ.

„Ich möchte eine Pistole kaufen", erklärte Fara dem Alten. „Sie muß einen menschlichen Körper mit einem Schuß auflösen können. Haben Sie eine Waffe dieser Art?"

Der Verkäufer öffnete einen Glaskasten und holte eine Waffe mit kurzem Lauf heraus, die in allen Regenbogenfarben glitzerte. „Sie sehen selbst, daß dieses Modell kaum aufträgt, wenn man es in einem Schulterhalfter unter der Jacke mit sich führt", erklärte er dabei. „Die Pistole läßt sich bei richtiger Einstellung sehr schnell ziehen, weil sie der geöffneten Hand des Besitzers entgegenkommt. Vorläufig ist sie noch auf mich eingestellt. Beobachten Sie, wie ich sie zurückstecke und . . ."

Fara nickte verblüfft. Der Alte bewegte nur die Finger – und schon lag die Pistole schußbereit in seiner rechten Hand. Die Bewegung war mit dem bloßen Auge nicht zu verfolgen gewesen.

Er dachte an den Abend, als die Türklinke aus seinen Fingern geglitten war; damals war die Tür geräuschlos vor dem Polizisten ins Schloß gefallen. Augenblicklich!

Als der Alte weiter die besonderen Qualitäten dieser Waffe anpries, wollte Fara ihn schon unterbrechen, weil er kein Interesse an näheren Erklärungen hatte. Aber dann sah und hörte er doch fasziniert zu. Er hatte schon oft die Waffen in der Hand gehabt, die zur Ausrüstung der Soldaten der kaiserlichen Armee gehörten, aber das waren nur gewöhnliche Pistolen oder Gewehre aus Metall und Plastik, mit denen schlecht umzugehen war. Im Gegensatz dazu schienen diese Waffen richtig zu leben und nur auf den Augenblick zu warten, in dem sie ihrem Besitzer nützlich sein konnten.

Dann erinnerte sich Fara plötzlich wieder an den Zweck seines Besuches. Er lächelte trocken. „Das ist alles sehr interessant. Aber wie breit läßt sich der Energiestrahl einstellen?“ fragte er.

„Bei kleinster Öffnung entsteht nur ein bleistiftdicker Strahl, der noch in einer Entfernung von vierhundert Metern mit Ausnahme bestimmter Bleilegierungen jeden Gegenstand durchschlägt“, erklärte der Alte ruhig. „Wenn Sie hier an dem Knopf neben der Mündung drehen, können Sie einen Strahl erzeugen, der einen Menschen aus fünfzig Meter Entfernung völlig auflöst.“

Er wies auf den winzigen Drehknopf. „Nach links drehen, wenn der Strahl breiter sein soll; nach rechts, wenn Sie ihn schmaler haben wollen.“

„Gut, ich nehme die Pistole“, antwortete Fara. „Was kostet sie?“

Er sah, daß der alte Mann ihn nachdenklich betrachtete. „Ich habe Sie schon einmal auf unsere Bestimmungen hingewiesen, Mr. Clark“, sagte er dann. „Erinnern Sie sich noch daran?“

„Was?“ rief Fara verblüfft. „Das stimmt also wirklich? Sie wollen behaupten, daß ich . . .“ Dann hatte er sich von seiner Überraschung erholt und schloß ruhiger: „Ich möchte nur eine Waffe, mit der ich mich verteidigen kann, wenn ich angegriffen werde. Außerdem muß ich sie gegen mich richten können, wenn ich den Wunsch danach verspüre.“

„Oh, Selbstmord“, sagte der Alte. Er schien erst jetzt verstanden zu haben, was Fara gesagt hatte. „Mein lieber Freund, wir haben durchaus nichts dagegen einzuwenden, wenn Sie sich umbringen wollen. Das ist Ihr gutes Recht in einer Welt, deren Bewohner von Jahr zu Jahr weniger Rechte besitzen." Er machte eine bedeutungsvolle Pause. „Die Pistole kostet vier Credits."

„Vier . . ., nur vier Credits?" wiederholte Fara überrascht.

Er schüttelte verblüfft den Kopf. Allein das Plastikmaterial mußte doch . . . und die wunderbare Arbeit . . ., der komplizierte Mechanismus . . ., nein, selbst fünfundzwanzig Credits wären noch sehr billig gewesen. Fara interessierte sich plötzlich mehr für das Geheimnis hinter den Waffengeschäften als für sein eigenes ungewisses Schicksal. Aber bevor er die Fragen stellen konnte, die ihm auf der Zunge lagen, sprach der alte Mann weiter. „Ziehen Sie bitte die Jacke aus, damit wir das Schulterhalfter anpassen können."

Fara gehorchte automatisch. Im Grunde genommen beunruhigte ihn das Gefühl, daß er in wenigen Minuten mit einer absolut tödlich wirkenden Waffe den Laden verlassen würde. Dann hatte er auch das letzte Hindernis überwunden, das ihn am Selbstmord hindern konnte. Seltsamerweise war er ein wenig enttäuscht. Er konnte sich die Empfindung nicht erklären, aber er hatte im stillen gehofft, daß die Waffenschmiede . . . Vielleicht würden sie . . . was?

Was denn wirklich? Fara seufzte. Dann hörte er den alten Mann sagen: „Vielleicht gehen Sie lieber durch den Nebenausgang hinaus. Dadurch wird unliebsames Aufsehen vermieden."

Fara ließ sich widerstandslos führen und achtete kaum darauf, daß der Alte auf einen der zahlreichen Knöpfe neben dem Ladentisch drückte. Plötzlich öffnete sich eine Tür vor ihm. Er sah ein Blumenbeet vor sich und ging wortlos darauf zu. Bevor er zwei oder drei Meter zurückgelegt hatte, schloß sich die Tür hinter ihm.

FARA blieb einige Sekunden lang auf dem schmalen Weg zwischen den Blumen stehen und versuchte sich an den Gedanken zu gewöhnen, daß sein Tod bevorstand. Er nahm undeutlich wahr, daß irgendwie eine Veränderung in ihm oder seiner Umgebung vorgegangen war, die sein Unterbewußtsein registriert hatte. Dieses Gefühl ließ ihn nicht los, als er sich nach links wandte, um an dem Waffengeschäft vorbeizugehen. In diesem Augenblick wich die Ungewißheit einem heftigen Schock, denn er befand sich nicht mehr in Glay, und das Waffengeschäft stand nicht mehr an der alten Stelle.

Ein Dutzend Männer ging rasch an Fara vorüber und reihte sich in die lange Schlange wartender Männer ein, die sich in einiger Entfernung gebildet hatte. Aber Fara achtete weder auf ihre Gesichter noch auf ihr Benehmen. Seine gesamte Aufmerksamkeit konzentrierte sich statt dessen auf eine Maschine, die sich da erhob, wo vorher das Waffengeschäft gestanden hatte. Er mußte den Kopf in den Nacken legen, um den oberen Rand des Metallungetüms zu sehen, das vor ihm in den tiefblauen südlichen Himmel aufragte.

Die Maschine war in fünf Abschnitte unterteilt, die jeweils hundert Meter hoch waren, und über diesem Turm erhob sich eine schlanke Spitze weitere zweihundert Meter hoch, die in eine hell strahlende Lichtkugel überging, vor der selbst die Sonne verblaßte.

Und es war wirklich eine Maschine, nicht nur ein Wolkenkratzer aus Stahl, denn der gesamte untere Abschnitt war mit farbigen Lämpchen bedeckt – meistens grüne, aber auch viele rote und gelegentlich blaue und gelbe. Während Fara die Lämpchen beobachtete, wechselten zwei grüne die Farbe und leuchteten rot weiter.

Der zweite Abschnitt wies nur weiße und rote Lämpchen auf, aber hier leuchteten wesentlich weniger. Auf der blanken Oberfläche des dritten Abschnitts waren blaue und gelbe Lämpchen zu sehen; einige erloschen, andere leuchteten dafür wieder auf.

An dem vierten Abschnitt waren riesige Leuchtbuchstaben angebracht, die erkennen ließen, welchen Zweck die Lämpchen hatten. Der Text der Leuchtschrift lautete einfach:

WEISS – GEBURTEN
ROT – TODESFÄLLE
GRÜN – LEBENDE
BLAU – EINWANDERUNG
GELB – AUSWANDERUNG

Die Leuchtschrift des fünften Abschnitts erklärte schließlich alles:

BEVÖLKERUNGEN
SONNENSYSTEM 11 474 463 747
ERDE 11 193 247 361
MARS 97 298 604
VENUS 141 053 811
MONDE 42 863 971

Die Ziffern veränderten sich ständig, während Fara sie beobachtete; sie nahmen zu, verringerten sich und blieben nie gleich. Menschen starben, wurden geboren, wanderten zum Mars aus, flogen zur Venus, besuchten die Jupitermonde, erreichten den Mond der Erde, kamen wieder zurück und landeten zu Tausenden auf den zahlreichen Raumhäfen der Erde. Das Leben ging seinen Gang – und hier wurde jede Veränderung aufgezeichnet.

„Stellen Sie sich lieber an", sagte eine freundliche Stimme neben Fara. „Die Bearbeitung eines Falles dauert ziemlich lange, habe ich gehört."

Fara starrte den Mann sprachlos an. Zunächst erfaßte er gar nicht, was der andere gesagt hatte. „Anstellen?" wiederholte er dann und schwieg überrascht.

Aber er hatte sich bereits in Bewegung gesetzt und ging auf das Ende der langen Schlange zu. Dabei fiel ihm ein, daß die Waffenschmiede den Polizisten auf diese Weise zum Mars transportiert haben mußten. Erst einige Sekunden später begriff Fara, was der andere noch gesagt hatte.

„Fall?" murmelte er. „Hier werden Fälle bearbeitet?"

Der junge Mann mit den hellblauen Augen starrte Fara fragend an. „Sie müssen doch wissen, weshalb Sie hier sind", meinte er dann. „Sie wären nicht hierhergeschickt worden, wenn die Waffenschmiede nicht Interesse an Ihrem Fall hätten. Aus einem anderen Grund wird man schließlich nicht zum Informationszentrum transportiert."

Fara ging wie betäubt weiter, weil er jetzt Anschluß an die Menschenschlange gewonnen hatte, die sich um die Maschine wand. Das vordere Ende der langen Schlange befand sich an einem breiten Tor, das in das Innere der Metallkonstruktion führte.

Also war die Maschine gleichzeitig auch ein riesiges Gebäude.

Ein Fall, überlegte Fara, natürlich war er ein Fall, der bearbeitet und erledigt werden mußte. Aber sein Problem war doch hoffnungslos; es war so sehr in der Struktur der modernen Zivilisation des Imperiums verwurzelt, daß man die ganze Welt auf den Kopf stellen mußte, um es einigermaßen zu lösen.

Dann stellte er fast erschrocken fest, daß er den Eingang des Gebäudes bereits erreicht hatte. In wenigen Sekunden würde es kein Zurück mehr geben, obwohl er nicht einmal wußte, worauf er sich eingelassen hatte . . .

10

IM INNERN des Informationszentrums der Waffenschmiede ging Fara langsam durch den breiten Korridor weiter. Dann sagte der junge Mann hinter ihm plötzlich: „Hier zweigt ein Gang ab, in dem fast keiner wartet. Kommen Sie, wir stellen uns gleich an."

Fara nickte wortlos und folgte seinem unbekannten Begleiter. Am Ende des Korridors waren Schreibtische aufgestellt, hinter denen junge Frauen saßen, die Männer interviewten. Er blieb vor einem der zehn Tische stehen. Die Frau dahinter war älter, als er auf den ersten Blick vermutet hatte – über dreißig, aber noch immer jugendlich und sehr gut aussehend. Sie lächelte freundlich. „Wie heißen Sie, bitte?" fragte sie.

Er nannte seinen Namen und fügte hinzu, daß er aus dem Dorf Glay stamme.

„Danke", antwortete die Frau. „Sie müssen einige Minuten warten, bis Ihre Personalakte kommt. Wollen Sie nicht Platz nehmen?"

Fara hatte den Stuhl gar nicht gesehen. Jetzt sank er darauf nieder und spürte, daß sein Herz so rasch schlug, daß der Puls in seinen Ohren dröhnte. Dann fiel ihm plötzlich auf, daß die Frau wieder mit ihm sprach, aber in seiner begreiflichen Erregung verstand er nur Bruchstücke des Gesagten: „. . . Informationszentrum . . . eigentlich nur . . . Auswertungsstelle für statistische Informationen. Jeder Mensch . . . hier registriert . . . Ausbildung, Wohnungswechsel . . . Beruf . . . weitere entscheidende Details . . . vollständiger Lebenslauf. Dieses Projekt ist nur möglich durch . . . Kombination aus . . . geheime und nicht bekannte Verbindung mit . . . Kaiserliches Amt für Bevölkerungsstatistik und . . . Vielzahl von Agenten . . . jeder Gemeinde . . ."

Fara hatte den Eindruck, daß er wichtige Tatsachen überhörte. Wenn er sich nur konzentrierte und aufmerksamer verfolgte, was die Frau sagte . . . Er gab sich große Mühe, nahm aber trotzdem nichts mehr auf. Dann versuchte er zu sprechen, aber bevor seine zitternden Lippen die Worte bilden konnten, hörte er ein leises Klicken. Und dann lag plötzlich eine dünne schwarze Platte auf dem Schreibtisch. Die Frau nahm sie auf und studierte sie aufmerksam. Wenige Sekunden später sagte sie etwas in ein Mikrofon; daraufhin erschienen zwei weitere Platten aus der Luft und blieben auf ihrem Schreibtisch liegen. Die Frau studierte auch diese beiden und sah dann zu Fara hinüber.

„Vielleicht interessiert es Sie", sagte sie, „daß Ihr Sohn Cayle sich im Augenblick auf dem Mars befindet."

„Was?" fragte Fara verblüfft. Er richtete sich auf, aber bevor er mehr sagen konnte, sprach die Frau bereits weiter.

„Ich muß Ihnen mitteilen, daß wir Waffenschmiede keine Maßnahmen gegen Einzelpersonen ergreifen. Moralische Erziehungsversuche fallen nicht in unser Gebiet. In dieser Beziehung verlassen wir uns ganz auf das Gute in jedem Menschen und damit auch in der gesamten Bevölkerung. Sie schildern mir jetzt kurz Ihren Fall, damit wir eine Aufzeichnung zu den Akten legen können. Die Kopie ist für den Richter bestimmt, der über Ihren Fall zu urteilen hat."

Fara sank wieder auf seinen Stuhl zurück; im Augenblick waren ihm weitere Auskünfte über Cayle wichtiger als alles andere. „Aber . . . aber was . . . wie . . .", begann er unsicher. Dann gab er sich innerlich einen Ruck und schilderte kurz, auf welche Weise er betrogen worden war.

Als er seinen Bericht beendet hatte, sagte die Frau hinter dem Schreibtisch: „Sie gehen jetzt in den Namensaal; achten Sie auf Ihren Namen – wenn er erscheint, gehen Sie sofort in Zimmer vierhundertvierundsiebzig. Merken Sie sich die Nummer gut – vierhundertvierundsiebzig. Und jetzt entschuldigen Sie mich bitte, hinter Ihnen warten schon wieder andere . . ."

Sie lächelte höflich, und Fara hatte sich bereits in Bewegung gesetzt, bevor er sich selbst darüber im klaren war. Er drehte sich halb um, weil er noch eine Frage zu stellen hatte, aber inzwischen saß schon ein alter Mann auf seinem Stuhl. Fara ging rasch weiter durch den breiten Korridor und fragte sich dabei, was der Lärm zu bedeuten hatte, der in unregelmäßigen Abständen von vorn an sein Ohr drang.

Dann stand er vor einer großen Tür, öffnete sie erwartungsvoll und prallte sofort wieder zurück, als habe ihm jemand einen heftigen Schlag versetzt. Der Lärm war so gewaltig, daß Fara dicht neben der Tür stehenblieb und keinen Schritt mehr wagte. Erst allmählich begriff er, was hier vorging.

Männer, überall Männer; Tausende von Männern in dem riesigen Auditorium. Sie saßen dicht gedrängt in den langen Sitzreihen, gingen nervös und ruhelos hin und her, standen in kleinen Gruppen beieinander und starrten alle gespannt eine große Anzeigetafel an, die in Felder für jeden Buchstaben des Alphabets eingeteilt war. Die riesige Tafel nahm eine Wand des gigantischen Raumes ein. Der Namensaal, dachte Fara, während er sich auf einem freien Klappsitz niederließ. Und mein Name muß im Feld C erscheinen.

Er hatte unwillkürlich das Gefühl, als Zuschauer an einer Partie Poker ohne Höchsteinsatz teilzunehmen und zu sehen, wie die kostbaren Karten aufgedeckt wurden. Die Szene erinnerte ihn an einen Börsensaal während eines Kurssturzes, bei dem die ganze Weltwirtschaft auf dem Spiel stand.

In den sechsundzwanzig Feldern blitzten immer wieder neue Namen auf; Männer brüllten, lachten und wurden sogar ohnmächtig. Der Aufruhr war geradezu unglaublich. Und von Zeit zu Zeit erschien eine große Leuchtschrift auf der Anzeigetafel und mahnte:

ACHTEN SIE SELBST AUF IHRE INITIALEN

Fara achtete angestrengt darauf. Er hatte schon bald das Gefühl, die Anspannung nicht einen Augenblick länger ertragen zu können. Er hätte die anderen am liebsten angebrüllt, damit sie endlich schwiegen. Er wäre am liebsten aufgesprungen, um ruhelos auf und ab zu gehen, aber die anderen, die das taten, wurden von allen Seiten hysterisch angebrüllt. Fara hatte plötzlich fast Angst vor diesen völlig unbeherrschten Reaktionen. Er überlegte sich: Ich mache mich nicht selbst zum Narren. Ich . . .

„Clark, Fara . . .", blinkte die Leuchtschrift auf der Anzeigetafel. „Clark, Fara . . ."

Als Fara sich von seiner Überraschung erholt hatte, sprang er mit einem Schrei auf. „Das bin ich!" brüllte er. „Ich!"

Niemand drehte sich nach ihm um. Niemand achtete im geringsten auf ihn. Fara sank beschämt in sich zusammen und schlich durch den Saal auf den Ausgang zu, durch den sich gleichzeitig mit ihm Dutzende von Männern drängten. Die Stille in dem breiten Korridor war fast so schrecklich wie der Lärm, dessen Stelle sie eingenommen hatte. Fara konnte sich nur mit größter Anstrengung auf die Nummer vierhundertvierundsiebzig konzentrieren. Und er konnte sich ganz und gar nicht vorstellen, was ihn dort erwartete . . .

Der Raum war klein und enthielt nur einen Tisch, vor dem ein einziger Stuhl stand. Auf dem niedrigen Tisch lagen sieben verschiedenfarbige Stapel aus jeweils etwa zwanzig Broschüren. Dahinter stand eine große Milchglaskugel, die sanft zu glühen begann. Eine Männerstimme, die aus ihrem Innern zu kommen schien, fragte kurz: „Fara Clark?"

„Ja", antwortete Fara.

„Bevor das Urteil in Ihrem Fall gesprochen wird", fuhr die Stimme ruhig fort, „nehmen Sie bitte eine Broschüre von dem blauen Stapel. Die Liste zeigt die Fünfte Interplanetarische Bank im richtigen Verhältnis zu Ihnen und der Welt. Später erhalten Sie noch ausführlichere Erklärungen."

Fara sah, daß die Liste nur die Namen großer Firmen aufzählte. Insgesamt schienen etwa fünfhundert Namen in alphabetischer Reihenfolge verzeichnet zu sein. Die Broschüre enthielt keine Erläuterungen; Fara steckte sie automatisch ein, als die Stimme aus der Kugel weitersprach: „Unterdessen steht eindeutig fest, daß die Fünfte Interplanetarische Bank Sie wissentlich betrogen hat. Weiterhin hat sie die Dienste eines Kopfjägers in Anspruch genommen, hat unter Vorspiegelung falscher Tatsachen Erpressung verübt und sich an einer kriminellen Verschwörung beteiligt. Die Bank hat die Verbindung zu Ihrem Sohn Cayle durch einen der sogenannten Kopfjäger hergestellt – also durch einen Agenten, dessen Aufgabe darin besteht, junge Männer und Frauen ausfindig zu machen, die in finanzielle Schwierigkeiten geraten sind, während ihre Eltern Geld haben. Der Kopfjäger erhält für seine Dienste eine Provision von acht Prozent, die von dem Kreditnehmer bezahlt werden muß – in diesem Fall also von Ihrem Sohn. Die Bank hat unter Vorspiegelung falscher Tatsachen gehandelt, denn einer ihrer Angestellten hat Ihnen gegenüber behauptet, Ihr Sohn habe bereits zehntausend Credits ausbezahlt erhalten. In Wirklichkeit wurden nur tausend Credits bezahlt, nachdem Sie sich bereit erklärt hatten, für den angeblich geschuldeten Betrag aufzukommen. Die Bank hat zudem eine Erpressung verübt, denn sie hat Ihnen gedroht, bei Nichtzahlung einen Haftbefehl gegen Ihren Sohn ausstellen zu lassen, obwohl zu diesem Zeitpunkt noch gar keine Auszahlung erfolgt war. Weiterhin war sie Mitglied einer kriminellen Verschwörung, denn Ihr Wechsel wurde sofort an ein Konkurrenzunternehmen weitergegeben. Aus den eben erwähnten Gründen wird die Fünfte Interplanetarische Bank mit einer Geldstrafe von sechsunddreißigtausenddreihundert Credits belegt. Sie brauchen nicht zu erfahren, auf welche Weise das Urteil vollstreckt wird, sondern nur zu wissen, daß die Geldstrafe tatsächlich bezahlt wird. Die Gilde der Waffenschmiede behält davon fünfzig Prozent für ihre Auslagen im Zusammenhang mit Ihrem Fall ein. Die andere Hälfte . . ."

Plötzlich lag ein Päckchen Banknoten auf dem Tisch. „Das gehört Ihnen", erklärte die Stimme dabei. Fara griff mit zitternden Fingern nach dem Geld und steckte es ein. Er konnte sich kaum noch auf die nächsten Worte konzentrieren.

„Sie dürfen allerdings nicht der Täuschung erliegen, Ihre Schwierigkeiten seien dadurch mit einem Schlag beseitigt. Die Wiedereröffnung Ihrer Werkstatt in Glay erfordert Mut und Tatkraft. Seien Sie vorsichtig, tapfer und entschlossen, dann gelingt Ihnen alles. Zögern Sie nicht, die vorher gekaufte Pistole in Verteidigung Ihrer Rechte zu gebrauchen. Alles andere erfahren Sie rechtzeitig genug. Verlassen Sie jetzt den Raum durch die Tür vor Ihnen."

Fara stand auf, öffnete die Tür und ging hindurch. Dann fand er sich in einem bekannten halbdunklen Raum wieder, in dem ein weißhaariger alter Mann in einem Sessel unter der Leselampe saß. Der Alte erhob sich und kam ihm lächelnd entgegen.

Das verwirrende, phantastische und aufregende Abenteuer war zu Ende. Er stand wieder in dem Waffengeschäft in Glay.

Fara erholte sich nur langsam von seiner Überraschung. Er konnte noch immer nicht recht glauben, daß sich irgendwo im Mittelpunkt dieser Zivilisation, die ihn um seinen gesamten Besitz betrogen hatte, eine Organisation befinden sollte, die das Unrecht wieder ausglich. Aber dann beschäftigte er sich statt dessen mit naheliegenderen Problemen und runzelte dabei die Stirn.

„Der . . . Richter . . ." Fara zögerte, als er diese Bezeichnung gebrauchte, ärgerte sich über seine Ungeschicklichkeit und fuhr fort: „Der Richter hat gesagt, daß die Wiedereröffnung meiner Werkstatt . . ."

„Das hat bis später Zeit", wehrte der Alte ab. „Bevor wir uns damit befassen, werfen Sie bitte noch einen Blick in die blaue Broschüre, die Sie mitgebracht haben."

„Broschüre?" wiederholte Fara verständnislos. Er brauchte einige Sekunden, bis ihm endlich einfiel, daß er tatsächlich eine Broschüre aus dem Zimmer vierhundertvierundsiebzig mitgenommen hatte.

Jetzt studierte er die Liste der Firmen mit wachsender Verwirrung und stellte dabei fest, daß die Automatische Atommotor-Reparaturen AG unter A aufgeführt war, während die Fünfte Interplanetarische Bank nur eine der zahlreichen Großbanken war, die auf der Liste standen. Fara schüttelte schließlich den Kopf.

„Das verstehe ich nicht", meinte er dann. „Sind das die Firmen, denen die Waffenschmiede auf die Finger sehen?"

Der weißhaarige Alte lächelte. „Nein, das sind längst nicht alle. Diese Liste enthält nur einen winzigen Bruchteil der über acht Millionen Firmen, die wir ständig überwachen." Er machte eine wegwerfende Handbewegung. „Diese Unternehmen kennen uns alle recht gut, weil ihre Gewinne unseretwegen in keinem Verhältnis zu den Aktivposten ihrer Bilanzen stehen. Sie wissen allerdings nicht, wie groß der Unterschied wirklich ist, und da wir die Geschäftsmoral heben wollen, anstatt noch größere Betrügereien herauszufordern, ziehen wir es vor, sie nicht näher zu informieren."

Der alte Mann machte eine Pause, warf Fara einen forschenden Blick zu und sagte dann: „Alle Firmen auf dieser Liste haben etwas miteinander gemeinsam, was sie deutlich von anderen unterscheidet – sie alle gehören hundertprozentig der Kaiserin." Er fügte rasch hinzu: „Ich erwarte keineswegs, daß Sie mir das glauben, denn schließlich haben Sie in der Vergangenheit bewiesen, daß Sie in dieser Beziehung völlig anderer Meinung sind."

Fara hatte den Kopf gesenkt. Er glaubte jedes Wort, war fest davon überzeugt, daß der andere die Wahrheit gesagt hatte. Bedauerlich daran war nur, daß er sein ganzes Leben lang beobachtet hatte, wie Menschen in Armut und Elend versanken – und dafür hatte er *sie* verantwortlich gemacht.

„Ich habe mich wie ein Verrückter benommen", gab er dann zu. „Was die Kaiserin und ihre Beamten taten, war für mich auf jeden Fall richtig und gerecht. Ich habe selbst auf Freunde keine Rücksicht mehr genommen, wenn sie anderer Meinung waren. Aber wenn ich jetzt plötzlich gegen die Kaiserin auftrete, werde ich vermutlich ähnlich behandelt."

„Sie dürfen unter keinen Umständen etwas gegen Ihre Majestät sagen", warnte der Alte ihn. „Wir Waffenschmiede wären bestimmt nicht damit einverstanden und würden keinen Menschen unterstützen, der sich einer Majestätsbeleidigung schuldig macht. Die Kaiserin ist schließlich nicht in dem Maße verantwortlich, wie Sie vielleicht annehmen. In gewisser Beziehung läßt sie sich wie alle Menschen im Strom unserer Zivilisation treiben. Aber ich will Ihnen jetzt keinen Vortrag über unsere Methoden halten. Unsere Beziehungen zu der Herrscherfamilie und der Regierung haben ihren absoluten Tiefstand schon vor etwa vierzig Jahren erreicht. Damals mußten wir feststellen, daß alle Menschen, denen wir geholfen hatten, heimtückisch ermordet wurden. Vielleicht interessiert es Sie, daß auch Ihr Schwiegervater zu den Ermordeten gehörte."

„Creels Vater", sagte Fara verblüfft. „Aber . . ." Er schwieg. Dann murmelte er betroffen: „Aber er soll doch mit einer anderen Frau verschwunden sein."

„Selbstverständlich ist in jedem Fall ein ähnliches Gerücht verbreitet worden", erklärte der Alte ihm. Fara nickte langsam.

Der andere fuhr fort: „Wir haben der Sache schließlich dadurch ein Ende bereitet, daß wir die drei höchsten Regierungsbeamten – unter Ausschluß der kaiserlichen Familie – beseitigt haben, die für den Mordbefehl verantwortlich waren. Aber wir haben nicht die Absicht, noch einmal zu diesem grausamen Mittel zu greifen, solange andere Methoden ebenso wirksam sind. Andererseits legen wir keinen Wert darauf, deshalb kritisiert zu werden, weil wir nicht überall eingreifen.

Sie müssen sich darüber im klaren sein, daß wir nicht die Absicht haben, in das tägliche Leben der Menschen einzugreifen. Wir greifen ein, wenn Menschen durch Verschulden anderer ins Unglück gestürzt werden; wir bilden ein Hindernis zwischen der Menschheit und ihren Ausbeutern. Im allgemeinen helfen wir nur ehrlichen Menschen; das heißt aber nicht, daß die skrupellos veranlagten Menschen leer ausgehen. Ihnen verkaufen wir nur Waffen, aber selbst das ist schon eine große Unterstützung, die immerhin bewirkt hat, daß die Regierung fast nur noch zu wirtschaftlichen Zwangsmaßnahmen greift, wenn sie etwas durchsetzen will.

In den viertausend Jahren, seit das Genie Walter S. DeLany den Vibrationsprozeß entdeckt hat, der die Einrichtung der Waffengeschäfte überhaupt erst ermöglicht hat, womit auch die Grundzüge unserer Politik bestimmt waren, haben wir die Entwicklung der Regierungsformen beobachtet, die ständig zwischen einer Demokratie unter einer konstitutionellen Monarchie und absoluter Diktatur schwankten. Dabei haben wir etwas entdeckt: Das Volk hat immer die Regierung, die es sich wünscht. Will es eine Änderung, muß es sie selbst herbeiführen. Aber wir bleiben nur der unparteiische Kern – das meine ich wörtlich; wir verfügen über eine Maschine, die den Charakter jedes Menschen unbestechlich analysiert –, der Mittelpunkt des menschlichen Idealismus, der sich darauf konzentriert, die Ungerechtigkeiten zu beseitigen, die selbst unter der besten Regierung unvermeidbar sind.

Aber jetzt müssen wir uns wieder mit Ihrem Problem beschäftigen. Im Grunde genommen ist die Lösung ganz einfach. Sie müssen für Ihr gutes Recht kämpfen, wie es schon Milliarden von Menschen vor Ihnen getan haben. Wie Sie wissen, hat die Automatische Atommotor-Reparaturen AG die Einrichtung Ihrer Werkstatt eine Stunde nach Erscheinen des Gerichtsvollziehers abtransportieren lassen. Die Werkzeuge und Maschinen wurden zuerst nach Ferd und dann in ein Lagerhaus an der Küste gebracht. Wir haben sie von dort zurückgeholt und wieder in der Werkstatt aufgestellt. Sie gehen also jetzt dorthin und . . ."

Fara hörte aufmerksam zu und nickte dann entschlossen.

„Auf mich können Sie unbedingt zählen", sagte er kurz. „Ich bin schon immer hartnäckig gewesen."

11

DIE POLIZEI war über die Vorgänge in den Häusern der Illusionen recht gut informiert. Aber in dieser Beziehung gab es eine stillschweigend getroffene Vereinbarung, die fast ein ungeschriebenes Gesetz war. Wenn eine Razzia bevorstand, wurde der Besitzer des Hauses rechtzeitig gewarnt. Aber die Namen der Männer, die dort widerrechtlich festgehalten worden waren, mußten auf einer Liste verzeichnet sein, die irgendwo in einer unverschlossenen Schreibtischschublade lag. In den folgenden Tagen wurden diese Aufzeichnungen mit den Passagierlisten der Raumschiffe verglichen, die zum Mars, der Venus und den Monden flogen. Dort gab es genügend Unternehmen, die immer wieder neue Arbeiter brauchten – und die Verschleppten hatten keine andere Wahl, als sich anheuern zu lassen. Auf diese Art und Weise sorgten die Häuser dafür, daß ständig neue Arbeiter zur Verfügung standen, die sonst nur unter großen Schwierigkeiten zu beschaffen gewesen wären.

Dieses Verfahren funktionierte ausgezeichnet, solange die Besitzer der Häuser nicht nach dem Prinzip handelten, daß Tote nichts mehr erzählen können. Nur in diesen Fällen schritt die Polizei unbarmherzig ein und verhaftete die Männer, die gegen das ungeschriebene Gesetz verstoßen hatten. Auf diese Weise war sichergestellt, daß die Opfer des organisierten Verbrechens wenigstens ihre Erfahrungen überlebten.

CAYLE CLARK verließ die Laderampe und betrat zum erstenmal in seinem Leben den Mars. Er blieb stehen. Das war eine unwillkürliche Reaktion. Der Boden war steinhart gefroren. Die Kälte drang durch die dünnen Sohlen seiner Schuhe und schien selbst das

Knochenmark gefrieren zu lassen. Cayle sah zu der armseligen Ansammlung von düsteren Gebäuden hinüber, aus denen die Bergwerksstadt Shardl bestand. Bei diesem Anblick verstärkte sich seine Entschlossenheit nur noch mehr.

„Los, weiter, sonst helfe ich dir." Cayle spürte einen Schlag auf der Schulter. Einer der Soldaten, der die Landung beaufsichtigte, schwang seinen Gummiknüppel und brüllte die Männer an. Seine Stimme klang in der dünnen Luft dumpf und undeutlich.

Cayle drehte sich nicht einmal nach dem Soldaten um, der ihn geschlagen hatte. Statt dessen zuckte er nur mit den Schultern und ging wortlos weiter. Er behielt seinen Platz in der marschierenden Kolonne bei. Die Kälte drang immer tiefer in seinen Körper ein; die eisige Luft tat in den Lungen weh. Die Männer vor ihm wurden von Panik erfaßt und begannen zu rennen. Andere überholten Cayle, atmeten keuchend ein und aus, rannten mit entsetzt aufgerissenen Augen und bewegten sich ungeschickt in der geringeren Schwerkraft. Der Boden war rauh und uneben, so daß jeder Fall blutige Wunden riß. Der eisenharte Boden des Planeten, der nur einen ewigen Winter kannte, war blutverschmiert.

Cayle ging langsam weiter und lächelte nur verächtlich über die anderen, die vollkommen außer sich waren. Schließlich waren sie alle vor der niedrigeren Schwerkraft gewarnt worden. Und die riesige Plastikkuppel, unter der die Stadt deutlich sichtbar war, lag kaum fünfhundert Meter von dem Raumschiff entfernt. Die Kälte wirkte zunächst wie ein eisiger Schock, war aber einige Minuten lang erträglich, selbst wenn man keine wattierten Anzüge wie die Soldaten trug.

Als Cayle die Plastikkuppel erreichte, waren seine Füße wie abgestorben. Er zog sich die Schuhe aus und massierte die Zehen, bis der Blutkreislauf wieder in Gang kam. Dann stand er auf und ging zu dem nächsten Gebäude hinüber, von dem aus man einen guten Blick über die Stadt hatte.

Shardl war eine typische Bergwerksstadt, die auf einer eintönigen Ebene stand. Nur hier und da wurde die Trostlosigkeit durch einen blühenden Garten unterbrochen, wo der Boden mit Atomenergie auf normale Temperaturen gebracht worden war. Aber diese wenigen bunten Flecken betonten die allgemein düstere Atmosphäre der Stadt nur noch mehr.

Cayle sah einige Männer vor einer Anschlagtafel an der Außenwand des nächsten Gebäudes stehen. Er ging ebenfalls darauf zu, stellte sich auf die Zehenspitzen und las über die Schultern der anderen hinweg eines der Plakate, dessen Überschrift verheißungsvoll nur aus einem Wort bestand: GELEGENHEIT! Cayle las auch den darunterstehenden Text, grinste mitleidig und wandte sich ab. Die Behörden suchten also noch immer Dumme, die sich als Farmer auf dem Mars niederlassen wollten. Man brauchte nur einen Fünfzehnjahresvertrag zu unterschreiben, denn „Ihre Allergnädigste Majestät Innelda von Isher verleiht jedem zukünftigen Siedler das Heimatrecht auf einer vollständig ausgestatteten, atombeheizten Farm. Keine Anzahlung, Kaufpreis kann auf vierzig Jahresraten verteilt werden."

Das Angebot schloß mit der geschickt vorgebrachten Aufforderung: „Männer und zukünftige Siedler, sucht sofort die Landverteilungsstelle auf, und stellt einen Antrag – dann braucht ihr nicht eine Minute lang in den Bergwerken zu arbeiten!"

Cayle hatte nicht die geringste Absicht, von diesem verlockenden Angebot Gebrauch zu machen. Er hatte schon zuviel von den Methoden gehört, mit denen der eisige Mars und die siedendheiße Venus bewohnbar gemacht wurden. Sobald jeder Quadratmeter Boden an Farmer verteilt worden war, wurde das Klima allmählich mit Hilfe der Atomenergie verändert. Auf diese Weise gelang es den Menschen im Lauf der Jahrtausende, die bewohnten kalten Planeten des Sonnensystems zu erwärmen und die unerträglich heißen wie Venus oder Merkur abzukühlen. Nachdem ganze Generationen von Menschen dort gearbeitet hatten, würden diese Planeten eines Tages eine entfernte Ähnlichkeit mit der grünen Erde aufweisen, auf der die Menschheit ihren Ursprung genommen hatte.

So lautete zumindest die Theorie. In seiner Jugend, als er noch in der Schule von den Anstrengungen der Siedler gehört hatte, wäre es ihm unvorstellbar erschienen, später einmal selbst hier zu stehen, inmitten einer unwirtlichen Landschaft in dem trüben Licht der untergehenden Sonne. Diese Veränderung war nur für Männer erträglich, die nicht wie er von Jugend an zu blindem Fatalismus und Gehorsam erzogen worden waren. Aber Cayle hatte sich schon immer gegen alles Unrecht aufgelehnt und würde sich auch hier dagegen zur Wehr setzen.

Er empfand keinen Haß mehr gegen seinen Vater. Dieses Gefühl gehörte zu seiner Vergangenheit, zu der Schattenwelt, die seine Illusionen verschlungen hatte. Der arme alte Narr – das war alles, was er jetzt denken konnte, wenn er sich an seinen Vater erinnerte. Vielleicht war es sogar ganz gut, daß manche Leute nie begriffen, wie das Leben unter der Herrschaft der Kaiserin wirklich war.

Cayle wußte, daß seine persönlichen Schwierigkeiten auf einfachste Weise gelöst waren. Er hatte Angst gehabt. Jetzt hatte er keine mehr. Er war erstaunlicherweise ehrlich gewesen. Jetzt war er es nicht mehr. Jedenfalls nicht in gewisser Beziehung. Schließlich hing sein weiteres Schicksal davon ab, wie gut er sich den Erfordernissen seines Zeitalters anpaßte. Cayle Clark hatte durchaus die Absicht, sich ihnen völlig anzupassen – aber nur äußerlich, bis er sein Ziel erreicht hatte.

Ein Mann wie er würde auf keinen Fall lange auf dem Mars bleiben. In der Zwischenzeit durfte er vor allem nichts unterschreiben, was seine Bewegungsfreiheit behindern konnte. Er mußte vorsichtig handeln, aber jede Gelegenheit sofort und rücksichtslos ergreifen.

Hinter ihm sagte eine leise Stimme: „Sind Sie nicht Cayle Clark aus Glay?"

Cayle drehte sich langsam um. Er hatte nicht erwartet, daß die erste Gelegenheit sich so schnell bieten würde. Hinter ihm stand ein kleiner Mann, dessen teurer Anzug deutlich bewies, daß er nicht mit dem gleichen Raumschiff angekommen war. „Ich bin der hiesige . . . äh . . . Vertreter der Fünften Interplanetarischen Bank. Vielleicht können wir Ihnen in dieser etwas schwierigen Lage behilflich sein, Mr. Clark."

Cayle betrachtete ihn langsam von oben bis unten und wunderte sich gleichzeitig darüber, daß der Mann ihn überhaupt angesprochen hatte.

„Sind Sie daran interessiert?" fragte der andere vorsichtig.

Cayle wollte schon nicken, als ihm etwas einfiel, worauf er vorher nicht geachtet hatte. „Von welcher Bank kommen Sie?"

Der kleine Mann lächelte so gönnerhaft, als erweise er Cayle durch die Beantwortung seiner Frage einen großen Gefallen. „Ich vertrete die Fünfte Interplanetarische Bank", erklärte er dann. „Sie haben vor etwa vier Wochen ein Konto bei unserer Zentrale in

Imperial City eingerichtet. Im Verlauf der Routineerkundigungen, die wir über jeden neuen Kunden einziehen, wurde festgestellt, daß Sie unfreiwillig zum Mars unterwegs waren. Deshalb möchten wir Ihnen jetzt die Dienste unserer Kreditabteilung zur Verfügung stellen."

„Aha", meinte Cayle nachdenklich.

Er betrachtete den Vertreter der Großbank nochmals, fand ihn aber auch diesmal wenig vertrauenerweckend. Trotzdem wollte er das Gespräch nicht sofort abbrechen. „Was könnten Sie für mich tun?" erkundigte er sich vorsichtig.

Der Mann räusperte sich. „Sie sind der Sohn von Fara und Creel Clark?" fragte er gewichtig.

Cayle zögerte einen Augenblick lang und nickte dann zustimmend.

„Sie möchten zur Erde zurück?"

Diesmal zögerte Cayle nicht. „Ja", antwortete er einfach.

„Der Grundpreis für ein Flugticket beträgt sechshundert Credits", erklärte ihm der Mann. „Aber das trifft nur dann zu, wenn der Flug wegen der geringen Entfernung zwischen Mars und Erde vierundzwanzig Tage dauert. Ist die Entfernung jedoch größer, kostet jeder weitere Tag zusätzlich zehn Credits. Ich nehme an, daß Ihnen das bereits bekannt ist."

Cayle hatte noch nichts davon gehört. Aber er war mißtrauisch genug, um zu vermuten, daß die fünfundzwanzig Credits, die ein Arbeiter hier pro Woche erhielt, eine Rückkehr innerhalb der nächsten Jahre zu einer bloßen Wunschvorstellung werden ließen. Jetzt fiel ihm zum erstenmal auf, daß er ohne genügende Mittel hier tatsächlich festsaß. Er ahnte aber auch, welchen Vorschlag der andere zu machen hatte.

„Die Fünfte Interplanetarische Bank", sagte der Mann mit einer großartigen Handbewegung, „gewährt Ihnen ein Darlehen in Höhe von tausend Credits, falls Ihr Vater dafür die Bürgschaft übernimmt – und wenn Sie sich bereit erklären, einen Wechsel über zehntausend Credits zu unterschreiben."

Cayle schüttelte müde den Kopf. Seine Hoffnungen hatten sich bereits wieder zerschlagen. „Mein Vater würde nie die Bürgschaft für zehntausend Credits übernehmen", antwortete er.

„Ihr Vater soll auch nur die tausend Credits garantieren", warf der kleine Mann rasch ein. „Die zehntausend Credits müssen Sie später selbst in Raten zurückzahlen."

Cayle warf ihm einen mißtrauischen Blick zu. „Wie erfolgt die Auszahlung der tausend Credits?" erkundigte er sich.

Der andere versuchte gewinnend zu lächeln. „Sie unterschreiben und bekommen das Geld bar auf die Hand. Ihren Vater überlassen Sie besser uns. Die Bank beschäftigt einige Psychologen, die mit solchen Menschen umgehen können. Manche brauchen nur eine kurze Aufforderung, andere . . ."

„Bevor ich unterschreibe, muß ich das Geld in der Tasche haben", unterbrach Cayle ihn.

Der kleine Mann zuckte grinsend mit den Schultern. „Wie Sie wünschen. Für uns macht das keinen Unterschied. Kommen Sie, wir gehen gleich in das Büro des Bergwerksdirektors."

Cayle folgte ihm nachdenklich. Alles war so lächerlich einfach, daß er nicht recht daran glauben konnte. Er hatte allmählich fast den Verdacht, daß dieses Angebot für viele Männer zum normalen Ablauf der Reise gehörte. Als er sich umsah, stellte er zu seiner Verblüffung fest, daß einige andere Männer ebenfalls in Begleitung gutgekleideter Herren auf das große Bürogebäude zustrebten, das vor ihm lag.

Jetzt konnte er sich schon eher vorstellen, welchen Verlauf die Angelegenheit nehmen würde. Das erste Angebot hing an der Plakattafel. Die Neuankömmlinge sollten Farmer werden. Wer nicht darauf einging, wurde von einem beredten Mann angesprochen, der einem ein Darlehen anbot, für das die Familie des Betreffenden Bürgschaft leisten sollte. Das Geld wurde entweder nie ausbezahlt oder kurze Zeit später wieder gestohlen.

Daraufhin mußte man endgültig auf dem Mars bleiben, weil man alle gegenwärtigen und zukünftigen Geldquellen erschöpft hatte.

Wahrscheinlich treten auch zwei oder drei Zeugen auf, überlegte Cayle. Große, kräftige Kerle mit Pistolen, damit niemand in Versuchung kommt, das Geld zu behalten.

Das war eine gute Methode, diesen unfreundlichen Planeten zu besiedeln – vielleicht sogar die einzige Möglichkeit, wenn man in Betracht zog, daß die Menschheit kaum Interesse für das harte Leben der Pioniere auf entfernten Planeten hatte.

Cayle betrat das Büro, wo er bereits von zwei gutgekleideten

Männern erwartet wurde, die freundlich lächelten. Die beiden Herren wurden ihm als der Bergwerksdirektor und ein Bankangestellter der hiesigen Filiale vorgestellt. Cayle grinste unwillkürlich, als er überlegte, wie viele Männer in diesem Augenblick die Bekanntschaft des „Bergwerksdirektors" machten. Der Titel klang sehr eindrucksvoll, und harmlosere Gemüter freuten sich bestimmt über die Gelegenheit, persönlich mit dem hohen Herrn sprechen zu dürfen, der sich tatsächlich als ein Mensch wie jeder andere erwies. Cayle schüttelte ihm die Hand und dachte gleichzeitig darüber nach, was sich aus dieser Situation machen ließ.

Wichtig war vor allem, daß er das Geld ordnungsgemäß erhielt. Diese Voraussetzung war erfüllt, wenn er den Vertrag unterzeichnet und eine Kopie erhalten hatte. Selbst das brauchte noch nicht allzuviel zu bedeuten, aber immerhin gab es auch auf den Planeten Gesetze und Gerichte. Er durfte nicht riskieren, ohne Beweise vor einem Gericht zu erscheinen, wo die anderen einfach alles leugnen würden.

Der Raum war nicht übermäßig groß, aber luxuriös ausgestattet. Er hätte tatsächlich das Büro des Bergwerksdirektors sein können. An der Rückwand befand sich eine zweite Tür, durch die der betrogene Kreditnehmer vermutlich hinausgeschickt wurde, ohne Gelegenheit zu haben, sich mit den Männern in Verbindung zu setzen, die im Vorzimmer warteten. Cayle ging auf die zweite Tür zu, öffnete sie und sah hinaus. In hundert Meter Entfernung standen niedrige Wellblechhütten, die von Soldaten bewacht wurden. Bei diesem Anblick erschrak er unwillkürlich, denn er sah deutlich, daß die Soldaten ihn aufhalten würden, wenn er mit dem Geld zu fliehen versuchte.

Cayle drehte den Männern den Rücken zu und drückte rasch von außen auf die Türklinke, um zu sehen, ob die Tür sich von dort aus öffnen ließ. Das war offenbar nicht möglich. Er wandte sich lächelnd um, ließ die Tür ins Schloß fallen und schüttelte sich, als friere er. „Ziemlich kalt dort draußen", stellte er fest. „Ich bin froh, wenn ich wieder zur Erde zurückfliegen kann."

Die drei Männer grinsten verständnisvoll, dann hielt ihm der Bankvertreter einen Vertrag entgegen, an dem zehn Hundertcreditscheine mit einer Büroklammer befestigt waren. Cayle zählte das Geld und steckte es in die Tasche. Dann las er den Vertrag langsam durch. Er war sehr einfach und kurz abgefaßt und sollte offensichtlich mißtrauische Naturen beruhigen, die vor komplizierten Vereinbarungen zurückschreckten, weil sie darin Fußangeln fürchteten.

Der Vertrag lag in drei Ausfertigungen vor – eine für die Zentrale der Fünften Interplanetarischen Bank in Imperial City, eine für die Filiale auf dem Mars und die dritte für Cayle selbst. Sie waren alle bereits unterzeichnet und gesiegelt, so daß er nur noch zu unterschreiben brauchte. Cayle steckte die zweite Kopie ein, unterzeichnete das Original mit geübtem Schwung – und trat dann einen Schritt zurück, holte kräftig aus und warf dem „Direktor" den Füllfederhalter mit der Spitze nach vorn ins Gesicht.

Der Mann stieß einen Schrei aus und betastete seine blutende Backe.

Cayle kümmerte sich nicht weiter um ihn. Er warf sich auf den kleinen Mann, griff mit beiden Händen nach seinem Hals und drückte zu. Der Bankvertreter kreischte auf und setzte sich schwach zur Wehr.

In diesem Augenblick fürchtete Cayle schon, daß sein Angriffsplan auf falschen Voraussetzungen beruhte. Er hatte angenommen, daß der andere bewaffnet sei und in seiner Angst nach der Waffe greifen würde. Dann atmete er aber doch erleichtert auf, als er den winzigen Strahler sah, den der kleine Mann mit der linken Hand aus der Jackentasche geholt hatte. Cayle riß die Waffe an sich, ohne den Mann loszulassen.

Er sah, daß der kräftige „Bankangestellte" ebenfalls eine Pistole gezogen hatte und jetzt hinter ihn zu gelangen versuchte, um auf ihn schießen zu können, ohne den kleinen Mann zu gefährden. Cayle zielte auf den Fuß des anderen und betätigte den Abzug. Aus dem Lauf der Waffe schoß ein Feuerstrahl, dann stank es nach verbranntem Leder, während gleichzeitig eine bläuliche Rauchwolke aufstieg. Cayles Gegner ließ seine Pistole mit einem lauten Schrei fallen und ging zu Boden. Dort blieb er sitzen und umklammerte den verletzten Fuß mit beiden Händen.

Als Cayle ihn mit dem Strahler bedrohte, hob der „Direktor" langsam die Hände. Cayle nahm ihm seine Waffe ab, steckte die andere ein, die zu Boden gefallen war, und ging dann rückwärts auf die Tür zu, die ins Freie führte.

Dort blieb er noch einmal stehen und erklärte kurz, was er beabsichtigte. Der kleine „Bankvertreter" sollte ihn als Geisel begleiten. Sie würden zunächst zum Flugplatz fahren, von dort aus nach Cimmerium City fliegen und sich zum Raumhafen begeben, wo regelmäßig Raumschiffe in Richtung Erde starteten. „Falls ich aufgehalten werde", fügte Cayle noch hinzu, „stirbt zumindest ein Mann vor mir."

Er wurde nicht aufgehalten.

Das alles geschah am sechsundzwanzigsten August 4784 Isher – zwei Monate und dreiundzwanzig Tage nach Beginn des Angriffs auf die Waffengeschäfte, den Kaiserin Innelda befohlen hatte.

CAYLE CLARK machte eifrig Pläne. Der Flug zur Erde schien eine Ewigkeit zu dauern. Die winzigen Lichtpunkte auf den Bildschirmen änderten ihre Position kaum. Eine Mahlzeit wechselte die andere ab. Cayle aß, schlief, träumte und plante weiter. Sein Entschluß wurde immer fester, während die letzten Zweifel schwanden. Ein Mann, der nicht einmal den Tod fürchtete, konnte nur Erfolg haben.

Die Sonne strahlte heller aus dem tiefschwarzen Himmel, während der Mars zu einem rotglühenden Punkt in der Dunkelheit hinter dem Raumschiff wurde. Die Erde erschien als leuchtender Fleck und füllte schließlich alle Bildschirme.

Cayle sah nur wenig davon. Am zwanzigsten Tag nach dem Start hatte er sich einigen eifrigen Pokerspielern angeschlossen. Aber er hatte von Anfang an nur verloren. Nicht in jedem Spiel – gelegentlich gewann er auch fünf oder zehn Credits zurück. Aber am dritten Tag des endlosen Spiels, als die Erde nur noch zwei Tage entfernt war, zog er sich besorgt zurück, weil sein bisheriges Glück ihn völlig verlassen zu haben schien.

In seiner Kabine zählte er seine restliche Barschaft – einundachtzig Credits. Er hatte dem Vertreter der Bank acht Prozent Provision für das Darlehen bezahlen müssen. Die restliche Summe hatte er für den Flug, die Verluste beim Pokerspiel und eine der überall erhältlichen Pistolen ausgegeben. Immerhin bin ich bald wieder in Imperial City, überlegte Cayle. Und diesmal habe ich mehr Geld in der Tasche als beim erstenmal.

Er streckte sich auf seiner Koje aus und entspannte sich völlig.

Daß er beim Poker verloren hatte, beunruhigte ihn keineswegs, denn schließlich hatte er nicht die Absicht, seinen Lebensunterhalt in Zukunft durch Glücksspiele zu verdienen. Nein, er hatte ganz andere Vorstellungen. Selbstverständlich mußte er auch in diesem Fall Risiken auf sich nehmen – aber auf einer höheren Ebene. Im Pennypalast hatte er mindestens fünfhunderttausend Credits gewonnen. Das Geld war nicht leicht zu kassieren, aber er würde es bestimmt schaffen.

Sobald er das Geld in der Tasche hatte, würde er zu Oberst Medlon gehen und sich ein Offizierspatent verschaffen. Vielleicht sogar gegen Bezahlung der geforderten Bestechungssumme. Das hing von der Situation ab. Cayle war keineswegs rachsüchtig, denn es war ihm völlig gleichgültig, was aus dem dicken Manager des Pennypalastes und Oberst Medlon wurde. Diese beiden Männer waren nur geringfügige Hindernisse, die auf dem Weg zum Erfolg überwunden werden mußten. Cayle hatte bereits einen ehrgeizigen Plan, der auf einer bestimmten Tatsache beruhte, die allen seinen Zeitgenossen bisher entgangen zu sein schien.

Innelda von Isher wollte nur das Beste für ihre Untertanen und ihr Reich. Während des kurzen Gesprächs mit ihr hatte Cayle deutlich gemerkt, daß die Kaiserin selbst durch die Machenschaften anderer Männer an ihrem Hof behindert und verwirrt wurde. Obwohl gewisse Kreise eine laute Flüsterpropaganda gegen sie betrieben, war Innelda im Grunde genommen ehrlich um das Wohl ihrer Untertanen besorgt. Cayle zweifelte allerdings nicht daran, daß sie notfalls auch eine Hinrichtung befehlen würde. Aber das gehörte zu ihren Funktionen als Herrscherin. Sie mußte sich den Gegebenheiten und Erfordernissen der Stunde anpassen.

Die Kaiserin war im Grunde genommen ehrlich. Deshalb würde sie auch die Ankunft eines Mannes begrüßen, der ihre unbegrenzte Befehlsgewalt dazu gebrauchte, endlich Ordnung im Palast zu schaffen. Cayle hatte zweieinhalb Monate lang Zeit gehabt, über das nachzudenken, was die Kaiserin auf dem Bildschirm in Medlons Büro gesagt hatte, und er war fest davon überzeugt, einige gute Lösungen gefunden zu haben. Sie hatte sich darüber beklagt, daß in letzter Zeit kaum noch Offiziersanwärter um ein Patent nachsuchten, weil sie gehört hatten, daß sich irgend etwas anbahnte. Und sie hatte von einer Verschwörung gesprochen, die mit der unerklärlichen Schließung einiger Waffengeschäfte zusammenhing. Irgend etwas bahnte sich an, und ein Mann wie er, der die Stimmung in beiden Lagern aus eigener Anschauung kannte, hatte jetzt die beste Gelegenheit, Karriere zu machen.

Aber alles das ließ sich nur unter einer Voraussetzung verwirklichen, überlegte Cayle. Zuerst mußte er Lucy Rall aufsuchen und ihr einen Heiratsantrag machen.

Das war wichtiger als alles andere.

Das Raumschiff landete wenige Minuten vor dreizehn Uhr an einem wolkenlosen Tag. Dann waren die Formalitäten zu erledigen, so daß Cayle erst zwei Stunden später den Raumhafen verlassen konnte. Er hatte keine Zeit mehr zu verlieren, sondern ging sofort in die nächste Telestatzelle und rief Lucys Nummer an. Wenige Sekunden später erschien das Gesicht eines jungen Mannes auf dem Bildschirm. „Ich bin Lucys Mann", sagte er. „Sie kommt in zehn Minuten zurück, aber du willst bestimmt nicht mit ihr sprechen." Er lächelte kurz. „Sieh mich gut an, dann weißt du, was ich meine."

Cayle schüttelte sprachlos den Kopf. Das Gesicht des anderen kam ihm irgendwie bekannt vor, aber er konnte sich nicht darauf konzentrieren, weil er zu enttäuscht und niedergeschlagen war.

„Sieh mich genau an", drängte der junge Mann auf dem Bildschirm.

Cayle zuckte mit den Schultern. „Ich weiß wirklich nicht . . ."

Aber dann begriff er endlich, was der andere gemeint hatte. Er zuckte erschrocken zusammen, als habe er einen Schlag ins Gesicht bekommen. Dann hielt er sich die Hand vor die Augen, als sei er geblendet worden. Er spürte, daß er leichenblaß wurde und heftig schwankte. Aber dann drang die vertraute Stimme wieder an sein Ohr.

„Nimm dich zusammen", sagte sie. „Hör gut zu, Cayle. Wir treffen uns morgen abend um achtzehn Uhr am Strand im Herrenbekleidungs-Paradies. Sieh mich noch einmal an, damit du weißt, wen du vor dir hast, und sei pünktlich da!"

Cayle brauchte sich nicht erst davon zu überzeugen, aber dann starrte er trotzdem noch einmal auf den Bildschirm. Dort hatte er sein eigenes Gesicht vor sich.

Cayle Clark sah Cayle Clark an – um fünfzehn Uhr zehn am vierten Oktober 4784 Isher.

12

Zwei Tage später ... Kaiserin Innelda von Isher wachte morgens in ihrem prächtigen Himmelbett auf. Sie glaubte sich an einen Alptraum zu erinnern. Am Abend zuvor hatte sie sich einzureden versucht, daß sie sich am nächsten Morgen entscheiden würde. Aber jetzt war sie noch ebenso unentschlossen wie zuvor. Als sie die Augen öffnete, war ihr der Tag bereits gründlich verdorben.

Sie richtete sich auf und versuchte sich zu beherrschen, damit ihre schlechte Laune nicht an ihrem Gesichtsausdruck zu erkennen war. In diesem Augenblick betraten sechs Zofen das Schlafzimmer, um der Kaiserin behilflich zu sein. Auf einem Silbertablett wurde ihr ein Energiedrink gereicht. Dann folgten Massage, Bad, Kosmetik, Frisur – und während diese Routinehandreichungen mit gut eingedrillter Präzision vor sich gingen, dachte Innelda immer wieder: Ich muß endlich Schwung in die Sache bringen, sonst endet der Angriff noch mit einer persönlichen Demütigung. Seit vier Monaten ist im Grunde genommen gar nichts mehr geschehen.

Sobald sie angekleidet war, begann sie, Palastbeamte zu empfangen. Zuerst Gerrit, den kaiserlichen Haushofmeister. Er brachte wie üblich lächerliche Klagen und Probleme vor. Aber daran war sie eigentlich selbst schuld, denn sie hatte vor längerer Zeit angeordnet, alle Disziplinarmaßnahmen gegen das Personal des Hofs ihr zur Genehmigung vorzulegen. Gerrit klagte vor allem über die zunehmende Aufsässigkeit. Die Bediensteten waren ihren Vorgesetzten gegenüber unverschämt und drückten sich vor der Arbeit. Diese Erscheinung war überall zu beobachten.

„Großer Gott", sagte Innelda irritiert, „warum kündigen sie nicht einfach, wenn ihnen die Stellung nicht paßt? Personal aus dem Palast wird überall eingestellt, weil die meisten Leute sich einbilden, auf diese Weise etwas über mein Privatleben zu erfahren."

„Warum kann ich diese Personalfragen nicht selbst erledigen, Majestät?" erkundigte sich Gerrit. Das war seine übliche Frage, die er bei ähnlichen Gelegenheiten immer wieder vorbrachte. Innelda wußte, daß sie eines Tages nachgeben würde, was bestimmt nicht zu seinem Vorteil war. Schließlich konnte sie nicht zulassen, daß ein überzeugter Konservativer wie Gerrit die Bediensteten kontrollierte. Er und einige andere waren nur Relikte aus der Zeit der Regentschaft und mußten irgendwann abtreten, um jüngeren Kräften Platz zu machen.

Die Kaiserin seufzte unhörbar, entließ den Haushofmeister mit einem kurzen Kopfnicken – und war wieder bei ihrem ungelösten Problem angelangt. Was sollte sie nur tun? Sollte sie einen Generalangriff auf alle möglichen Ziele befehlen? Oder darauf warten, daß von irgendwoher neue Informationen kamen? Der Nachteil der letzten Lösung bestand vor allem darin, daß sie schon allzu lange gewartet hatte.

General Doocar kam herein – ein großgewachsener, hagerer Mann mit weißen Haaren und schiefergrauen Augen. Er salutierte knapp. „Madame, das Gebäude ist gestern abend zwei Stunden und vierzig Minuten lang aufgetaucht. Diesmal haben wir uns nur um eine halbe Minute verrechnet."

Innelda nickte dankend. Diese Meldung war nur noch eine Routineangelegenheit. Schließlich war bereits innerhalb der ersten Woche nach dem Verschwinden des Kraftwerks beobachtet worden, in welchen Zeitabständen es zurückkehrte. Aber sie ließ sich trotzdem noch immer über seine Bewegungen Bericht erstatten, obwohl sie selbst keinen vernünftigen Grund dafür hätte angeben können.

Ich benehme mich manchmal wirklich kindisch, überlegte sie selbstkritisch. Ich kann es einfach nicht ertragen, daß mir etwas aus den Händen gleitet, solange auch nur die entfernte Möglichkeit besteht, es selbst zu kontrollieren. Diese Analyse trug keineswegs dazu bei, ihre Laune zu verbessern. Innelda machte einige boshafte Bemerkungen über die bisher gezeigten Leistungen ihrer Wissenschaftler und stellte dann die entscheidende Frage.

Der General schüttelte den Kopf. „Madame", sagte er, „im Augenblick ist ein Angriff völlig ausgeschlossen. Unsere Maschinen haben die Waffengeschäfte in jeder größeren Stadt unter Kontrolle. Aber in den letzten zweieinhalb Monaten sind fast elftausend Offiziere fahnenflüchtig geworden. Die Maschinen werden von Soldaten bewacht, die nicht wissen, wie sie bedient werden."

Die Kaiserin machte eine wegwerfende Handbewegung. „Mit Hilfe der hypnotischen Lernmaschinen könnte man es ihnen innerhalb einer Stunde beibringen", wandte sie ein.

„Richtig, Madame." Die Stimme des Generals hatte sich nicht verändert. Nur die Falten auf der Stirn waren etwas tiefer als zuvor. Das war alles. „Majestät, wenn Sie diese Informationen an gemeine Soldaten weitergeben wollen, kann ich Sie nicht daran hindern. Sie brauchen nur zu befehlen; ich gehorche wie immer."

Innelda runzelte betroffen die Stirn. Der General hatte im Grunde genommen recht. Sie ärgerte sich jetzt darüber, daß sie diese Möglichkeit überhaupt erwähnt hatte. Deshalb sagte sie langsam: „Offenbar sind diese sogenannten gemeinen Soldaten aber wesentlich loyaler als meine Offiziere – und tapferer dazu."

Der General zuckte mit den Schultern. „Sie lassen zu, daß Ihre Steuereinnehmer die Offizierspatente verkaufen, Madame", antwortete er. „Im allgemeinen bekommen Sie dadurch gebildete Leute, aber Sie können nicht erwarten, daß ein Mann, der für seine Hauptmannsstelle zehntausend Credits bezahlt hat, später sein Leben für Sie riskiert."

Diese Argumentation langweilte Innelda allmählich, denn sie hatte die gleichen Klagen schon oft genug zu hören bekommen. Das Thema war nicht sonderlich erfreulich. Aber es erinnerte sie an eine Angelegenheit, die sie schon fast vergessen hatte.

„Als wir letztes Mal darüber gesprochen haben", sagte sie, „habe ich Sie gebeten, sich mit Oberst Medlon in Verbindung zu setzen und ihn zu fragen, was aus dem jungen Mann geworden ist, dem er damals ein Patent zugesagt hatte, als ich ihn anrief. Was ist aus ihm geworden?"

„Oberst Medlon hat mir mitgeteilt, daß der zukünftige Offizier nicht zu der vereinbarten Zeit zurückgekommen ist", antwortete General Doocar gelassen. „Der Oberst nimmt an, daß der junge Mann sich in letzter Minute anders entschieden hat."

Die Kaiserin schwieg nachdenklich. Diese Erklärung stimmte irgendwie nicht ganz. Der junge Mann hatte nicht den Eindruck gemacht, als ließe er sich von einem einmal gefaßten Plan abbringen. Außerdem hatte die Kaiserin selbst mit ihm gesprochen.

Innelda wußte, daß der persönliche Kontakt dieser Art ein nicht zu unterschätzender Faktor war. Wer Gelegenheit hatte, mit der

Kaiserin von Isher zu sprechen, spürte nicht nur ihren beträchtlichen persönlichen Charme, sondern auch die atemberaubende Aura ihrer Position. Diese Kombination war in fast allen Fällen überwältigend, so daß Innelda berechtigte Zweifel an Medlons Aussage hatte.

Dann hatte sie ihren Entschluß gefaßt. „General, teilen Sie dem Oberst mit, daß er entweder diesen jungen Offizier noch heute heranschafft oder morgen früh vor dem Kriegsgericht steht", sagte sie ganz ruhig.

Doocar verbeugte sich leicht, aber auf seinem Gesicht erschien ein zynisches Lächeln. „Madame", gab er zu bedenken, „wenn Sie die allgemeine Korruption auf diese Weise beseitigen wollen, haben Sie eine Lebensaufgabe vor sich."

Innelda war über diese Bemerkung irritiert, obwohl sie wußte, daß der andere die Wahrheit gesagt hatte. „Schließlich muß man irgendwo anfangen", murmelte sie. Dann richtete sie sich auf und sagte mit scharfer Stimme: „Ich verstehe Sie nicht mehr, General. Als ich noch jünger war, haben Sie mir immer zugestimmt, daß etwas geschehen müsse."

„Aber nicht durch Sie, Madame." Der General schüttelte den Kopf. „Die Kaiserin muß die Säuberungsaktion genehmigen, darf sie aber nicht selbst leiten." Er zuckte mit den Schultern. „Ich stimme allmählich fast mit der Theorie der Waffenschmiede überein, daß wir in einem Zeitalter leben, in dem sich die Menschen auf die Korruption verlegen, weil ihre Abenteuerlust keine normalen Betätigungsmöglichkeiten mehr findet."

Die grünen Augen der Kaiserin blitzten zornig. „Die Philosophie der Waffenschmiede interessiert mich nicht", sagte sie und staunte gleichzeitig darüber, daß Doocar überhaupt in ihrer Gegenwart davon gesprochen hatte. Aber der General war nicht zu erschüttern.

„Madame", sagte er, „wenn ich mich nicht mehr mit den Ideen und Philosophien einer Macht befassen darf, die seit dreitausendsiebenhundert Jahren existiert, muß ich um meine Entlassung bitten. Aber bevor es dazu kommt, nehme ich lieber freiwillig meinen Abschied."

Innelda war mit diesem Argument keineswegs einverstanden. Wohin sie auch sah, trat ihr diese getarnte Heldenverehrung entgegen. Noch schlimmer war allerdings, daß diese Leute zu glauben schienen, die Waffenschmiede seien ein regelrechter Bestandteil der modernen Zivilisation. Ich muß mir diese alten Männer vom Halse schaffen, überlegte sie – nicht zum erstenmal. Sie behandeln mich wie ein Kind und werden nie einsehen, daß ich inzwischen erwachsen bin.

Laut sagte sie eisig: „General, ich habe nicht das geringste Interesse an den Morallehren einer Organisation, die im Grunde genommen für die augenblicklich herrschende Unmoral innerhalb des Sonnensystems verantwortlich ist. Wir leben in einem gesegneten Zeitalter, in dem kein Mensch mehr Hunger leiden muß. Verbrechen aus Not gibt es nicht mehr. Alle anderen Arten wiederholen sich nicht, wenn der Verbrecher behandelt und geheilt werden kann. Aber was stellt sich dabei heraus?" Sie runzelte wütend die Stirn. „Wir müssen feststellen, daß der Psychopath eine Pistole besitzt, die er von den Waffenschmieden gekauft hat. Jeder Eigentümer eines Hauses der Illusionen schützt sich auf gleiche Weise. Zum Glück existiert eine Vereinbarung zwischen ihnen und der Polizei, die Hausdurchsuchungen ermöglicht. Aber wenn ein Besitzer plötzlich Widerstand leisten würde, müßten wir eine Atomkanone heranschaffen, um überlegen zu sein." Sie warf einen kritischen Blick in den Spiegel, den der Hoffriseur ihr vorhielt, und entließ den Mann mit einer Handbewegung.

„Das ist nicht nur lächerlich, sondern geradezu kriminell", fuhr sie dann fort. „Überall werden die Gesetze mißachtet, weil jeder Mensch sich eine dieser Waffen kaufen kann. Die Situation würde sich sofort grundlegend ändern, wenn die Waffenschmiede ihre Erzeugnisse nur an ehrliche Menschen verkaufen würden. Aber wenn jeder Gauner nur eines ihrer Geschäfte zu betreten braucht, um eine –"

„Eine Verteidigungswaffe zu kaufen", warf der General ein. „Sie dient nur zur Selbstverteidigung."

„Richtig", stimmte Innelda zu. „Wer ein Verbrechen begangen hat, kann sich damit vor der Polizei schützen. Aber was soll das alles?" fragte sie erregt. „General, Sie wissen, daß wir über eine Waffe verfügen, mit der wir die Waffengeschäfte für immer zerstören können. Sie brauchen die Mitglieder der Gilde nicht zu ermorden, sondern nur alle Vorbereitungen für einen Generalangriff zu treffen. Wie lange brauchen Sie dazu? Drei Tage? Eine Woche?" Sie sah ihn fragend an. „Wie lange, General?"

„Lassen Sie mir Zeit bis Anfang des Jahres, Madame", bat Doocar. „Die vielen Deserteure in letzter Zeit haben uns völlig ruiniert."

Die Kaiserin hatte die Fahnenflüchtigen vorläufig vergessen. „Haben Sie wenigstens einige festnehmen können?"

Der General zögerte. „Ja, einige."

„Schicken Sie mir einen, den ich selbst verhören kann."

Doocar verbeugte sich.

„Die Militärpolizei soll weiter nach den anderen fahnden", wies Innelda ihn an. „Sobald wir die gegenwärtige Krise hinter uns haben, stellen wir sie vor das Kriegsgericht, damit sie merken, welche Bedeutung der abgelegte Eid wirklich hat."

„Was sollen wir tun, wenn sie sich in den Waffengeschäften Pistolen gekauft haben?" fragte Doocar vorsichtig.

Ihre Reaktion war so heftig, daß sie vor Zorn kaum sprechen konnte. „Mein Freund", antwortete sie mühsam beherrscht, „wenn die Disziplin einer Armee von außen her zerstört werden kann, ist es allmählich Zeit, daß selbst die Generäle einsehen, wie wichtig entschlossene Gegenmaßnahmen sind." Sie nickte ihm zu. „Heute nachmittag besuche ich die Laboratorien, General. Ich will mich selbst davon überzeugen, wie weit die Wissenschaftler mit ihrer Arbeit gekommen sind. Vielleicht haben sie endlich herausgebracht, was die Waffenschmiede mit dem Kraftwerk angestellt haben. Spätestens morgen früh möchte ich den jungen Mann sehen, dem Oberst Medlon ein Offizierspatent zugesagt hat. Wenn er ihn nicht zur Stelle schafft, rollt ein korrupter Kopf. Vielleicht halten Sie mich jetzt für kindisch, weil ich mich mit einem Einzelfall beschäftige. Aber ich muß schließlich irgendwo anfangen. Und diesen jungen Mann kenne ich persönlich." Sie machte eine kurze Handbewegung. „Verschwinden Sie jetzt, Sie Freund der Waffenschmiede, bevor ich drastische Maßnahmen gegen Sie ergreife."

„Madame", protestierte Doocar gelassen, „ich diene dem Hause Isher so treu wie jeder andere."

„Das freut mich", antwortete Innelda sarkastisch.

Sie ging wortlos an ihm vorbei zur Tür.

Als sie den Speisesaal betrat, hörte sie das erleichterte Aufseufzen der Höflinge, die bereits dort versammelt waren. Sie lächelte finster vor sich hin. Wer das Privileg genoß, in Gegenwart der Kaiserin zu essen, mußte warten, bis sie das Zeichen dazu gab oder ausrichten ließ, daß sie nicht an der Mahlzeit teilnehmen wolle. Niemand wurde dazu gezwungen, an ihrem Tisch zu essen, aber wer zu dem Kreis der Auserwählten gehörte, ließ sich die Gelegenheit selten entgehen. Innelda nickte den Anwesenden zu und nahm ihren Platz an der Spitze des Tisches ein. Sie trank einen Schluck Orangensaft und gab dadurch den wartenden Dienern das Zeichen, ihre Arbeit aufzunehmen. Nachdem sie ihre Bestellung aufgegeben hatte, sah sie sich um. Überall nur grauhaarige Köpfe; Männer und Frauen über Fünfzig; Relikte der Regentschaft.

An ihrem eigenen Tisch saßen ein halbes Dutzend jüngere Männer und Frauen. Aber auch sie waren nur ein kläglicher Überrest; die meisten jüngeren Leute hatten den Palast gemeinsam mit dem Fürsten del Curtin verlassen.

„Haben Sie alle gut geschlafen?" erkundigte sich die Kaiserin freundlich. Von allen Seiten wurde ihr versichert, daß man ausgezeichnet geschlafen habe. „Wie schön", murmelte sie – und schwieg bedrückt. Sie war sich selbst nicht völlig darüber im klaren, was sie von diesen Leuten erwartete. Vielleicht nur größere Unbeschwertheit.

Sie wußte nur zu gut, daß ihre gesamte Familie nach ihrem eigenen Verhalten beurteilt wurde. Aber was hatte das schon zu bedeuten? Sie aß langsam eine Scheibe Toast. Was wollte sie wirklich? Eine positive Lebensauffassung – feste Überzeugungen und die Fähigkeit, die Dinge gelegentlich humorvoll zu betrachten. Ihre eigene Erziehung war viel zu streng und ernst gewesen. Irgendwann muß ich mir diese humorlose Gesellschaft vom Hals schaffen, damit ich nicht genauso werde . . ., überlegte sie. Dann schickte sie ein stilles Gebet zum Himmel. Lieber Gott, gib mir einen guten Witz pro Tag, über den ich lachen kann, und schicke mir einen Mann, der mir einen Teil der Arbeit abnimmt, ohne mich gleichzeitig tödlich zu langweilen. Amen. Wenn nur del Curtin hier wäre!

Innelda runzelte die Stirn, als sie merkte, welche Richtung ihre Gedanken nahmen. Ihr Cousin hatte sich mehrmals gegen den

Angriff auf die Waffengeschäfte ausgesprochen. Beim erstenmal war sie zu Tode erschrocken gewesen, weil sie ihm diesen Verrat nie zugetraut hätte. Und dann war es zu dem beschämenden Auszug der jungen Leute gekommen, die sich ebenfalls geweigert hatten, an dem Abenteuer teilzunehmen. Sie war schließlich sogar gezwungen gewesen, Banton Vickers ermorden zu lassen, weil er gedroht hatte, die Waffenschmiede von dem bevorstehenden Angriff in Kenntnis zu setzen. Hätte sie den Verräter nicht bestraft, wäre ein Prestigeverlust unvermeidbar gewesen. Jetzt erinnerte sie sich an das letzte Gespräch mit dem Fürsten – er hatte in seinem Zorn blendend ausgesehen. „Wenn du eingesehen hast, wie verrückt dieser Plan ist, kannst du mich zurückholen lassen, Innelda", hatte er gesagt.

Sie hätte antworten sollen: „Dazu kommt es nie." Aber sie hatte nicht gewagt, diese Antwort zu geben. Wie eine gute Ehefrau, dachte sie jetzt. Er war im Unrecht, aber sie hatte trotzdem geschwiegen, weil sie Angst hatte, daß er sie beim Wort nehmen würde. Aber eine Ehe mit dem Fürsten kam jetzt ohnehin nicht mehr in Frage. Trotzdem würde sie ihn wieder zurückrufen – nachdem die Waffenschmiede besiegt waren. Sie beendete ihr Frühstück und warf einen Blick auf die Uhr. Neun Uhr dreißig. Sie zuckte unwillkürlich zusammen. Der endlos lange Tag hatte kaum begonnen.

Eine Stunde später hatte sie ihre Korrespondenz erledigt und ließ sich den fahnenflüchtigen Offizier vorführen. Er war dreiunddreißig Jahre alt, stammte aus der Provinz und war zuletzt Major gewesen. Als er vor der Kaiserin stand, versuchte er zynisch zu lächeln, aber der Ausdruck seiner Augen zeigte deutlich, wie niedergeschlagen er war. Er hieß Gile Sanders, hatte gleichzeitig drei Geliebte und war als Armeelieferant reich geworden – das stand alles in seiner Personalakte.

Innelda betrachtete den Mann nachdenklich. Sein Fall war eigentlich typisch für alle anderen. Unverständlich blieb nur, weshalb er alles aufgegeben hatte, was er besaß. Sie stellte ihm diese Frage. „Beleidigen Sie mich bitte nicht dadurch, daß Sie behaupten, die moralischen Probleme meines Kampfes gegen die Waffenschmiede hätten in Ihrem Fall den Ausschlag gegeben. Erzählen Sie mir schlicht und einfach, weshalb Sie Ihre Besitztümer aufgegeben haben, um fahnenflüchtig zu werden. Dadurch haben Sie sich selbst um Vermögen und Freiheit gebracht. Schließlich wissen Sie genau, daß die Mindeststrafe in lebenslänglicher Verbannung auf Mars oder Venus besteht. Sind Sie ein Narr oder ein Feigling – oder gar beides?"

Sanders zuckte mit den Schultern. „Eigentlich nur ein Narr, nehme ich an." Er trat nervös von einem Fuß auf den anderen. Seine Augen mieden ihren Blick nicht, aber die Antwort war unbefriedigend. Die Kaiserin gab allerdings auch dann nicht auf, als sie nach zehn Minuten noch keine richtige Erklärung gehört hatte. Vielleicht war ihm der Verlust seines Vermögens tatsächlich gleichgültig gewesen. Innelda versuchte es mit einer anderen Methode.

„Als Major haben Sie zu den Offizieren gehört, die befehlsgemäß im Gebäude 800 A erschienen, um dort über die Entwicklung einer neuen Waffe informiert zu werden, die gegen die Waffenschmiede eingesetzt werden sollte", hielt sie ihm vor. „Schon eine Stunde später verließen Sie Ihr Büro, nachdem Sie alle Privatpapiere verbrannt hatten, und flogen zu Ihrem Haus an der Küste, das Sie vor fünf Jahren durch einen Strohmann erworben hatten. Dieser Kauf ist damals aber doch bekanntgeworden. Als nach einer Woche feststand, daß Sie nicht die Absicht hatten, Ihren Dienst wiederaufzunehmen, wurden Sie von der Militärpolizei festgenommen. Seitdem sitzen Sie in Einzelhaft. Stimmt das alles?"

Der Mann nickte schweigend. Die Kaiserin betrachtete ihn mit gerunzelter Stirn. „Mein Freund", fuhr sie dann leise fort, „das Ausmaß Ihrer Strafe hängt einzig und allein von mir ab. Ich kann alles befehlen: Ihren Tod, eine Verbannung, lebenslängliche Haft . . . oder Begnadigung und vollkommene Rehabilitierung."

Major Sanders seufzte leise. „Ich weiß", antwortete er. „Daran habe ich eben auch gedacht."

„Das verstehe ich nicht." Innelda war ehrlich erstaunt. „Wenn Sie sich darüber im klaren sind, welche Folgen Ihre Tat haben kann, sind Sie unglaublich dumm gewesen."

„Ich habe eben daran gedacht", sprach Sanders weiter, als habe er die Unterbrechung gar nicht bemerkt, „wie es sein müßte, wenn jemand – nicht notwendigerweise Sie selbst – tatsächlich diese uneingeschränkte Gewalt ausüben könnte. Dann gäbe es keinen

Ausweg, keine Zuflucht, keine Erleichterung und keine Hoffnung mehr für die Menschen."

Das war also die Antwort auf ihre Frage! „Wie kann man nur so unglaublich dumm sein?" fragte die Kaiserin erzürnt. Sie lehnte sich in ihren Sessel zurück, holte tief Luft und schüttelte dann langsam den Kopf.

„Sie tun mir leid, Sanders", stellte sie fest. „Die geschichtliche Entwicklung des Hauses Isher muß Ihnen doch gezeigt haben, daß die Gefahr eines Machtmißbrauchs einfach nicht existiert. Dazu ist die Welt zu groß. Was ich als Einzelwesen tun kann, um den Seelenfrieden einiger meiner Untertanen zu stören, ist geradezu lächerlich wenig. Jedes meiner Dekrete geht durch unzählige Hände und verändert sich dabei ständig. Selbst wenn es ungewöhnlich mild oder ausnehmend scharf abgefaßt wäre, würde es doch nur auf die übliche Weise durchgeführt. Was ich auch immer anzuordnen versuche, muß elf Milliarden Menschen gegenüber bedeutungslos bleiben, wenn man wie ich die wahren Ergebnisse solcher Bemühungen kennt."

Sie stellte erstaunt fest, daß ihre Erklärung ihn nicht im geringsten beeindruckt hatte. Alles war doch so sonnenklar, aber dieser dickköpfige Narr wollte es einfach nicht einsehen. Sie beherrschte sich mühsam, um ihren Zorn nicht allzu deutlich zu zeigen. „Sobald die Waffenschmiede keinen Widerstand mehr leisten, können wir endlich Gesetze einführen, denen jeder gehorchen müßte. Die Rechtsprechung wäre endlich einheitlich, weil die Menschen die Urteile der Gerichte akzeptieren müßten. Wären sie nicht damit einverstanden, könnten sie nur bei einem höheren Gericht Berufung einlegen."

„Genau", antwortete Sanders. Das war alles. Aber der Tonfall seiner Stimme bewies, daß er nicht mit ihrer Logik einverstanden war. Innelda hatte jetzt kein Mitgefühl mehr für ihn. Sie starrte ihn an und sagte dann scharf: „Wenn Sie schon ein so überzeugter Anhänger der Waffenschmiede sind, warum haben Sie sich dann nicht dadurch zu schützen versucht, daß Sie ihnen eine Waffe abgekauft haben?"

„Das habe ich."

Sie zögerte und fragte eisig: „Was soll das heißen? Hat Sie der Mut verlassen, als die Militärpolizei Sie festnehmen wollte?"

Dann wußte sie plötzlich, daß sie diese Frage nicht hätte stellen dürfen. Unter Umständen erhielt sie jetzt eine vernichtende Antwort. Ihre Befürchtung bewahrheitete sich.

„Nein, Majestät", antwortete Sanders. „Ich habe genau das getan, was einige andere . . . äh . . . Deserteure vor mir versucht haben. Nachdem ich meine Uniform ausgezogen hatte, bin ich zu einem Waffengeschäft gegangen, um mir eine Pistole zu kaufen. Aber die Tür blieb verschlossen. Offenbar gehöre ich zu den wenigen Offizieren, die der Überzeugung sind, daß das Haus Isher in unserer Zivilisation eine wichtigere Rolle als die Waffenschmiede spielt."

Er schüttelte langsam den Kopf. „Ich befinde mich also genau in der Lage, in die Sie uns alle bringen möchten. Ich sehe keinen Ausweg mehr. Ich muß mich Ihren Anordnungen fügen, muß an dem Kampf gegen eine Organisation teilnehmen, die ebenfalls zu unserer Zivilisation gehört, und muß den Tod hinnehmen, den Sie wahrscheinlich befehlen werden, ohne Gelegenheit zu haben, mich im offenen Kampf zu verteidigen. Majestät", schloß er ruhig, „ich respektiere und verehre Sie. Die desertierten Offiziere sind weder Verbrecher noch Feiglinge. Sie wurden nur vor eine schwere Wahl gestellt und haben sich dafür entschieden, nicht an einem Angriff gegen unsere augenblickliche Zivilisation teilzunehmen. Ich bezweifle, daß ich Ihnen eine ehrlichere Antwort geben könnte."

Die Kaiserin zweifelte ebenfalls daran. Dieser Mann würde nie verstehen, daß ihre Maßnahmen tatsächlich erforderlich waren.

Nachdem sie ihn entlassen hatte, vermerkte sie seinen Namen in ihrem Tagebuch und schrieb daneben, daß sie über das Urteil des Kriegsgerichts informiert zu werden wünsche. Dabei fiel ihr wieder ein, daß sie den Namen des jungen Mannes vergessen hatte, den Oberst Medlon bis zum nächsten Morgen ausfindig machen sollte. Sie blätterte das Buch durch und hatte ihn bald gefunden. „Cayle Clark", las sie laut. „Richtig, das ist er."

Dann fiel ihr ein, daß sie eine Besprechung mit ihrem Finanzminister vereinbart hatte, der ihr erklären sollte, weshalb sie nicht mehr Geld ausgeben konnte. Dabei brauchte er doch nur mehr drucken zu lassen! Sie stand auf, verließ ihr Arbeitszimmer und fuhr in ihrem Privatlift in den fünfzigsten Stock hinauf.

13

WIR HABEN an einem Freitag kurz vor zwölf Uhr geheiratet (schrieb Lucy in ihrem etwas unzusammenhängenden Bericht für die Abteilung Koordination der Waffenschmiede), also an dem Tag, an dem er vom Mars zurückgekommen war. Ich kann mir nicht erklären, wie später festgestellt werden konnte, daß er erst um vierzehn Uhr gelandet ist, und habe ihn auch noch nicht danach gefragt. Dazu bin ich nur bereit, wenn ich eine ausdrückliche Anweisung erhalte. Ich selbst brauche keine Erklärung dafür, wie es möglich war, daß wir vor der Landung des Raumschiffes geheiratet haben. Für mich besteht nicht der geringste Zweifel an dieser Tatsache. Der Mann, den ich geheiratet habe, ist Cayle Clark. Ich weiß, daß ich nicht von einem anderen getäuscht worden bin, der sich als Cayle ausgegeben hat.

Er hat mich eben angerufen, was er jeden Tag um die gleiche Zeit tut, aber er weiß nicht, daß ich diesen Bericht schreibe. Ich glaube allmählich fast, daß ich in Zukunft keine Berichte mehr über ihn abliefern werde. Nachdem ich aber diesmal wegen der besonderen Umstände des Falles eingewilligt habe, versuche ich jetzt, alle Ereignisse der Reihe nach zu schildern. Am besten beginne ich mit seinem Anruf vom Raumhafen aus.

Soviel ich mich erinnere, kam der Anruf gegen zehn Uhr dreißig. Das Gespräch war nur sehr kurz. Wir begrüßten uns, dann machte er mir einen Heiratsantrag. Den Leiter der Abteilung Koordination wird es nicht überraschen, daß ich sofort zugestimmt habe. Kaum eineinhalb Stunden später verließen wir das Standesamt als frisch getrautes Ehepaar.

Wir fuhren in mein Appartement zurück, wo wir mit Ausnahme einer kurzen Unterbrechung den Rest des Tages und die folgende Nacht verbrachten. Die Unterbrechung kam gegen vierzehn Uhr, als Cayle mich fragte, ob ich nicht einen kleinen Spaziergang machen wolle, während er von meinem Apparat aus ein Gespräch führte. Er erwähnte dabei nicht, ob er selbst anrufen wollte oder einen Anruf erwartete, aber nach meiner Rückkehr sah ich auf dem Gesprächszähler, daß er angerufen worden war.

Ich bin nach wie vor der Meinung, daß es richtig war, das Appartement auf seinen Wunsch hin zu verlassen. Schließlich sind wir verheiratet, so daß ich mich verpflichtet fühlte, Cayle diesen Gefallen zu tun. Er erwähnte nicht, mit wem er gesprochen hatte, sondern schilderte mir statt dessen seine Erlebnisse von dem Zeitpunkt an, als wir getrennt worden waren. Ich gebe zu, daß sein Bericht nicht immer völlig klar war, so daß mehr als einmal der Eindruck entstehen mußte, er spreche von Dingen, die schon längere Zeit zurücklagen.

Am folgenden Morgen stand er früher als ich auf und sagte, er habe sehr viel in der Stadt zu erledigen. Da ich Mr. Hedrock anrufen wollte, hatte ich nichts dagegen einzuwenden. Daß einer unserer Agenten gesehen haben will, daß Cayle von einem sehr teuren Privathelicar aufgenommen wurde und verschwand, bevor unser Mann ihn verfolgen konnte, ist mir unerklärlich.

Seitdem ist Cayle nicht wieder in meinem Appartement gewesen, aber er ruft mich jeden Morgen an, sagt mir, daß er noch nicht erzählen darf, was er jetzt tut, und versichert mir, daß er mich noch immer liebt. Damit bin ich zufrieden, solange er seine Meinung nicht ändert. Ich habe erst neulich aus Zufall erfahren, daß er seit mehr als vier Wochen Hauptmann der kaiserlichen Armee sein soll. Wie er das Patent erlangt hat und wie er seine eigenen Interessen wahrnimmt, ist mir nicht bekannt. Wenn die Berichte zutreffen, nach denen er bereits zum persönlichen Stab der Kaiserin gehört, kann ich nur meiner Verwunderung über diesen raschen Aufstieg Ausdruck geben.

Bevor ich schließe, möchte ich nochmals betonen, daß ich volles Vertrauen zu Cayle habe. Ich kann mir sein Benehmen nicht erklären, bin aber davon überzeugt, daß er auch diesmal als ehrenwerter Mann aus der Affäre hervorgeht.

gez. *Lucy Rall Clark*
14. November 4784 Isher

Das war eine wichtige Nachricht. Hedrock hatte seit vier Wochen alle Entscheidungen zurückgestellt, weil er auf neue Informationen wartete. Als er jetzt Lucys Bericht las, waren alle Zweifel mit einem Schlag beseitigt. Die plötzliche Wendung, auf die er gewartet hatte, war eingetreten. Allerdings wußte er vorläufig noch nicht, worin sie bestand oder wie sie sich auswirken würde. Er hatte das Gefühl, einen wichtigen Hinweis übersehen zu haben. Aber seine Zweifel waren verflogen – die Entscheidung stand unmittelbar bevor.

Er las den Bericht ein zweites Mal aufmerksam durch und runzelte dabei die Stirn. Offenbar entwickelte Lucy allmählich eine negative Einstellung zu der gesamten Organisation der Waffenschmiede. Sie war davon überzeugt, richtig gehandelt zu haben, fürchtete aber, daß ihr Verhalten falsch ausgelegt werden könnte. Diese defensive Einstellung war unerwünscht. Die Bindung der einzelnen Mitglieder zu der Gilde beruhte ausschließlich auf psychologischen Faktoren. Wenn ein Mitglied austreten wollte, wurden wichtige Erinnerungen gelöscht, um einen Verrat unmöglich zu machen. Dann erhielt das Mitglied in Anerkennung seiner Dienste eine Überbrückungshilfe und konnte seiner Wege gehen. Aber Lucy war die wichtigste Agentin während einer entscheidenden Krise. Der Konflikt zwischen ihrer Pflicht gegenüber den Waffenschmieden und ihrer Neigung zu Clark durfte nicht zu groß werden, weil er sonst ihre Einsatzfähigkeit verringerte.

Hedrock dachte über dieses Problem nach und wählte dann eine Nummer. Als Lucys Gesicht auf dem Bildschirm erschien, sagte er ernst: „Ich habe eben Ihren Bericht gelesen, Lucy, und möchte Ihnen für Ihre wertvolle Hilfe danken. Wir sind uns darüber im klaren, wie schwierig Ihre Position ist, deshalb möchten wir Sie bitten, sich während dieser kritischen Periode Tag und Nacht abrufbereit zu halten. Als Gegenleistung versprechen wir Ihnen, daß die Waffenschmiede alles tun werden, um Ihren Gatten vor gefährlichen Auswirkungen seines augenblicklichen Verhaltens zu bewahren."

Das war kein leeres Versprechen, denn Hedrock hatte den Fall bereits an die zuständige Abteilung weitergeleitet. Sofern es überhaupt möglich war, einen Menschen am Hof der Kaiserin zu beschützen, stand Cayle unter ständiger Bewachung.

Hedrock beobachtete Lucy aufmerksam. Obwohl sie sehr intelligent war, würde sie den Kampf zwischen dem Hause Isher und den Waffenschmieden nie ganz erfassen. Er wirkte sich nicht sichtbar aus. Bisher war kein Schuß gefallen. Niemand war getötet worden. Und selbst wenn die Waffenschmiede unterlagen, würde Lucy den Unterschied nicht sofort wahrnehmen. Wahrscheinlich würde ihr eigenes Leben nie davon berührt werden, denn nicht einmal ein Unsterblicher wie Hedrock konnte voraussagen, wie sich die Zivilisation weiterentwickeln würde, wenn eine der beiden Großmächte von der Bildfläche verschwand.

Er merkte, daß Lucy nicht mit dem zufrieden war, was er gesagt hatte, und fuhr deshalb zögernd fort: „Lucy, an Ihrem Hochzeitstag haben Sie die kallidetischen Fähigkeiten Ihres Mannes gemessen und uns mitgeteilt. Wir haben Ihnen das Endergebnis unserer Berechnungen bisher verschwiegen, weil wir Sie nicht beunruhigen wollten. Ich nehme allerdings an, daß Sie sich doch dafür interessieren."

„Ist er besonders begabt?" fragte Lucy.

„Besonders?" Hedrock suchte nach den richtigen Worten dafür. „Seine kallidetischen Fähigkeiten sind geradezu übermenschlich, Lucy! Seit der Gründung des Informationszentrums ist noch nie ein so hoher Wert bekanntgeworden. Aber der Index hat nichts mit Glücksspielen zu tun, so daß wir nicht einmal vermuten können, in welcher Beziehung er sich auswirken wird. Wir wissen nur, daß diese Fähigkeit unsere gesamte Zivilisation beeinflussen und entscheidend verändern kann."

Hedrock hatte allerdings einiges verschwiegen. Das schlimmste an der ganzen Sache war, daß Cayle Clark nichts unternahm. Er gehörte zum persönlichen Gefolge der Kaiserin und wurde ständig von einem Dutzend Spionen überwacht, die jede seiner Bewegungen aufzeichneten – oder fast jede. Es war ihm bereits zweimal gelungen, den Palast unbeobachtet für einige Stunden zu verlassen. Aber alle diese Ereignisse mußten bedeutungslos erscheinen, wenn man sich darüber im klaren war, daß Cayle Clark jetzt hätte handeln müssen. Die große Umwälzung mußte bereits begonnen haben, aber nicht einmal die besten Mathematiker der Waffenschmiede konnten vorausberechnen, welche Form sie annehmen würde.

Hedrock schilderte Lucy die augenblickliche Situation und fügte hinzu: „Haben Sie wirklich nichts verschwiegen, Lucy? Hier geht es um Leben oder Tod – und ganz besonders um sein Leben."

Lucy schüttelte den Kopf. Hedrock beobachtete sie aufmerksam und stellte fest, daß sich die Pupillen ihrer Augen nicht verengt hatten. Die Augen waren unnatürlich geweitet, aber das war ein anderes Phänomen. Ihr Mund blieb fest, was ein gutes Zeichen war. Selbstverständlich konnte Hedrock nicht mit Sicherheit sagen, ob Lucy bei der Wahrheit geblieben war – aber er wußte, daß sie nie auf diesem Gebiet ausgebildet worden war. Während Robert Hedrock lügen konnte, ohne sich durch eine der bekannten Reaktionen zu verraten, war Lucy nicht in der Lage, die unbewußten Muskelreflexe zu kontrollieren.

„Mr. Hedrock", sagte sie jetzt, „Sie wissen, daß Sie auf mich zählen können."

Mehr konnte er im Augenblick nicht verlangen. Aber als er die Verbindung trennte, war er unzufrieden – nicht mit Lucy oder den anderen Agenten, sondern mit sich selbst. Er hatte irgend etwas übersehen. Er war nicht weit genug in die Wirklichkeit eingedrungen. Nachdem er schon das Problem der Wippe nicht hatte lösen können, stand er jetzt hilflos einer Angelegenheit gegenüber, die in Wirklichkeit äußerst durchsichtig sein mußte. Hier in seinem Büro konnte er nur Informationen auswerten, die andere zusammengetragen hatten, und war selbst zu weit vom Mittelpunkt der Ereignisse entfernt, die draußen die Welt veränderten.

Daraus ergab sich ganz klar, daß Robert Hedrock demnächst persönlich auf der Bildfläche erscheinen mußte, um in die Untersuchungen einzugreifen, für deren Ergebnis er verantwortlich war.

HEDROCK ging langsam die Glücksallee entlang und beobachtete aufmerksam, welche Veränderungen hier in der Zwischenzeit eingetreten waren. Er konnte sich nicht mehr genau daran erinnern, wann er zum letztenmal in diesem Teil der Stadt gewesen war, aber es schien sehr lange her zu sein. Die Zahl der Kasinos und Spielhöllen hatte sich erhöht, aber sonst waren keine auffälligen Veränderungen festzustellen. Ein einziges Jahrhundert wirkte sich kaum auf diese Gebäude aus Plastik und Stahl aus, die strengen Qualitätsprüfungen unterworfen wurden, bevor sie verwendet werden durften. Auch der Baustil hatte sich innerhalb dieses kurzen Zeitraumes kaum merklich verändert. Nur die Dekorationen waren anders als früher. An allen Fassaden strahlten jetzt riesige Leuchtschriften, die marktschreierisch verkündeten, welche Vergnügungen den ahnungslosen Touristen im Innern der Spielkasinos erwarteten.

Er betrat den Pennypalast und war sich in diesem Augenblick noch nicht völlig darüber im klaren, wie er vorgehen wollte. Aber vielleicht wartete er einfach ab, wie die Dinge sich entwickelten. Als er die Schatzkammer betrat, begann der Ring am kleinen Finger der linken Hand zu vibrieren. Das bedeutete, daß jemand links von ihm eine Transparenzaufnahme gemacht hatte. Hedrock ging langsam weiter und drehte sich wie zufällig nach den beiden Männern um, aus deren Richtung der Impuls gekommen war.

Hatte er Angestellte oder Einzelgänger vor sich? Da er nie weniger als fünftausend Credits bei sich trug, mußte er ständig darauf gefaßt sein, überfallen und beraubt zu werden. Jetzt lächelte er freundlich, als die beiden Männer herankamen.

„Tut mir leid, Freunde", sagte er, „aber ich behalte das Geld lieber selbst."

Der größere der beiden Männer steckte die rechte Hand in die Jackentasche und zuckte mit den Schultern. „Sie tragen keine Selbstverteidigungswaffe", stellte er dabei fest. „Sie sind überhaupt nicht bewaffnet."

„Möchten Sie sich selbst davon überzeugen?" erkundigte sich Hedrock. Dabei sah er dem Mann gerade in die Augen.

Der Spieler senkte zuerst den Kopf. „Los, komm mit, Jay", murmelte er. „Die Sache ist doch nicht so einfach."

Hedrock vertrat ihm den Weg. „Arbeiten Sie hier?"

Der Mann schüttelte den Kopf. „Wenn Sie etwas dagegen haben, hören wir gleich damit auf."

Hedrock lachte. „Ich möchte den Boß sehen."

„Das habe ich mir gedacht", antwortete der Mann.

Hedrock ließ die beiden ungehindert gehen. Er war über ihre Reaktion keineswegs erstaunt. Alle Menschen lassen sich von dem Selbstvertrauen beeinflussen, das manche Persönlichkeiten ausstrahlen. Und Hedrocks Selbstvertrauen, das die beiden Gangster in seinen Augen gesehen hatten, beruhte auf Kenntnissen und Fähigkeiten, von denen die meisten Menschen noch nie etwas gehört hatten. Vor Hedrock hatte es keinen Mann gegeben, der sich wie er gegen alle nur denkbaren Angriffe zur Wehr setzen konnte.

Lucy hatte ihm Martins Büro beschrieben, so daß er nicht lange danach zu suchen brauchte. Er öffnete die Tür an der Rückwand des Spielsaales. Als er sie wieder hinter sich schloß, fiel ein Netz von der Decke herab und nahm ihm jede Bewegungsfreiheit. Das Netz zog sich zusammen und schwebte gleichzeitig nach oben. Hedrock unternahm keinen Befreiungsversuch, sondern wartete geduldig. Harj Martin war also auf ungebetene Besucher vorbereitet. Das bewies etwas – aber darüber würde ihm der Mann selbst Auskunft geben müssen.

Hedrock brauchte nicht lange zu warten. Draußen näherten

sich rasche Schritte. Die Tür öffnete sich, dann kam ein kleiner, dicker Mann herein. Er schaltete die Beleuchtung ein und sah grinsend zu seinem Gefangenen auf. „Hmm", meinte er schließlich, „wer ist denn da ins Netz gegangen? Auf so einen Fisch warte ich schon lange." Dann fing er Hedrocks Blick auf und schwieg plötzlich. Sein Gesichtsausdruck verdüsterte sich. „Wer sind Sie? Was haben Sie hier zu suchen?" fragte er scharf.

Hedrock sprach langsam und deutlich. „Etwa am fünften Oktober sind Sie hier von einem jungen Mann namens Cayle Clark besucht worden. Was hat sich bei diesem Besuch ereignet?"

„Ich stelle hier die Fragen!" antwortete Martin drohend. Er sah wieder zu Hedrock auf. „Hören Sie", sagte er dann vorsichtig, „wer sind Sie eigentlich? Habe ich Sie nicht schon einmal gesehen?"

Hedrock machte eine rasche Handbewegung. Er hatte lange genug auf den günstigsten Augenblick gewartet. Einer der Ringe an seiner rechten Hand löste die Maschen des Netzes auf. Es öffnete sich wie eine Tür unter seinen Füßen. Hedrock stand plötzlich vor Martin. „Reden Sie endlich, mein Freund", forderte er den Manager auf. „Ich habe nicht allzuviel Zeit und Geduld."

Er achtete nicht auf die Pistole, die Martin aus der Tasche geholt hatte, sondern ging an dem Mann vorbei in das große Büro. Wenige Minuten später hatte er den Manager davon überzeugt, daß es für ihn besser war, freiwillig alle Fragen zu beantworten.

„Wenn Sie nur ein paar Auskünfte wollen, bin ich Ihnen gern behilflich", sagte Martin. „Sie haben übrigens das richtige Datum genannt. Dieser Clark ist am fünften Oktober kurz vor Mitternacht hier aufgetaucht. Er hat seinen Zwillingsbruder mitgebracht."

Hedrock nickte schweigend. Schließlich war er nicht gekommen, um mit Martin zu diskutieren.

„Die beiden haben zusammengearbeitet, als seien sie geradezu auf Raubüberfälle spezialisiert", fuhr der Manager fort. „Einer von ihnen muß bereits gedient haben – das war deutlich aus seiner ganzen Haltung und seinem Benehmen zu sehen. Wirklich ein zäher Bursche! Als ich zu protestieren versuchte, zog er sofort einen Strahler, und als ich eine zu hastige Bewegung machte, während ich den Tresor öffnen mußte, hat mir der Strahl aus seiner Waffe die Haare versengt."

Er wies auf eine kahle Stelle über der rechten Schläfe. Hedrock kam näher und untersuchte sie kurz. Nur ein hervorragend ausgebildeter Schütze konnte diesen Schuß abgegeben haben. Martin hatte offenbar recht, wenn er vermutete, daß einer der beiden Clarks eine militärische Ausbildung hinter sich hatte.

„Aber jetzt ist ja alles wieder in Ordnung", stellte Hedrock fest.

Martin zuckte zusammen. „Der Kerl hat sich bestimmt keine Sorgen darüber gemacht, ob mir etwas fehlt oder nicht." Er runzelte die Stirn. „Das Leben wird von Tag zu Tag schwerer. Ich hätte nie gedacht, daß meine Alarmanlage sich so leicht überwinden läßt."

Hedrock verließ den Pennypalast und ging eine Viertelstunde lang nachdenklich in dem benachbarten Park spazieren. Jetzt konnte kein Zweifel mehr daran bestehen, daß tatsächlich zwei Cayles existierten. Und einer von ihnen hatte eine sehr gründliche militärische Ausbildung genossen. Er hatte dieses Training aber schon am fünften Oktober hinter sich – also nur einen Tag nachdem Cayle Clark vom Mars zurückgekehrt war. Am Morgen des sechsten Oktober hatte Clark offiziell ein Offizierspatent erworben – und hatte eine halbe Million Credits in der Tasche.

Das war ein hübsches Anfangskapital für einen jungen Mann, der in der Welt vorankommen wollte. Aber es erklärte keineswegs die Ereignisse der letzten Tage und Wochen. Und selbst dieser hohe Betrag mußte ungenügend erscheinen, wenn man ihn mit Cayle Clarks Kallidetik-Index verglich – falls sich seine kallidetische Begabung auf finanziellem Gebiet auswirkte. Hedrock machte sich auf den Weg zu Oberst Medlon.

Am frühen Nachmittag kehrte Robert Hedrock in sein Arbeitszimmer im Hotel Royal Ganeel zurück. Er las die Berichte, die in der Zwischenzeit eingetroffen waren, und sprach dann fast zwei Stunden lang mit einem Wirtschaftswissenschaftler aus dem Informationszentrum. Dann setzte er sich nacheinander mit den Mitgliedern des Großrates der Waffenschmiede in Verbindung und bat sie, sich so rasch wie möglich zu einer Plenarsitzung zusammenzufinden.

Etwa zehn Minuten später waren alle Mitglieder des Großrates im Konferenzraum der Gilde versammelt. Dresley hatte diesmal den Vorsitz übernommen. „Meine Herren", sagte er kurz, „ich glaube zu wissen, daß unser Koordinator auf eine heiße Spur gestoßen ist. Habe ich recht, Mr. Hedrock?"

Hedrock stand lächelnd auf. Als er das letztemal mit einigen Mitgliedern des Großrates gesprochen hatte, war er gleichzeitig mit zwei Problemen beschäftigt gewesen – mit der Zeitkarte *und* der Kaiserin. Das Problem McAllister war noch immer nicht gelöst und wurde von Stunde zu Stunde dringlicher. Aber Hedrock hatte wenigstens eine Lösung für das zweite gefunden.

Er begann ohne weitere Vorreden: „Am Morgen des siebenundzwanzigsten November – also in genau zwölf Tagen – werden wir Kaiserin Innelda eine Botschaft übermitteln, in der sie aufgefordert wird, den Kampf gegen uns einzustellen. Wir werden unsere Forderung mit Tatsachen und Zahlenmaterial untermauern, die klar beweisen, daß sie keine andere Wahl mehr hat."

Hedrock hatte erwartet, daß die anderen verblüfft sein würden – und das waren sie auch.

„Menschenskind", sagte Peter Cadron, „lassen Sie uns doch nicht so lange warten! Was haben Sie festgestellt?"

„Am besten wiederhole ich kurz, was unsere Untersuchungen bisher ergeben haben", antwortete Hedrock lächelnd. „Wie Sie alle wissen, meine Herren, ist ein Mann aus dem Jahre 1975 a. D. am Morgen des dritten Juni 4784 Isher in einem unserer Waffengeschäfte aufgetaucht. Kurz darauf wurde festgestellt, daß die Kaiserin eine neue Energiewaffe gegen sämtliche Geschäfte einsetzte, die in größeren Städten liegen. Diese Energie ist im Grunde genommen nur eine andere Erscheinungsform der Atomenergie. Ihre Entdeckung bedeutet einen weiteren Schritt vorwärts auf unserem Weg zur Kenntnis der komplexen Struktur der Raum-Zeit-Spannungen, auf denen die Existenz der Materie basiert. In Imperial City befand sich die Energiequelle in einem Gebäude in unmittelbarer Nähe des Waffengeschäftes. Dieses Gebäude, das vor etwa elf Monaten fertiggestellt worden war, wurde offiziell als Kraftwerk bezeichnet, das den größten Teil der Fernheizung von Imperial City versorgen sollte. Theoretisch hätte die ausgesandte Energie das Geschäft sofort zerstören müssen, aber zum Glück sind unsere Gebäude nicht aus den sonst üblichen Materialien erbaut, was kein Mensch außerhalb der Gilde vermuten konnte. So kam es also zu der komplizierten Wechselwirkung gigantischer

Energien, die sich hauptsächlich in der Zeit abspielte. Und so wurde ein Mann siebentausend Jahre weit aus der Vergangenheit in unsere Zeit transportiert."

Hedrock benützte einige mathematische Formeln, um die Energiewippe zu beschreiben, an deren beiden Enden sich der Mann und das Gebäude befanden. Dann fuhr er fort: „Es gibt noch immer Menschen, die nicht begreifen, wie es zu dieser Erscheinung kommen kann, obwohl doch feststeht, daß die Sonne und alle Planeten sich mit einer Geschwindigkeit von mehr als achtzehn Sekundenkilometern durch das Raum-Zeit-Kontinuum bewegen, während die Planeten gleichzeitig mit verschiedenen Geschwindigkeiten ihre Bahn um die Sonne beschreiben. Verfolgt man diese logische Überlegung weiter, müßte sich eigentlich daraus ergeben, daß man sich an einem weit entfernten Punkt wiederfindet, wenn man in die Vergangenheit oder Zukunft geht. Menschen, die von dieser Theorie überzeugt sind, erkennen meistens nicht, daß der Raum nur eine Fiktion ist – ein Nebenprodukt der grundlegenden Zeitenergie – und daß eine Ansammlung von Materie, wie sie ein Planet darstellt, nicht die Phänomene innerhalb des Zeitstromes beeinflußt, sondern selbst den Gesetzmäßigkeiten der Zeitenergie unterliegt.

Wir haben bisher noch nicht feststellen können, weshalb nach jedem Ausschlag der Wippe eine Pause von zwei Stunden und vierzig Minuten eintritt, glauben aber, daß die Natur auf diese Weise den vorherigen stabilen Zustand wiederherstellen will.

Wenn das Gebäude wieder in die Vergangenheit zurückkehrt, nimmt es den gleichen ‚Raum' wie in der normalen Zeit ein, ohne daß diese Tatsache irgendwelche Nebenwirkungen nach sich zieht. Diese Tatsache findet ihre Erklärung darin, daß nur ein Zeitprodukt in die Vergangenheit zurückkehrt, nicht aber die Materie selbst. McAllister hat mit siebentausend Jahren begonnen, das Gebäude mit zwei Sekunden. Dieser Unterschied entspricht genau dem Verhältnis der jeweiligen Massen zueinander.

Heute ist der Mann einige Millionen Jahre weit entfernt, während das Gebäude regelmäßig etwas weniger als drei Monate in der Vergangenheit oder in der Zukunft bleibt. Der Drehpunkt bewegt sich selbstverständlich in unserer Zeit weiter, so daß wir folgendes Phänomen beobachten können: das Gebäude bewegt sich nicht mehr bis zum dritten Juni zurück, an dem die Wippe erstmals in Bewegung geraten ist. Denken Sie bitte an diese Tatsachen, während ich mich mit einem anderen Aspekt dieser Angelegenheit befasse, die so kompliziert erscheint, obwohl sie es in Wirklichkeit gar nicht ist."

Hedrock machte eine bedeutungsvolle Pause. Seine Zuhörer waren ohne Ausnahme hochintelligente Männer mit rascher Auffassungsgabe. Er stellte mit Interesse fest, daß sie ihn trotzdem noch immer gespannt beobachteten. Da er selbst die Lösung des Problems kannte, wunderte er sich darüber, daß andere nicht auf die gleiche Idee kamen. „Meine Herren", sagte er dann, „vor einigen Monaten hat die Abteilung Koordination festgestellt, daß in dem Dorf Glay ein kallidetischer Gigant lebt. Es war nicht weiter schwierig, ihn dazu zu bringen, nach Imperial City zu kommen. Zunächst schien es allerdings, als ob seine Unkenntnis der Verhältnisse in der Hauptstadt verhindern würde, daß er jemals die Ereignisse in einer für uns günstigen Weise beeinflussen würde. Ich brauche Ihnen hier keine Details zu berichten, sondern nur zu erwähnen, daß er als gemeiner Arbeiter zum Mars transportiert wurde. Allerdings kehrte er schon nach überraschend kurzer Zeit zurück."

Er erklärte den Anwesenden, wie es möglich gewesen war, daß Lucy Rall einen Cayle Clark einige Stunden vor Ankunft des Raumschiffes hatte heiraten können, wie die beiden Clarks sich eine halbe Million Credits verschafft hatten, um die der Manager des Pennypalastes Cayle Clark betrogen hatte, und wie die beiden anschließend Oberst Medlon einen Besuch abgestattet hatten, wobei einer von ihnen sich verkleidet hatte. Medlon war über diesen Besuch ausgesprochen erfreut, denn die Kaiserin hatte eben von ihm verlangt, er solle Clark herbeischaffen, wenn er seine Stellung behalten wollte. Clark erhielt sein Offizierspatent, wurde zum Hauptmann ernannt und unterzog sich dem üblichen Hypnosetraining, das in solchen Fällen angewandt wurde. Am nächsten Morgen meldete er sich bei der Kaiserin.

„Kaiserin Innelda bildet sich noch immer ein, aus einem bloßen Impuls heraus gehandelt zu haben, als sie Clark in ihr persönliches Gefolge aufnahm. Wir wissen jedoch unterdessen, daß dieser angebliche Zufall, dem er seine Position verdankt, auf seiner kallidetischen Begabung beruht. Soweit sein Einfluß bisher reicht, hat er es sich offenbar zur Aufgabe gemacht, die korrupten Höflinge seiner näheren Umgebung durch interessante Methoden zur Redlichkeit zu erziehen. Deshalb ist es nur natürlich, daß die äußerst ehrgeizige Innelda auf ihn aufmerksam geworden ist. Selbst wenn nichts anderes zu seinen Gunsten spräche, müßte man in ihm trotzdem einen jungen Mann sehen, der es am kaiserlichen Hof noch weit bringen wird."

Hedrock lächelte. „Im Grunde genommen ist nicht der Cayle Clark wichtig und interessant, der öffentlich auftritt, sondern nur der andere, der in der Stadt versteckt geblieben ist. Dieser Clark hat seit dem siebenten August einiges erreicht. In der Zwischenzeit ist er auf folgenden Gebieten erfolgreich gewesen . . . Meine Herren, machen Sie sich auf eine Überraschung gefaßt, denn ich muß Ihnen Zahlen nennen, die geradezu unglaublich klingen."

Er beschrieb in wenigen Sätzen, was sich ereignet hatte. Als er seine Erklärungen beendet hatte, sprachen die anderen aufgeregt durcheinander. „Aber warum hat er Lucy Rall geheiratet?" erkundigte sich schließlich einer der Zuhörer.

„Teilweise aus Liebe und teilweise aus . . ." Hedrock zögerte. Er hatte Lucy eine sehr direkte Frage gestellt und konnte deshalb jetzt antworten. „Ich glaube, daß er sehr vorsichtig geworden ist, weil er an die Zukunft denken mußte. Aus dieser Überlegung heraus läßt sich die Ehe mit Lucy erklären. Was wäre denn, wenn dieser Mann, der innerhalb weniger Wochen ein Wunder vollbracht hat, plötzlich einem tödlichen Unfall erliegt? Meine Herren, Clark wollte einen Erben – und Lucy war die einzige junge Frau, die er näher kannte. Vielleicht erweist sich diese Verbindung als dauerhaft. Das kann ich nicht beurteilen. Clark ist trotz der Auflehnung gegen seine Eltern im Grunde genommen ein wohlerzogener junger Mann. Lucy wird jedenfalls nicht unter dieser neuen Entwicklung zu leiden haben."

Peter Cadron erhob sich. „Meine Herren", begann er, „ich stelle hiermit den Antrag, Robert Hedrock offiziell für die wertvollen Dienste zu danken, die er der Gilde erwiesen hat."

Die anderen applaudierten.

„Ich beantrage weiterhin", fuhr Peter Cadron fort, „ihm den Status eines Vollmitgliedes zu verleihen."

Auch diesmal gab es keinen Widerspruch. Hedrock verbeugte sich dankend. Diese Belohnung war mehr als eine bloße Ehrung. Als Vollmitglied brauchte er sich nur noch den Untersuchungen der PP-Maschine zu unterwerfen. Seine Tätigkeit wurde nicht mehr vom Großrat überprüft, er brauchte seine Entscheidungen nicht mehr zu begründen und konnte über sämtliche Einrichtungen der Gilde verfügen, als seien sie sein persönliches Eigentum. Das hatte er bisher zwar auch schon getan, aber jetzt brauchte er wenigstens keinen Verdacht mehr zu befürchten. Diese Ehrung war eine wertvolle Gabe.

„Ich danke Ihnen, meine Herren", sagte er, als der Beifall verstummt war.

„Und jetzt darf ich Mr. Hedrock bitten, den Raum zu verlassen", sprach Peter Cadron weiter. „Wir beginnen mit der Diskussion des vorläufig noch ungelösten Problems der Energiewippe."

Hedrock runzelte die Stirn, während er zur Tür ging. Er hatte einen Augenblick lang vergessen, daß das größte Problem noch immer ungelöst war.

14

HEUTE war der sechsundzwanzigste November – ein Tag vor dem Datum, an dem die Waffenschmiede der Kaiserin mitteilen wollten, daß sie ihren Kampf verloren hatte. Sie ahnte noch nichts davon, sondern war durch die Stadt zu dem Gebäude gefahren, um vielleicht das zu tun, was Hauptmann Clark vorgeschlagen hatte. Sie zögerte noch immer, obwohl sie keine Angst empfand. Aber sie hatte das Gefühl, daß die Kaiserin von Isher nicht in eigener Person an leichtsinnigen Abenteuern teilnehmen durfte. Trotzdem hatte sie unterdessen Gefallen an der Idee gefunden und war deshalb hier erschienen. Schließlich konnte sie zumindest außerhalb des Gebäudes warten, während Hauptmann Clark und die Wissenschaftler den riskanten Ausflug unternahmen. Deshalb stieg sie jetzt rasch aus ihrem Helicar und sah sich neugierig um.

Vor ihr erhob sich eine undurchdringliche Nebelwand, die vor einigen Monaten künstlich erzeugt worden war, um diesen Teil der Stadt vor den Blicken Neugieriger abzuschirmen. Die Kaiserin schritt langsam durch den Kordon der Soldaten, die das Gebiet Tag und Nacht absperrten. Sie sah sich kurz um und winkte Hauptmann Clark zu sich heran. „Wann taucht das Gebäude wieder auf?" erkundigte sie sich.

„In sieben Minuten, Majestät", antwortete der junge Mann nach einem Blick auf seine Uhr.

„Sind alle notwendigen Vorbereitungen getroffen, von denen Sie gesprochen haben?"

Innelda hörte aufmerksam zu, während Clark wiederholte, was er veranlaßt hatte. Die Wissenschaftler waren in sieben Gruppen zu je drei Mann eingeteilt und würden das Gebäude nacheinander betreten. Jede Gruppe führte andere Instrumente mit sich und war für bestimmte Messungen verantwortlich. Hauptmann Clark hatte sich selbst davon überzeugt, daß sämtliche Geräte vorhanden waren und einwandfrei funktionierten. Die Kaiserin nickte zufrieden. „Sie sind ein wirklicher Schatz, Hauptmann", stellte sie dann fest.

Cayle gab keine Antwort. Dieses Lob hatte im Grunde genommen nichts zu bedeuten. Die junge Kaiserin, der buchstäblich fast die ganze Welt gehörte, konnte doch nicht erwarten, daß intelligente Menschen ihr treu ergeben dienten, nur weil sie ihnen ab und zu ein paar Komplimente gönnte und ihr Offiziersgehalt durch gelegentliche Zuwendungen aufbesserte. Er hatte jedenfalls kein schlechtes Gewissen und war tatsächlich davon überzeugt, daß sein Vorhaben ihr nicht im geringsten schaden würde. In Isher tat jeder, was ihm notwendig und richtig erschien. Außerdem konnte er ohnehin nicht mehr zurück, denn für ihn stand bereits fest, was er zu tun hatte.

Die Kaiserin warf nochmals einen kurzen Blick auf die Szene vor ihr. Rechts von ihr befand sich das riesige Loch in der Erde, wo früher das Kraftwerk gestanden hatte. Zu ihrer Linken stand das Waffengeschäft inmitten eines gepflegten Parks.

Hier sah sie zum erstenmal einen dieser Läden, dessen Leuchtschrift nicht mehr strahlte. Dieser Anblick bereitete ihr großes Vergnügen. Das kleine Gebäude stand wie verloren unter den riesigen Bäumen.

Sie ballte unwillkürlich die Fäuste, während sie überlegte, was man aus diesen Parks machen konnte, wenn alle Waffengeschäfte mit einem Schlag zerstört waren. Die Grundstücke ließen sich bestimmt ohne große Veränderungen weiternutzen, so daß es nicht länger als eine Generation dauern würde, bis die Waffengeschäfte völlig vergessen waren. Dann würden die später geborenen Kinder sich nur noch wundern, von welchem Unsinn ihre Eltern sprachen, die sich noch an die Zeit der Waffenschmiede erinnerten.

„Dafür sorge ich", murmelte die Kaiserin vor sich hin. „Ganz bestimmt."

Ihre Worte schienen wie ein Signal gewirkt zu haben. Plötzlich flimmerte die Luft vor ihr. Wo zuvor das Loch in der Erde gewesen war, erhob sich jetzt ein Gebäude.

„Auf die Minute genau", stellte Hauptmann Clark neben ihr zufrieden fest.

Innelda starrte das Gebäude fast erschrocken an. Sie hatte diesen Vorgang, dieses plötzliche Erscheinen, schon mehrmals auf den Bildschirmen verfolgt. Aber wenn man ihn wie hier selbst erlebte, war er erheblich eindrucksvoller. Vor allem die Größe des Gebäudes kam in dieser geringen Entfernung besser zum Ausdruck. Vierhundert Meter einer massiven Plastikstahlkonstruktion ragten zum Himmel auf, so daß ein Würfel mit vierhundert Meter Seitenlänge entstand. Das Kraftwerk mußte so riesig sein, denn die Ingenieure hatten zwischen den einzelnen Räumen dicke Isolierschichten vorgesehen. Dadurch wurde der umbaute Raum beträchtlich verringert. Eine gründliche Inspektion aller Stockwerke dauerte nicht mehr als eine knappe Stunde.

„Offenbar hat das Gebäude bisher keinen Schaden genommen", stellte die Kaiserin erleichtert fest. „Wie steht es mit den Mäusen?"

Die Wissenschaftler hatten schon vor einigen Wochen fünfzig weiße Mäuse in dem Gebäude ausgesetzt. Bisher waren die Tiere bei jedem Auftauchen unverändert lebendig und munter gewesen, aber vielleicht war es doch besser, sich auch diesmal davon zu überzeugen. Die Kaiserin wartete in einem der Räume im Erdgeschoß und sah von Zeit zu Zeit ungeduldig auf ihre Uhr, während die Minuten verstrichen.

Sie ärgerte sich über ihre Nervosität und gab sich alle Mühe, ihrer Begleitung gegenüber ruhig und gelassen zu wirken. Aber während sie in dem fast menschenleeren Gebäude stand, hatte sie das Gefühl, ausgesprochen unklug und unvorsichtig gehandelt zu haben, als sie ihre Zustimmung zu diesem Unternehmen gegeben hatte. Sie warf einen Blick auf die Höflinge, die sich freiwillig zu ihrer Begleitung gemeldet hatten, falls sie sich entschloß, Hauptmann Clarks Vorschlag anzunehmen. Die Männer schwiegen bedrückt und starrten durch die großen Fenster nach draußen, als bereuten sie ihren Entschluß schon jetzt.

Dann betrat Hauptmann Clark den Raum. Er lächelte und trug eine weiße Maus in den Händen. „Überzeugen Sie sich selbst, Majestät", forderte er die Kaiserin auf. „Quietschfidel und so lebendig wie zuvor."

Innelda starrte das winzige Tier nachdenklich an und griff impulsiv danach. Die Maus richtete sich auf ihrer Handfläche auf und schien sich neugierig umzusehen. Die Kaiserin strich ihr mit dem Zeigefinger über den Kopf. Dann sah sie wieder zu Hauptmann Clark hinüber. „Was haben die Wissenschaftler gesagt?" wollte sie wissen.

„Die Mäuse sind körperlich und geistig völlig gesund", antwortete Clark. „Sämtliche Tests sind mit positiven Ergebnissen abgeschlossen worden."

Innelda nickte schweigend. Das war zu erwarten gewesen. Als das Gebäude zum erstenmal verschwunden war, hatten sich etwa dreißig Männer in seinem Innern aufgehalten. Es war zu einer beispiellosen Verwirrung gekommen, deren Umfang und Verlauf nie ganz geklärt werden konnte. Als das Gebäude anschließend wiederaufgetaucht war, wurden die Techniker daraus abgezogen; seitdem hatte niemand mehr die Erlaubnis erhalten, die „Reise" mitzumachen. Aber die ärztliche und psychologische Untersuchung der Männer hatte ergeben, daß sie keine Schäden irgendwelcher Art davongetragen hatten.

Trotzdem zögerte Innelda noch immer. Wenn sie jetzt den Rückzug antrat, mußte das einen schlechten Eindruck erwecken, aber andererseits waren zahlreiche wichtigere Faktoren zu berücksichtigen. Wenn ihr etwas zustieß, war ihre Nachfolge nicht gesichert, weil sie selbst noch keine Kinder hatte. In diesem Fall würde Fürst del Curtin den Thron besteigen – er war allgemein beliebt, aber das Volk wußte auch, daß er in Ungnade gefallen war. Die ganze Idee war einfach lächerlich. Sie fühlte sich von allen Seiten bedrängt, aber Realitäten waren in diesem Augenblick wichtiger als bloße Gefühle.

„Hauptmann Clark", sagte sie deshalb, „Sie haben sich erboten, diese . . . Reise zu unternehmen. Ich habe beschlossen, nicht daran teilzunehmen. Als Kaiserin darf ich mich nicht auf leichtsinnige Abenteuer einlassen." Sie streckte die Hand aus. „Ich wünsche Ihnen viel Glück."

Sechsundfünfzig Minuten später sah Kaiserin Innelda das Gebäude wieder verschwinden. Dann wartete sie geduldig. Sie ließ sich eine Mahlzeit in das rasch errichtete Zelt bringen, erledigte einen Teil ihrer Korrespondenz und führte eine längere Unterhaltung mit General Doocar. Als die Dunkelheit über der Hauptstadt ihres Reiches herabsank, stellte sie nach einem Blick auf ihre Uhr fest, daß das Gebäude demnächst wiederauftauchen mußte.

Es erschien pünktlich. Dann kamen die Wissenschaftler nacheinander aus dem Portal. Einer von ihnen näherte sich der Kaiserin. „Majestät, ich habe einen Vorfall zu melden", begann er unsicher. „Hauptmann Clark wollte das Gebäude bekanntlich zu Forschungszwecken verlassen. Er hat es auch getan. Wir haben noch einige Zeit Verbindung mit ihm gehabt, und er berichtete, daß heute der siebente August 4784 Isher sei. Dann war nichts mehr zu hören. Offenbar ist ihm irgend etwas zugestoßen. Jedenfalls ist er nicht wieder rechtzeitig zurückgekommen, um die Rückreise mit uns anzutreten."

„Aber . . .", sagte Innelda. Dann runzelte sie nachdenklich die Stirn und fuhr fort: „Aber das bedeutet, daß vom siebenten August bis zum sechsundzwanzigsten November zwei Cayle Clarks existiert haben müssen – der normale und der andere, der eine Zeitreise unternommen hat." Sie zögerte unsicher. Das alte Zeitparadoxon, dachte sie. Kann ein Zeitreisender sich selbst die Hand schütteln, wenn er in die Vergangenheit zurückkehrt? Laut fragte sie: „Aber was ist aus dem zweiten Cayle Clark geworden?"

DER SIEBENTE August 4784 Isher war ein strahlend schöner Sommertag. Das Laub der Bäume raschelte in der leichten Brise, als Clark sich rasch von dem Gebäude entfernte, das ihn in die Vergangenheit zurücktransportiert hatte. Er wurde nicht aufgehalten, denn er trug die Uniform eines Hauptmanns, deren rote Kragenspiegel zeigten, daß er zum Gefolge der Kaiserin gehörte. Die Wachtposten in der Umgebung des Gebäudes nahmen Haltung an und salutierten, als er an ihnen vorbeiging.

Fünf Minuten später saß er in einem Helicar, der sich rasch der Innenstadt näherte. Er hatte mehr als zweieinhalb Monate Zeit, bevor er wieder an seinem Ausgangspunkt angelangt sein würde, aber seine ehrgeizigen Pläne ließen sich in dieser begrenzten Zeitspanne nur mit größter Anstrengung verwirklichen.

Obwohl er den Geschäftsbezirk erst am späten Nachmittag erreichte, weil er sich inzwischen neu eingekleidet hatte, konnte er noch vier Büroräume mieten, bevor die Immobilienmakler ihre Büros für diesen Tag schlossen. Eine Angestelltenvermittlung sicherte ihm zu, daß am nächsten Morgen um neun Uhr vier Stenotypistinnen und zwei Buchhalter ihren Dienst bei ihm beginnen würden. Clark ließ sich ein Feldbett in einem der Räume aufstellen, anstatt sich im nächsten Hotel ein Zimmer zu nehmen.

In der folgenden Nacht plante und überlegte er bis in die frühen Morgenstunden. Dann schlief er unruhig und stand bereits um sechs Uhr wieder auf. Nach einem ausgiebigen Frühstück in einem nahe gelegenen Selbstbedienungsrestaurant suchte er den größten Börsenmakler der Stadt auf. In der Tasche hatte er dabei einen Zettel mit seinen Berechnungen und etwa fünfhunderttausend Credits, die der „zweite" Cayle Clark ihm gegeben hatte. Das viele Geld behinderte ihn in seinen Bewegungen, obwohl er es sich absichtlich nur in großen Scheinen hatte geben lassen.

Bevor der Tag zu Ende war, hatte er fast vier Millionen Credits verdient. Die beiden Buchhalter waren eifrig damit beschäftigt, seine Transaktionen zu registrieren, während die Stenotypistinnen an ihren Schreibmaschinen saßen und einen Brief nach dem anderen schrieben, mit denen Börsenmakler in anderen Städten Kauforders erhielten. Ein Wirtschaftsprüfer, den Clark als Manager angestellt hatte, setzte sich mit der Angestelltenvermittlung in Verbindung, ließ sich zusätzliches Personal schicken und mietete weitere Büroräume in der gleichen und der darunterliegenden Etage.

Clark verbrachte den ganzen Abend damit, seine Vorbereitungen für den nächsten Tag zu treffen, obwohl er bereits todmüde war. Jetzt wußte er endlich, was ein Mann erreichen konnte, der über das nötige Anfangskapital verfügte und außerdem sämtliche Börsenberichte der kommenden zweieinhalb Monate aus der Zukunft mitgebracht hatte. Er konnte vor Aufregung kaum schlafen und wartete ungeduldig auf den nächsten Tag. Und den nächsten. Und den nächsten und den nächsten.

Bis Ende August hatte Clark bereits neunzig Millionen Credits verdient. In dieser kurzen Zeit übernahm er eine der fünf Großbanken, vier Industriekonzerne, deren Bilanzsumme eine Milliarde Credits überstieg, und vierunddreißig weitere Unternehmen. Außerdem erwarb er größere Anteile an sechsundachtzig Firmen und sicherte sich das Vorkaufsrecht auf den Rest ihres Aktienkapitals.

Im September verdiente er insgesamt dreihundertdreißig Milliarden Credits, gliederte seinem Konzern die gigantische Erste Kaiserliche Bank ein, erwarb drei interplanetarische Bergbaugesellschaften und brachte weitere zweihundertneunzig Firmen unter seine Kontrolle. Ende September zog er in einen Wolkenkratzer um und gab der Angestelltenvermittlung den größten Auftrag seit Bestehen dieser Firma. Wenige Tage später arbeiteten siebentausend Angestellte in den neuen Räumen.

Anfang Oktober teilte er seine Gewinne auf und investierte sie in Hotels und Grundstücken. Bis zu diesem Zeitpunkt hatte er bereits über drei Billionen Credits verdient. Im Oktober heiratete er auch Lucy Rall, beantwortete seinen eigenen Anruf – schließlich war er eben erst vom Mars zurückgekehrt – und vereinbarte die Zusammenkunft mit dem „anderen" Clark.

Die beiden jungen Männer besuchten den Pennypalast und zwangen Harj Martin auf recht unsanfte Weise, das gestohlene Geld wieder herauszugeben. Im Grunde genommen spielte dieser lächerlich geringe Betrag jetzt keine Rolle mehr, aber hier ging es um ein wichtiges Prinzip. Cayle Clark war fest entschlossen, die unpersönliche Welt unter der Herrschaft des Hauses Isher zu erobern. Deshalb durfte er nicht zulassen, daß jemand den Triumph genoß, ihn betrogen zu haben, ohne später dafür büßen zu müssen. Nachdem dieser Fall erledigt war, brauchte er nur noch Oberst Medlon aufzusuchen und dadurch die Basis für seine Reise in die Vergangenheit zu schaffen.

Zwei Cayle Clarks – in Wirklichkeit nur einer, aber aus verschiedenen Zeiten –, und das war auch der wichtigste und entscheidende Punkt des Berichtes, den Robert Hedrock dem Großrat der Waffenschmiede gab. Das war der phänomenale Zufall, der die Kaiserin zwang, ihren Kampf gegen die Waffenschmiede einzustellen, bevor andere Offiziere oder Soldaten auf den Gedanken kamen, Clarks Erfolg zu imitieren, wodurch das bereits schwer erschütterte Währungsgefüge des Sonnensystems endgültig zusammengebrochen wäre.

15

Am Himmel standen bereits die ersten Sterne. Fara ging langsam durch die menschenleeren Straßen von Glay und überlegte dabei, daß das Informationszentrum der Waffenschmiede auf der anderen Erdhalbkugel liegen mußte, denn dort war eben noch Tag gewesen.

Die Vorstellung verschwand plötzlich wieder, als habe sie nie existiert. Fara nahm statt dessen das schlafende Dorf um sich herum wahr. Still, friedlich – und trotzdem wie eine Verkörperung des Bösen. Er erinnerte sich an den Ausspruch: *Das Recht, Waffen zu erwerben . . .* Bei diesem Gedanken schlug sein Herz rascher; in seinen Augen standen Tränen. Er fuhr sich mit dem Handrücken über die Augen, dachte an Creels Vater, der vor so langer Zeit heimtückisch ermordet worden war, und ging weiter, ohne sich seiner Gefühlsbewegung zu schämen.

Das riesige Vorhängeschloß an der Tür seiner Werkstatt ließ sich sofort öffnen, als Fara kurz seine neuerworbene Pistole darauf richtete. Das harte Metall schmolz wie Wachs, dann schob er die Tür beiseite und betrat den großen Raum. Hier war es dunkler als draußen auf der Straße, aber Fara schaltete die Beleuchtung nicht sofort an. Statt dessen tastete er sich durch die Werkstatt, zog die Verdunkelungen an den Fenstern herab und schaltete erst dann das Licht ein. Er atmete erleichtert auf, als er sah, daß die wertvollen Maschinen und Werkzeuge, die der Gerichtsvollzieher hatte abtransportieren lassen, unbeschädigt und vollzählig wieder an Ort und Stelle waren.

Fara hatte sich von dieser freudigen Überraschung noch immer nicht völlig erholt, als er Creel anrief. Sie antwortete nicht sofort; und als sie auf dem Bildschirm erschien, trug sie einen Morgenrock. Creel wurde blaß, als sie sah, wer sie anrief.

„Fara, Fara, ich habe schon gedacht, du . . ."

„Ich bin in dem Waffengeschäft gewesen, Creel", unterbrach er sie. „Hör gut zu: Ich möchte, daß du sofort zu deiner Mutter gehst. Ich bin in meiner Werkstatt. Hier bleibe ich Tag und Nacht, bis endgültig feststeht, daß ich bleibe . . . Wahrscheinlich gehe ich etwas später nach Hause, um Lebensmittel und einen dunklen Anzug zu holen, aber bis dahin mußt du schon fort sein. Ist das klar?"

Creel hatte sich in der Zwischenzeit von ihrem Schreck erholt. „Du brauchst nicht nach Hause zu kommen, Fara", versicherte sie ihm jetzt. „Ich kann alles allein erledigen. Am besten packe ich den Helicar voll und bringe auch zwei Klappbetten mit. Wir können in deinem Büro hinter der Werkstatt schlafen."

Der nächste Morgen kam schneller als erwartet, aber es dauerte trotzdem bis zehn Uhr, bevor eine Gestalt in der offenen Tür der Werkstatt erschien. Polizist Jor kam langsam herein und zögerte unentschlossen, als er Fara sah.

„Ich habe hier einen Haftbefehl, der auf Ihren Namen ausgestellt ist", sagte er schließlich.

„Richten Sie Ihren Auftraggebern von mir aus", antwortete Fara mit fester Stimme, „daß ich Widerstand geleistet habe – mit der Waffe in der Hand." Jor riß erstaunt die Augen auf, als die Pistole in Faras Hand erschien. Er starrte sie erschrocken an.

„Ich soll Ihnen eine richterliche Verfügung überbringen, in der Sie aufgefordert werden, heute nachmittag vor dem Gericht in Ferd zu erscheinen. Nehmen Sie die Verfügung an?"

„Selbstverständlich."

„Sie kommen also?"

„Nein, ich schicke meinen Rechtsanwalt", antwortete Fara. „Legen Sie die Verfügung einfach auf die Schwelle. Sie können ruhig sagen, daß ich sie persönlich angenommen habe."

Der weißhaarige Alte in dem Waffengeschäft hatte ihm geraten: „Machen Sie sich mit keiner Silbe über die Maßnahmen der Behörden lustig. Gehorchen Sie nur einfach nicht."

Der Polizist verschwand – sichtlich erleichtert, weil er diesen

Auftrag hinter sich hatte. Dann dauerte es noch eine Stunde, bis Bürgermeister Mel Dale die Werkstatt betrat. „Hören Sie, Fara Clark", begann er laut, „solche Scherze lassen wir uns von Ihnen nicht bieten. Dieser Widerstand gegen die Staatsgewalt wird Sie teuer zu stehen kommen."

Fara schwieg, während der Bürgermeister näher kam. Er staunte darüber, daß Dale keine Rücksicht auf sich selbst zu nehmen schien. Das Erstaunen endete allerdings, als der Bürgermeister flüsterte: „Gut gemacht, Fara; ich habe schon immer geahnt, daß Sie sich nicht einschüchtern lassen würden. Hier in Glay haben Sie fast dreißig Leute hinter sich. Geben Sie nur nicht nach, dann haben Sie schon gewonnen. Ich habe Sie eben anbrüllen müssen, weil draußen eine Menge neugieriger Zuhörer stehen. Tun Sie mir also bitte den Gefallen, ebenso lautstark zu antworten. Am besten werfen wir uns ein paar kräftige Ausdrücke an den Kopf. Aber zuerst möchte ich Sie noch warnen: Der Manager der hiesigen Filiale Ihres Konkurrenten ist mit zwei Leibwächtern hierher unterwegs."

Faras Knie zitterten, als der Bürgermeister wieder die Werkstatt verließ. Die Krise stand unmittelbar bevor. Er riß sich zusammen und dachte: Laß sie nur kommen, sie sollen nur . . .

Alles war leichter als erwartet, denn die drei Männer, die kurze Zeit später in die Werkstatt kamen, wurden blaß, als sie seine Pistole sahen. Trotzdem versuchte der Manager ihm zu drohen, sah aber bald ein, daß damit nichts zu erreichen war.

„Hören Sie", sagte er schließlich, „wir haben Ihre Unterschrift auf einem Wechsel über zwölftausendeinhundert Credits. Sie wollen doch nicht etwa bestreiten, daß Sie uns diesen Betrag schulden?"

„Ich löse den Wechsel ein", antwortete Fara gelassen. „Aber für genau die tausend Credits, die mein Sohn ausbezahlt bekommen hat."

Der Manager runzelte nachdenklich die Stirn, während er Faras Gesichtsausdruck studierte. „Einverstanden", sagte er dann.

„Ich habe bereits eine Vereinbarung aufgesetzt", erklärte Fara.

Sein nächster Besucher war Lan Harris, der alte Geizhals. Fara starrte den hageren Alten erstaunt an, weil ihm erst in diesem Augenblick einfiel, daß das Waffengeschäft auf einem Grundstück errichtet worden war, das Harris gehört hatte. Also war der alte Knabe ebenfalls ein Anhänger der Waffenschmiede ... Kurze Zeit später betrat Creels Mutter die Werkstatt. Sie schloß die Tür hinter sich.

„Na", sagte sie, „dann hast du es also doch geschafft, was? Gut gemacht, Fara. Tut mir leid, daß ich dich so hartherzig abgewiesen habe, als du bei mir warst, aber wer die Waffenschmiede unterstützt, darf nichts für Leute riskieren, die nicht auf unserer Seite stehen. Aber das ist jetzt alles nicht mehr wichtig. Ich bin nur gekommen, um Creel nach Hause zu begleiten. Ihr müßt so schnell wie möglich euer normales Leben wiederaufnehmen."

Damit war alles vorüber. Fara konnte noch immer nicht recht daran glauben. Als er am gleichen Abend nach Hause ging, blieb er zweimal auf der Straße stehen und fragte sich, ob nicht alles nur ein Traum gewesen war. In der Abenddämmerung lag das kleine Dorf Glay so ruhig und friedlich vor ihm, als sei es ein Paradies, in dem die Zeit stillstand.

„MR. DE LANY", sagte die Kaiserin.

Hedrock verbeugte sich leicht. Er hatte seine Gesichtszüge etwas verändert und einen seiner längst abgelegten Namen angenommen, damit sie ihn später nicht wiedererkennen würde.

„Sie haben um eine Audienz nachgesucht?" fragte die Kaiserin.

„Ganz recht, Majestät."

Sie spielte mit seiner Visitenkarte. Ihr schneeweißes Kleid betonte die gesunde Sonnenbräune des schmalen Gesichtes. Der Raum, in dem sie ihren Besucher empfing, glich einer Südseeinsel. Überall standen Palmen und üppig grünende Büsche. An drei Seiten brachen die Meereswellen sich an dem Sandstrand. Eine kühle Brise wehte abwechselnd aus verschiedenen Richtungen.

Die Kaiserin starrte Hedrock nachdenklich an. Sie sah einen gutaussehenden Mann mit ernstem Gesicht und klaren Zügen vor sich. Seine selbstbewußte Haltung in Gegenwart der Herrscherin war erstaunlich, aber der Ausdruck seiner Augen wirkte geradezu verwirrend. Der Mann war offenbar energisch und sanftmütig und trotzdem tapfer. Diese Anhäufung menschlicher Qualitäten hatte sie nicht zu sehen erwartet. Plötzlich schien dieser Besuch unendlich wichtig zu sein. Die Kaiserin sah nochmals auf die Karte.

„Walter de Lany“, sagte sie leise. Sie schien darauf zu warten, daß der Name eine bestimmte Vorstellung oder Erinnerung weckte. Dann schüttelte sie schließlich verwundert den Kopf. „Wer hat Sie vorgelassen? Ich habe Ihren Namen auf meiner Liste gefunden und selbstverständlich angenommen, daß mein Kammerherr die Audienz genehmigt hat, weil Sie ein wichtiges Anliegen vorzutragen haben.“

Hedrock antwortete nicht. Der Kammerherr befand sich in der gleichen Lage wie die meisten anderen Bediensteten der Kaiserin – er war nicht gegen hypnotische Einflüsse geschützt. Obwohl die Kaiserin selbst über die entsprechenden Geräte verfügte, ahnte sie nicht, daß auch die Waffenschmiede augenblicklich positive Reaktionen bei ungeschützten Menschen hervorrufen konnten. Deshalb war der ahnungslose Kammerherr sofort bereit gewesen, einen anderen Besucher zu streichen und Hedrock an dessen Stelle zu einer Audienz vorzulassen.

„Äußerst seltsam“, sagte die Kaiserin langsam.

„Keineswegs, Madame“, antwortete Hedrock. „Ich bin nur gekommen, weil ich bei Ihnen um Gnade für einen schuldlosen Unglücklichen bitten will.“

Die Kaiserin sah überrascht auf. Als ihre Blicke sich begegneten, zuckte sie unwillkürlich zusammen, beherrschte sich aber sofort wieder.

„Majestät, Sie befinden sich in der einzigartigen Lage, den unglücklichsten aller Menschen zu erlösen“, fuhr Hedrock fort. „Ich spreche von einem Mann, der sich im Augenblick Millionen von Jahren in der Vergangenheit befindet und von dort in die Zukunft und wieder in die Vergangenheit geschleudert wird, weil Ihr Gebäude die Ausschläge ständig vergrößert.“

Damit war das entscheidende Wort gesprochen. Hedrock wußte, daß die Kaiserin sofort erkennen würde, daß nur ihre Vertrauten und ihre Gegner bestimmte Details über das verschwindende Gebäude wissen konnten. Seine Vermutung traf offenbar zu, denn Innelda wurde leichenblaß.

„Sind Sie einer der Waffenschmiede?“ flüsterte sie. Dann sprang sie auf. „Hinaus!“ sagte sie heftig. „Hinaus!“

Hedrock erhob sich. „Keine Angst, Majestät“, antwortete er ruhig. „Sie befinden sich nicht in Gefahr.“

Er hatte absichtlich diese Worte gewählt, die wie eine kalte Dusche wirken mußten. Die Kaiserin wurde prompt rot, als er andeutete, daß sie Angst haben könnte. Sie blieb einen Augenblick lang unbeweglich stehen und zog dann mit einer raschen Bewegung eine glänzende Pistole aus dem weiten Ärmel ihres Kleides. „Wenn Sie nicht sofort gehen, schieße ich!" drohte sie Hedrock.

Hedrock machte eine wegwerfende Handbewegung. „Eine normale Pistole", sagte er überrascht, „gegen einen Mann, der die besten Erfindungen der Waffenschmiede zur Verfügung hat? Madame, wenn Sie mir nur eine Sekunde lang zuhören wollen, kann ich . . ."

„Ich verhandle nicht mit den Waffenschmieden", unterbrach die Kaiserin ihn.

Diese Behauptung irritierte Hedrock nur. „Majestät", antwortete er gelassen, „ich bezweifle sehr, daß Sie damit recht haben. In den vergangenen Tagen haben Sie nicht nur mit den Waffenschmieden verhandelt, sondern auch ihnen gegenüber nachgegeben. Sie haben eingewilligt, den Krieg zu beenden und die Zeitenergie-Maschinen zu zerstören. Sie haben weiterhin zugestimmt, die fahnenflüchtigen Offiziere nicht zu verfolgen, sondern sie nur zu entlassen. Und Sie haben Cayle Clark vollkommene Straffreiheit zugesichert."

Er sah an ihrem Gesichtsausdruck, daß die Kaiserin noch immer nicht beeindruckt war. Sie starrte ihn mit gerunzelter Stirn an. „Sie müssen sehr selbstsicher sein", stellte sie dann fest, „denn sonst würden Sie es nicht wagen, auf diese Weise mit mir zu sprechen."

Sie schien einen Entschluß gefaßt zu haben, denn sie lehnte sich in ihren Sessel zurück und berührte die mit Schnitzereien verzierte Lehne mit dem Zeigefinger. „Wenn ich auf diesen Knopf hier drücke", stellte sie fest, „kommt meine Leibwache herein."

Hedrock seufzte leise. Er hatte gehofft, daß sie ihn nicht dazu zwingen würde, seine ganze Macht zu zeigen. „Warum drücken Sie nicht einfach auf den Knopf?" schlug er dann vor. Die Kaiserin mußte erkennen, wie schlecht ihre Verhandlungsposition wirklich war.

„Zweifeln Sie etwa daran, daß ich es tue?" fragte Innelda. Sie drückte lange auf den Knopf.

In dem großen Raum herrschte tiefes Schweigen, das nur durch die raschelnden Blätter und das Geräusch der Brandung unterbrochen wurde. Nach zwei Minuten stand Innelda auf, ignorierte dabei Hedrock, als existiere er gar nicht, ging zu dem zehn Meter entfernten nächsten Baum und berührte einen der Zweige. Das mußte eine versteckte Alarmanlage sein, denn sie wartete – diesmal nur etwa eine Minute lang – und ging dann rasch zu der Buschgruppe hinüber, hinter der sich ihr Privatlift verbarg. Als auch dieser Versuch vergeblich blieb, kam sie wieder zu Hedrock zurück und ließ sich in ihren Sessel sinken. Sie sah ihm nicht in die Augen, aber ihre Stimme war ruhig und furchtlos.

„Wollen Sie mich ermorden?" fragte sie langsam.

Hedrock schüttelte nachdrücklich den Kopf, schwieg aber noch immer. Jetzt bedauerte er es noch mehr, Innelda bewiesen zu haben, wie hilflos sie unter Umständen war. Sie würde jetzt bestimmt die Alarmanlagen des Palastes erneuern lassen, weil sie sich einbildete, auf diese Weise vor der überlegenen Wissenschaft der Waffenschmiede sicherer zu sein. Hedrock hatte sich auf dieses Zusammentreffen so gut wie möglich vorbereitet. Er konnte die Kaiserin nicht dazu zwingen, seine Bitte zu erfüllen, aber er trug einen Schutzanzug und hatte einige Abwehrwaffen bei sich, über die selbst die Wissenschaftler der Gilde gestaunt hätten. In seiner Gegenwart versagten alle Maschinen, Alarmsysteme und Waffen, die mit Atomenergie arbeiteten. Heute sollte es zu der wichtigsten Entscheidung der Menschheitsgeschichte kommen, deshalb hatte Hedrock sich auf alles vorbereitet.

Die Kaiserin sah ihn lange nachdenklich an. „Was wollen Sie von mir?" fragte sie schließlich. „Was habe ich mit diesem Mann zu tun, den Sie erwähnt haben?"

Hedrock erzählte ihr von McAllister.

„Hätte ich das nur schon früher gewußt", flüsterte sie, als er geendet hatte. „Aber warum diese unglaublich große Zeitspanne? Das Gebäude ist nur drei Monate weit entfernt."

„Anscheinend gibt die Masse hier den Ausschlag", erklärte Hedrock ihr.

„Oh!" Die Kaiserin schwieg betroffen. „Aber was soll ich tun?" fragte sie dann.

„Majestät, dieser bedauernswerte Mensch verdient unser Mitleid", sprach Hedrock weiter. „Er schwebt in einem Nichts wie noch nie zuvor ein menschliches Wesen. Er hat die Sonne und unsere Erde entstehen sehen und weiß, wie sie in Millionen von Jahren aussehen werden. Niemand kann ihm jetzt noch helfen. Deshalb müssen wir ihm zumindest einen raschen Tod gönnen, der für ihn die Erlösung bedeutet."

Innelda versuchte sich die ewige Nacht vorzustellen, in der McAllister gefangen war. Dann konzentrierte sie sich wieder auf die unmittelbare Gegenwart. „Woraus besteht die Maschine, von der Sie vorher gesprochen haben?" fragte sie.

„Sie ist eine Kopie der Zeitkarte im Hauptquartier der Waffenschmiede." Hedrock erklärte ihr nicht, daß er die Maschine in einem seiner geheimen Laboratorien gebaut hatte. „Sie ist komplett bis auf die optische Darstellung der Karte selbst, die aber in diesem Fall keine entscheidende Rolle spielt."

Die Kaiserin studierte Hedrocks Gesicht und fragte dann: „Was haben Sie damit zu tun?"

Das war eine Frage, die Hedrock nicht beantworten konnte. Er hatte die Kaiserin aufgesucht, weil sie eine Niederlage erlitten hatte, die dazu führen konnte, daß ihre Verbitterung wuchs, wenn sie nicht Gelegenheit zu einer entscheidenden Tat erhielt, die ihrer Position entsprach. Ein Unsterblicher, der in das Leben sterblicher Menschen eingriff, mußte diese und ähnliche Erwägungen berücksichtigen.

„Madame, wir haben keine Zeit zu verlieren", antwortete er deshalb. „Das Gebäude taucht in etwa einer Stunde wieder auf."

„Aber weshalb können wir diese Entscheidung nicht dem Großrat der Waffenschmiede überlassen?" wollte Innelda wissen.

„Weil dann die Gefahr besteht, daß er die falsche Entscheidung trifft."

„Und woraus besteht die richtige?" erkundigte sich die Kaiserin.

Hedrock schilderte sie ihr.

CAYLE CLARK stellte den Autopiloten so ein, daß der Helicar einen weiten Kreis um das Haus beschrieb, in dem sie in Zukunft wohnen würden.

„Ach, du meine Güte", sagte Lucy Rall Clark neben ihm. „Ausgerechnet eine Wohnung im fünfzigsten Stock und . . ."

Sie schwieg überrascht und starrte den riesigen Dachgarten an, aus dem sich ein niedriger Bungalow erhob. Das Haus stand inmitten eines weitläufigen Parks, der eher in einen der besten Villenvororte von Imperial City gepaßt hätte. Und das alles hundertfünfzig Meter über der Erde im Zentrum der Stadt!

„O Cayle", sagte sie, „weißt du bestimmt, daß wir uns das leisten können?"

Cayle Clark lächelte. „Liebling, ich habe dir alles schon zehnmal erklärt. Muß ich es auch ein elftes Mal tun?"

Lucy protestierte aufgeregt: „Nein, das meine ich gar nicht! Weißt du bestimmt, daß die Kaiserin dich wirklich völlig straffrei ausgehen lassen will?"

Cayle Clark lächelte beruhigend. „Mr. Hedrock hat mir eine Pistole gegeben", antwortete er langsam. „Außerdem habe ich der Kaiserin mehr genützt als geschadet – das hat sie mir heute selbst am Telestat gesagt. Ich werde mich dadurch erkenntlich zeigen, daß ich auch in Zukunft weiter ihre Interessen wahrnehme."

„Oh", sagte Lucy.

„Kein Grund zur Aufregung", versicherte Cayle ihr. „Vielleicht erinnerst du dich daran, daß du mir selbst gesagt hast, wie sehr die Waffenschmiede sich davor hüten, die Arbeit der Regierung zu stören. Je mehr sie von korrupten Elementen gesäubert wird, desto besser kann sie ihre eigentliche Aufgabe erfüllen. Und du kannst mir glauben, daß ich mir in dieser Beziehung alle Mühe geben werde – schließlich habe ich selbst genug unter der allgemeinen Korruption zu leiden gehabt."

Er landete auf dem flachen Dach des Hauses und führte Lucy freudestrahlend durch die hellen Räume, in denen sie von jetzt an gemeinsam bis in alle Ewigkeit leben würden.

Zumindest erschien ihnen im Alter von dreiundzwanzig Jahren die vor ihnen liegende Zeit wie eine kleine Ewigkeit.

Epilog

McAllister hatte die persönliche Entscheidung vergessen, die er hatte treffen wollen. In dieser Dunkelheit fiel ihm jeder Gedanke schwer. Er öffnete mühsam die Augen und sah, daß er unbeweglich irgendwo im All schwebte. Die Erde unter seinen Füßen war verschwunden. Er befand sich in einer Zeit, in der noch keine Planeten existierten. Die Dunkelheit schien auf ein gewaltiges Naturereignis zu warten.

Sie schien auf ihn zu warten.

Plötzlich erfaßte er, was geschehen würde. Gleichzeitig kam das Erstaunen und die Erkenntnis, woraus seine Entscheidung bestehen mußte: Er hatte keine andere Wahl, sondern mußte sich resigniert mit dem Tod abfinden.

Die Entscheidung fiel ihm merkwürdig leicht. Er war so unendlich müde. Er erinnerte sich in diesem Augenblick an eine Szene aus einer längst vergangenen Zeit, als er schwer verwundet auf einem Schlachtfeld gelegen hatte. Das war in der Mitte des zwanzigsten Jahrhunderts gewesen. Damals hatte er sich mit dem Tod abgefunden – er wußte, daß er sterben mußte, damit andere leben konnten. Jetzt hatte er wieder das gleiche Gefühl, aber viel intensiver und auf einer höheren Ebene.

Er konnte sich nicht vorstellen, wie sich das Ende herbeiführen lassen würde. Aber er wußte, daß es in der weit entfernten Vergangenheit kommen würde, wenn die unfaßbare Zeitenergie freigesetzt wurde, die er in seinem Körper gespeichert hatte.

McAllister würde nicht Zeuge, sondern Ursache der Entstehung der Planeten sein.

A. E. van Vogt

Alfred Elton van Vogt zählt zu den bekannteren SF-Autoren. Der 1912 in Winnipeg geborene Schriftsteller begründete seinen Ruhm mit seinem ersten, 1940 erschienenen Roman „Slan", dem „Isher"-Zyklus und vor allem auch mit „Die Expedition der Space Beagle". Diese Romane zählen heute zu den SF-Klassikern.

Van Vogt genoß nur eine kärgliche Schulbildung. Als Sohn armer holländischer Einwanderer mußte er früh Geld verdienen und schlug sich mit allerhand Gelegenheitsjobs durch. Vielleicht war es die wirtschaftliche Not, die ihn dazu brachte, schon in jungen Jahren sein schriftstellerisches Talent gewinnbringend einzusetzen, denn es gelang ihm bereits mit 19 Jahren, seine erste Geschichte zu veröffentlichen. In den folgenden Jahren schrieb er vierzehn SF-Romane, doch dann verlor er das Interesse an der „Literatur der Zukunft" und wandte sich der Hypnose und der Dianetik zu.

An den Isher-Romanen ist besonders interessant, daß van Vogt sich durch Edgar Allan Poes Geschichte „Der Fall des Hauses Usher" hat inspirieren lassen. Doch wo der amerikanische Gruselautor den Menschen in Innenräume einschließt – zum Beispiel wird eine Frau scheintot begraben –, da weitet van Vogt die irdische Umwelt in atemberaubender Weise aus. Sonnensysteme entstehen, und eine Zeitwippe katapultiert einen Menschen durch die Jahrmillionen. Es ist die Ahnung dieser unglaublichen Weite, die oft das Fassungsvermögen der Leser übersteigt, die aber auch die Faszination des Isher-Zyklus ausmacht.

Chaos im Planetensystem?

Ein Auszug aus dem Buch
Das neue Bild der Welt von Joachim Bublath
erschienen im Verlag Carl Ueberreuter

Zumindest unser Planetensystem, so sollte man annehmen, ist eine Insel der Ordnung. Der Gleichlauf der Planeten um die Sonne ist ja eine Voraussetzung für das Leben auf der Erde – und vor allem für unseren Planeten gilt, daß selbst bei kleinen Abweichungen von seiner Bahn um die Sonne Leben in seiner jetzigen Form nicht mehr möglich wäre. Eine Verschiebung der Bahn nach außen würde den Kältetod zur Folge haben; schöbe die Erde sich etwas näher an die Sonne heran, so könnten die Organismen die dann auftretende Hitze nicht überleben. Wer jedoch garantiert uns, daß sich die Erde und mit ihr die anderen Planeten unseres Sonnensystems weiterhin so stabil um die Sonne bewegen werden?

Diese Frage beschäftigte immer wieder Wissenschaftler, und der schwedische König Oskar II. lobte im 19. Jahrhundert einen Preis aus, um endlich beweisen zu lassen, daß die Erdbahn auf ewige Zeiten stabil sei. Diesen Nachweis konnte bis heute zwar keiner führen – den Preis hat der französische Mathematiker Henri Poincaré für seine Arbeiten auf diesem Gebiet dennoch bekommen. Dabei hat Poincaré durch seine Untersuchungen gerade wieder Zweifel in die Urhoffnung des ewigen Gleichlaufs der Himmelskörper gesät.

300 Jahre lang galten die Planetenbewegungen als Inbegriff der Gleichmäßigkeit und für die Naturwissenschaftler als ein Musterbeispiel der Vorhersagbarkeit. Hatte doch Kepler mit seinen Gesetzen über den Ablauf der Planetenbewegung die Möglichkeit geschaffen, Vorhersagen über die Positionsänderungen der Planeten zu machen. Mit Hilfe des mathematischen Gerüstes, das Newton lieferte, konnte bei bekannter Position und Geschwindigkeit eines Planeten berechnet werden, wo sich dieser zu einem späteren Zeitpunkt aufhalten würde. Sonnen- und Mondfinsternisse waren so für Jahrhunderte vorauszuberechnen – und traten auch an dem berechneten Zeitpunkt ein. Dieser scheinbar unerschütterliche Verlauf im überschaubaren, berechenbaren Weltall wurde zu einer Stütze des mechanistischen Weltbilds, nach dem behauptet wurde, daß man nur die augenblicklichen Orte und

Geschwindigkeiten aller vorhandenen Teilchen kennen müsse und zudem die Gesetzmäßigkeit ihrer Wechselwirkung untereinander, dann wäre es im Prinzip möglich, für alle Zukunft den Lauf der Dinge in unserer Welt zu berechnen. Alles – so die Folgerung – sei deshalb vorausbestimmt und die Natur böte keine Geheimnisse mehr. Dieser Determinismus – im 18. Jahrhundert vor allem vom französischen Mathematiker Pierre Simon Laplace im Überschwang der großen Fortschritte in den Naturwissenschaften formuliert – sollte aber schon bald stark angezweifelt werden.

Henri Poincaré nun stellte bei seiner Untersuchung über die Stabilität der Planetenbahn auch die kleinen Störungen in Rechnung, die durch die Wechselwirkung der Planeten untereinander auftraten. Seine Kollegen vor ihm hatten diesen Anteil bei ihren Überlegungen für vernachlässigbar klein gehalten – wohl aus der Erkenntnis heraus, die auftretenden nichtlinearen Differentialgleichungen, die diese Anteile beinhalteten, nicht lösen zu können. Mit seinem weiter gefaßten Ansatz kam vor 100 Jahren Poincaré dem Chaos im Planetensystem auf die Spur. Er erkannte, daß sich auch sehr schwache Wechselwirkungen zwischen den Planeten zu großen Wirkungen aufschaukeln können. Und Poincaré sah in seinen Berechnungen auch, daß kleine Variationen in der Bestimmung von Ort und Geschwindigkeit der Planeten – in den Anfangsbedingungen also – große Unterschiede in den Ergebnissen lieferten, wenn man die Rechnung über Millionen von Jahren fortsetzte. Nach den Erfahrungen aus einem Experiment mit einem Pendel und zwei Magneten eine typische Situation für das deterministische Chaos.

Die mögliche Instabilität unseres Sonnensystems tauchte immer wieder in den wissenschaftlichen Arbeiten auf. Wenn ein solch einfaches System wie das Pendel mit den beiden Magneten, in dem alle Kräfte bekannt sind und nichts Geheimnisvolles geschieht, sich so sprunghaft in den Endpunkten seiner Bewegung verhält – warum sollte das nicht auch in unserem scheinbar so gleichlaufenden Planetensystem passieren?

Isaac Newton hatte vor 300 Jahren jeweils einen Planeten auf dem Weg um die Sonne berechnet, ohne die Wechselwirkung

Newton hatte vor 300 Jahren jeweils einen Planeten auf dem Weg um die Sonne berechnet, ohne die Wechselwirkung zwischen den Planeten zu berücksichtigen. Das Ergebnis: elliptische Bahnen um die Sonne.

Lagrange nahm vor 200 Jahren einen Teil der Störung, die von den anderen Planeten kommt, pauschaliert in seine Rechnung auf: Die Ellipsenbahnen beginnen damit zu rotieren und sich in ihrer Form zu verändern.

Laskars Computerberechnung von 1989 zeigt, daß sich unser Planetensystem ins Chaos hineinschaukeln kann. Die Ausdehnung der möglichen ellipsenförmigen Bahnkurven der Erde schwankt zwar nur leicht, aber in diesem Bereich ist die Position der Erde vollkommen unbestimmt.

zwischen den Planeten zu berücksichtigen. Als Ergebnis erhielt er kreisförmige oder, genauer, elliptische Bahnen der Planeten um die Sonne. Joseph de Lagrange konnte vor 200 Jahren zeigen, daß, wenn er einen Anteil der Störung, der von den anderen Planeten kommt, in seiner Berechnung berücksichtigt, diese Ellipsenbahnen zu rotieren beginnen und sich in ihrer Form verändern. Nach diesem Modell läuft die Erde über die Jahrmillionen in leicht schwankenden Bahnen um die Sonne. Mehr ließ sich aus diesen Störungsberechnungen, die ja mit Papier und Bleistift für sehr viele

In einer Computersimulation wird hier dargestellt, auf welchen Bahnen sich die Erde bewegen würde, wenn es im Zentrum unseres Planetensystems zwei Sonnen gäbe. In dieser Konstellation ist es auch möglich, daß die Erde in die Unendlichkeit des Weltalls abdriftet.

Möglichkeiten ausgeführt werden mußten, nicht herauslesen. Die nichtlinearen Differentialgleichungen, die die Wechselwirkungen zwischen mehreren Planeten so beschreiben, wie sie in unserem Sonnensystem existieren, sind zu kompliziert, um sie auflösen zu können. Damit blieb das Schicksal unseres Planetensystems weiterhin im dunkeln. Auch in unserem Jahrhundert gab es immer wieder Versuche, mit Hilfe intelligenter Näherungsverfahren diesen Satz von Differentialgleichungen zu lösen, um so mehr über die Zukunft der Planeten herauszufinden. 1989 ließ der französische Wissenschaftler Jacques Laskar ein kompliziertes Modell unseres Planetensystems durch den Computer berechnen. Dabei kam heraus, daß sich ein solches System durchaus ins Chaos hineinschaukeln kann! Wieder war es der Computer, der die ohne ihn unlösbaren Differentialgleichungen numerisch lösen konnte und damit einen Einblick ins Chaos lieferte. Jacques Laskar unternahm zunächst einige Vereinfachungen und eine geschickte Transformation der Planetenkoordinaten, um die Rechenzeit des Computers in

Grenzen zu halten. Die Ergebnisse zeigten, daß einige Planeten relativ stabil auf ihrem Weg um die Sonne sind. Jedoch kann es zu starken Resonanzen zwischen Mars und Erde kommen, und vor allem die äußeren Planeten bergen in sich die Gefahr, ihren Weg entscheidend zu verändern. Die Bahn der Erde offenbart in diesen Modellrechnungen eine andere Überraschung. Berechnet man sie über vier Millionen Jahre, so läßt sich die Position der Erde nur noch recht unbestimmt festlegen. Weitet man die Rechnung noch weiter aus – auf zehn Millionen Jahre zum Beispiel –, so verliert sich die Vorhersage über den Standort der Erde im Nebel des Chaos. Die Ausdehnung der möglichen ellipsenförmigen Bahnkurven der Erde schwankt zwar nur leicht, aber in diesem Bereich ist die Stellung der Erde vollkommen unbestimmt. Sie findet sich – je nachdem, welche Anfangswerte angenommen werden – in stark wechselnden Positionen auf dem Weg um die Sonne. Und diese Schwankungen in den Anfangswerten liegen unter der Meßgenauigkeit, die bei der Festlegung der augenblicklichen Ortskoordinate der Erde erreicht werden kann. Weil das System so sensibel auf minimale Schwankungen der Anfangsbedingungen reagiert, bedeutet das: Der Weg der Erde ist über lange Zeiträume nicht vorhersagbar; ein Zeichen für das deterministische Chaos.

Was für die Zukunft gilt, ist auch für die Vergangenheit richtig. Wollen Klimaforscher das Klima der Erde über mehrere Millionen Jahre zurückverfolgen, so geraten sie in Schwierigkeiten. Nach einer Theorie sollen Klimaveränderungen auch durch die leichten Schwankungen des Erdradius beim Umlauf um die Sonne hervorgerufen worden sein. In den verschiedenen Sedimentschichten kann man die klimatischen Bedingungen auf der Erde zurückverfolgen. Wenn jedoch die exakte Position der Erde für diese Zeit überhaupt nicht bestimmbar ist, wie es ja die Berechnungen von Laskar zeigen, so ist die Zuordnung der Erdposition mit den entsprechenden Sedimentschichten nicht möglich; und damit kann auch eine darauf aufbauende Klimatheorie nicht erstellt werden. Eine Konsequenz des Chaos, die in diesem Fall nicht bedeutet, daß die Erde irregulär hin und her springt, sondern daß ihre Position schlicht unbestimmbar ist.

Mit Computerberechnungen ist es möglich, auch noch andere Situationen im Planetensystem durchzuspielen. Eine dieser Simulationen geht davon aus, daß anstelle einer Sonne zwei Sonnen vorhanden sind, um die sich unsere Erde bewegt. Der Einfluß der anderen Planeten wird bei dieser Berechnung vernachlässigt. Zunächst bewegt sich die Erde wie vorgesehen um die beiden Anziehungszentren – die Sonnen. In dieser Situation wäre kein Leben auf der Erde möglich – zu unterschiedlich sind die Abstände zu den hitzeabstrahlenden Zentren. Darüber hinaus zeigt die Computersimulation, daß die Erde auch die beiden Sonnen verlassen und in die Unendlichkeit des Weltalls abdriften kann. Eine erschreckende Vorstellung, in dieser Welt mit den zwei Sonnen zu leben – allerdings hätte sich wahrscheinlich unter solchen Bedingungen überhaupt kein Leben, so wie wir es kennen, entwickelt.

Diese Computerspiele sind nicht so abwegig, wie sie auf den ersten Blick erscheinen. Mit Raumsonden haben wir die nähere Umgebung unseres Sonnensystems erforscht. Die Voyager-Sonden haben in den achtziger Jahren sogar unser Sonnensystem durchquert. Dabei sind sie auch dicht am Saturn vorbeigeflogen. Um den Saturn kreisen viele kleine Monde, einer davon ist Hyperion. Er benötigt 21 Tage, um den Saturn einmal zu umkreisen, vielmehr um ihn herum zu „taumeln". Das Ungewöhnliche an diesem Mond ist seine Form – er ist nicht kreisrund, sondern besitzt eine in etwa elliptische Form mit den Maßen 380 x 220 km. Diese außergewöhnlichen Maße lassen Hyperion chaotisch – das heißt, nicht vorhersagbar – auf einer Bahn um den Saturn torkeln. Die Raumsonde Voyager 1 hat während des Vorbeifluges seine Position und Geschwindigkeit bestimmt. Voyager 2 sollte – wenn sie ein Jahr später am Saturn vorbeiflöge – weitere Daten sammeln und detaillierte Fotos von diesem seltsamen Mond machen. Aber Simulationen zeigten, daß die Bahn von Hyperion einfach nicht zu berechnen war – er bewegte sich chaotisch, das heißt mit unvorhersagbaren und unvermuteten Richtungsänderungen und Geschwindigkeitsvariationen.

Jack Wisdom vom Massachusetts Institute of Technology (MIT)

Hyperion – ein Mond des Saturns mit ungewöhnlicher Form. Er benötigt 21 Tage, um einmal um den Saturn „herumzutaumeln". Die Größenverhältnisse sind nicht maßstabsgetreu dargestellt. Sein Abstand vom Saturn beträgt 1,48 Millionen km, der des äußeren Randes der Ringe jedoch nur 0,28 Millionen km.

Rechte Seite:
Durch das Taumeln von Hyperion ist es nicht möglich, den Sonnenaufgang exakt vorherzusagen. Eine Situation, die unserer Vorstellung von Ordnung und Überschaubarkeit zuwiderläuft.

in Boston hat versucht, diese Situation als Modell in einem Computer zu beschreiben. Dabei wurde zur Vereinfachung der so seltsam geformte Mond als Ellipsoid angenommen und das Torkeln durch Änderungen der Drehachse des Ellipsoids dargestellt. Die Berechnungen zeigten die starke Empfindlichkeit der Bewegungsbahnen gegenüber den Anfangsbedingungen. Wenn wir auf diesem Mond leben würden, wäre es durch sein Taumeln nicht möglich, den Sonnenaufgang vorherzusagen – weder die Zeit noch den Ort, wo die Sonne am Horizont des seltsamen Mondes aufleuchten würde. Ein Leben, das unserer Vorstellung von Ordnung und Überschaubarkeit zuwiderläuft.

In der Natur lassen sich noch viele Beispiele für das deterministische Chaos finden. Prinzipiell gilt: Wenn in einer Bewegungsgleichung ein nichtlinearer Anteil enthalten ist, kann der Ablauf in der Natur chaotisch werden. In diesem Bereich ist das System äußerst sensibel gegenüber kleinsten Abweichungen in den Anfangsbedingungen. Diese Empfindlichkeit der Natur ist offenbar auch die Ursache für ihre Vielfalt. Wir können die Welt, wie sie sich uns präsentiert, mit relativ wenigen Naturgesetzen beschreiben. Eigentlich müßte man daraus ableiten, daß die Natur eintönig ist. Aber das Gegenteil ist der Fall! Die Erklärung dafür ist

im deterministischen Chaos zu finden. Das Chaos – die Empfindlichkeit, auf kleinste Änderungen der Bedingungen völlig anders zu reagieren – gibt der Natur die unzähligen Möglichkeiten, die sich in ihrer Vielfalt zeigen. Die prinzipielle Unschärfe der „Meßwerte" liefert dabei den notwendigen Spielraum für das Unvorhersagbare.

Wäre die Welt linear, so wie sie in einem Teilbereich der Physik beschrieben wird, so wäre sie eigentlich recht langweilig. Winzige Abweichungen im Aufbau der Erbsubstanz, der DNA, erlauben die Variationen des Lebens.

Auch Abläufe in unserer Gesellschaft sind nichtlinear und chaotisch. Wie wächst zum Beispiel eine Stadt? Welche Parameter spielen dabei eine Rolle? Die wirtschaftlichen Abhängigkeiten bilden ein deterministisches Chaos. Kleinste Änderungen der Bedingungen in einem Bereich können zu einschneidenden Veränderungen des Gesamtsystems führen.

Das deterministische Chaos gibt der Natur die Freiheit der Entwicklung und der Vielfalt. Der Preis dafür ist, daß sie in diesem Bereich für den Naturwissenschaftler nicht vorhersagbar sind. Daß auch einfache Systeme dieses Chaos – die Möglichkeit, etwas Unvorhersehbares entstehen zu lassen – in sich tragen, das ist das eigentlich Umwälzende, das die Chaosforschung aufgedeckt hat.